Wissenschaft im Sozialismus

WISSENSCHAFT UND GESELLSCHAFT

Herausgegeben
vom Institut
für Wissenschaftstheorie
und -organisation
der
Akademie der Wissenschaften
der DDR
durch
Günter Kröber

Band 1

AUTORENKOLLEKTIV

Wissenschaft im Sozialismus

Probleme und Untersuchungen

AKADEMIE-VERLAG · BERLIN
1973

Erschienen im Akademie-Verlag, 108 Berlin, Leipziger Str. 3–4

Lizenznummer: 202 · 100/325/73
Gesamtherstellung: IV/2/14 VEB Druckerei »Gottfried Wilhelm Leibniz«,
445 Gräfenhainichen · 4093
Einbandgestaltung: Rolf Kunze
Bestellnummer: 752 327 1 (2162/1) · LSV 0315
Printed in GDR
EVP 19,50

Inhaltsverzeichnis

Zum Geleit

Das Institut für Wissenschaftstheorie und -organisation der Akademie der Wissenschaften der DDR eröffnet mit dem vorliegenden Titel eine neue Schriftenreihe des Akademie-Verlages. In ihr sollen Arbeitsergebnisse des Instituts einer breiteren Öffentlichkeit zur Diskussion vorgestellt werden. Die Zweckmäßigkeit und Notwendigkeit dieses Vorhabens sind durch mehrere Faktoren bedingt.

Sie entspringen vor allem der Stellung und Funktion der Wissenschaft in der sozialistischen Gesellschaft. Wissenschaft und Forschung beeinflussen heute Wachstum, Struktur und Leistung unserer Volkswirtschaft entscheidend. Die Wissenschaft spielt in unserem Leben eine wichtige Rolle als Bestandteil des gesellschaftlichen Reproduktion prozesses, als Instrument der Leitung gesellschaftlicher Entwicklungsprozesse und als Produktivkraft der sozialistischen Gesellschaft. Sie wird damit immer mehr auch zu einem politischen Faktor, zu einer Waffe in der Klassenauseinandersetzung mit dem Imperialismus. Die Beschleunigung des wissenschaftlich-technischen Fortschritts ist eine der entscheidenden Voraussetzungen für die Sicherung eines hohen Entwicklungstempos der sozialistischen Produktionen, der Erhöhung ihrer Effektivität, des Wachstums der Arbeitsproduktivität und damit für die Lösung der Hauptaufgabe unserer sozialistischen Entwicklung: der ständigen Hebung des materiellen und kulturellen Lebensniveaus des Volkes. Eine Aufgabe von historischer Bedeutung besteht in diesem Zusammenhang darin, die Errungenschaften der wissenschaftlich-technischen Revolution mit den Vorzügen der sozialistischen Gesellschaftsordnung zu vereinigen und dem Sozialismus eigene Formen des Zusammenschlusses von Wissenschaft und Produktion zu entwickeln. Probleme der Wissenschaftsentwicklung, des Verhältnisses von Gesellschafts- und Wissenschaftsentwicklung, der Beschleunigung des wissenschaftlich-technischen Fortschritts, der planmäßigen proportionalen Gestaltung wissenschaftlicher Potentiale, der Produktivität der wissenschaftlich-schöpferischen Arbeit, der

Leitung wissenschaftlich tätiger Kollektive und der rationellen Organisation des wissenschaftlichen Arbeitsprozesses, der schnellstmöglichen Überführung wissenschaftlicher Forschungsergebnisse in die gesellschaftliche Praxis, der ökonomischen und wissenschaftlich-technischen Integration der sozialistischen Länder u. a. sind deshalb heute zu einem Anliegen hoher gesellschaftlicher und politischer Aktualität geworden. Um die genannten Probleme lösen zu können und die realen Entwicklungsprozesse der Wissenschaft im Sozialismus bewußt, planmäßig und auf der Grundlage wissenschaftlicher Erkenntnisse gestalten zu können, bedarf es einer intensiven theoretischen Arbeit der marxistisch-leninistischen Gesellschaftswissenschaftler im Zusammenwirken mit Naturwissenschaftlern.

Die mit dem vorliegenden Band beginnende Schriftenreihe soll sukzessive über die Ergebnisse dieser Forschungsarbeiten berichten. Entsprechend der Arbeitsweise des Instituts wird es sich dabei sowohl um Ergebnisse theoretischen Charakters als auch um Verallgemeinerungen praktischer Erfahrungen der Wissenschaftsleitung und um Ergebnisse empirischer Untersuchungen im Wissenschaftsbereich handeln, hier vor allem an der Akademie der Wissenschaften.

In den nachfolgenden Bänden sollen indes nicht nur Mitarbeiter des Akademie-Instituts zu Wort kommen, sondern auch Vertreter anderer Forschungsinstitutionen der DDR und der sozialistischen Bruderländer, die die Erforschung der Wissenschaftsentwicklung zu ihrem Anliegen gemacht haben. Insbesondere wird die Schriftenreihe Gelegenheit geben, systematischer als bisher sowjetische Werke zu diesen Problemen dem Leser in der DDR zugänglich zu machen.

Mit dieser Schriftenreihe verbindet sich so die Hoffnung, daß sie der marxistisch-leninistischen Wissenschaftstheorie ein Publikationsorgan sein möge, das ihrer interdisziplinären Spezifik gerecht wird. Sie wird es als ihr oberstes Prinzip betrachten, die Prozesse und Probleme der Wissenschaftsentwicklung im Sozialismus ausgehend vom Marxismus-Leninismus in der Einheit seiner Bestandteile zu erforschen und sich konsequent mit allen bürgerlichen und revisionistischen Wissenschaftsauffassungen auseinanderzusetzen. Die inhaltliche Gestaltung der einzelnen Bände dieser Reihe wird keine einheitliche sein. Es werden in ihr sowohl Kollektivwerke, thematische Sammelbände als auch Monographien erscheinen. Ab und an werden einzelne Bände mehr den Charakter einer Zeitschrift tragen und neben theoretischen Beiträgen auch Berichte und Informationen sowie Rezensionen enthalten. Die einzelnen Bände werden in zeitlich unregelmäßiger Folge erscheinen.

Der vorliegende erste Band trägt in seinem thematischen Teil konzeptionellen Charakter. Die einzelnen Beiträge sollen an ausgewählten Themen demonstrieren, von welchen grundsätzlichen Ausgangspositionen wir an die Erforschung der Wissenschaftsprozesse herangehen. Ihm wird in Kürze ein weiterer Band zur Kritik zeitgenössischer bürgerlicher Wissenschaftskonzeptionen folgen. In Vorbereitung befinden sich weiter die Materialien des RGW-Symposiums 1972 in Berlin zu Problemen der Systemanalyse der Wissenschaft und zum Verhältnis von Persönlichkeit und Kollektiv im wissenschaftlichen Arbeitsprozeß.

Dem Akademie-Verlag gilt unser Dank für die aktive Unterstützung unseres Vorhabens.

Es bleibt zu wünschen, daß die Reihe ihren Aufgaben gerecht werden und eine breite Resonanz finden möge.

Berlin, im Oktober 1972 Günter Kröber

Günter Kröber

Die Wissenschaft und ihre Erforschung im Sozialismus: Prozesse, Probleme, Prinzipien

Der objektive Prozeß der Wissenschaftsentwicklung ist in der zweiten Hälfte des 20. Jahrhunderts in mehr als nur einer Hinsicht zum Problem geworden. So oder ähnlich lautet die Feststellung, die wir in den neuesten – vor allem bürgerlichen – Publikationen über Probleme der gegenwärtigen Wissenschaftsentwicklung und der Leitung und Organisation wissenschaftlicher Arbeitsprozesse finden. An erster Stelle wird in diesem Zusammenhang gewöhnlich das Faktum der Beschleunigung des Entwicklungstempos der Wissenschaft genannt. Man verweist etwa auf die Tatsache, daß der überwiegende Teil alles Bedeutsamen, was in der Wissenschaft jemals vor sich ging, sich in der Gegenwart abspielt, daß 80 bis 90 Prozent der wissenschaftlichen Errungenschaften aller Zeiten zu Lebzeiten der heute tätigen Wissenschaftler gemacht werden, daß 80 bis 90 Prozent aller jemals tätig gewesenen Wissenschaftler in der Gegenwart leben, daß sich gegenwärtig die Anzahl der Wissenschaftler und die der wissenschaftlichen Veröffentlichungen in ca. 10 bis 15 Jahren verdoppelt, daß die finanziellen Aufwendungen für Wissenschaft und Forschung schneller wachsen als das Nationaleinkommen usw.[1] Aus statistischen Übersichten über das Wachstum der Zahl der Kader und der Publikationen in bestimmten Wissenschaftsbereichen, der finanziellen Aufwendungen usw. ergibt sich so das Bild eines exponentiellen Wachstums, das zum „exponentiellen Wachstumsgesetz" der Wissenschaft schlechthin verallgemeinert wird und dessen Extrapolation in die künftigen Jahrzehnte die absurde Perspektive einer Gesellschaft eröffnet, die nur noch aus in der Wissenschaft Tätigen besteht, einer Gesellschaft, die für die Wissenschaft mehr Mittel verausgabt, als sie über Nationaleinkommen verfügt usw. Hier angekommen, wandelt man das „exponentielle Wachstum" in ein „logistisches" um, in eine Wachstumskurve, die zunächst

[1] Vgl. zum Beispiel: D. J. de Solla Price, Little Science, Big Science, New York 1963

exponentiell ansteigt, dann aber einen Wendepunkt durchläuft und sich einem sog. „Sättigungswert" asymptotisch annähert. Der amerikanische Wissenschaftler de Solla Price hat auf dem XIII. Internationalen Kongreß für Wissenschaftsgeschichte im August 1971 in Moskau die Vermutung ausgesprochen, daß in den USA dieser Wendepunkt in der Wissenschaftsentwicklung offensichtlich in der zweiten Hälfte der sechziger Jahre durchlaufen worden ist: Seither erfolgten drastische Kürzungen des Wissenschaftsetats vor allem für eine Reihe von Mammutprojekten wie das Raumfahrtprogramm u. a., wurden Massenentlassungen von Wissenschaftlern vorgenommen, setzte eine Rückwanderung früher aus anderen – vor allem europäischen – Ländern in die USA abgeworbener Wissenschaftler ein usw. Price beklagt diese Erscheinungen als einen Ausdruck der zunehmenden „Wissenschaftsfeindlichkeit" der amerikanischen Gesellschaft, sieht aber andererseits in ihnen die Folge eines unabwendbaren objektiven Prozesses der Wissenschaftsentwicklung – eben jener logistischen Wachstumskurve –, dem die sozialistischen Staaten – allen voran die Sowjetunion – ebenso unvermeidlich entgegengehen wie die USA.[2]

Spätestens bei dieser Schlußfolgerung muß die Frage auftauchen, was eine rein quantitative Analyse der Wissenschaftsentwicklung zu leisten vermag, wo ihre Grenzen liegen, welches ihr entscheidender methodologischer Mangel ist, der sie zu Aussagen gelangen läßt, die den realen Prozessen der Wissenschaftsentwicklung in den sozialistischen Ländern augenscheinlich nicht entsprechen.

Der Priceschen Prognose über die Wissenschaftsentwicklung in der Sowjetunion liegt die Vorstellung zugrunde, die Wissenschaft sei ein autonomes Feld menschlicher Tätigkeit, ihre Entwicklungsprozesse und -gesetze stünden in keinem ursächlichen Zusammenhang mit den Entwicklungsprozessen und -gesetzen der menschlichen Gesellschaft bzw. nicht die gesellschaftliche Entwicklung beeinflusse die Wissenschaftsentwicklung, sondern letztere sei die entscheidende Ursache für erstere.[3] Aus dieser Vorstellung wird die Berechtigung abgeleitet, die Prozesse der Wissenschaftsentwicklung unabhängig von denen der Gesellschaftsentwicklung rein quantitativ zu beschreiben und die Resultate dieser Beschreibung – wiederum unabhängig von der Entwicklung der jeweiligen Gesellschaftsordnung, in die die Wissenschaftsentwicklung eingebettet ist – auf künftige Entwicklungsabschnitte zu extrapolieren.

[2] Literaturnaja gazeta vom 25. 8. 1971, S. 13
[3] Ebenda

Wir sind weit davon entfernt, quantitative und statistische Analysen der Wissenschaftsentwicklung geringzuschätzen, halten jedoch ein Bild der heutigen Wissenschaftsentwicklung, das sich im wesentlichen aus den Bausteinen „Wissensexplosion“ bzw. „Informationslawine“, „Anzahl der Kader“ und „Höhe der finanziellen und materiellen Aufwendungen“ zusammensetzt, für zu einseitig, um aus ihm die erforderlichen wissenschaftsstrategischen und -taktischen Maßnahmen abzuleiten, mit denen diese Prozesse gelenkt und bewältigt werden können. Wir sind weit davon entfernt, jene Parameter der Wissenschaftsentwicklung, die sich durch ein kumulatives Wachstum auszeichnen, nicht erforschen zu wollen, übersehen aber dabei nicht, daß die Entwicklung der Wissenschaft als Ganzes nicht ein ausschließlich kumulativer Prozeß ist.[4] Wir sind auch weit davon entfernt, die aus diesen Prozessen resultierenden Probleme zu Scheinproblemen degradieren zu wollen, halten jedoch diese Probleme für solche, die nicht unabhängig von den Problemen der gesellschaftlichen Entwicklung, die sich gegenwärtig in den meisten Ländern der Welt als kapitalistische oder sozialistische Entwicklung vollzieht, gelöst werden können. Unsere Problemsicht ist also eine andere als die der bürgerlichen Wissenschaftsforschung. Sie geht von den realen Prozessen aus, in denen sich die Wissenschaftsentwicklung in unterschiedlichen Gesellschaftsordnungen vollzieht, betrachtet die Entwicklung der Wissenschaft als von der Gesellschaftsentwicklung untrennbar, berücksichtigt dabei zugleich aber auch eine relative Eigengesetzlichkeit der Wissenschaftsentwicklung und ihre Rückwirkung auf die Gesellschaftsentwicklung. Sie versucht, geeignete wissenschaftspolitische und -strategische Orientierungen, Maßnahmen im Bereich der Wissenschaftsleitung und wissenschaftsorganisatorische Lösungen zu bestimmen, um den wissenschaftlich-technischen Fortschritt effektiv mit den Vorzügen der sozialistischen Gesellschaftsordnung zu verbinden, Wissenschaft und Forschung als organischen Bestandteil des sozialistischen Gesellschaftssystems, als eine wesentliche Grundlage und einen entscheidenden Entwicklungsfaktor der sozialistischen Gesellschaft bewußt und zielstrebig zum Wohle der Menschen, im Interesse der Arbeiterklasse und der mit ihr verbündeten Klassen und Schichten der sozialistischen Gesellschaft zu nutzen.

[4] Vgl. Th. S. Kuhn, Die Struktur wissenschaftlicher Revolutionen, Frankfurt/Main 1967, S. 119, 128, 133ff.;
E. G. Lejkin, Zur Kritik der kumulativen Konzeptionen der Wissenschaftsentwicklung, in: Wissenschaft. Studien zu ihrer Geschichte, Theorie und Organisation, Berlin 1972, S. 152–212

Welches sind jene objektiven *Prozesse* im Verhältnis von Wissenschaft und Gesellschaft, denen wir in der gegenwärtigen Entwicklungsetappe der sozialistischen Gesellschaft erhöhte Aufmerksamkeit schenken müssen, welche *Probleme* werden durch sie aufgeworfen und von welchen *Prinzipien* lassen wir uns bei der Erforschung dieser Prozesse und bei der Lösung dieser Probleme leiten? Es versteht sich, daß wir die mit der Wissenschaftsentwicklung und dem wissenschaftlich-technischen Fortschritt im Sozialismus im Zusammenhang stehenden realen Prozesse hier nicht in ihrer Gesamtheit charakterisieren können.[5] Ihr Spektrum erstreckt sich von der gesamtgesellschaftlichen Ebene, auf der sich die grundlegenden Prozesse der wissenschaftlich-technischen Revolution, der Vergesellschaftungsprozeß der Wissenschaft u. a. vollziehen, bis zur Tätigkeit und zum individuellen Erkenntnisprozeß des einzelnen Wissenschaftlers. Wir werden hier nur drei dieser grundlegenden Prozesse der Wissenschaftsentwicklung im Sozialismus aufgreifen – den Prozeß des zunehmenden Zusammenschlusses von Natur- und Gesellschaftswissenschaften im Sozialismus, den Intensivierungsprozeß der wissenschaftlichen Tätigkeit und den Integrationsprozeß der sozialistischen Wissenschaft im internationalen Maßstab –, um an Hand der durch sie aufgeworfenen Probleme die prinzipielle Arbeitsweise und die Grundkonzeption einer marxistisch-leninistischen Wissenschaftstheorie im Gegensatz zur bürgerlichen Wissenschaftsforschung zu verdeutlichen.[6]

[5] Eine zusammenfassende Darstellung dieser Prozesse ist enthalten in: K. Hager, Sozialismus und wissenschaftlich-technische Revolution, Berlin 1972

[6] Zur Problematik der wissenschaftlich-technischen Revolution vgl. E. Honecker, Fragen von Wissenschaft und Politik in der sozialistischen Gesellschaft, Berlin 1972;
K. Hager, Die entscheidende Kraft ist das Schöpfertum der Arbeiterklasse, in: ND vom 20. 9. 1971, S. 3;
K. Hager, Sozialismus und wissenschaftlich-technische Revolution, a. a. O.;
An sowjetischen Veröffentlichungen seien genannt:
Sovremennaja naučno-techničeskaja revoljucija (hg. von S. V. Šuchardin), Moskau 1970; (Dt. Ausg.: Die gegenwärtige wissenschaftlich-technische Revolution, Berlin 1972)
N. V. Markov, Naučno-techničeskaja revoljucija: Analiz, perspektivy, posledstvija, Moskau 1971;
D. M. Gvišiani, S. R. Mikulinskij, Naučno-techničeskaja revoljucija i socialnyj progress, in: Kommunist, H. 17/1971;
Uskorenije naučno-techničeskogo progressa – delo vsego naroda, in: Kommunist, H. 18/1971

I

Der Sozialismus entwickelt sich auf wissenschaftlicher Grundlage. Er ist die erste Gesellschaftsordnung in der Geschichte der Menschheit, die bewußt und zielstrebig, nach wissenschaftlichen Prinzipien und in Übereinstimmung mit den vom Marxismus-Leninismus erkannten Gesetzmäßigkeiten der gesellschaftlichen Entwicklung errichtet wird.

Auch der Kapitalismus bedurfte und bedarf der Wissenschaft: Die kapitalistische Industrieproduktion ist ohne eine gediegene wissenschaftliche Grundlage undenkbar. Sie setzt einerseits eine bestimmte historische Entwicklung der Produktivkräfte – einschließlich der Wissenschaft – voraus und treibt diese andererseits voran.[7] Das Kapital verwandelt den Produktionsprozeß „aus dem einfachen Arbeitsprozeß in einen wissenschaftlichen Prozeß, der die Naturgewalten seinem Dienst unterwirft und sie im Dienst der menschlichen Bedürfnisse wirken läßt".[8] Der wissenschaftliche Charakter des kapitalistischen Produktionsprozesses gründet sich jedoch vornehmlich auf die Anwendung naturwissenschaftlicher Erkenntnisse.[9] Indes verläuft die *gesellschaftliche* Entwicklung *insgesamt* im Kapitalismus spontan. Die Klassiker des Marxismus-Leninismus haben nachgewiesen, daß der für die kapitalistische Produktionsweise charakteristische Wider-

Zum Prozeß der Vergesellschaftung der Wissenschaft vgl. H. Steiner, Der sozialökonomische Charakter der Vergesellschaftung der Wissenschaft als theoretische und methodologische Grundlage für ihre wissenschaftstheoretische Analyse, in: Deutsche Zeitschrift für Philosophie, H. 12/1971

[7] Vgl. K. Marx, Grundrisse der Kritik der politischen Ökonomie, Berlin 1953, S. 587

[8] Ebenda, S. 588

[9] Vgl. zum Beispiel: „Jeder Fortschritt der Chemie vermannigfacht nicht nur die Zahl der nützlichen Stoffe und die Nutzanwendung der schon bekannten, und dehnt daher mit dem Wachstum des Kapitals seine Anlagesphären aus. Er lehrt zugleich die Exkremente des Produktions- und Konsumtionsprozesses in den Kreislauf des Reproduktionsprozesses zurückschleudern, schafft also ohne vorherige Kapitalauslage neuen Kapitalstoff. Gleich vermehrter Ausbeutung des Naturreichtums durch bloß höhere Spannung der Arbeitskraft bilden Wissenschaft und Technik eine von der gegebenen Größe des funktionierenden Kapitals unabhängige Potenz seiner Expansion."
(K. Marx, Das Kapital, in: K. Marx/F. Engels, Werke (MEW), Bd. 23, Berlin 1972, S. 632)

spruch zwischen gesellschaftlicher Produktion und kapitalistischer Aneignung sich u. a. als „Gegensatz zwischen der Organisation der Produktion in der einzelnen Fabrik und der Anarchie der Produktion in der ganzen Gesellschaft“ darstellt.[10] Daran ändern auch gegenwärtige staatsmonopolistische Regulierungsmaßnahmen und Elemente der Planmäßigkeit in bestimmten gesellschaftlichen Teilbereichen im Prinzip nichts. Die Bourgeoisie bringt es nicht zur Erkenntnis der grundlegenden gesellschaftlichen Entwicklungsgesetze. Ihr bürgerlicher Klassenhorizont ist eine für sie unüberwindbare Schranke, die es ihr nicht gestattet, jene Gesetze zu entdecken, auf Grund derer sie als Klasse zum Untergang verurteilt ist. Die Erkenntnis der gesellschaftlichen Entwicklungsgesetze ist nur vom Standpunkt der Arbeiterklasse möglich, deren Klasseninteresse mit dem objektiven gesetzmäßigen Gang der Geschichte zusammenfällt und die selbst Träger und aktiver Gestalter jener revolutionären geschichtlichen Aktion ist, derer es bedarf, um den gesellschaftlichen Entwicklungsgesetzen zum Durchbruch zu verhelfen.

Eine *Wissenschaft* von der Gesellschaft und ihren Bewegungsgesetzen konnte daher erst dann entstehen, als sich das Proletariat als Klasse formiert hatte, als es zum Bewußtsein seiner selbst als Klasse gelangte, als es den Übergang von einer Klasse „an sich“ zu einer Klasse „für sich“ zu vollziehen begann und als in der Person und in den Werken von Marx und Engels dieses Klassenbewußtsein artikuliert wurde und seine theoretische Begründung fand.[11] Marx' Entdeckung der materialistischen Geschichtsauffassung und der ökonomischen Gesellschaftsformationen in der Geschichte gestattete, das Kriterium der Wiederholbarkeit, das zur Erkenntnis gesetzmäßiger Zusammenhänge – gleich ob in der Natur oder in der Gesell-

[10] Vgl. F. Engels, Die Entwicklung des Sozialismus von der Utopie zur Wissenschaft, in: MEW, Bd. 19, Berlin 1972, S. 216

[11] „Gesellschaftswisssenschaft“ wird hier im strengen Sinne des Wortes verstanden, d. h. als theoretische Durchdringung der gesellschaftlichen Entwicklung mit dem Ziel, deren Gesetzmäßigkeiten aufzudecken. Dieses Ziel wurde erstmals mit dem Marxismus erreicht. Versteht man „Gesellschaftswissenschaft“ in einem weniger strengen Sinne als jegliche theoretische Beschäftigung mit gesellschaftlichen Problemen, dann hat es Gesellschaftswissenschaften selbstverständlich auch schon vor dem Marxismus gegeben. In diesem Verständnis leitet der Marxismus die Krise der bürgerlichen Gesellschaftswissenschaften ein; vgl. J. Kuczynski, Studien zur Wissenschaft von den Gesellschaftswissenschaften, Berlin 1972, S. 9ff.

schaft – unabdingbar ist, nun auch bei der Analyse gesellschaftlicher Entwicklungsprozesse anzuwenden. „Erst diese Verallgemeinerung", so schätzt Lenin die Marxsche Entdeckung der ökonomischen Gesellschaftsformation ein, „bot ... die Möglichkeit, von der Beschreibung der gesellschaftlichen Erscheinungen ... zu ihrer streng wissenschaftlichen Analyse überzugehen, ... weil allein die Zurückführung der gesellschaftlichen Verhältnisse auf die Produktionsverhältnisse und dieser wiederum auf den jeweiligen Stand der Produktivkräfte, eine feste Grundlage dafür bot, die Entwicklung der Gesellschaftsformationen als einen naturgeschichtlichen Prozeß darzustellen. Ohne eine solche Anschauung aber kann es selbstverständlich auch keine Gesellschaftswissenschaft geben."[12]

Mit der Entdeckung der materialistischen Geschichtsauffassung durch Marx und Engels wurde der Sozialismus *aus einer Utopie zur Wissenschaft*. Mit der Großen Sozialistischen Oktoberrevolution, durch die revolutionäre Aktion des russischen Proletariats unter Führung seiner Leninschen Kommunistischen Partei, wurde der Sozialismus *aus einer Theorie zur Realität*. Die sozialistische Revolution ist so gewissermaßen die entscheidende „Überleitungsphase" der marxistisch-leninistischen Theorie in die gesellschaftliche Praxis, in die Praxis des revolutionären Handelns der Arbeiterklasse und ihrer Partei. Die weitere Entwicklung des Sozialismus als Realität, als Staat der Diktatur des Proletariats, als politisch, wirtschaftlich und kulturell erstarkender und aufblühender Gesellschaftsorganismus, als sozialistische Staatengemeinschaft war und ist nur möglich als ein auf der Grundlage des Marxismus-Leninismus von der Arbeiterklasse und ihrer Partei geführter und bewußt und planmäßig gestalteter historischer Prozeß. Wer wollte heute, angesichts der Existenz eines sozialistischen Weltsystems, bestreiten, daß die marxistisch-leninistische Theorie die Prüfung durch die historische Praxis glänzend bestanden hat?

Am Beginn der *kapitalistischen* Produktionsweise standen die großen *naturwissenschaftlichen* Entdeckungen der Neuzeit und ihre Anwendung in Technik und Produktion; die *sozialistische* Gesellschaftsordnung ging aus den großen *gesellschaftswissenschaftlichen* Entdeckungen des 19. Jahrhunderts und deren Verbindung mit der revolutionären Arbeiterbewegung hervor. Dieser Sachverhalt, oder auch: dieser *objektive Prozeß*, der gleichermaßen ein Prozeß der Gesellschafts- wie der Wissenschaftsentwicklung ist, ist für die

12 W. I. Lenin, Was sind die „Volksfreunde" und wie kämpfen sie gegen die Sozialdemokraten? In: Werke, Bd. 1, Berlin 1971, S. 131

weitere Wissenschaftsentwicklung im Sozialismus von ausschlaggebender Bedeutung.

Der erfolgreiche Aufbau des Sozialismus als Gesellschaftsordnung verlangt ein hohes Wachstum der Arbeitsproduktivität. Lenin sah die Steigerung der Arbeitsproduktivität als das Ausschlaggebende, das Entscheidende in der Auseinandersetzung mit dem Imperialismus an.[13] In diesem Zusammenhang forderte er, das letzte Wort der Wissenschaft und Technik mit der sozialistischen Produktion zu verbinden und die sozialistische Arbeitsorganisation auf wissenschaftliche Grundlage zu stellen.[14] „Das letzte Wort der Wissenschaft und Technik" zur Steigerung der Arbeitsproduktivität nutzen heißt aber, die *Gesamtheit* der natur- *und* gesellschaftswissenschaftlichen Erkenntnisse rasch und umfassend im Dienste der sozialistischen Gesellschaft zum Einsatz zu bringen.

Der wissenschaftlich-technische Fortschritt ist, wenn auch nicht identisch mit dem gesellschaftlichen Fortschritt, so doch ein untrennbarer Bestandteil desselben. Er steht in engstem Zusammenhang mit Fortschritten in der Entwicklung sowohl der Produktivkräfte als auch der Produktionsverhältnisse der Gesellschaft. Er widerspiegelt einerseits den Grad der Beherrschung der Naturgesetze durch den Menschen und hängt andererseits wesentlich vom Grad der Beherrschung der gesellschaftlichen – insbesondere der ökonomischen – Gesetze der jeweiligen Gesellschaftsordnung ab. Seine Errungenschaften mit den Vorzügen der sozialistischen Gesellschaftsordnung zu verbinden, ist deshalb ohne das enge Zusammenwirken von Natur- und Gesellschaftswissenschaftlern schlechterdings unmöglich: „Die Rolle der Wissenschaft bei der Umgestaltung der gesellschaftlichen Produktion und ihr Einfluß auf alle Seiten des gesellschaftlichen Lebens ist unermeßlich gewachsen. Wie nie zuvor kommt es bei der Lösung dieser Probleme darauf an, die Bemühungen der Naturwissenschaften, der technischen Wissenschaften und der Gesellschaftswissenschaften zu vereinigen ... Ohne die Förderung aller Natur-, technischen und Gesellschaftswissenschaften und die Nutzung ihrer Errungenschaften können die Springquellen des gesellschaftlichen Reichtums nicht zum Fließen gebracht, die materiellen und kulturellen Lebensbedürfnisse der Bürger nicht befriedigt und die entwickelte sozialistische Gesellschaft nicht vollendet werden."[15]

[13] Vgl. W. I. Lenin, Die große Initiative, in: Werke, Bd. 29, Berlin 1971, S. 416 [14] Ebenda, S. 412f.

[15] K. Hager, Sozialismus und wissenschaftlich-technische Revolution, a. a. O., S. 17

Der Sozialismus unterscheidet sich in dieser Beziehung grundsätzlich vom Kapitalismus: Er benötigt und entwickelt *die Wissenschaft in ihrer Gesamtheit,* in der Einheit von Natur- und Gesellschaftswissenschaften. Erst mit dem Sozialismus reifen deshalb im Grunde genommen die Bedingungen für jenen einheitlichen Prozeß der Wissenschaftsentwicklung heran, der die Wissenschaft als Ganzes umfaßt. – Der Sozialismus unterscheidet sich auch in der Beziehung grundsätzlich vom Kapitalismus, daß *er als Ganzes* die Wissenschaft benötigt. Im Sozialismus sind es nicht nur einzelne Teilbereiche der Gesellschaft, die von der Wissenschaft durchdrungen sind und auf wissenschaftlicher Grundlage gestaltet werden. Die sozialistische Gesellschaft kann aus ihrem ganzen Wesen heraus nicht anders als im Ganzen und in *jedem* ihrer Teilbereiche planmäßig, bewußt, zielstrebig und damit gemäß wissenschaftlichen Einsichten und Erkenntnissen gestaltet werden. Die Wissenschaft durchdringt alle Lebensbereiche der sozialistischen Gesellschaft. – Der Sozialismus unterscheidet sich schließlich auch in der Beziehung grundsätzlich vom Kapitalismus, daß er *allen* Mitgliedern der Gesellschaft grundsätzlich die Möglichkeit eröffnet, an der Entwicklung der Wissenschaft in ihrer Gesamtheit aktiven Anteil zu nehmen, selbst wissenschaftlich-schöpferisch tätig zu sein. Die Brechung des kapitalistischen Bildungsmonopols beseitigt jene Schranken, die die Mehrheit des werktätigen Volkes und vor allem der Arbeiterklasse hinderte, sich die neuesten Errungenschaften der Wissenschaft anzueignen und selbst zu ihrer Entwicklung beizutragen. Im Sozialismus ist es die Arbeiterklasse und die mit ihr verbündete und zum großen Teil selbst aus der Arbeiterklasse hervorgegangene sozialistische Intelligenz, die zum gesellschaftlichen Subjekt der Wissenschaftsentwicklung wird. Wissenschaftliche Tätigkeit ist hier Tätigkeit im gesellschaftlichen Auftrag und im Interesse der Arbeiterklasse. Dieser Auftrag erstreckt sich auf Natur- und Gesellschaftswissenschaften gleichermaßen.

Der objektive Prozeß, in dem Natur- und Gesellschaftswissenschaften im Sozialismus immer näher zusammenrücken, ist also eine gesetzmäßige Konsequenz des historischen Übergangs vom Kapitalismus zum Sozialismus und der erfolgreichen Entwicklung der sozialistischen Gesellschaftsordnung. Dieser Prozeß verläuft nicht spontan und unproblematisch. Er *ist eine Konsequenz* – das will zugleich heißen: er *hat Konsequenzen,* die bewußt gezogen und durchgesetzt werden müssen. Sind wir uns in der Vergangenheit dieser Konsequenzen immer vollauf bewußt gewesen und haben wir sie in den konkreten Anforderungen, vor die uns die Wissenschaftsleitung gestellt hat, immer berücksichtigt? Sind die Ergebnisse der bisherigen Wissenschaftsforschung nicht vorwiegend ein Spiegelbild der Entwicklung in den Naturwissenschaften?[16] Begeben wir uns mit einer solchen Anlage unserer wissenschaftstheoretischen Forschungen nicht in das Fahrwasser bürgerlicher Wissenschaftsforschung, die diesen Mangel der Einseitigkeit aus ideologischen Gründen gar nicht als Mangel empfindet? Wo sind – außer J. Kuczynskis „Studien ..." – die marxistisch-leninistischen Arbeiten, die der Spezifik gesellschaftswissenschaftlicher Forschung gewidmet sind? Einheit von Natur- und Gesellschaftswissenschaften bedeutet ja nicht, daß jeglicher Unterschied zwischen ihnen verschwindet: in der Leitung und Planung, in der Erkenntnisgewinnung, in den Ergebnisformen, der Finanzierung, in der Einschätzung ihrer Effektivität usw.

Die Einheit von Natur- und Gesellschaftswissenschaften, aufgefaßt nicht als statischer und lediglich erstrebenswerter Zustand, sondern als dialektisch-widersprüchlicher Prozeß, als Einheit im Unterschied, ist in erster Linie ein ideologisches und politisches Problem. Eine marxistisch-leninistische Wissenschaftstheorie muß dieses Problem von seiner theoretischen und praktischen Seite her aufgreifen: Sie muß nicht nur Abhandlungen über die Einheit von Natur- und Gesellschaftswissenschaften verfassen, sondern vor allem Wege weisen, wie diese Einheit bewußt und in den richtigen Formen gestaltet und entwickelt werden kann, und sie in der praktischen Wissenschaftspolitik und -leitung durchsetzen helfen.

II

Der Prozeß des sich verstärkenden Zusammenwirkens von Natur- und Gesellschaftswissenschaften im Sozialismus demonstriert, daß die Wissenschaftsentwicklung nicht in einem ihr gleichsam äußerlich auferlegten gesellschaftlichen Bezugsrahmen verläuft, sondern untrennbarer Bestandteil der sozialistischen Gesellschaftsentwicklung ist. Als wichtige Produktivkraft, als Instrument der Leitung der gesellschaftlichen Entwicklungsprozesse, als Entwicklungssphäre sozialistischer Persönlichkeiten und damit als Bestandteil des gesellschaftlichen Reproduktionsprozesses muß die Wissenschaftsentwicklung im Sozialismus genauso planmäßig gestaltet werden wie die der übrigen Lebensbereiche der sozialistischen Gesellschaft. So wie die

[16] J. Kuczynski führt dafür einige überzeugende Belege an; vgl. Studien zur Wissenschaft von den Gesellschaftswissenschaften, a. a. O., S. 10ff.

sozialistische Gesellschaft sich als Ganzes nur unter der zielbewußten Führung der Arbeiterklasse und ihrer marxistisch-leninistischen Partei entwickelt, so muß auch die Entwicklung der Wissenschaft bewußt und zielstrebig im Interesse und zum Wohle der Arbeiterklasse gestaltet werden. Die Wissenschaftspolitik der Partei der Arbeiterklasse ist deshalb immanenter Bestandteil ihrer gesamten Politik. Ziel der sozialistischen Wissenschaftspolitik ist es, das grundlegende Ziel der Arbeiterklasse – den Aufbau der sozialistischen und kommunistischen Gesellschaft – mit den Mitteln der Wissenschaft sichern zu helfen und zu diesem Zweck eine planmäßige proportionale Entwicklung der Wissenschaft zu gewährleisten, Wissenschaft und Produktion, Wissenschaft und gesellschaftliche Praxis im weitesten Sinne immer besser und effektiver miteinander zu verbinden.

Die Arbeiterklasse in den sozialistischen Ländern hat sich hohe Ziele gesetzt. Auf den Parteitagen der Bruderparteien der Länder der sozialistischen Staatengemeinschaft wurde die Hauptaufgabe beim Aufbau der entwickelten sozialistischen Gesellschaft in diesen Ländern im Prinzip einheitlich formuliert: Sie besteht in der weiteren Erhöhung des materiellen und kulturellen Lebensniveaus des Volkes auf der Grundlage eines hohen Entwicklungstempos der sozialistischen Produktion und der Erhöhung ihrer Effektivität, des wissenschaftlich-technischen Fortschritts und des Wachstums der Arbeitsproduktivität.[17] Das aus dem humanistischen Wesen des Sozialismus resultierende Ziel unserer gesellschaftlichen Entwicklung – die weitere Erhöhung des materiellen und kulturellen Lebensniveaus des Volkes, die ständig bessere Befriedigung seiner materiellen und geistig-kulturellen Bedürfnisse – und die Mittel zur Verwirklichung dieses Zieles – ein hohes Entwicklungstempo der Produktion, die Erhöhung der Effektivität, der wissenschaftlich-technische Fortschritt, das Wachstum der Arbeitsproduktivität – werden in der Hauptaufgabe in ihrem unauflöslichen Zusammenhang bezeichnet. Doch auch die Mittel selbst sind nicht unabhängig voneinander, denn die Steigerung der Effektivität der sozialistischen Produktion und das Wachstumstempo der Arbeitsproduktivität stehen im engsten Zusammenhang mit Fortschritten, die in Wissenschaft und Forschung erzielt werden. L. I. Breshnew schätzte deshalb auf dem XXIV. Parteitag der KPdSU ein, daß „sowohl vom Standpunkt der laufenden Aufgaben als auch der langfristigen Perspektiven die Beschleunigung des wissenschaft-

[17] Vgl. E. Honecker, Bericht des Zentralkomitees an den VIII. Parteitag der SED, Berlin 1971, S. 47

lich-technischen Fortschritts an die erste Stelle" rückt[18], daß also die Steigerung der Produktivität der gesellschaftlichen Arbeit in hohem Maße von Fortschritten in Wissenschaft und Forschung und von der raschen Überführung ihrer Ergebnisse in die Produktion abhängt. Sowohl der XXIV. Parteitag der KPdSU als auch der VIII. Parteitag der SED und die nachfolgenden Plenartagungen des ZK der SED[19] widmeten deshalb den Problemen der Wissenschaftsentwicklung, den Gesetzmäßigkeiten des wissenschaftlich-technischen Fortschritts, seiner Leitung und Planung, aber auch den Prinzipien der Organisation wissenschaftlicher Tätigkeiten, den Faktoren, die eine Erhöhung der schöpferischen Möglichkeiten der Wissenschaftler bewirken, der schnellen und effektiven Überführung wissenschaftlicher Ergebnisse in die materielle Produktion u. a. erhöhte Aufmerksamkeit. Genosse Breshnew nannte den Fortschritt von Wissenschaft und Technik einen „Haupthebel für die Schaffung der materielltechnischen Basis des Kommunismus".[20]

Wie aber kann der wissenschaftlich-technische Fortschritt beschleunigt werden? Welchen Entwicklungsgesetzmäßigkeiten unterliegt er, die wir kennen müssen, um ihn beschleunigen zu können? Auf diese Frage kann heute noch keine umfassende und vollständige Antwort gegeben werden. Klar ist jedoch, daß die Beschleunigung des wissenschaftlich-technischen Fortschritts nicht allein von der Höhe der aufgewendeten finanziellen Mittel und der Anzahl der in Wissenschaft und Technik tätigen Kader abhängt, ja daß diese Abhängigkeit nicht einmal in jedem Falle eine direkte zu sein braucht. Das Problem liegt vielmehr darin, die zur Verfügung stehenden Mittel in den richtigen, d. h. perspektivreichsten Richtungen der Entwicklung von Wissenschaft und Technik einzusetzen, für diese Forschungsrichtungen die nötige Anzahl von Kadern mit der nötigen Qualifikation zur Verfügung zu haben, die wissenschaftlichen Kollektive entsprechend den zu lösenden Aufgaben richtig zu komplettieren, Grundlagenforschung und angewandte Forschung im richtigen Verhältnis zu entwickeln, Zwischenergebnisse der Forschung in kürzesten Fristen in die gesellschaftliche Praxis zu überführen, neue effektive Formen des Zusammengehens von Wissenschaft und Produktion zu finden; kurz gesagt:

[18] L. I. Breshnew, Rechenschaftsbericht des Zentralkomitees der KPdSU an den XXIV. Parteitag, Moskau/Berlin 1971, S. 76

[19] Vgl. insbesondere die Materialien der 4. Tagung des ZK der SED, Berlin 1972

[20] L. I. Breshnew, Rechenschaftsbericht des Zentralkomitees der KPdSU an den XXIV. Parteitag, a. a. O., S. 78

„Das Wichtigste ist, unsere nicht geringen, aber auch nicht unbegrenzten wissenschaftlichen Kräfte und Mittel so einzusetzen, daß sie uns bei der Steigerung der Arbeitsproduktivität bedeutend voranhelfen und einen reichen wissenschaftlichen Ertrag bringen."[21] Der Schlüssel zur Lösung dieser Probleme aber heißt *Intensivierung der wissenschaftlichen Tätigkeit.*

Der Prozeß der Intensivierung der wissenschaftlichen Tätigkeit und seine bewußte Durchsetzung werfen eine Vielzahl von Problemen auf, die im Grunde auf eine Frage hinauslaufen: Wie kann die Produktivität der wissenschaftlichen Tätigkeit gesteigert werden? „Der volkswirtschaftliche Nutzeffekt des wissenschaftlich-technischen Potentials", so heißt es in der Direktive des VIII. Parteitages, „ist vor allem durch die Steigerung der Produktivität der geistig-schöpferischen Arbeit zu erhöhen."[22] Die Direktive wirft diese Frage nun allerdings nicht nur auf, sondern weist zugleich Wege und Bedingungen, auf bzw. unter denen eine Produktivitätssteigerung der wissenschaftlichen Arbeit möglich ist.

Solche Bedingungen einer produktiven wissenschaftlichen Forschungsarbeit sind insbesondere – neben der richtigen Auswahl und Festlegung der Forschungsprobleme – die systematische Bereitstellung der wissenschaftlich-technischen Informationen, die Anwendung produktiver Forschungsmethoden, ein rationeller Ablauf der wissenschaftlich-technischen Arbeiten, die Gewährleistung einer schöpferischen Arbeitsatmosphäre und die planmäßige Erarbeitung vielseitig nutzbarer Lösungen.[23] – In engem Zusammenhang damit stehen solche Aufgaben wie die Verbesserung der Grundfondsökonomie in den wissenschaftlichen Einrichtungen, die effektivere Nutzung und Gestaltung des vorhandenen Wissenschaftspotentials, die Konzentration der Forschung auf die Lösung volkswirtschaftlich entscheidender Aufgaben, die bessere Ausnutzung wissenschaftlicher Ausrüstungen einschließlich der Informationseinrichtungen, die Schaffung richtiger Proportionen zwischen Forschung, Entwicklung, Konstruktion, Projektierung, Technologie und Überleitung der Ergebnisse in die Produktion, die Entwicklung der engen Wissenschaftskooperation mit der UdSSR und den anderen sozialistischen Ländern u. a.[24]

[21] E. Honecker, Bericht des Zentralkomitees an den VIII. Parteitag der SED, a. a. O., S. 47

[22] Direktive des VIII. Parteitages der SED zum Fünfjahrplan für die Entwicklung der Volkswirtschaft der DDR 1971 bis 1975, in: Dokumente des VIII. Parteitages der SED, Berlin 1971, S. 60

[23] Vgl. Ebenda, S. 60 [24] Vgl. Ebenda, S. 60–61

Bei all diesen Aufgaben handelt es sich sowohl um solche, die für die Intensivierung der schöpferischen Tätigkeit des einzelnen Wissenschaftlers oder einzelner Forscherkollektive als auch für die Tätigkeit ganzer wissenschaftlicher Einrichtungen bzw. für die Gestaltung ganzer Wissenschaftspotentiale entscheidend sind. Sie so zu lösen, daß die Wissenschaft in einer dem Sozialismus gemäßen Weise ihre Rolle als wichtige Grundlage, als Bestandteil und als entscheidender Entwicklungsfaktor der sozialistischen Gesellschaft zu erfüllen vermag, erfordert eine solide theoretische Grundlage.

Um zum Beispiel eine richtige Auswahl und Festlegung der perspektivreichsten Richtungen des wissenschaftlich-technischen Fortschritts und der vorrangig zu lösenden Forschungsprobleme vornehmen zu können, bedürfen wir der Kenntnis der grundlegenden Entwicklungsgesetzmäßigkeiten des wissenschaftlich-technischen Fortschritts, effektiver Methoden für die Prognostizierung der Wissenschaftsentwicklung insgesamt und einzelner ihrer Disziplinen im besonderen, müssen wir wissen, wie und mit welchen Methoden die Prognoseresultate zu bewerten sind, damit Fehleinschätzungen vermieden werden können usw. Um die notwendigen wissenschaftlich-technischen Informationen systematisch, d. h. rechtzeitig und vollständig, bereitzustellen, bedarf es der Kenntnis der Gesetze, nach denen Informationen gewonnen, verarbeitet und weitergegeben werden, ist es notwendig, den Informationsaspekt wissenschaftlicher Erkenntnisse gründlich zu erforschen. Um produktive Forschungsmethoden zur Anwendung zu bringen, bedarf es der Klärung dessen, was eine Methode ist, wodurch sich Methoden von anderen in der Forschung angewandten Verfahren unterscheiden, was eine Forschungsmethode im Unterschied zu Methoden, die in anderen Bereichen der gesellschaftlichen Praxis eine Rolle spielen, kennzeichnet, in welcher Beziehung eine anzuwendende Forschungsmethode zu dem jeweils zu lösenden Problem steht, in welchem Verhältnis allgemeine und spezielle Methoden in der wissenschaftlichen Forschung stehen usw., d. h. bedarf es der allseitigen Ausarbeitung der Methodologie der wissenschaftlichen Forschung. Um einen rationellen Ablauf der wissenschaftlich-technischen Arbeit zu gewährleisten, muß bekannt sein, nach welchen Prinzipien eine solche rationelle Organisation zu erfolgen hat, d. h. müssen die Gesetzmäßigkeiten einer planmäßigen und proportionalen Entwicklung des wissenschaftlich-technischen Potentials bekannt sein, aber auch, welche Besonderheiten die kollektive wissenschaftliche Arbeit auszeichnen, in welchem Verhältnis individuelle und kollektive Arbeit, disziplinäre und interdisziplinäre Forschung zueinander stehen müssen, nach welchen Prinzipien die Auswahl wissenschaftlicher Kader zu erfolgen hat, welchen Anforderungen Mitglieder und Leiter wissenschaftlicher Forscherkollektive unterliegen usw. Um eine schöpferische Arbeitsatmosphäre in den Forscherkollektiven zu gewährleisten, bedürfen wir der Kenntnis dessen, was wissenschaftliches Schöpfertum ist, welche Faktoren es beeinflussen (fördern oder hemmen), nach welchen inneren psychischen Mechanismen sich der wissenschaftlich-schöpferische Prozeß vollzieht, wie sich Gesellschaftliches und Individuelles, Historisches und Logisches, Logisches und Psychologisches im wissenschaftlichen Schaffensprozeß zueinander verhalten usw.

Jedes der hier genannten Probleme erfordert zu seiner Lösung umfassende theoretische und praktische Anstrengungen. Oft zeigt es sich dabei, daß sich hinter dem einen Problem eine Vielzahl anderer, nicht minder komplizierter Probleme verbirgt, daß die Lösung des einen Problems viele neue aufwirft usw. Nehmen wir z. B. „die Schaffung richtiger Proportionen zwischen Forschung, Entwicklung, Konstruktion, Projektierung, Technologie und Überleitung der Ergebnisse in die Produktion". Diese Aufgabenstellung umfaßt einen großen Komplex zu lösender Probleme, von denen hier nur das Verhältnis von Grundlagenforschung und angewandter Forschung genannt werden soll.

Das Problem beginnt bereits beim Verständnis dessen, was als Grundlagenforschung und was als angewandte Forschung anzusehen ist, worin die spezifischen Funktionen der Grundlagenforschung bestehen, ob die Planung der Grundlagenforschung gegenüber der Planung der angewandten Forschung eine Spezifik aufweist und wenn ja, worin diese besteht usw. Hierüber sind gerade in jüngster Zeit viele Überlegungen angestellt worden.[25] Die Unterscheidung zwischen

[25] Vgl. zum Beispiel D. M. Gvišiani, S. R. Mikulinskij, Naučno-techničkaja revoljucija i socialnyj progress, in: Kommunist, H. 17/1971; J. S. Meleščenko, Sootnošenije fundamentalnych i prikladnych nauk v uslovijach naučno-techničeskoj revoljucii, in: Problemy dejatelnosti učenogo i naučnych kollektivov, Leningrad 1971;
R. Radulet, K voprosu o klassifikacii naučnych issledovanij, in: Upravlenije, planirovanije i organizacija naučnych i techničeskich issledovanij, Bd. 2, Moskau 1971;
I. Zacharijev, Značenije fundamentalnych naučnych issledovanij dlja razvitija narodnogo chozjaistva NRB, in: Ebenda;
B. M. Kedrov, Sootnošenije fundamentalnych i prikladnych nauk, in: Voprossy filosofii, H. 2/1972

Grundlagenforschung und angewandter Forschung wird im allgemeinen als unbefriedigend empfunden; es werden neue Klassifikationsversuche der Typen von Forschungstätigkeiten vorgeschlagen.[26] Wie man die Unterscheidungskriterien auch immer wählen mag, so bleibt als Kern des Problems das Verhältnis von theoretischem Vorlauf an Erkenntnissen, der von der Grundlagenforschung erwartet wird, und dessen Umsetzung in die Produktion und gesellschaftliche Praxis, für die die angewandte Forschung wesentliche Voraussetzungen erbringen muß. Grundsätzlich gilt für dieses Verhältnis: „Eine nur auf die Bedürfnisse der nächsten Jahre orientierte Wissenschaft wäre ... dem Sozialismus ebensowenig angemessen wie eine Wissenschaft, die ausschließlich auf die Zukunft orientiert ist."[27] Daraus folgt, daß das Verhältnis von Grundlagenforschung und angewandter Forschung ein dialektisch-widersprüchliches ist. Die sozialistische Gesellschaft ist einerseits an einem möglichst großen Erkenntnisvorlauf interessiert, der ihr abrufbar zur Verfügung steht; je größer dieser Vorlauf ist, um so größer sind die Möglichkeiten der Gesellschaft, die bei der Befriedigung der materiellen und geistig-kulturellen Bedürfnisse des Volkes in der Produktion, in Wissenschaft und Technik, in Bildung, Kultur und Kunst auftretenden Probleme zu lösen. Andererseits muß die sozialistische Gesellschaft aber daran interessiert sein, den Erkenntnisvorlauf, der ja im Grunde genommen ein Vorrat an noch ungenutzten Erkenntnissen ist, so klein wie möglich zu halten: Ungenutztes, brachliegendes Wissen ist nur potentielle Produktivkraft, gibt nur die Möglichkeit zur gesellschaftlichen Aktion. Diese Möglichkeiten aber voll auszuschöpfen, das Wissen zur realen Produktivkraft werden zu lassen, es in der Produktion und allen anderen Lebensbereichen der entwickelten sozialistischen Gesellschaft effektiv zu nutzen, das ist der eigentliche Zweck jeder Forschungstätigkeit im Sozialismus. Der Widerspruch besteht also darin, daß einerseits ein möglichst großer Erkenntnisvorlauf vorhanden sein muß, andererseits dieser Vorlauf so klein wie möglich gehalten werden muß, daß er so weit wie möglich und so schnell wie möglich zur Steigerung der Arbeitsproduktivität genutzt werden muß. Philosophisch gesehen handelt es

[26] Vgl. zum Beispiel V. I. Duženkov, Über die Klassifizierung der Typen der wissenschaftlichen Forschung und die Beziehungen zwischen ihnen, in: Wissenschaft. Studien zu ihrer Geschichte, Theorie und Organisation, Berlin 1972

[27] K. Hager, Sozialismus und wissenschaftlich-technische Revolution. a. a. O., S. 17

sich hier um einen nichtantagonistischen Widerspruch, der sich unter entsprechenden Bedingungen, d. h. bei einer klugen, weitsichtigen und zugleich praxisnahen Wissenschaftspolitik nicht zum Konflikt ausweitet. Wie und mit welchen Mitteln er zu lösen ist, darüber hätten – was den philosophischen Aspekt des Problems angeht – die marxistisch-leninistischen Philosophen, die sich mit Problemen der Wissenschaftsentwicklung und der wissenschaftlichen Tätigkeit beschäftigen, Aussagen zu treffen. Mathematisch gesehen handelt es sich bei der richtigen Gestaltung dieses widersprüchlichen Verhältnisses um ein Optimierungsproblem. Seine wissenschaftstheoretische Analyse kann auf diesen Aspekt nicht verzichten. In ökonomischer Sicht stellen sich hier gleich einige Probleme: Wie können die Effektivität, der volkswirtschaftliche und gesellschaftliche Nutzen der Grundlagenforschung einerseits und der angewandten Forschung andererseits gemessen werden? Wie muß dementsprechend die Verteilung der finanziellen und materiellen Aufwendungen für die Grundlagenforschung und die angewandte Forschung vorgenommen werden? Wie kann das unvermeidliche Risiko in der Grundlagenforschung möglichst gering gehalten werden? u. a. Auch die Wissenschaftsgeschichte vermag nicht unwesentlich zur Lösung des Problems beizutragen, indem sie Antworten z. B. auf die Fragen sucht: Wie gestaltete sich das Verhältnis von Grundlagenforschung und angewandter Forschung in bestimmten Wissenschaftsdisziplinen, in bestimmten Ländern und in bestimmten Perioden der Wissenschaftsgeschichte? Welche Faktoren hatten Einfluß auf dieses Verhältnis? Wie wurde es jeweils gelöst und wie hat sich diese Lösung bewährt? usw. Das Beispiel zeigt, daß die Ausarbeitung dieses, aber auch vieler anderer – wenn nicht aller – Probleme des wissenschaftlich-technischen Fortschritts großer Anstrengungen seitens der Vertreter einer ganzen Reihe wissenschaftlicher Disziplinen bedarf. Philosophen, Ökonomen, Soziologen und Historiker sind durch sie genau so angesprochen wie Psychologen, Kybernetiker, Mathematiker u. a.[28] Entscheidend für die Art und Weise, in der diese Probleme heute bearbeitet werden müssen, ist jedoch, daß sie nicht unabhängig voneinander sind, sondern in engstem Zusammenhang miteinander stehen. Es kommt deshalb nicht darauf an, z. B. das Problem des wissenschaftlichen Schöpfertums ausschließlich als ein psychologisches Problem zu sehen und es losgelöst von den gesellschaftlichen, weltanschaulichen und auch

[28] Vgl. K. Hager, Sozialismus und wissenschaftlich-technische Revolution, a. a. O., S. 58

organisatorischen Aspekten des Schöpfertums zu behandeln[29], oder die rationelle Organisation des wissenschaftlich-technischen Arbeitsprozesses nur als eine Frage des Einsatzes geeigneter formaler oder technischer Instrumentarien, des Aufbaus von Organisationsmodellen, Leitungssystemen usw. anzusehen. Vielmehr sehen wir uns vor die Aufgabe gestellt, das vielschichtige und komplexe Objekt Wissenschaft zum Gegenstand einer ebenso komplexen Erforschung mit Hilfe von Methoden ganz unterschiedlicher disziplinärer Herkunft zu machen, in interdisziplinärer Zusammenarbeit die Probleme der Wissenschaftsentwicklung und des wissenschaftlich-technischen Fortschritts allseitig und unter Beachtung ihrer wechselseitigen Verflechtungen auszuarbeiten.

III

Der Intensivierungsprozeß der wissenschaftlichen Tätigkeit steht in engem Zusammenhang mit einem anderen Grundprozeß der gesellschaftlichen Entwicklung im Sozialismus: dem der Integration der sozialistischen Wissenschaft im internationalen Maßstab. Er eröffnet für die Intensivierung der Wissenschaftsentwicklung und für die Beschleunigung des wissenschaftlich-technischen Fortschritts in den einzelnen sozialistischen Ländern zusätzliche Reserven.

Das Wesen dieses Integrationsprozesses ergibt sich unmittelbar aus dem internationalistischen Wesen des Sozialismus selbst. Der Aufbau der sozialistischen und kommunistischen Gesellschaft stellt die Arbeiterklasse und ihre marxistisch-leninistischen Parteien in den einzelnen Ländern der sozialistischen Staatengemeinschaft vor prinzipiell gleiche Aufgaben. Er erfolgt auf der Grundlage allgemeiner Gesetzmäßigkeiten der gesellschaftlichen Entwicklung, die es unter Führung der marxistisch-leninistischen Parteien und unter den konkreten historischen, politischen, ökonomischen und nationalen Besonderheiten und Bedingungen des betreffenden Landes durchzusetzen gilt. Die Gemeinsamkeit der Produktionsverhältnisse, des gesellschaftlichen Eigentums an den Produktionsmitteln, die führende Rolle der Arbeiterklasse, die gemeinsame marxistisch-leninistische Ideologie, die gemeinsamen Grundinteressen im politischen, ökonomischen und ideologischen Klassenkampf mit dem Imperialismus

[29] Vgl. D. M. Gvišiani, S. R. Mikulinskij, M. G. Jaroševskij, Socialnyje i psichologičeskije aspekty izučenija dejatelnosti učenogo, in: Voprosy filosofii, H. 3/1971, S. 83–92

bestimmen den internationalistischen Charakter des Sozialismus und sind die Grundlage für die fortschreitende Integration, die sich zwischen den Ländern der sozialistischen Staatengemeinschaft auf ökonomischem, wissenschaftlich-technischem und anderen Gebieten gegenwärtig vollzieht.

Mit dem im Juli 1971 von allen Mitgliedstaaten des RGW kollektiv ausgearbeiteten und beschlossenen „Komplexprogramm für die weitere Vertiefung und Vervollkommnung der Zusammenarbeit und Entwicklung der sozialistischen ökonomischen Integration“[30] ist die im RGW vereinigte Staatengemeinschaft sozialistischer Länder in eine qualitativ neue Entwicklungsetappe eingetreten. Die sich vollziehenden Integrationsprozesse gewinnen in dieser Etappe immer mehr Einfluß auch auf die inneren gesellschaftlichen Entwicklungsprozesse der einzelnen Länder.[31] Genosse Erich Honecker machte darauf aufmerksam, daß hieraus neue Ansprüche an die theoretische Erforschung der diesen Vorgängen zugrunde liegenden Gesetzmäßigkeiten und der mit ihnen verbundenen Konsequenzen erwachsen.[32]

Eine dieser Konsequenzen besteht unseres Erachtens darin, daß die wirtschaftliche Integration auch von einer entsprechenden Entwicklung der wissenschaftlichen und der wissenschaftlich-technischen Zusammenarbeit begleitet sein muß: „Wir sollten stets davon ausgehen, daß, so wie der Sozialismus seinem Wesen nach internationalistisch ist, auch die Wissenschaft in den sozialistischen Ländern gemeinsam entwickelt werden muß.“[33] Es geht dabei um mehr als nur um die weitere quantitative Ausdehnung und Verbesserung der schon bestehenden Zusammenarbeit und der Kooperationsbeziehungen auf wissenschaftlichem Gebiet. Der Prozeß der sozialistischen Integration der Wissenschaft, der sich in seinen Anfängen gegenwärtig abzeichnet, entspricht einerseits dem internationalistischen Charakter der sozialistischen Wissenschaft und setzt andererseits für die Entwicklung von Wissenschaft und Forschung in den sozialistischen Ländern neue qualitative Maßstäbe.

Entsprechend dem einheitlichen Charakter der Produktionsverhältnisse, unter denen sie sich entwickeln, sind Stellung, Funktion und Aufgaben der Wissenschaft in den sozialistischen Ländern im

[30] Vgl. Dokumente. RGW, Berlin 1971

[31] Vgl. E. Honecker, Fragen von Wissenschaft und Politik in der sozialistischen Gesellschaft, Berlin 1972, S. 12

[32] Vgl. Ebenda

[33] K. Hager, Aus den Diskussionsreden auf der 4. Tagung des ZK der SED, Berlin 1972, S. 44

Prinzip gleichartig. Die sozialistische Wissenschaft ist daher nicht nur hinsichtlich der Geltung ihrer Forschungsergebnisse international – diese Qualität erwirbt die Wissenschaft nicht erst in ihrem sozialistischen Entwicklungsstadium –, sondern zugleich hinsichtlich ihres sozialen Charakters internationalistisch. Diese Qualität der Wissenschaft ist prinzipiell neuartig und kann geschichtlich erst dann entstehen, wenn wissenschaftliche Tätigkeit auf dem bewußten Standpunkt der Arbeiterklasse und in deren Interesse durchgeführt wird. Der engere Zusammenschluß der sozialistischen Länder auch auf dem Gebiet von Wissenschaft und Forschung ist also nicht eine zeitweilige, aus taktischen politischen Erwägungen resultierende Maßnahme, sondern ein objektives Erfordernis sowohl der Gesellschaftsentwicklung im Sozialismus als auch der Entwicklung der sozialistischen Wissenschaft. Für die sozialistische Wissenschaftsintegration gilt deshalb ebenso wie für die ökonomische Integration, daß sie „Ausdruck eines objektiven gesetzmäßigen Prozesses" ist.[34]

Die wissenschaftspolitischen Konsequenzen dieses Prozesses und die durch ihn aufgeworfenen theoretischen Probleme sind vielgestaltig. Unter den Bedingungen der sozialistischen Wissenschaftsintegration wird es immer dringlicher, die Wissenschaft nicht nur in den gesellschaftlichen Reproduktionsprozeß eines jeden sozialistischen Landes, sondern zugleich in den Reproduktionsprozeß der *ganzen* sozialistischen Staatengemeinschaft zu integrieren, der gegenüber seinen nationalen Komponenten qualitativ neue Züge aufweist. Das aber bedeutet, „daß wir bei der Ausarbeitung der Aufgaben und Ziele der Forschung und der Nutzung ihrer Ergebnisse nicht allein von den Bedürfnissen des gesellschaftlichen Reproduktionsprozesses *eines* Landes ausgehen dürfen, sondern entsprechend dieser Arbeitsteilung den Reproduktionsprozeß *aller* RGW-Länder berücksichtigen müssen".[35] Die von den marxistisch-leninistischen Parteien der betreffenden Länder auf ihren Parteitagen im Prinzip einheitlich formulierte Hauptaufgabe, in der die Beschleunigung des wissenschaftlich-technischen Fortschritts als ein wesentliches Mittel zur Erreichung des gesellschaftlichen Hauptziels genannt ist, muß als eine internationale Aufgabe der sozialistischen Entwicklung verstanden werden. Die Wissenschaftsziele eines einzelnen sozialistischen Landes können deshalb nicht nur in Abhängigkeit von den eigenen Bedürfnissen be-

[34] E. Honecker, Fragen von Wissenschaft und Politik in der sozialistischen Gesellschaft, a. a. O., S. 12

[35] H. Klare, Die Wissenschaft und die gesellschaftliche Entwicklung im Sozialismus, Berlin 1972, S. 11f.

stimmt werden; auf vielen wichtigen Gebieten werden wissenschaftliche und wissenschaftlich-technische Gesamtziele der sozialistischen Staatengemeinschaft ausgearbeitet, zu deren Realisierung die Wissenschaftspotentiale der einzelnen Länder kooperativ und arbeitsteilig zusammenwirken. Das stellt die wissenschaftsprognostische Arbeit und die perspektivische Planung im Bereich von Wissenschaft und Forschung vor grundlegend neue Aufgaben; die effektive Gestaltung nationaler Wissenschaftspotentiale nimmt neue Züge an; Probleme der Überleitung von Forschungsergebnissen in die Produktion erscheinen in neuem Lichte; das Informations- und Dokumentationswesen steht vor neuen Aufgaben und Möglichkeiten usw. All das sind neuartige Probleme, die einer speziellen gesellschaftswissenschaftlichen und wissenschaftstheoretischen Untersuchung bedürfen.

Eines der wichtigsten und zugleich schwierigsten Probleme in diesem Zusammenhang betrifft die theoretischen Grundlagen für die Ausarbeitung einer internationalen sozialistischen Strategie auf dem Gebiet der Grundlagenforschung. Die Grundlagenforschung ist für die sozialistische Gesellschaft insofern von besonderer Bedeutung, als ihre Ergebnisse nicht nur beitragen, bestehende Produktionsverfahren, -methoden und Technologien zu verbessern (Rationalisierungs- bzw. Intensivierungseffekt), also den normalen wissenschaftlich-technischen Fortschritt in quantitativer und qualitativer Hinsicht voranzubringen, sondern vor allem, weil sie berufen ist, grundlegend neue Erkenntnisse über bisher unbekannte Gesetzmäßigkeiten, Prozesse und Eigenschaften der Materie und ihrer verschiedenen Bewegungs- und Strukturformen zutage zu fördern, deren Nutzung und Beherrschung eine revolutionierende Wirkung auf die Entwicklung der Produktivkräfte und der anderen Lebensbereiche der sozialistischen Gesellschaft auszuüben vermögen. Erfolge in der Grundlagenforschung hängen in wesentlichem Maße von einer breiten Förderung der Wissenschaft im Ganzen sowie von einer richtigen Schwerpunktbildung in der Forschung ab. Die Vorzüge der sozialistischen Gesellschaftsordnung gegenüber dem staatsmonopolistischen Kapitalismus offenbaren sich in dieser Frage darin, daß weder die Förderung der Gesamtheit der wissenschaftlichen Disziplinen noch die Schwerpunktorientierung der Forschung durch partikuläre Interessen des Monopolkapitals, der Rüstung u. a. bestimmt sind, sondern durch die gesamtgesellschaftlichen Bedürfnisse und Interessen der sozialistischen Gesellschaft, die mit denen der führenden Arbeiterklasse übereinstimmen.

Die nationalen Forschungsstrategien der kapitalistischen Länder sind durch das Bestreben gekennzeichnet, die jeweiligen eigenen politischen, ökonomischen und militärischen Positionen gegenüber den sozialistischen Staaten, aber auch gegenüber anderen kapitalistischen Staaten oder Staatengruppen auszubauen. Die im Prinzip als notwendig und zweckmäßig befundene, z. T. erst angestrebte, z. T. aber auch schon realisierte Wissenschaftskooperation stößt – ungeachtet der Erfolge bei der Entwicklung bi- oder auch trilateraler Beziehungen – immer wieder auf Schwierigkeiten und Hindernisse, sobald sie innen-, außen- oder militärpolitische Interessen der einzelnen Staaten berührt. Der Bundesbericht IV der Regierung der BRD enthält hierzu folgende bemerkenswerte Einschätzung: „Die europäische Zusammenarbeit in Forschung und Entwicklung war in den letzten Jahren nicht durch wirkliche Erfolge gekennzeichnet. Je enger die angestrebte Kooperation und je stärker wissenschaftspolitische mit außen- und ordnungspolitischen Zielen verknüpft wurden, desto schwieriger erwies sich die Zusammenarbeit."[36] Die Erfahrungen der letzten Jahre besagen, daß in der wissenschaftlichen Zusammenarbeit der europäischen kapitalistischen Länder häufig von Anfang an eine Übereinstimmung in den politischen und/oder sachlichen Zielstellungen fehlte. Dort, wo diese Übereinstimmung ursprünglich vorhanden gewesen war, fiel sie mit der Zeit weg bzw. politische Zielvorgaben wurden sachlich nicht ausgefüllt. „Die europäischen Zielvorstellungen", so heißt es in dem Bericht, wurden insbesondere in den sechziger Jahren „durch eine zunehmende Betonung der nationalstaatlichen Souveränität in Frage gestellt"; desgleichen wurde „durch die Aufstellung nationaler Forschungs- und Entwicklungsprogramme ... die bestehende europäische Zusammenarbeit, z. B. bei EURATOM, in Frage gestellt"; „sektorale europäische Sonderorganisationen" wurden geschaffen, die die Zuordnung zu einer „zusammenhängenden europäischen Forschungspolitik" erschwerten, und durch die Entwicklung bi- und trilateraler Zusammenarbeit wurde „teilweise die Realisierung laufender europäischer Programme beeinträchtigt" usw. Als Fazit dieser Analyse konstatiert der Bundesforschungsbericht IV insgesamt eine „Stagnation des Integrationsprozesses in der zweiten Hälfte der sechziger Jahre".[37]

Die Wissenschaftsintegration der sozialistischen Staaten wird nicht durch gegensätzliche politische oder ökonomische, innen- oder außen-

[36] Bundesbericht Forschung IV. Deutscher Bundestag. 6. Wahlperiode. Drucksache VI/3251, Bonn, 13. 3. 1972, S. 59

[37] Vgl. Ebenda

politische Interessen beeinträchtigt. Die grundsätzliche Übereinstimmung der politischen, ökonomischen und ideologischen Zielstellungen wirkt als Stimulus der Wissenschaftsintegration. Ökonomische und wissenschaftlich-technische Integration gehen Hand in Hand, bedingen und fördern sich gegenseitig. Das schließt natürlich nicht aus, daß auch die sozialistische Wissenschaftsintegration ihre Schwierigkeiten und Probleme hat. Diese sind durchaus nicht nur organisatorischer Natur. Die neuen Maßstäbe und Aufgaben der Wissenschaftsintegration führen zu neuartigen Zielstellungen und Konsequenzen, die von den Wissenschaftlern der sozialistischen Länder, von den Leitern wissenschaftlicher Kollektive und Einrichtungen ideologisch und fachlich bewältigt werden müssen. Konsequenzen der Art, daß zu grundlegenden und gemeinsam interessierenden Problemen langfristig angelegte gemeinsame Forschungen durchgeführt werden, daß in gemeinsamen Problemkommissionen die arbeitsteilig durchzuführenden Forschungsaufgaben geplant und koordiniert werden und auf deren Grundlage und in Übereinstimmung mit ihnen sich die bilaterale Zusammenarbeit zwischen den einzelnen Ländern entwickeln muß, gehören dabei sicher noch nicht zu den problemreichsten. Viel schwerwiegender und deshalb auch schwieriger zu bewältigen werden jene Probleme sein, die sich als Konsequenz des Integrationsprozesses für die Bestimmung der nationalen Forschungsstrategien, insbesondere auf dem Gebiet der Grundlagenforschung, ergeben. Die nationale Schwerpunktorientierung für die Grundlagenforschung wird zunehmend nicht nur von den nationalen Interessen des einzelnen Landes, sondern von den internationalen Interessen der sozialistischen Staatengemeinschaft in Verbindung mit den nationalen Möglichkeiten des betreffenden Landes auszugehen haben. Es kann sich so erweisen, daß ein bestimmtes Land in der Grundlagenforschung auch solche Probleme zu bearbeiten haben wird, deren volkswirtschaftliche, soziale oder kulturelle Bedeutung für das betreffende Land nicht unmittelbar ersichtlich ist, die aber hinsichtlich ihres Erkenntnisinhalts fundamental sind und deren Lösung dazu beiträgt, auf dem betreffenden Forschungsgebiet die Überlegenheit der sozialistischen Staatengemeinschaft im Weltmaßstab zu erreichen oder zu sichern. Selbstverständlich muß das betreffende Land über die entsprechenden Voraussetzungen für die schwerpunktmäßige Bearbeitung dieses ihm im Namen der anderen sozialistischen Länder übertragenen Forschungsgebietes verfügen (entsprechende Wissenschaftstraditionen, ein effektives, auf diesem Gebiet spezialisiertes Forschungspotential, hervorragende theoretische Ansätze usw.). Auch gemeinsam finanzierte, ausgerüstete und kadermäßig besetzte Forschungszentren und -projekte für bestimmte Gebiete oder Aufgaben in einzelnen Ländern, wie das Vereinigte Kernforschungsinstitut in Dubna, das internationale Mathematik-Zentrum in Warschau oder das Interkosmos-Projekt bezeugen, deuten in die Richtung der neuen Maßstäbe und Konsequenzen der sozialistischen Wissenschaftsintegration.

Es ist klar, daß dieser Prozeß nicht nur – und nicht einmal in erster Linie – eine primäre Folge der zunehmenden Verteuerung der modernen Forschung, insbesondere der Großforschungsprojekte, ist. Der Prozeß der sozialistischen Wissenschaftsintegration ist seinem Wesen nach nicht mit jenem Prozeß vergleichbar, der von bürgerlichen Wissenschaftsforschern als Übergang von der „Little Science" zur „Big Science" charakterisiert wird.[38] Er steht in engstem Zusammenhang mit dem Vergesellschaftungsprozeß der Wissenschaft im Sozialismus und ergibt sich unmittelbar aus dem internationalistischen Wesen der sozialistischen Wissenschaft.

Wir versuchten, an Hand dreier Grundprozesse der Wissenschaftsentwicklung im Sozialismus zu zeigen, daß sich die Wissenschaft stets im Rahmen konkreter ökonomischer Gesellschaftsformationen entwickelt. Sie ist in den gesamtgesellschaftlichen Reproduktionsprozeß der jeweiligen Gesellschaftsordnung eingebettet, in ihr wirken die objektiven Entwicklungsgesetzmäßigkeiten dieser Ordnung, deren Vorzüge und Widersprüche, und ihre Organisationsformen sind den politischen und ökonomischen Strukturen der Gesellschaft angepaßt.

Welche Schlußfolgerungen ergeben sich daraus für die theoretische Erforschung der Probleme der Wissenschaftsentwicklung im Sozialismus; von welchen prinzipiellen Positionen muß eine Wissenschaftstheorie ausgehen, wenn sie sich als theoretische Grundlage der Wissenschaftspolitik, der Leitung wissenschaftspolitischer Potentiale und der Organisation wissenschaftlicher Tätigkeiten im Sozialismus verstehen will?

IV

Das erste und entscheidende Prinzip, das der Erforschung der Prozesse der Wissenschaftsentwicklung und der wissenschaftlichen Tätigkeit im Sozialismus zugrunde liegt, ist das der *marxistisch-leninistischen*

38 Vgl. D. J. de Solla Price, Little Science, Big Science, a. a. O.; A. M. Weinberg, Probleme der Großforschung, Frankfurt/Main 1970

Parteilichkeit. Es ergibt sich folgerichtig aus dem objektiven Sachverhalt, daß die Entwicklung der Wissenschaft ein untrennbarer Bestandteil der gesellschaftlichen Entwicklung überhaupt ist. Eine Wissenschaftstheorie, die Wert darauf legt, die objektiven Prozesse und Gesetzmäßigkeiten der Wissenschaftsentwicklung adäquat widerzuspiegeln, kann nur im Rahmen einer umfassenderen Theorie der gesellschaftlichen Entwicklung, d. h. des Marxismus-Leninismus, ihren Platz haben und ist nur als marxistisch-leninistische Wissenschaftstheorie möglich. Dies nun freilich nicht in dem Sinne, als gäbe der Marxismus-Leninismus den äußeren Rahmen ab, gleichsam das schmückende Beiwerk, das die Wissenschaftstheorie umrankt, um ihr ein gefälligeres Aussehen zu verleihen. Es geht vielmehr um die Grundintentionen, von denen die wissenschaftstheoretische Forschung im Sozialismus getragen sein muß. Ihr Ziel ist es, theoretische Grundlagen zu liefern für die planmäßige proportionale Entwicklung der Wissenschaft im Sozialismus, für die effektive Gestaltung des Wissenschaftspotentials der sozialistischen Gesellschaft, die rationelle Gestaltung der wissenschaftlichen Arbeitsprozesse, die Erhöhung der schöpferischen Fähigkeiten der in Wissenschaft und Forschung Tätigen, die rasche Überführung der Forschungsergebnisse in die Produktion usw., um so zur Steigerung der Produktivität der wissenschaftlichen Arbeit und damit ihren spezifischen Möglichkeiten gemäß zur weiteren Hebung des materiellen und geistig-kulturellen Lebensniveaus des Volkes beizutragen. Eines ihrer wichtigsten Anliegen ist es, mit der Umsetzung ihrer Erkenntnisse zur weiteren Beschleunigung des wissenschaftlich-technischen Fortschritts beizutragen und ihn mit den Vorzügen der sozialistischen Gesellschaftsordnung zu verbinden. Ihr theoretisches Interesse ergibt sich so unmittelbar aus den politischen und gesellschaftlichen Interessen der Arbeiterklasse und ihrer marxistisch-leninistischen Partei. Das prägt den Charakter und den gesamten Arbeitsstil der marxistisch-leninistischen Wissenschaftstheorie: Sie erfaßt die Wissenschaft vom Standpunkt der Arbeiterklasse, d. h. sie verbindet das konstruktive Bemühen um die theoretischen Grundlagen der sozialistischen Wissenschaftspolitik, -leitung und -organisation der Wissenschaft mit der kämpferischen und offensiven Analyse und Kritik bürgerlicher und revisionistischer Auffassungen zur Wissenschaft sowie der staatsmonopolistischen Organisation der Wissenschaft. Sie beschreibt die Wissenschaft nicht objektivistisch, sondern untersucht sie auf marxistisch-leninistischer Grundlage mit dem Ziel, ihre Entwicklung im Interesse der Arbeiterklasse und des Sozialismus aktiv zu beeinflussen.

Marxistisch-leninistische Parteilichkeit hat nichts mit bürgerlichem Objektivismus gemein, wohl aber mit dem objektiven Studium real vor sich gehender Prozesse, mit realistischer Einschätzung gegenwärtiger Entwicklungstendenzen und deren sozialen Triebkräften, mit Aufdeckung der Klasseninteressen, die hinter dieser oder jener Tendenz stehen. Sie ist deshalb ihrem Wesen nach ein Ausdruck des materialistischen Prinzips, die Welt so zu betrachten, wie sie wirklich ist.[39] „Der Objektivist", bemerkte Lenin in seiner Auseinandersetzung mit Struwe, „spricht von der Notwendigkeit des gegebenen historischen Prozesses; der Materialist trifft genaue Feststellungen über die gegebene sozialökonomische Formation und die von ihr erzeugten antagonistischen Verhältnisse."[40] Der Objektivist in der Wissenschaftstheorie nimmt die gegenwärtigen Wachstumstendenzen einzelner Parameter der Wissenschaftsentwicklung als historische Notwendigkeit, als eigenständige Gesetzmäßigkeit hin; er fragt nicht nach den sozialen Bedingungen, die sie hervorgebracht haben, berücksichtigt nicht die Abhängigkeit der Wissenschaftsentwicklung von der Entwicklung der gesellschaftlichen Produktivkräfte und Produktionsverhältnisse. Der Marxist-Leninist hingegen versteht die Wissenschaft als Bestandteil einer gegebenen ökonomischen Gesellschaftsformation, als spezifische Art gesellschaftlicher Tätigkeit, die ihre durch die Besonderheiten der gegebenen Gesellschaftsordnung geprägten materiellen, technischen, kadermäßigen, aber auch ideellen, weltanschaulichen und politisch-ideologischen Voraussetzungen hat, und deren Produkte den Reproduktionsprozeß der gegebenen Gesellschaft entscheidend mitbestimmen.

„Wenn der Objektivist die Notwendigkeit einer gegebenen Reihe von Tatsachen nachweist, so läuft er stets Gefahr, auf den Standpunkt eines Apologeten dieser Fakten zu geraten; der Materialist enthüllt die Klassengegensätze und legt damit seinen Standpunkt fest."[41] Der Objektivist in der Wissenschaftstheorie sammelt die Fakten des Wissenschaftswachstums und ordnet sie zu Entwicklungsreihen; er segelt unter der Flagge der Empirie; seine Rede ist: „Der Fakt über alles"; sein Gott, den er anbetet, ist der reine Fakt, und die Sünde, die er öffentlich verteufelt, der er als Apologet der Fakten jedoch selbst

[39] Vgl. F. Engels, Dialektik der Natur, in: MEW, Bd. 20, Berlin 1971, S. 469

[40] W. I. Lenin, Der ökonomische Inhalt der Volkstümlerrichtung und die Kritik an ihr in dem Buch des Herrn Struwe, in: Werke, Bd. 1, Berlin 1971, S. 414

[41] Ebenda, S. 414

unentrinnbar verfallen, ist die Ideologie. Für den Marxisten-Leninisten ist das Studium der Fakten der Wissenschaftsentwicklung ein notwendiger und unabdingbarer Ausgangspunkt der Analyse. Er bringt sie in Zusammenhang mit anderen Fakten und den Gesetzen der gesellschaftlichen Entwicklung, deckt Abhängigkeiten auf, stellt Beziehungen zu den Interessen dieser oder jener Klasse her, vertritt dabei selbst bewußt den Standpunkt der Arbeiterklasse, legt den Finger auf bestehende Fakten, die nicht den Interessen der Arbeiterklasse entsprechen; seine parteiliche Haltung läßt ihn solche Fakten fordern, die dem Sozialismus gemäß sind, und ausgehend von dieser ideologischen Position sucht er nach Wegen und Mitteln, die Fakten nicht nur zu beschreiben und zu interpretieren, sondern sie zu verändern. „Auf diese Weise ist der Materialist einerseits folgerichtiger als der Objektivist und führt seinen Objektivismus gründlicher, vollständiger durch. Er begnügt sich nicht mit dem Hinweis auf die Notwendigkeit des Prozesses, sondern klärt, welche sozialökonomische Formation diesem Prozeß seinen Inhalt gibt, welche Klasse diese Notwendigkeit festlegt. . . . Andererseits schließt der Materialismus sozusagen Parteilichkeit in sich ein, da er dazu verpflichtet ist, bei jeder Bewertung eines Ereignisses direkt und offen den Standpunkt einer bestimmten Gesellschaftsgruppe einzunehmen.“[42]

Die marxistisch-leninistische Wissenschaftstheorie ist eine im Leninschen Sinne zutiefst parteiliche Wissenschaft. Sie geht in ihren theoretischen Grundlagen von den Erkenntnissen der Klassiker des Marxismus-Leninismus, den Erfahrungen der Arbeiterklasse und den Beschlüssen ihrer Partei aus und zielt in ihren praktischen Absichten auf eine theoretisch fundierte Wissenschaftspolitik der Partei der Arbeiterklasse, auf eine kluge und unbürokratische, den Erfordernissen der Wissenschaftsentwicklung im Sozialismus gerecht werdende Leitung der Wissenschaft und eine rationelle Gestaltung der wissenschaftlichen Arbeitsprozesse.

Diese parteiliche Grundhaltung muß sich bereits in dem von ihr benutzten Wissenschaftsbegriff widerspiegeln. Dieser Begriff hat praktisch die Position der Arbeiterklasse und theoretisch den Marxismus-Leninismus in der Einheit seiner Bestandteile zur Voraussetzung. Von einem nichtmarxistischen Standpunkt aus können zwar verschiedene Eigenschaften der existierenden Wissenschaftssysteme beschrieben werden, aber es ist auf dieser Grundlage nicht möglich, einen das gesellschaftliche Wesen der Wissenschaft und die realen Prozesse der

[42] Ebenda, S. 414

wissenschaftlichen Tätigkeit adäquat abbildenden Begriff zu formulieren.

Das bürgerliche Denken ist in den ihm vorgezeichneten Klassenschranken befangen. Es neigt gesetzmäßig dazu, die Produkte der gesellschaftlichen Tätigkeit, in denen die sozialen Beziehungen vergegenständlicht sind, zu fetischisieren und von eben diesen sozialen Beziehungen abzulösen: „Die vermittelnde Bewegung verschwindet in ihrem eignen Resultat und läßt keine Spur zurück."[43] So ist auch für die bürgerliche Beschäftigung mit der Wissenschaft über weite Strecken hinweg charakteristisch, daß sie die Produkte der wissenschaftlichen Tätigkeit – die wissenschaftlichen Erkenntnisse – von den sie bedingenden gesellschaftlichen Tätigkeiten löst und sie für die Wissenschaft selbst nimmt, Wissenschaft also auf ein System von Begriffen, Aussagen, Theorien, Hypothesen usw. reduziert: „Wissenschaft ist ein Gesamt von Sätzen bzw. Aussagen (propositiones) über einen spezifischen Gegenstandsbereich".[44] Ein solches Vorgehen, in dessen Zentrum der „propositionale" Wissenschaftsbegriff steht, ist für die gesamte – positivistisch inspirierte – sog. Philosophy of Science charakteristisch.

Die marxistisch-leninistische Wissenschaftstheorie vermag diese positivistische Enge zu überwinden, da sie – aufbauend auf der Leninschen Widerspiegelungstheorie – in Rechnung stellt, daß jede Erkenntnis nur in einem aktiven Widerspiegelungsprozeß, im Prozeß der tätigen Auseinandersetzung des Menschen mit seiner natürlichen und gesellschaftlichen Umwelt, also in der praktischen, gesellschaftlichen Tätigkeit des Menschen zustandekommt. Indem sie diese weltanschaulich-erkenntnistheoretische Prämisse in das Fundament ihres theoretischen Gebäudes einschließt, erweist sie sich allen Varianten der – vorgeblich weltanschauungsfreien – positivistisch orientierten bürgerlichen Wissenschaftstheorie prinzipiell überlegen. Für sie ist Wissenschaft nicht nur ein System fertiger Erkenntnisse, das es unter logischen, semiotischen oder auch informationstheoretischen Gesichtspunkten zu analysieren gilt; Wissenschaftstheorie reduziert sich für sie – mit anderen Worten – nicht auf Wissenschaftslogik. Wissenschaftliche Erkenntnis entsteht als Produkt geistiger Arbeit, die eine spezifische Art gesellschaftlicher Tätigkeit ist. Die marxistisch-leninistische Wissenschaftstheorie hat demzufolge nicht nur logische

[43] K. Marx, Das Kapital, in: MEW, Bd. 23, a. a. O., S. 107

[44] A. Diemer, Zur Grundlegung eines allgemeinen Wissenschaftsbegriffs, in: Zeitschrift für allgemeine Wissenschaftstheorie, Bd. I, H. 2/1970, S. 216

Analyse der Sprache der Wissenschaft zu betreiben, den Prozeß der Begriffs- und Theorienbildung zu untersuchen, metatheoretische Erörterungen über Beziehungen zwischen wissenschaftlichen Theorien anzustellen, methodologische Überlegungen über wissenschaftliche Denkweisen vorzutragen usw., sondern zugleich den Prozeß der wissenschaftlichen Tätigkeit in seinem Bezug zum Produkt derselben zum Gegenstand ihrer Untersuchung zu machen. Wie entsteht neues Wissen in der wissenschaftlichen Tätigkeit? Was zeichnet den Problemlösungsprozeß im wissenschaftlichen Denken aus? Welche Bedingungen und Faktoren stimulieren die schöpferische Tätigkeit in der Wissenschaft? Wie kann die Produktivität der wissenschaftlichen Arbeit gesteigert werden? Diese und andere Fragen rücken ins Blickfeld, sobald die Wissenschaftstheorie des genetischen Zusammenhangs der Wissenschaft als Erkenntnissystem mit dem System wissenschaftlicher Tätigkeiten eingedenk ist.

Die soziale Indifferenz der positivistisch orientierten Wissenschaftstheorien ist indes damit noch nicht beseitigt, daß Wissenschaft als Tätigkeit, als Handlung begriffen wird, solange nicht der Springpunkt – das gesellschaftliche Wesen der wissenschaftlichen Tätigkeit – geklärt ist. Wissenschaft als Handlung, „als aktives Tun", „als eine bestimmte Weise menschlicher Produktivität" zu begreifen[45], läßt noch zuviel offen. Löst sich dieser Ansatz in psychologisierender Meditation der Art auf, daß Wissenschaft „eine Weise menschlichen Strebens" sei, die radikal „über den Alltag hinaus" geht[46], dringt er nicht weiter als bis zu der Feststellung, daß Wissenschaft sich stets nur in einer Gemeinschaft von Menschen vollzieht[47], vermag er wissenschaftliche Tätigkeit von anderen Arten menschlicher Tätigkeit nicht anders abzuheben als „durch die Feststellung, daß darin Vollständigkeit, Klarheit und Verbindlichkeit des Wissens angestrebt werden"[48], stößt er nicht zu der Erkenntnis von der gesellschaftlichen Determiniertheit der wissenschaftlichen Tätigkeit, vom gesellschaftlichen Charakter und Auftrag der Wissenschaft, zur Erkenntnis der wissenschaftlichen Tätigkeit als einer spezifischen Art gesellschaftlicher Tätigkeit vor, so bringt er es letztlich nur – wenn auch auf anderem Wege und mit anderem Resultat – zu einer zwangsläufig ebenso deformierten Wissenschaftsauffassung, wie sie die positivistische, die „propositionale" ist.

[45] K. Holzkamp, Wissenschaft als Handlung, Versuch einer neuen Grundlegung der Wissenschaftslehre, Westberlin 1968, S. 7

[46] Ebenda, S. 23

[47] Ebenda, S. 26ff.

[48] Ebenda, S. 33

Selbst in jenen Reflexionen bürgerlicher Autoren über die Wissenschaft, in denen Probleme der staatlichen Wissenschaftspolitik, des Setzens von Prioritäten für die Forschung, der Leitung wissenschaftlicher Institutionen und der Organisationsformen wissenschaftlicher Tätigkeiten im Vordergrund stehen, dominiert die Vorstellung, daß Wissenschaft zwar ein von der Gesellschaft nicht gänzlich unabhängiges Feld der Tätigkeit sei – sie ist auf materielle und finanzielle Förderung durch die Gesellschaft angewiesen; sie muß sich für die Gesellschaft „lohnen", wenn sie auf Unterstützung rechnen will usw. –, doch bleiben die Beziehungen zwischen Wissenschaft und Gesellschaft in jedem Falle etwas für die Wissenschaft selbst Äußerliches. Der Einfluß der Gesellschaft auf die Wissenschaft ist in dieser Sicht letztlich immer nur „wissenschaftsexterner" Natur und im Grunde genommen ein Störfaktor. Soweit Wissenschaft in ihrer Beziehung zur Gesellschaft oder gar als vergesellschaftete Wissenschaft gesehen wird, geht es bestenfalls um quantitative Charakteristika der Vergesellschaftung der Wissenschaft: um die wachsende Zahl und das wachsende Gewicht der Wissenschaftler in der Gesellschaft, um die erhöhte gesellschaftliche Nachfrage nach umsetzbaren Forschungs- und Entwicklungsergebnissen, um neue Maßstäbe und Strukturen des Kommunikations- und Informationswesens in der Wissenschaft, um die Größenordnungen des Wissenschaftsbetriebes, den Übergang zur Großforschung, zum Großinstitut, also der „little science" zur „big science".[49] Das gilt für Helmut Klages[50] ebenso wie für Alvin M. Weinberg[51], für Gerard Radnitzky[52] ebenso wie für N. W. Storer[53] und andere. Die Wissenschaft selbst bleibt letztlich immer ein „autonomes System", an das lediglich „wissenschaftsexterne" Maßstäbe angelegt

[49] Vgl. dazu auch H. Steiner, Der sozialökonomische Charakter der Vergesellschaftung der Wissenschaft als theoretische und methodologische Grundlage für ihre wissenschaftstheoretische Analyse, in: Deutsche Zeitschrift für Philosophie, H. 12/1971, S. 1473f.

[50] Vgl. H. Klages, Rationalität und Spontaneität. Innovationswege der modernen Großforschung, Gütersloh 1967, S. 17f.

[51] Vgl. A. M. Weinberg, Probleme der Großforschung, Frankfurt/Main 1970

[52] Vgl. G. Radnitzky und G. Andersson, Wissenschaftspolitik und Organisationsformen der Forschung, in: Ebenda, S. 12;
vgl. auch G. Radnitzky, Der Praxisbezug der Forschung, in: Studium Generale, 9/1970, S. 838

[53] Vgl. N. W. Storer, The Social System of Science, New-York/London 1966, S. 75, 79

werden müssen, wenn es um Entscheidungen über Forschungsziele und -prioritäten und um den Verwendungszweck „verfügbarer innovatorischer Energien" geht (Klages). „Wissenschaft als soziales System" muß zwangsläufig Deklaration bleiben, solange die wissenschaftliche Tätigkeit nicht als in die Gesamtheit der gesellschaftlichen Verhältnisse eingebettet betrachtet wird, als ein System gesellschaftlicher Tätigkeiten, in dem sich die in der jeweiligen Gesellschaft herrschenden Produktionsverhältnisse realisieren und in dem sie reproduziert werden. Nicht „Unparteilichkeit" und „Selbstlosigkeit" (Storer) sind die Normen des sozialen Systems Wissenschaft, sondern seine Determination durch die gegebenen gesellschaftlichen Verhältnisse und durch den historischen Gesamtzusammenhang der jeweiligen ökonomischen Gesellschaftsformation, deren Bestandteil die Wissenschaft ist.

Die marxistisch-leninistische Auffassung der Wissenschaft geht nicht von diesen oder jenen vereinzelten sozialen Aspekten der wissenschaftlichen Tätigkeit, sondern von deren gesellschaftlichem *Wesen* aus. Bereits in seinen „Ökonomisch-Philosophischen Manuskripten" aus dem Jahre 1844 charakterisierte Marx dieses gesellschaftliche Wesen der wissenschaftlichen Tätigkeit: „Allein auch wenn ich *wissenschaftlich* etc. tätig bin, eine Tätigkeit, die ich selten in unmittelbarer Gemeinschaft mit andern ausführen kann, so bin ich *gesellschaftlich*, weil als *Mensch* tätig. Nicht nur das Material meiner Tätigkeit ist mir – wie selbst die Sprache, in der der Denker tätig ist – als gesellschaftliches Produkt gegeben, mein *eignes* Dasein *ist* gesellschaftliche Tätigkeit; darum das, was ich aus mir mache, ich aus mir für die Gesellschaft mache und mit dem Bewußtsein meiner als eines gesellschaftlichen Wesens."[54] In dem Entwurf „Grundrisse zur Kritik der politischen Ökonomie" (1857–58) spricht er von der „allgemeinen wissenschaftlichen Arbeit"[55] und verdichtet diese Auffassung im „Kapital" schließlich zu der Feststellung, daß „alle wissenschaftliche Arbeit, alle Entdeckung, alle Erfindung" „allgemeine Arbeit" ist.[56] Diese Marxsche Erkenntnis ist von grundlegender Bedeutung für das Verständnis der Wissenschaft und ihres gesellschaftlichen Wesens.

Als *Arbeit* ist Wissenschaft zielgerichtete Verausgabung gesellschaftlicher Arbeitskraft, an menschliche Zwecke gebundene Tätigkeit. Sie vollzieht sich unter bestimmten gesellschaftlichen Verhältnissen, den Produktionsverhältnissen der jeweiligen Gesellschaftsordnung; ihre Voraussetzungen, Ausführung und Zwecke sind durch diese

[54] K. Marx, Ökonomisch-philosophische Manuskripte, Leipzig 1968, S. 187
[55] K. Marx, Grundrisse der Kritik der politischen Ökonomie, a. a. O., S. 587
[56] K. Marx, Das Kapital, in: MEW, Bd. 25, Berlin 1969, S. 114

Produktionsverhältnisse und die aus ihnen entspringenden sozialen Erfordernisse ebenso determiniert wie die Bestimmung ihrer Inhalte und ihres Umfangs; mit ihrem Vollzug reproduziert sie selbst diese Verhältnisse. Wissenschaft ist das historisch determinierte Produkt und ein aktuell notwendiges Glied der gesellschaftlichen Arbeitsteilung innerhalb einer konkreten ökonomischen Gesellschaftsformation.

Es geht also nicht um einen *abstrakt*-sozialen Charakter der Wissenschaft, sondern um den konkret-historischen Zusammenhang einer jeweils ganz bestimmten ökonomischen Gesellschaftsformation, in dem sich die wissenschaftliche Tätigkeit vollzieht und durch den sie determiniert ist: „Wird die materielle Produktion selbst nicht in ihrer spezifischen historischen Form gefaßt, so ist es unmöglich, das Bestimmte an der ihr entsprechenden geistigen Produktion und die Wechselwirkung beider aufzufassen."[57] Die gesellschaftlichen Erfordernisse, aus denen die wissenschaftliche Tätigkeit entspringt, sind also weder abstrakt-menschliche oder abstrakt-soziale noch erwachsen sie nur aus der Wissenschaftsentwicklung selbst. Sie existieren stets in einer historisch-konkreten Gestalt, als Reproduktionserfordernisse einer gegebenen Produktionsweise, die in einem bestimmten Klasseninteresse repräsentiert werden. In diesem Sinne unterscheidet sich die wissenschaftliche Tätigkeit in nichts von anderen Arten von Arbeitstätigkeiten: die historisch-konkrete Bestimmtheit im Gesamtzusammenhang der jeweiligen Gesellschaftsformation – das ist das *Gemeinsame*, das die wissenschaftliche Tätigkeit mit anderen gesellschaftlichen Tätigkeiten verbindet. Mit dieser Grundposition wird sowohl der rein scientistische als auch der abstrakt-individualistische und der abstrakt-soziale Ausgangspunkt, der viele bürgerliche Wissenschaftsauffassungen kennzeichnet, grundsätzlich überwunden.

Mit seiner Kennzeichnung der Wissenschaft als *allgemeine* Arbeit akzentuiert Marx weiter das, was die Wissenschaft in ein und derselben Gesellschaftsformation von anderen Tätigkeiten *unterscheidet*. Sie ist das „Produkt der allgemeinen geschichtlichen Entwicklung in ihrer abstrakten Quintessenz".[58] Wissenschaftliche Arbeit ist systematische Erkenntnistätigkeit, die die wesentlichen, allgemeinen und notwendigen Zusammenhänge der objektiven Realität – die objektiven Gesetzmäßigkeiten der Natur und der Gesellschaft – gesellschaftlich verfügbar

[57] K. Marx, Theorien über den Mehrwert, Teil I, in: MEW, Bd. 26,1, S. 257

[58] Ebenda, S. 367

und praktisch nutzbar macht. Sie unterscheidet sich von anderen gesellschaftlichen Tätigkeiten dadurch, daß sie unmittelbar auf die Produktion, Reproduktion, Vermittlung und Anwendung von Erkenntnissen, von systematischem und methodischem Wissen gerichtet ist. Sowohl die Produktion wissenschaftlicher Erkenntnisse als auch ihre Überprüfung und Anwendung in der gesellschaftlichen Praxis sind aber an ein historisch-konkretes Niveau eben dieser Praxis gebunden, die ihrem Charakter nach – solange Klassen bestehen – die Praxis einer bestimmten Klasse ist. Dies nun nicht in dem primitiven und den Marxisten-Leninisten gern unterschobenen Sinne, daß es beispielsweise eine bürgerliche Mathematik im Gegensatz zur Mathematik der Arbeiterklasse gäbe; wohl aber in dem Sinne, daß der Erkenntnishorizont einer Klasse nie weiter als die praktischen Möglichkeiten reicht, die in der von ihr repräsentierten Produktionsweise wurzeln. Die der kapitalistischen historisch überlegene sozialistische Produktionsweise, der im Vergleich zur Praxis der Bourgeoisie qualitativ höhere Typ der gesellschaftlichen Praxis der Arbeiterklasse bedingt zugleich objektiv einen insgesamt weiteren Erkenntnishorizont der sozialistischen Wissenschaft gegenüber der bürgerlichen. Die sozialistische Gesellschaftsordnung vermag der wissenschaftlichen Tätigkeit humanistische und auf den geschichtlichen Fortschritt orientierende Ziele zu setzen und damit massenhaftes geistiges Schöpfertum auszulösen. Sie befreit „die Wissenschaft von ihren bürgerlichen Fesseln, von ihrer Unterjochung durch das Kapital, von ihrer sklavischen Bindung an die Interessen schmutziger kapitalistischer Gewinnsucht".[59] Sie ermöglicht die gesamtstaatliche Leitung und Planung von Wissenschaft und Forschung ebenso wie die freie Entfaltung der schöpferischen Potenzen aller Mitglieder der Gesellschaft. In den historischen Vorzügen der sozialistischen Gesellschaftsordnung liegt die potentielle und zunehmend aktuelle Überlegenheit der sozialistischen Wissenschaft gegenüber der bürgerlichen. Diese Überlegenheit äußert sich auch in der Überlegenheit des sozialistischen Wissenschaftsideals, mit den Erkenntnissen der Wissenschaft, mit dem Fortschritt von Wissenschaft und Technik zur Befriedigung und Weiterentwicklung der vielfältigen – materiellen und geistig-kulturellen – Bedürfnisse der Arbeiterklasse und aller Werktätigen beizutragen, gegenüber dem blutleeren Pseudoideal der „autonomen Wissenschaft" und des im Sinne gesellschaftlicher Verantwortungslosigkeit „freien" Erkenntnisfortschritts.

59 W. I. Lenin, Rede auf dem I. Kongreß der Volkswirtschaftsräte, in: Werke, Bd. 27, S. 407f.

Die Wissenschaft im Sozialismus ergreift bewußt die Partei der Arbeiterklasse. Dies den wissenschaftlich Tätigen als gesellschaftliche Anforderung zu vermitteln und zu erläutern und das Prinzip der marxistisch-leninistischen Parteilichkeit in der eigenen Arbeitsweise konsequent zu verwirklichen, ist unabdingbarer Bestandteil der wissenschaftstheoretischen Forschung im Sozialismus.

V

Eng mit dem Prinzip der marxistisch-leninistischen Parteilichkeit verbunden ist das für die wissenschaftstheoretische Forschung zu fordernde *Prinzip der Komplexität oder der allseitigen Betrachtungsweise.* Die Prozesse der Wissenschaftsentwicklung auf marxistisch-leninistischer Grundlage zu untersuchen erfordert, den Marxismus-Leninismus in seiner Gesamtheit, in der Einheit seiner Bestandteile anzuwenden. Für die wissenschaftstheoretische Forschung trifft voll und ganz die von Erich Honecker auf dem VIII. Parteitag der SED getroffene Feststellung zu: „Welche Aufgabe auf einzelnen Gebieten auch immer theoretisch zu klären ist, sie wird nur dann schöpferisch zu lösen sein, wenn sie von der Gesamtposition des Marxismus-Leninismus angepackt wird."[60] Die Gesamtposition des Marxismus-Leninismus aber umfaßt die marxistisch-leninistische Philosophie als Weltanschauung der Arbeiterklasse und ihrer Partei, die politische Ökonomie und die Lehre vom wissenschaftlichen Kommunismus.[61] Die marxistisch-leninistische Wissenschaftstheorie bedarf aller drei Bestandteile in ihrer untrennbaren Einheit und kann ohne diese Voraussetzung nicht entwickelt werden.

Sie hat die Frage zu beantworten, wie die Wissenschaft vom Gesamtzusammenhang der jeweiligen Gesellschaftsformation bestimmt wird und wie sie selbst auf jenen zurückwirkt; das kann sie nur, wenn sie von der materialistischen Gesellschaftsauffassung, insbesondere von der historisch-materialistischen Erkenntnis des dialektischen Wechselverhältnisses von Produktivkräften und Produktionsverhältnissen sowie von Basis und Überbau ausgeht. Sie versteht wissenschaftliche Tätigkeit als *Arbeit* und wirft damit die Frage nach deren Produktivität und Effektivität, nach dem Verhältnis von Aufwand und Nutzen u. a. auf, zu deren Beantwortung sie der politischen Ökonomie des

[60] E. Honecker, Bericht des Zentralkomitees an den VIII. Parteitag der SED, a. a. O., S. 96

[61] Vgl. W. I. Lenin, Drei Quellen und drei Bestandteile des Marxismus, in: Werke, Bd. 19, Berlin 1968, S. 3–9

Sozialismus bedarf. Indem sie wissenschaftliche Tätigkeit als *allgemeine* Arbeit kennzeichnet, hebt sie deren Charakter als spezifische Erkenntnistätigkeit hervor; das impliziert, erkenntnistheoretische Prinzipien – insbesondere die Leninsche Widerspiegelungstheorie – zur Anwendung zu bringen. Die marxistisch-leninistische Wissenschaftstheorie ist in erster Linie auf die Erforschung der Wissenschaft, ihrer Stellung und Funktion in der *sozialistischen* Gesellschaft gerichtet; dabei muß sie sich in ganz wesentlicher Weise auf die Theorie des wissenschaftlichen Kommunismus stützen. In ihr verbinden sich die materialistische Beantwortung der Grundfrage der Philosophie, die dialektisch-materialistische Erkenntnistheorie, die historisch-materialistische Gesellschaftsauffassung, die politische Ökonomie und die Theorie des wissenschaftlichen Kommunismus unauflöslich: Alle drei Bestandteile des Marxismus-Leninismus sind in ihr zu einer auf den speziellen Gegenstand „Wissenschaft" bezogenen konkreten Einheit verbunden. Diese Einheit der Bestandteile des Marxismus-Leninismus in ihrer Anwendung auf die Erforschung der Wissenschaftsentwicklung im Sozialismus kennzeichnet das *Minimum an Komplexität*, das für die Arbeitsweise der marxistisch-leninistischen Wissenschaftstheorie charakteristisch ist.

Dieses notwendige Minimum an Komplexität, das in der wissenschaftstheoretischen Forschung garantiert sein muß, hat Auswirkungen auf ihren Charakter als Disziplin und auf ihre Stellung im System der Wissenschaften.

In der historischen Tradition wird die Wissenschaftstheorie im allgemeinen als eine *philosophische* Disziplin angesehen; als ihr Begründer wird gewöhnlich Aristoteles genannt, und zu ihrer weiteren Entwicklung haben vor allem Francis Bacon, Descartes, Leibniz, d'Alembert, Diderot, Kant, Fichte, Hegel und Bolzano beigetragen.[62] Diese Entwicklungslinie verleitet mitunter selbst marxistische Autoren dazu, die Wissenschaftstheorie auch unter unseren gegenwärtigen Bedingungen und angesichts der komplexen Anforderungen, denen sie sich gegenübergestellt sieht, lediglich „als Aufgabe der marxistischen Philosophie"[63] zu begreifen, in ihr „eine philosophische Diszi-

[62] Vgl. Philosophisches Wörterbuch, Bd. 2, hg. v. G. Klaus und M. Buhr, 6. Aufl., Leipzig 1969, S. 1172

[63] Vgl. A. Kosing, Wissenschaftstheorie als Aufgabe der marxistischen Philosophie, Sitzungsberichte der DAW zu Berlin. Klasse für Philosophie, Geschichte, Staats-, Rechts- und Wirtschaftswissenschaften, Jg. 1967, Nr. 1

plin“[64] zu erblicken, sie als „philosophische Wissenschaftstheorie“[65] entwickeln zu wollen usw. Es ist natürlich unbestritten, daß die marxistisch-leninistische Wissenschaftstheorie in ihren weltanschaulich-philosophischen Grundlagen, ihren erkenntnistheoretischen Prämissen, ihren methodologischen Grundpositionen und in ihren praktischen Intentionen auf das engste mit der marxistisch-leninistischen Philosophie verbunden ist. Indes ist sie damit noch keine philosophische Disziplin. Sie als „philosophische Wissenschaftstheorie“ entwickeln zu wollen hieße, einen großen Teil von Problemen – und zwar alle jene, die mit philosophischen Mitteln allein nicht bewältigt werden können, sondern zu ihrer Bearbeitung Ansätze und Methoden beispielsweise aus der politischen Ökonomie des Sozialismus, aber auch aus anderen Wissenschaften wie Soziologie, Psychologie, Sozialpsychologie, Arbeitswissenschaften, Kybernetik, Mathematik u. a. bedürfen – aus ihrem Untersuchungsgegenstand auszuklammern. Wissenschaftstheorie als Aufgabe nur der marxistisch-leninistischen Philosophie zu begreifen hieße, dem von ihr zu fordernden Minimum an Komplexität nicht gerecht werden zu können. Selbst wenn man in Rechnung stellt, daß die marxistisch-leninistische Philosophie innerhalb des Gesamtgebäudes des Marxismus-Leninismus als Weltanschauung der Arbeiterklasse und ihrer Partei eine besondere und im wahrsten Sinne des Wortes grundlegende Rolle spielt, kann die Wissenschaftstheorie nicht auf die Erkenntnisse der politischen Ökonomie des Sozialismus und des wissenschaftlichen Kommunismus verzichten und sich nicht den Anforderungen entziehen, die auch und gerade von diesen beiden Bestandteilen des Marxismus-Leninismus aus an sie ergehen. Ihre Entwicklung muß deshalb auf der Grundlage der Gesamtposition des Marxismus-Leninismus erfolgen.[66]

[64] Vgl. A. Kosing, Wissenschaftstheorie in der Sicht der marxistischen Philosophie, in: Deutsche Zeitschrift für Philosophie, H. 7/1967, S. 770 bis 771;
vgl. auch Die Wissenschaft von der Wissenschaft, Berlin 1968, S. 43, 45, 47

[65] Vgl. K. H. Kannengießer, R. Rochhausen, A. Thom, Entwicklungsprobleme einer marxistisch-leninistischen philosophischen Wissenschaftstheorie, in: Deutsche Zeitschrift für Philosophie, H. 9/1969; F. Fiedler, „Einheitswissenschaft“ oder Einheit der Wissenschaft, Berlin 1971, S. 40–43

[66] Eine ganz andere Frage ist selbstverständlich, daß die gegenwärtige Wissenschaftsentwicklung eine Reihe philosophischer Probleme aufwirft, die von den marxistisch-leninistischen Philosophen aufgegriffen und der Lösung zugeführt werden sollten. Es könnte sich auf diese Weise

Die marxistisch-leninistische Wissenschaftstheorie steht vor der Aufgabe, die Wissenschaft in der Gesamtheit aller ihrer wesentlichen Prozesse, Strukturen, Eigenschaften und Funktionen zu untersuchen. Das entspricht den Aufgaben der sozialistischen Wissenschaftspolitik, der Leitung und Organisation der Wissenschaft, die auf die Beherrschung der Wissenschaft in ihrer Ganzheit gerichtet sind. Der Grad an Komplexität, den ihre Untersuchungen aufweisen müssen, liegt deshalb natürlicherweise noch höher als das erwähnte Komplexitäts*minimum*. Die Wissenschaftstheorie muß die Untersuchungen aus allen jenen Wissenschaftsdisziplinen, die in dieser oder jener Weise verschiedene Teilaspekte der Wissenschaft berühren, zur Kenntnis nehmen, verarbeiten und zur theoretischen Synthese führen. Mehr noch: Sie muß das vielschichtige und komplexe Objekt Wissenschaft selbst zum Gegenstand einer ebenso komplexen Erforschung mit Hilfe von Methoden ganz unterschiedlicher disziplinärer Herkunft machen und in interdisziplinärer Zusammenarbeit die Probleme der Wissenschaftsentwicklung und des wissenschaftlich-technischen Fortschritts allseitig und unter Beachtung ihrer wechselseitigen Verflechtungen ausarbeiten. Nur so kann sie dem dialektisch-materialistischen Prinzip der Allseitigkeit der Betrachtung gerecht werden, das Lenin folgendermaßen formulierte: „Um einen Gegenstand wirklich zu kennen, muß man alle seine Seiten, alle Zusammenhänge und ‚Vermittlungen' erfassen und erforschen. Wir werden das niemals vollständig erreichen, die Forderung der Allseitigkeit wird uns aber vor Fehlern und vor Erstarrung bewahren.“[67] Auch die Wissenschaftstheorie wird dieser Forderung nach Allseitigkeit der Betrachtung niemals *vollständig* nachkommen können. Doch kann sie sich keinesfalls erlauben, auch nur auf eine einzige Disziplin, deren Methoden und Ergebnisse zu verzichten, falls diese geeignet sind, neues bzw. überhaupt Licht auf noch unbewältigte Probleme der Wissenschaftsentwicklung zu werfen.

eine Forschungsrichtung innerhalb der marxistisch-leninistischen Philosophie herausbilden, die als „Philosophische Probleme der Wissenschaftstheorie“ anzusprechen wäre und ein Aufgabengebiet darstellen würde, das gleichermaßen zur Philosophie wie zur Wissenschaftstheorie gehören würde und vom Standpunkt sowohl der einen als der anderen ein spezieller Ausschnitt aus ihren jeweils weitaus umfassenderen Aufgabengebieten wäre.

67 W. I. Lenin, Noch einmal über die Gewerkschaften, die gegenwärtige Lage und die Fehler Trotzkis und Bucharins, in: Werke, Bd. 32, Berlin 1970, S. 85

Charakteristisch für die Arbeitsweise der marxistisch-leninistischen Wissenschaftstheorie ist dabei, daß sie die Ergebnisse anderer Disziplinen, in denen verschiedene Aspekte der Wissenschaft untersucht werden, nicht einfach summiert, sondern sie auf der Grundlage des von ihr erarbeiteten Wissenschaftsbegriffs in ihr theoretisches System einordnet und zur Synthese führt. Solche Forschungen zur Wissenschaft werden in den verschiedensten Disziplinen betrieben: der Philosophie einschließlich der Erkenntnistheorie, Methodologie, Logik und Ethik, der Psychologie, Sozialpsychologie, Soziologie, Ökonomie, Pädagogik, Geschichts- und Rechtswissenschaft, Kybernetik, Systemtheorie u. a. Jede dieser Disziplinen bewegt sich in ihrem eigenen Rahmen und vermag natürlich nur eine ganz bestimmte Seite der Wissenschaft zu erfassen. Keine dieser Disziplinen ist in der Lage, aus ihrer Sicht eine geordnete Menge theoretischer Prinzipien anzugeben, die die Wesenszüge der sozialistischen Wissenschaft adäquat abbildet und zugleich die praktischen Erfahrungen der Wissenschaftspolitik der Partei der Arbeiterklasse, der Leitung und Organisation der wissenschaftlichen Tätigkeit auf der Ebene ganzer Wissenschaftspotentiale bis hin zur Ebene der Forschungsgrundeinheiten zu verallgemeinern. Diese Aufgabe, das theoretische Fundament, integrierende theoretische Prinzipien für alle disziplinären Forschungen zur Wissenschaft zur Verfügung zu stellen und zugleich die Ergebnisse dieser disziplinären Forschungen theoretisch zu verallgemeinern, fällt der marxistisch-leninistischen Wissenschaftstheorie zu. Sie gestaltet sich demzufolge sowohl als Voraussetzung und theoretisches Fundament jeglicher Wissenschaftsforschung als auch zugleich als deren Resultat und theoretische Verallgemeinerung.

Dieses dialektische Wechselverhältnis zwischen marxistisch-leninistischer Wissenschaftstheorie und disziplinären Wissenschaftsforschungen ist, wenngleich nicht identisch, so doch mit dem Verhältnis vergleichbar, das zwischen der politischen Ökonomie und einzelnen ökonomischen Zweig- und Querschnittsdisziplinen besteht. Die politische Ökonomie des Marxismus-Leninismus ist das theoretische und ideologische Fundament aller im Rahmen der Wirtschaftswissenschaften bestehenden und notwendigen speziellen Theorien, wie Reproduktionstheorie, Wachstumstheorie u. a.: „Die politische Ökonomie des Sozialismus gewährleistet die theoretisch-methodologische Einheit der marxistisch-leninistischen Wirtschaftswissenschaften. Ihre Gesetze und Kategorien gelten für alle ökonomischen Disziplinen.“[68]

[68] K. Hager, Die entscheidende Kraft ist das Schöpfertum der Arbeiterklasse, in: ND vom 20. 9. 1971, S. 3

In analoger Weise macht die marxistisch-leninistische Wissenschaftstheorie keineswegs spezielle philosophisch-methodologische, ökonomische, soziologische, psychologische oder andere einzelwissenschaftliche Untersuchungen zur Wissenschaft überflüssig, erhebt sie nicht den Anspruch, diese ersetzen zu wollen, sondern sieht sie ihre Aufgabe darin, alle diese Forschungen in den theoretischen Rahmen einer einheitlichen Wissenschaftsauffassung zu integrieren und sie zur theoretischen Synthese zu führen.

Entscheidend für den Vollzug dieser Synthese ist, ob es ihr gelingt, die realen Prozesse der Wissenschaftsentwicklung und der wissenschaftlichen Tätigkeit theoretisch so abzubilden, daß es nicht zu einer Wissenschaftsauffassung kommt, die nur einzelne „Aspekte" oder „Seiten" der Wissenschaft – wie wichtig sie für sich genommen auch sein mögen – widerspiegelt, sondern die es gestattet, alle diese „Aspekte" in ihrer Einheit zu erfassen bzw. sie aus diesem einheitlichen Wissenschaftsbegriff abzuleiten.

Auf dem Wege zu dieser Synthese zeichnen sich in der marxistischen Literatur der letzten Jahre bereits einige Teilsynthesen geringerer Ordnung ab, die zur Herausbildung von im wesentlichen drei Forschungsrichtungen geführt haben:

1. Untersuchung der Wissenschaft als arbeitsteiliger Teilbereich der Gesellschaft, als soziale Institution;
2. Untersuchung der Wissenschaft als Erkenntnissystem;
3. Untersuchung der Wissenschaft als informationsverarbeitendes System.

Für alle drei Richtungen ist charakteristisch, daß in ihnen verschieden geartete Teiluntersuchungen zur Wissenschaft bereits in übergreifendere Gesichtspunkte integriert werden. So werden in der ersten Richtung, die oft unter der Bezeichnung „Soziologie der Wissenschaft" auftritt, historisch-materialistische, ökonomische, politische, arbeitswissenschaftliche, sozial- und ingenieurpsychologische und andere Untersuchungen miteinander verknüpft.[69] Die zweite Richtung,

[69] G. N. Volkov erkennt den integrierenden Ansatz der Soziologie der Wissenschaft, wenn er schreibt: „Die soziologischen Probleme der Wissenschaft sind charakterisiert durch ein integrales, komplexes Herangehen an die zu untersuchenden Erscheinungen: Sie entstehen an der Nahtstelle solcher Disziplinen wie der Philosophie, der politischen Ökonomie, der Geschichte der Wissenschaft und Technik, der Logik und Psychologie des wissenschaftlichen Arbeitens. Sie fußen auf den Daten einer ganzen Reihe exakter Wissenschaften, auf Verfahren der mathematischen und statistischen Analyse. Die Grundlage der Wissen-

die als „Logik der wissenschaftlichen Erkenntnis“ bekannt ist, verbindet erkenntnistheoretische, logische, semiotische und methodologische Gesichtspunkte bei der Untersuchung der Wissenschaft[70], während in der dritten informationstheoretische, kybernetische, systemtheoretische und statistische Übrlegungen im Vordergrund stehen[71]. Jede dieser Richtungen nimmt so bereits in gewissem Maße eine integrative Funktion wahr, doch erweist sich der ihnen jeweils zugrunde liegende Wissenschaftsbegriff noch nicht von der Art, daß aus ihm alle „Seiten“ der Wissenschaft abgeleitet werden können, die in dem realen Prozeß ihrer Entwicklung eine Rolle spielen, und um als theoretische Grundlage für die erfolgreiche Bearbeitung aller Probleme dienen zu können, die im Entwicklungsprozeß der Wissenschaft entstehen.

Die Auffassung der *Wissenschaft als informationsverarbeitendes System* hebt ein wichtiges Merkmal der Wissenschaft hervor; sie bringt Methoden zur Anwendung, die es gestatten, bestimmte Parameter der Wissenschaftsentwicklung in historischer Sicht genauer zu verfolgen und die gegenwärtigen Prozesse der wissenschaftlichen Tätigkeit exakter zu durchleuchten. Solche Methoden sind z. B. beim Aufbau von Leitungs- und Informationssystemen der Wissenschaft

schaftssoziologie wie der ganzen marxistischen Gesellschaftswissenschaften ist der dialektische und historische Materialismus, ohne den eine wissenschaftliche Analyse sozialer Erscheinungen undenkbar ist.“ (G. N. Volkov, Soziologie der Wissenschaft, Berlin 1970, S. 10)

70 P. V. Kopnin beschreibt den integrierenden Charakter der Logik der wissenschaftlichen Erkenntnis so: „Die Logik der Wissenschaft setzt sich aus einer Reihe miteinander verbundener Momente zusammen, deren Ausarbeitung in verschiedenen Richtungen erfolgen und zu unterschiedlichen Resultaten führen kann und muß: 1. zur Bereicherung des kategorialen Apparates der materialistischen Dialektik, 2. zur Entwicklung der Mittel der formalen Logik einschließlich ihrer künstlichen Sprachen, 3. zum tiefgründigen Verständnis und zur Beherrschung der Bewegungsprozesse des Wissens selbst, einschließlich des wissenschaftlichen Schöpfertums, 4. zum Verstehen der logischen Grundlagen, des Aufbaus und der Struktur einzelner Wissensgebiete.“ (P. V. Kopnin, Logičeskije osnovy nauki, Kiev 1968, S. 271)

71 G. M. Dobrov nennt als eines der theoretisch wichtigsten Ergebnisse der Wissenschaftswissenschaft „die Entwicklung einer einheitlichen kybernetischen (informationstheoretischen) Konzeption des wissenschaftlichen Prozesses . . .“
(G. M. Dobrov, Aktuelle Probleme der Wissenschaftswissenschaft, Berlin 1970, S. 19)

unentbehrlich. Indes bleibt das soziale Wesen der Wissenschaft im Rahmen dieser Auffassung entweder außerhalb der Betrachtung oder – soweit es Berücksichtigung findet – leitet sich nicht organisch aus dieser Auffasung her.

Untersuchungen zur *Wissenschaft als Erkenntnissystem* sind von großer Bedeutung für das Verständnis der relativen Eigengesetzlichkeiten in der Entwicklung der wissenschaftlichen Erkenntnis, der Beziehungen zwischen wissenschaftlichen Theorien, der Prozesse der Begriffs-, Theorie- und Hypothesenbildung, der logischen Struktur des Systems wissenschaftlicher Kenntnisse, des methodischen Vorgehens in der Forschung usw. Diese Richtung hat es mit den *Ergebnissen* der wissenschaftlichen Tätigkeit zu tun, nicht aber mit diesen Tätigkeiten selbst, ihrer gesellschaftlichen Determiniertheit, ihren materiellen Voraussetzungen und anderen Faktoren, unter deren Einfluß die wissenschaftlichen Erkenntnisse gewonnen werden. Sie untersucht die „Anatomie" der Wissenschaft[72], nicht aber deren „Physiologie" und ihre Funktionen als ganzheitlicher Organismus.

Im Zentrum der Aufmerksamkeit der Soziologie der Wissenschaft steht die Untersuchung derselben als Bereich gesellschaftlicher Arbeitsteilung, als *soziale Institution.* Sie orientiert auf die Erforschung der sozialökonomischen Spezifik der Wissenschaft in unterschiedlichen Gesellschaftsordnungen, des wechselseitigen Zusammenhangs von Wissenschaft und Produktion, der Rolle der Wissenschaft als Produktivkraft, auf Fragen des sozialen Klimas in der Wissenschaft, des Verhältnisses von Individuum und Kollektiv in der wissenschaftlichen Tätigkeit, der Struktur und Dynamik wissenschaftlicher Kader u. a. Von ihrem sozialen Ansatz her, d. h. auf Grund ihres historisch-materialistischen Herangehens an die Erforschung der Wissenschaft geht die Soziologie der Wissenschaft über die beiden ersten Richtungen prinzipiell hinaus. Ihre Aufgabe ist es jedoch nicht, die Wissenschaft als Erkenntnissystem zu untersuchen; auch bleiben solche Fragen wie die praktische Gestaltung von Forschungspotentialen unter dem Gesichtspunkt der Aufwand-Nutzen-Relation, der Bestimmung und Auswahl perspektivreicher Richtungen der wissenschaftlichen Forschung u. a. zwangsläufig außerhalb ihres Blickfeldes.

Die Entwicklung der marxistisch-leninistischen Wissenschaftstheorie geht deshalb mit der Synthese dieser drei Richtungen der Erforschung der Wissenschaft einher; in gewissem Sinne ist sie ebenso Voraussetzung wie Resultat dieses Prozesses. Diese Synthese kann freilich nicht so

[72] Vgl. A. I. Rakitov, Anatomija naučnogo znanija, Moskau 1969

erfolgen, daß die wesentlichen Merkmale der Wissenschaft, auf die in den einzelnen Richtungen jeweils akzentuiert wird, lediglich nebeneinander gestellt werden und Wissenschaft durch eine summarische Aufzählung dieser „Merkmale“, „Aspekte“ oder „Zusammenhänge“ definiert wird. In der philosophischen und wissenschaftstheoretischen Literatur der DDR sind wir noch bis vor kurzem eben diesen Weg gegangen.[73] Es wurden dabei drei wesentliche Zusammenhänge der Wissenschaft hervorgehoben: 1. Wissenschaft als Bereich der gesellschaftlichen Arbeitsteilung, als gesellschaftlicher Prozeß (=„Entstehungszusammenhang der Wissenschaft“), 2. Wissenschaft als System von Theorien und Methoden, als gesellschaftliches Produkt (=„Begründungszusammenhang“) und 3. Wissenschaft als Produktivkraft der Gesellschaft sowie als Grundlage für die Leitung der gesellschaftlichen Entwicklung (=„Wirkungszusammenhang“). Obgleich in den genannten Werken in der Regel betont wird, daß Wissenschaft eine komplexe soziale Erscheinung ist, die nicht auf einen dieser Aspekte oder Zusammenhänge reduziert werden kann, können die Formulierungen, die mit den drei genannten „Hauptzusammenhängen“ der Wissenschaft operieren, nicht befriedigen. Während die Praxis der wissenschaftlichen Tätigkeit eine Einheit aller ihrer „Aspekte“ und „Zusammenhänge“ darstellt, herrscht in jenen Formulierungen noch eine Art Trichotomie der Aspekte vor; ihr einfaches Nebeneinander ist noch nicht überwunden. Insbesondere ist die theoretische Trennung von „Entstehungs-“ und „Wirkungszusammenhang“ der Wirklichkeit sozialistischer Wissenschaftsentwicklung nicht angemessen, denn die als bewußt gesetztes Ziel gedanklich vorweggenommene Wirkung ist hier das entscheidende Moment des mit „Entstehungszusammenhang“ gemeinten wissenschaftlichen Arbeitsprozesses. Außerdem ist auch der Begriff des Begründungszusammenhangs mit Schwierigkeiten verbunden, da aus den genannten Formulierungen nicht hervorgeht, ob damit die sozusagen wissenschaftsimmanente, logische Begründung wissenschaftlicher Theorien, Hypothesen usw. oder aber die sich aus und in der gesellschaftlichen Praxis begründende Wahrheit wissenschaftlicher Erkenntnisse gemeint ist.

[73] Vgl. Marxistische Philosophie, Berlin 1967, S. 619;
A. Kosing, Wissenschaftstheorie in der Sicht der marxistischen Philosophie, a. a. O., S. 768;
Die Wissenschaft von der Wissenschaft, a. a. O., S. 39–40, 68–69;
F. Fiedler, „Einheitswissenschaft“ oder Einheit der Wissenschaft? a. a. O., S. 55

Ähnlich wie der Wissenschaftsbegriff nicht auf eine Summe verschiedener „Aspekte" der Wissenschaft reduziert werden kann, ist auch der Gegenstand der Wissenschaftstheorie nicht adäquat erfaßt, wenn er „in der weltanschaulichen, erkenntnistheoretischen, logischen, semiotischen, soziologischen und psychologischen Untersuchung" der vorstehend genannten drei „Zusammenhänge" der Wissenschaft gesehen wird.[74] Abgesehen davon, daß die Aufzählung der „Aspekte" nicht vollständig ist und durch den historischen, ökonomischen und andere ergänzt werden müßte, darf die Gegenstandsbestimmung der marxistisch-leninistischen Wissenschaftstheorie von vornherein nicht auf einzelne „Aspekte" akzentuieren, sondern auf die Wissenschaft als Ganzes sowie auf die objektiven Gesetzmäßigkeiten, denen sie hinsichtlich ihrer sozialökonomischen Determiniertheit, ihrer Funktionsweise, ihrer Struktur, ihrer Leitung, Planung und Organisation sowie hinsichtlich ihrer gesamten Entwicklung unterliegt.

Den Schlüssel, um zu einer solchen allseitigen und einheitlichen Wissenschaftsauffassung zu kommen, sehen wir in dem realen Prozeß der wissenschaftlichen Tätigkeit. Die wissenschaftliche Tätigkeit, aufgefaßt als spezifische Art gesellschaftlicher Tätigkeit, bildet den Kern dessen, was in seinen vielfältigen Aspekten als Wissenschaft bezeichnet wird. Sie mündet auf der einen Seite in den Ergebnissen der wissenschaftlichen Tätigkeit, den wissenschaftlichen Erkenntnissen, und sie baut andererseits zu ihrem Vollzug auf materiellen, sozialen und ideellen Voraussetzungen auf, unter denen das vorhandene Wissenschaftspotential (Kader, materielle Ausrüstung, finanzielle Aufwendungen usw.), die gegebenen gesellschaftlichen Verhältnisse, die von der Gesellschaft ihr vorgegebenen Probleme und die Gesamtheit der bereits vorhandenen Kenntnisse eine besonders wichtige Rolle spielen.

Der Begriff der wissenschaftlichen Tätigkeit kann als ein grundlegender Begriff der Wissenschaftstheorie aufgefaßt werden. Von seinem marxistisch-leninistischen Verständnis ausgehend, rückt das gesellschaftliche Wesen der wissenschaftlichen Tätigkeit und der Wissenschaft als Ganzes in das Zentrum der Aufmerksamkeit, wird die Marxsche Kennzeichnung der Wissenschaft als allgemeine Arbeit zu einer grundlegenden Prämisse der Wissenschaftstheorie, ordnen sich Soziologie und Ökonomie, Psychologie und Logik der Wissenschaft, Systemanalyse und informationstheoretische Betrachtung der Wissen-

[74] A. Kosing, Wissenschaftstheorie in der Sicht der marxistischen Philosophie, a. a. O., S. 768;
vgl. auch: Die Wissenschaft von der Wissenschaft, a. a. O., S. 40

schaft, quantitative und qualitative Methoden der Erforschung der Wissenschaft, Wissenschaftsgeschichte und Wissenschaftsprognostik, Wissenschaftspolitik und -leitung in ein theoretisch konsistentes System von Forschungen und Erkenntnissen zur Wissenschaft ein. Die marxistisch-leninistische Wissenschaftstheorie, die von diesem Grundbegriff der wissenschaftlichen Tätigkeit ausgeht, vermag somit jenen Grad des komplexen Herangehens an die Wissenschaft zu sichern, der sie den bürgerlichen Wissenschaftsauffassungen prinzipiell überlegen macht und der notwendig ist, um die Gesetzmäßigkeiten der Wissenschaftsentwicklung, des wissenschaftlich-technischen Fortschritts, der Wissenschaft als Produktivkraft und als Instrument der Leitung der gesellschaftlichen Prozesse im Sozialismus zu erforschen und sie im Interesse des gesellschaftlichen Fortschritts, der Befriedigung der materiellen und geistig-kulturellen Bedürfnisse der Arbeiterklasse und aller Werktätigen in der sozialistischen Gesellschaft immer besser zu beherrschen.

Wir schließen uns deshalb voll und ganz dem Standpunkt von S. R. Mikulinskij an, der den Gegenstand und die Komplexität der Wissenschaftstheorie (Wissenschaftskunde) wie folgt charakterisiert: „Das Herangehen der Wissenschaftskunde an die Erforschung der Wissenschaft hat seine klar ausgeprägte Spezifik. Ihr wesentliches Merkmal ist die Komplexität dieses Herangehens und die organische Verbindung wissenschaftshistorischer, logischer, ökonomischer, soziologischer und psychologischer Untersuchungsmethoden ... Haben die Philosophie und die Wissenschaftsgeschichte die Wissenschaft bisher fast ausschließlich als begriffliches System von Erkenntnissen betrachtet und die Dynamik und Evolution dieser Begriffe untersucht, und hat die Soziologie die Stellung und die Rolle der Wissenschaft in der Gesellschaft zu ihrem Gegenstand gemacht, so betrachtet die Wissenschaftskunde die Wissenschaft hauptsächlich als eine besondere Form der Tätigkeit. Sie schließt nicht bloß die logischen, sozialen, ökonomischen, organisatorisch-strukturellen und psychologischen Aspekte der Wissenschaft ein, sondern sieht sie in engster Wechselbeziehung untereinander; eben diese Wechselwirkungen sind das bestimmende Element der Wissenschaftsentwicklung."[75]

[75] S. R. Mikulinskij, N. I. Rodnyj, Wissenschaftsgeschichte und Wissenschaftskunde, in: Wissenschaft. Studien zu ihrer Geschichte, Theorie und Organisation, Berlin 1972, S. 77

VI

Die ***Einheit von Theorie und Praxis*** ist für den Marxismus-Leninismus in seiner Gesamtheit charakteristisch. Sie ist deshalb auch ein Grundprinzip der marxistisch-leninistischen Wissenschaftstheorie.

Wir stehen vor der Aufgabe, die vom VIII. Parteitag der SED gestellten Probleme der Beschleunigung des wissenschaftlich-technischen Fortschritts und damit der Leitung, Planung und Organisation der Wissenschaft in der Praxis zu bewältigen. Die hierfür erforderlichen wissenschaftstheoretischen Grundlagen stehen uns noch nicht in jedem Falle in der nötigen Detaillierung zur Verfügung. Sie müssen im Prozeß der praktischen Lösung dieser Probleme selbst erarbeitet werden. Hieraus ergibt sich eine Besonderheit der wissenschaftstheoretischen Forschung in ihrem gegenwärtigen Entwicklungsstadium: Theorie und Praxis der wissenschaftlichen Tätigkeit müssen *gleichzeitig* entwickelt werden; jede theoretische Erkenntnis muß sich in der Praxis der wissenschaftlichen Tätigkeit niederschlagen und dort bewähren, und jede praktische Erfahrung gilt es sorgfältig daraufhin zu prüfen, inwieweit sie theoretisch verallgemeinert werden kann. Dieses synchrone Ausarbeiten der Theorie und Gestalten der Praxis darf jedoch nicht so verstanden werden, als bestehe die vorrangige Aufgabe der wissenschaftstheoretischen Forschung darin, z. B. den Geschäftsablauf wissenschaftlicher Institute und Einrichtungen zu ordnen, also jeweils gerade anfallende Dienstleistungen wissenschaftsorganisatorischer Art wahrzunehmen. Vielmehr kommt es darauf an, den Rückstand auf dem Gebiet der Wissenschaftstheorie gegenüber der sozialistischen Wissenschaftspraxis aufzuholen. In angespannter, intensiver theoretischer Arbeit muß ein Zustand angestrebt und erreicht werden, in dem die marxistisch-leninistische Wissenschaftstheorie einen entsprechenden theoretischen Vorlauf für die praktische Gestaltung der Wissenschaftsentwicklung und der wissenschaftlichen Tätigkeit im Sozialismus erarbeitet.

Die Wissenschaftstheorie nimmt die praktischen Erfahrungen der sozialistischen Wissenschaftsentwicklung zum Ausgangspunkt ihrer Verallgemeinerungen und die praktischen Bedürfnisse dieser Entwicklung zur Quelle ihrer Problemstellungen. Sie hat die Wissenschaft nicht nur zu interpretieren, sondern sie vor allem bewußt, rationell und effektiv – entsprechend den Interessen der Arbeiterklasse – zu gestalten und zu verändern. Dabei kann sie auf weite Sicht nur dann effektiv werden, wenn sie weder praktizistisch und empiristisch auf dem Niveau bloßen Probierens und unklarer Plausibilitätserwägungen Lösungen von Fall zu Fall sucht, noch abstrakt und lebensfremd Idealtypen wissenschaftlicher Arbeitsprozesse und Persönlichkeiten vorgibt, sondern wenn sie über ein entwickeltes und für weitere Entwicklungen offenes theoretisches System verfügt, mit dessen Hilfe sie die realen Anforderungen der sozialistischen Praxis sachlich bewältigt und deren Erfahrungen ebenso sachlich verallgemeinert.

Die Einheit von Theorie und Praxis muß auf allen Ebenen der wissenschaftstheoretischen Arbeit und der Wissenschaftspraxis im Sozialismus gegeben sein. Sie kennzeichnet deshalb sowohl den Gesamtbereich der sozialistischen Wissenschaftspolitik als auch die Aufgaben bei der Leitung großer Wissenschaftspotentiale der sozialistischen Gesellschaft, wie z. B. der Akademie der Wissenschaften der DDR, als auch den konkreten Vollzug der wissenschaftlichen Tätigkeit in den einzelnen Forscherkollektiven.

Ein entscheidendes Motiv für die Entwicklung der marxistisch-leninistischen Wissenschaftstheorie sind die realen Bedürfnisse der sozialistischen Wissenschaftspolitik als Bestandteil der Gesamtpolitik der Arbeiterklasse und ihrer marxistisch-leninistischen Partei. W. I. Lenin, der Begründer sozialistischer Wissenschaftspolitik, ging in Theorie und Praxis stets vom Gesamtzusammenhang der von der Arbeiterklasse nach der sozialistischen Revolution zu lösenden Aufgaben aus. Im Zentrum der Politik der Arbeiterklasse und ihrer Partei steht der von Ausbeutung freie, bewußt und schöpferisch tätige Mensch, sein Wohl, seine Interessen, seine materiellen und geistig-kulturellen Bedürfnisse, seine Entwicklung zur sozialistischen Persönlichkeit. Diesem Ziel ist auch die Wissenschaftspolitik der Partei und des sozialistischen Staates untergeordnet, die somit nicht Selbstzweck, sondern Mittel zum Zweck ist. Letztes Ziel der Wissenschaftspolitik der Partei der Arbeiterklasse ist der sozialistische Mensch, sein Wohl, die Entwicklung und Befriedigung seiner Bedürfnisse.

„Politik – das ist die Einheit der ideell-theoretischen und praktisch-organisatorischen Arbeit der Partei bei der politischen Leitung der gesellschaftlichen Entwicklung im Sozialismus. Sie verlangt die Begründung der Hauptziele in diesem oder jenem Abschnitt des Voranschreitens, die dazu notwendige Analyse aller Voraussetzungen und Bedingungen und schließlich die Festlegung eines exakten Programms als Anleitung zum Handeln.“[76] Die Spezifik der Wissenschafts-

[76] E. Honecker, Fragen von Wissenschaft und Politik in der sozialistischen Gesellschaft, a. a. O., S. 5–6

politik ergibt sich aus dieser Charakteristik der Politik überhaupt, indem diese für den besonderen Bereich der gesellschaftlichen Entwicklung – die Wissenschaftsentwicklung – konkretisiert wird. Die Aufgabe der sozialistischen Wissenschaftspolitik besteht demzufolge darin, für die Wissenschaftsentwicklung solche Ziele und Maßstäbe zu setzen, die den Erfordernissen und Bedürfnissen der sozialistischen Gesellschaft entsprechen, diese Ziele und Maßstäbe gemäß der Weiterentwicklung der gesellschaftlichen Erfordernisse zu präzisieren, die Voraussetzungen, Bedingungen und Möglichkeiten zur Erreichung dieser Ziele zu analysieren, Prioritäten zu setzen sowie die den gesellschaftlichen Notwendigkeiten und Möglichkeiten gemäßen Mittel zur Realisierung dieser Ziele zu bestimmen.

Entscheidend für den Erfolg sozialistischer Wissenschaftspolitik ist dabei, daß sie in der „Einheit der ideell-theoretischen und praktisch-organisatorischen Arbeit der Partei“ durchgeführt werden muß. Für die wissenschaftstheoretische Forschung leitet sich daraus die Aufgabe ab, theoretischen Vorlauf für die Praxis der sozialistischen Wissenschaftspolitik zu schaffen. Dies kann sie nur, wenn sie sich einem gründlichen Studium der Entwicklungsgesetze der Wissenschaft, des wissenschaftlich-technischen Fortschritts sowie der spezifischen Art und Weise widmet, in der der wissenschaftlich-technische Fortschritt mit den Vorzügen der sozialistischen Gesellschaftsordnung verbunden werden muß.

Die Grundsätze der sozialistischen Wissenschaftspolitik gilt es in den einzelnen Bereichen und Ebenen der wissenschaftlichen Tätigkeit konkret durchzusetzen. Dabei entstehen neue Probleme, die von der Wissenschaftstheorie ebenfalls aufgegriffen und gelöst werden müssen. Sie liegen sowohl auf der Ebene der wissenschaftsleitenden Tätigkeit im Bereich ganzer Wissenschaftspotentiale als auch auf der Ebene des konkreten Vollzugs wissenschaftlicher Tätigkeit in Grundeinheiten der Forschung. Um welche Probleme es sich hierbei im einzelnen handelt, wurde bereits in Abschnitt II angedeutet. Ihre Lösung setzt voraus, daß die Vertreter der Wissenschaftstheorie die realen Prozesse der Leitung, Planung, Organisation und Durchführung der wissenschaftlichen Tätigkeit, der Grundlagenforschung, der angewandten Forschung, der Überleitung der wissenschaftlichen Ergebnisse in die materielle Produktion und in die gesellschaftliche Praxis überhaupt gründlich erforschen. Dies können sie nur, wenn sie eng mit der Praxis der sozialistischen Wissenschaftsleitung und -organisation verbunden sind und entsprechend ihren spezifischen Möglichkeiten gemeinsam mit den jeweiligen Verantwortlichen selbst an der praktischen Lösung dieser Aufgaben mitwirken. Viele statistische Erhebungen und empirische Untersuchungen, die in wissenschaftstheoretischer Absicht in Primärkollektiven der Forschung durchgeführt werden müssen, stehen oder fallen mit der Bereitschaft der in ihnen tätigen Wissenschaftler und Leiter, an diesen Untersuchungen selbst aktiven und bewußten Anteil zu nehmen, und an ihrer Aufgeschlossenheit gegenüber wissenschaftstheoretischen Problemen. Aufgabe der Vertreter der Wissenschaftstheorie bei solchen Untersuchungen ist es, das Vertrauen, das ihnen die untersuchten Kollektive entgegenbringen, durch theoretisch fundierte Analysen und Verallgemeinerungen sowie durch praxisnahe und praktikable Schlußfolgerungen zu rechtfertigen, die es den betreffenden Kollektiven gestatten, die Produktivität und Effektivität ihrer Arbeit merklich zu steigern.

VII

Neben diesen drei Grundprinzipien – der Parteilichkeit, der Komplexität und der Einheit von Theorie und Praxis – ist die wissenschaftstheoretische Forschung durch eine Reihe weiterer, spezieller, methodologischer Prinzipien gekennzeichnet, von denen hier lediglich das der *Einheit des Logischen und des Historischen* genannt werden soll. Der Grund, warum wir dieses Prinzip besonders hervorheben, besteht in der außerordentlichen Bedeutung, welche die Geschichte der Wissenschaft für die Entwicklung der marxistisch-leninistischen Wissenschaftstheorie hat.[77]

W. I. Lenin hat bekanntlich wiederholt auf die Bedeutung der Geschichte der Wissenschaft für den Marxismus und die Philosophie der Arbeiterklasse hingewiesen. Er war der Ansicht, daß „die Fortführung des Werkes von Hegel und Marx ... in der dialektischen Bearbeitung der Geschichte des menschlichen Denkens, der Wissenschaft und der Technik bestehen“ müsse[78] und sah in der „Geschichte der einzelnen Wissenschaften“ eines jener „Wissensgebiete, aus denen sich Erkenntnistheorie und Dialektik aufbauen sollen“.[79] Auch für

[77] Vgl. S. R. Mikulinskij, N. I. Rodnyj, Wissenschaftsgeschichte und Wissenschaftskunde, in: Wissenschaft. Studien zu ihrer Geschichte, Theorie und Organisation, a. a. O., S. 58–95;
G. Kröber, Wissenschaftstheorie und Wissenschaftsgeschichte (Materialien des XIII. Internationalen Kongresses für Wissenschaftsgeschichte, Moskau, 18.–24. 8. 1971), Moskau 1971, S. 8ff.

[78] W. I. Lenin, in: Werke, Bd. 38, Berlin 1971, S. 137

[79] Ebenda, S. 335

die marxistisch-leninistische Wissenschaftstheorie ist die wissenschaftshistorische Forschung eine wesentliche, sie konstituierende Komponente, und zwar in mindestens dreierlei Hinsicht.

1. Um erkennen zu können, wie sich die Wissenschaft gegenwärtig entwickelt, und welche Tendenzen mit großer Wahrscheinlichkeit sich in nächster Zukunft in ihrer Entwicklung abzeichnen werden, muß man wissen, wie und auf Grund welcher Gesetzmäßigkeiten sich die Wissenschaft bisher entwickelt hat. B. M. Kedrov faßte diesen Gedanken auf dem XIII. Kongreß für Wissenschaftsgeschichte in die Worte: „Weiß man, wie die Vergangenheit gesetzmäßig verlaufen ist, kann man sich auch richtig in der Gegenwart orientieren und die Zukunft voraussehen.“[80]

2. Um zu wissen, wie Wissenschaft betrieben werden muß, ist es nicht nur nützlich, sondern geradezu notwendig zu wissen, wie Wissenschaft bisher betrieben worden ist. Die Geschichte der Wissenschaftsorganisation und der Wissenschaftstheorie selbst vermag uns viele nützliche Erfahrungen und Fragestellungen bedeutender Wissenschaftlerpersönlichkeiten der Vergangenheit zu vermitteln, die sich für die Lösung gegenwärtiger Probleme der Organisation wissenschaftlicher Tätigkeiten als außerordentlich wertvoll erweisen können. Jene praktischen Erfahrungen und wissenschaftstheoretischen Fragestellungen, die wir in den verschiedensten Etappen der Geschichte der Wissenschaft und der Philosophie bei ihren bedeutendsten Vertretern antreffen, gehören mit zu den Quellen der marxistisch-leninistischen Wissenschaftstheorie; das Studium dieses wissenschaftstheoretischen Erbes der Vergangenheit bildet einen unabdingbaren Bestandteil der wissenschaftstheoretischen Arbeit selbst. Es zu erforschen und es beim Aufbau der marxistisch-leninistischen Wissenschaftstheorie kritisch zu verarbeiten, ist ein Anliegen, in dem wissenschaftstheoretische und wissenschaftshistorische Interessen sich vereinen.

3. Die Wissenschaftsgeschichte fördert das wissenschaftliche Erbe vergangener Epochen zutage und läßt es in das geistig-kulturelle Leben der sozialistischen Gesellschaft einfließen. In dieser Beziehung ist die Wissenschaftsgeschichte nicht nur für die Wissenschaftstheorie von Bedeutung, sondern für ein kulturvolles Leben des Volkes überhaupt, für die Befriedigung und Weiterentwicklung der geistig-kulturellen Bedürfnisse der Arbeiterklasse und aller Werktätigen. Ins-

[80] B. M. Kedrov, Istorija nauki i principy issledovanija (Materialien des XIII. Internationalen Kongresses für Wissenschaftsgeschichte, Moskau, 18.–24. 8. 1971), Moskau 1971, S. 8

besondere können die Ergebnisse wissenschaftshistorischer Forschung eine nur schwerlich zu überschätzende Funktion in der Auseinandersetzung mit der bürgerlichen und revisionistischen Ideologie und speziell mit bürgerlichen Konzeptionen der Wissenschaftsentwicklung spielen.

Soll die Wissenschaftsgeschichte dieser ihrer *aktuellen* Bedeutung für die Beherrschung der gegenwärtigen Prozesse der Wissenschaftsentwicklung nachkommen, so ist von ihr freilich zu fordern, daß sie in bewußt wissenschaftstheoretischer Absicht betrieben wird. Eine an wissenschaftstheoretischen Zielstellungen orientierte wissenschaftshistorische Forschung ist in erster Linie dem Prinzip der Einheit des Historischen mit dem Logischen verpflichtet. Wissenschaftshistorische Untersuchungen, die sich um die bloße Aufdeckung und konzeptionslose Beschreibung von Fakten der Wissenschaftsgeschichte in beliebigen ihrer Perioden bemühen, sind für die Wissenschaftstheorie von gemindertem Wert. Solange der historische Fakt nur Historisches bleibt, ist er auch nur historisch interessant. *Theoretisch* bedeutungsvoll und damit für die Gegenwart interessant wird er erst dann, wenn sein historischer Standort zugleich als Glied einer logischen Entwicklungskette der wissenschaftlichen Erkenntnis, als Element eines jeweils konkreten, sich entwickelnden Systems von Erkenntnissen, als Baustein auf dem Wege zu einer Theorie usw. erkannt ist. Gelingt es dem Wissenschaftshistoriker zudem noch zu zeigen, daß und warum der betreffende historische Fakt nicht nur in dem genannten Sinne für die betreffende Disziplin logisch und theoretisch bedeutungsvoll, sondern für die wissenschaftliche Entwicklung allgemein charakteristisch ist, so ist der wissenschaftstheoretische Wert einer solchen Untersuchung nicht hoch genug zu veranschlagen. Die Einheit des Historischen mit dem Logischen als methodologisches Prinzip zu handhaben, zeichnet die wissenschaftstheoretisch relevante wissenschaftshistorische Forschung vor der rein empirischen Historie oder historischen Empirie aus. Historisches, das unbekümmert um das Logische und außerhalb desselben verbleibt, gleicht der blinden Empirie, die den Weg zur Theorie nicht finden kann, weil sie sich von ihr diesen Weg nicht erhellen läßt.

Wissenschaftshistorische Forschung wird für die Wissenschaftstheorie in dem Maße bedeutungsvoll, wie es ihr gelingt, allgemeine Tendenzen und gesetzmäßige Zusammenhänge in der Wissenschaftsentwicklung aufzufinden. Solche gesetzmäßigen Zusammenhänge können zwar auch aus der statistischen Bearbeitung und Verallgemeinerung empirischen Materials abgeleitet werden, das beim Studium gegenwärtiger Prozesse und Systeme wissenschaftlicher Tätigkeiten gewonnen wurde. Doch die Geschichte der Wissenschaft bietet in dieser Hinsicht ein unvergleichlich breiteres Feld an Möglichkeiten. Die historische Dimension, die in der empirischen Erforschung gegenwärtiger Wissenschaftsprozesse und -systeme außerhalb der Betrachtung bleiben muß, kann Gesetzmäßigkeiten offenbaren, die am gegenwärtigen Material nur schwer oder unter Umständen überhaupt nicht ableitbar sind.[81] Die Kenntnis solcher Gesetzmäßigkeiten versetzt den Wissenschaftstheoretiker in die Lage, die gegenwärtigen Prozesse der Wissenschaftsentwicklung tiefgründiger zu verstehen, sie in der Praxis der wissenschaftlichen Tätigkeit besser zu beherrschen und die künftigen Entwicklungserfordernisse der Wissenschaft exakter zu bestimmen.[82]

Die Gesetzmäßigkeiten, um deren Aufdeckung es der Wissenschaftsgeschichte gehen muß, können dabei ganz verschiedener Art sein. Es versteht sich, daß der gesetzmäßige Prozeß der Wissenschaftsentwicklung nicht nur durch *quantitative* Beziehungen charakterisiert wird, z. B. zwischen dem Umfang wissenschaftlicher Kenntnisse, der Anzahl wissenschaftlicher Publikationen, der Höhe materieller und finanzieller Aufwendungen für die Wissenschaftsentwicklung in verschiedenen Perioden ihrer Geschichte usw. Für die gegenwärtige praktische Beherrschung der Wissenschaftsprozesse, für die Wissenschaftspolitik und -leitung ist die Kenntnis gesetzmäßiger Zusammenhänge *qualitativer* Art zwischen den verschiedenen Elementen des Systems wissenschaftlicher Tätigkeiten, zwischen Objekt und Subjekt, Ziel und Mittel der wissenschaftlichen Forschung, zwischen Wissenschaft und Gesellschaft, Individuum und Kollektiv in der Wissenschaft usw. von mindestens gleich großer Bedeutung.

Die Wissenschaftstheorie bedarf des weiteren der Kenntnis sowohl solcher Gesetzmäßigkeiten, die für die Wissenschaft in allen ihren Entwicklungsetappen charakteristisch sind, also der *allgemeinen* Gesetze der Wissenschaftsentwicklung, wie auch jener, die für die Entwicklung der Wissenschaft unter ganz konkreten historischen, politischen und ökonomischen Bedingungen, also in historisch konkreten ökonomischen Gesellschaftsformationen, charakteristisch sind.

Der marxistisch-leninistische Wissenschaftsbegriff, der Wissenschaft nicht nur als Erkenntnissystem faßt, sondern primär als System

[81] Vgl. K. Hager, Sozialismus und wissenschaftlich-technische Revolution, a. a. O., S. 57

[82] Ebenda, S. 57

und Prozeß gesellschaftlicher Tätigkeiten, impliziert schließlich für die Wissenschaftsgeschichte die Notwendigkeit, ihre Aufmerksamkeit nicht nur den gesetzmäßigen Zusammenhängen im Bereich der wissenschaftlichen *Erkenntnisse*, z. B. denen der Begriffs-, Theorien- oder Hypothesenbildung zuzuwenden, sondern das System wissenschaftlicher *Tätigkeiten* in seiner ganzen Komplexität zum Gegenstand der historischen Forschung zu machen. S. R. Mikulinskij und N. I. Rodnyj kleiden diese Forderung in die Formulierung: „Die Wissenschaftsgeschichte hat nicht nur – und möglicherweise nicht einmal in erster Linie – die Frage zu beantworten, *was* die Wissenschaft in dieser oder jener Periode erreicht hat, sondern vielmehr, *wie*, *wodurch* und auf *welche Weise* sie es erreicht hat.“[83] Mit der Maßgabe, daß es sowohl um das Was als auch um das Wie geht, schließen wir uns dieser These an.

Wissenschaftsgeschichte und Wissenschaftstheorie verhalten sich zueinander wie Historisches und Logisches, d. h. sie bilden eine dialektische Einheit. Muß die Wissenschaftstheorie die Einheit des Logischen mit dem Historischen sichern, so muß, umgekehrt, die Wissenschaftsgeschichte die Einheit des Historischen mit dem Logischen gewährleisten. Das Streben nach *historischem* Selbstverständnis der Wissenschafts*theorie* trifft sich mit dem Bemühen der Wissenschafts*geschichte*, zum *theoretischen* Selbstverständnis ihrer selbst zu gelangen.

Das theoretische Selbstverständnis der Wissenschaftsgeschichte ist aber wesentlich an die Aufgabenstellung gebunden, die objektiven Gesetzmäßigkeiten der historischen Entwicklung der Wissenschaft aufzudecken. Diese Forderung gegenüber der Wissenschaftsgeschichte zu erheben, läuft in keiner Weise darauf hinaus, die Wissenschaftsgeschichte etwa zur „Magd“ der Wissenschaftstheorie erklären zu wollen, wie N. I. Rodnyj neuerdings befürchten zu müssen glaubte.[84] Es geht vielmehr darum, alle in der Wissenschaftsgeschichte als Disziplin vorhandenen Potenzen zu erschließen und zu nutzen, um die gegenwärtigen, aktuellen Probleme der Wissenschaftsentwicklung im Sozialismus besser lösen zu können. Die Wissenschaftsgeschichte dient also – wie Rodnyj schließlich auch selbst anerkennt – „der Wis-

[83] S. R. Mikulinskij, N. I. Rodnyj, Wissenschaftsgeschichte und Wissenschaftskunde, in: Wissenschaft. Studien zu ihrer Geschichte, Theorie und Organisation, a. a. O., S. 72

[84] Vgl. N. I. Rodnyj, Istorija nauki, naukovedenije, nauka, in: Voprossy filosofii, H. 5/1972, S. 31

senschaft als Grundlage, damit sie ihre prognostischen Funktionen erfüllen kann".[85] Das aber kann sie nur, wenn sie „die Regularitäten und Invarianten (d. h. die Gesetzmäßigkeiten) der Wissenschaftsentwicklung aufdeckt."[86]

Es geht schließlich auch darum, daß die Wissenschaftsgeschichte – wie jede andere Wissenschaftsdisziplin auch – erst dann Anspruch auf den Status einer Wissenschaft erheben kann, wenn sie auf Gesetzeserkenntnis orientiert und die gesetzmäßigen Zusammenhänge innerhalb ihres Gegenstandsbereichs – der realen Geschichte der Wissenschaft – aufzudecken vermag. In der Wissenschaftsgeschichte nur einen „Filmstreifen" zu sehen, „in dem jede Szene ein konkretes Bild einer bestimmten Situation in der Wissenschaft darstellt"[87], verleitet zu sehr zu einer phänomenologischen Beschreibung einzelner Episoden der Wissenschaftsgeschichte. Die Wissenschaftsgeschichte ist selbst eine Wissenschaft und will als solche betrieben sein. Ihr theoretisches Selbstverständnis setzt ihren Zusammenschluß mit der Wissenschaftstheorie voraus. Die Einheit von wissenschaftstheoretischer und wissenschaftshistorischer Forschung als konkreter Ausdruck des marxistisch-leninistischen methodologischen Prinzips der Einheit von Logischem und Historischem ist für beide – für die Geschichte wie für die Theorie der Wissenschaft – in gleicher Weise und in gleichem Maße notwendig.

Die *Prozesse* der Wissenschaftsentwicklung in den sozialistischen Ländern vollziehen sich unter gleichen sozialen Verhältnissen und Bedingungen; sie sind Bestandteil der gesellschaftlichen Reproduktionsprozesse dieser Länder und der sozialistischen Staatengemeinschaft als Ganzes. Die *Probleme,* vor denen die Arbeiterklasse, die Intelligenz und alle Werktätigen der sozialistischen Länder beim Aufbau des Sozialismus und Kommunismus, bei der Verbindung des wissenschaftlich-technischen Fortschritts mit den Vorzügen der sozialistischen Gesellschaftsordnung, beim effektiven Zusammenschluß von Wissenschaft und Produktion, bei der Entwicklung von Wissenschaft und Forschung überhaupt stehen, unterscheiden sich nicht grundsätzlich voneinander: Den wissenschaftlich-technischen Fortschritt und die Steigerung der Produktivität der wissenschaftlich-technischen Arbeit als Hebel zur weiteren Erhöhung des materiellen und kulturellen Lebensniveaus des Volkes zu nutzen, ist eine Auf-

85 Ebenda, S. 54
86 Ebenda, S. 54
87 Ebenda, S. 53

gabe, vor die sich alle Länder der sozialistischen Staatengemeinschaft gestellt sehen. Die *Prinzipien*, auf deren Grundlage die Prozesse der Wissenschaftsentwicklung erforscht und die dabei auftauchenden Probleme gelöst werden, sind ebenfalls die gleichen: sie resultieren aus der einheitlichen marxistisch-leninistischen Theorie, aus den gemeinsamen politischen, ökonomischen und ideologischen Interessen, aus der revolutionären Praxis der Arbeiterklasse der einzelnen Länder und ihrer marxistisch-leninistischen Parteien. Das internationalistische Wesen des Sozialismus gebiert die gleichen Prozesse und Probleme der Wissenschaftsentwicklung im Sozialismus und die gleichen Prinzipien ihrer Erforschung.

Was liegt also näher, als daß die wissenschaftstheoretische Forschung ebenfalls mit den vereinten Kräften und Anstrengungen der kompetenten Wissenschaftler der sozialistischen Länder, in koordinierter und arbeitsteiliger Weise, betrieben wird? Dies ist keine Frage, sondern eine Konsequenz: Die marxistisch-leninistische Wissenschaftstheorie ist ein Feld theoretischer Arbeit und praktischer Tätigkeit, das nur in engster internationaler Wissenschaftskooperation der sozialistischen Länder entwickelt werden kann. Besonders gilt es, die reichen Erfahrungen und Ergebnisse der sowjetischen Wissenschaft auf diesem Gebiet zu studieren und sie sich uns zu eigen zu machen und andererseits durch eigene Forschungsergebnisse von hoher Qualität unseren eigenen Beitrag in die integrierte Forschung einzubringen.

In dieser engen Gemeinschaft und der gemeinsamen marxistisch-leninistischen Ausgangsposition liegt eine der Garantien dafür, daß wir die Aufgaben, die uns der XXIV. Parteitag der KPdSU und der VIII. Parteitag der SED auf wissenschaftstheoretischem Gebiet gestellt haben, in Ehren erfüllen werden.

Helmut Steiner

Vergesellschaftung der Wissenschaft und wissenschaftlich-schöpferische Tätigkeit

Theoretische, wissenschaftshistorische und methodologische Probleme und Wege ihrer Erforschung

Die Wissenschaft hat in den letzten Jahrzehnten ein Entwicklungsniveau erreicht, das ihre eigene systematische wissenschaftliche Erforschung notwendig macht. Mit solchen grundlegenden Prozessen wie der Entwicklung der Wissenschaft zur unmittelbaren Produktivkraft der Gesellschaft, den neuen qualitativen Entwicklungsstufen ihrer Einordnung in den gesamtgesellschaftlichen Reproduktionsprozeß, der quantitativen und qualitativen Entwicklung des wissenschaftlich-technischen Fortschritts und der wissenschaftlich-technischen Revolution verbinden sich vielfältige Konsequenzen für den Prozeß der wissenschaftlich-schöpferischen Tätigkeit und deren Organisation. Wissenschaftspolitik, Planung und Leitung der Wissenschaft, Arbeitsteilung und Kooperation in der wissenschaftlichen Tätigkeit, kognitive und motivationale Bedingungen der Wissenschaft als Berufstätigkeit ergeben sich unmittelbar daraus. Von D. J. Price werden diese vielfältigen Prozesse und die von ihnen ausgelösten Erscheinungsformen in der Metapher „big science" in Unterscheidung zu der historisch vorausgegangenen „little science" zusammengefaßt.[1] Diese Metapher erfüllt die Funktion eines Symbols für die Kennzeichnung der oben genannten Prozesse, ist der Mehrzahl der auf diesem wissenschaftlichen Spezialgebiet Arbeitenden durchaus verständlich und erlaubt die Beschreibung sowie die quantitative Erfassung verschiedenartiger Erscheinungsformen. Für die Erkenntnis der Entwicklungsgesetze und der Funktionsgesetze der Wissenschaft ist sie jedoch nicht ausreichend. Die Erforschung der Wissenschaft als soziales System erfordert ein theoretisches und methodologisches Konzept für ihre historisch-funktionale Analyse. Die marxistisch-leninistische Theorie der Vergesellschaftung der Arbeit ist ein solches Konzept, das bei seiner Anwendung auf die Wissenschaft sowohl die Entwicklungsgesetze als auch die Funktionsgesetze der Wissen-

[1] D. J. de Solla Price, Little Science, Big Science, New York 1963

schaft aufzudecken und zu erklären vermag. Das betrifft die sich aus dem konkret-historischen Verhältnis von Gesellschaft und Wissenschaft ergebenden Funktionen der Wissenschaft, die sich aus der gesellschaftlichen und wissenschaftlichen Arbeitsteilung ableitende Kollektivität und soziale Organisation der wissenschaftlichen Tätigkeit sowie die soziale Determiniertheit des individuellen und kollektiven Handelns der wissenschaftlich Tätigen gleichermaßen. Es ist daher kein Zufall, daß es ein marxistischer Wissenschaftler war, der diese sehr verschiedenartigen Prozesse und Erscheinungsformen der Wissenschaftsentwicklung des 20. Jahrhunderts in einem auch für uns heute noch theoretisch, methodologisch und historisch bedeutsamen Buch zusammenfaßte.[2] Auch in der umfangreichen und außerordentlich differenzierten nichtmarxistischen Literatur wird der sozialen Determiniertheit der Entwicklung und der Funktionsweise der Wissenschaft besonders seit Beginn dieses Jahrhunderts große Aufmerksamkeit geschenkt. Auf die Konzeptionen einiger ihrer Vertreter wird im Verlaufe dieses Beitrages noch einzugehen sein. Allen gemeinsam ist aber, daß sie bei der Vergesellschaftung der Wissenschaft den inneren Zusammenhang von Produktivkräften, Produktionsverhältnissen, Vergesellschaftung der Arbeit, Basis und Überbau sowie ökonomischer Gesellschaftsformation entweder völlig außer acht lassen, Ursachen und Wirkungen umkehren oder aber richtige Ausgangspunkte nicht konsequent zu Ende führen. Die Klärung des Inhalts, der grundlegenden Charakteristika und Etappen der Vergesellschaftung der Wissenschaft ist daher eine unabdingbare Voraussetzung für ihre weitere systematische Erforschung in all ihren Verflechtungen und Ausdrucksformen sowie für die theoretische und methodologische Begründung einer marxistisch-leninistischen Wissenschaftstheorie.

I. Die Vergesellschaftung der Wissenschaft und die marxistisch-leninistische Wissenschaftstheorie

Im historischen Prozeß ihrer Vergesellschaftung wird die Wissenschaft immer stärker in das Gesamtgefüge der gesellschaftlichen Arbeitsteilung, des Eigentums und der ökonomischen sowie politischen Herrschaft integriert. Sie wird immer mehr zu einem untrennbaren Bestandteil des gesellschaftlichen Organismus. Die mit der Wissenschaft verbundenen Tätigkeiten werden dadurch vom Charakter der

[2] J. D. Bernal, The Social Function of Science, London 1939

Gesamtheit der sozialen Beziehungen der jeweiligen Gesellschaft bestimmt. Es reicht deshalb nicht aus, die Wissenschaft als ein System von Tätigkeiten und Handlungen zu erkennen, sondern es ist unabdingbar notwendig, den historischen Platz und den sozialen Charakter der Wissenschaft in der jeweiligen gesellschaftlichen Arbeitsteilung zu bestimmen. Die Vergesellschaftung der Wissenschaft ist nicht nur ein einmal erreichter Zustand oder ein Charakteristikum allein unserer gegenwärtigen Wissenschaftsentwicklung, sondern ein historischer Prozeß. Sie ist nur im Zusammenhang mit dem Vergesellschaftungsprozeß der Arbeit und infolgedessen mit der historischen Ablösung der verschiedenen ökonomischen Gesellschaftsformationen zu verstehen.[3]

Die mit der außerordentlich vielgestaltigen Problematik des gegenwärtigen wissenschaftlich-technischen Fortschritts notwendig verbundene Vergesellschaftung der wissenschaftlichen Tätigkeit verwirklicht sich daher nicht unabhängig von oder parallel zu der Entwicklung der jeweiligen Gesellschaftsordnung, sondern ist nur innerhalb des Gesamtgefüges der gesellschaftlichen Arbeitsteilung und der damit verbundenen sozialen Beziehungen zu erkennen. Der XXIV. Parteitag der KPdSU und der VIII. Parteitag der SED stellen daher die sowohl praktisch wie auch theoretisch bedeutsame Aufgabe, die wissenschaftlich-technische Revolution organisch mit den Vorzügen der sozialistischen Wirtschafts- und Gesellschaftsordnung zu verbinden und detalliert die weitere Entwicklung der wichtigsten Richtungen des wissenschaftlich-technischen Fortschritts auszuarbeiten.[4] Und Erich Honecker stellte auf dem 2. Plenum des ZK der SED erneut fest: „Entschieden werden wir nach wie vor den Kurs verfolgen, die wissenschaftlich-technische Revolution mit den Vorzügen unserer sozialistischen Wirtschaftsordnung zu verbinden. In dieser Frage dürfen wir *keine* Unklarheit zulassen.“[5]

[3] Vgl. P. A. Skipetrov, Obobščestvlenie truda i socialističeskaja sobstvennost', Moskau 1968

[4] L. I. Breshnew, Rechenschaftsbericht des Zentralkomitees der KPdSU an den XXIV. Parteitag der Kommunistischen Partei der Sowjetunion, Moskau/Berlin 1971, S. 79

A. N. Kossygin, Die Direktiven des XXIV. Parteitages der KPdSU zum Fünfjahrplan für die Entwicklung der Volkswirtschaft der UdSSR in den Jahren 1971–1975, Moskau/Berlin 1971, S. 22f.

E. Honecker, Bericht des Zentralkomitees an den VIII. Parteitag der Sozialistischen Einheitspartei Deutschlands, Berlin 1971, S. 47

[5] E. Honecker, Die Vorbereitung und Durchführung der Wahlen zur Volkskammer und zu den Bezirkstagen, Berlin 1971, S. 22

Das betrifft im besonderen den subjektiven Faktor im Verhältnis von Gesellschaft und Wissenschaft. Über den subjektiven Faktor realisiert sich der Zusammenhang von Voraussetzungen, realem Arbeitsprozeß und Anwendung der erzielten Ergebnisse als Reproduktionsprozeß der Wissenschaft auf stets erweiterter Stufenleiter. Und wenn K. Hager feststellt: „Die Rolle des Menschen wird immer mehr zum zentralen Problem der wissenschaftlich-technischen Revolution im Sozialismus“[6], so bezieht sich das nicht allein auf die Wissenschaftler, sondern auf alle Werktätigen der sozialistischen Gesellschaft. Das Verhältnis von Wissenschaft und Sozialismus ist deshalb auch kein spezifisches Problem bestimmter Berufs- und Tätigkeitsgruppen oder bestimmter zeitweiliger Prioritäten, sondern eine gesellschaftspolitische Problematik von theoretischer und praktischer Bedeutung. „Je rücksichtsloser und unbefangener die Wissenschaft vorgeht, desto mehr befindet sie sich im Einklang mit den Interessen und Strebungen der Arbeiter.“[7] „Dem Bündnis von Wissenschaft, Proletariat und Technik wird keine noch so finstere Gewalt widerstehen können.“[8] Diese Feststellungen von F. Engels und W. I. Lenin markieren eine Gesellschafts- und Wissenschaftspolitik, die die Entwicklung und Funktionsweise des Wissenschaftssystems aufs engste mit den Entwicklungs- und Funktionsbedingungen der sozialistischen Gesellschaftsordnung verknüpfen.[9]

In der Vergesellschaftung der Wissenschaft verwirklicht sich die Einheit zwischen den Erfordernissen und Charakteristika des wissenschaftlich-technischen Fortschritts und den für die Gesellschaftsentwicklung bedeutsamen Bedingungen der jeweiligen Gesellschaftsordnung. Die Untersuchung des Prozesses der Vergesellschaftung der Wissenschaft bietet daher auf der Grundlage der Erkenntnisse und der Methodologie des Marxismus-Leninismus den theoretischen Ausgangspunkt für die allseitige Analyse der Wissenschaft in ihrem Charakter als

[6] K. Hager, Sozialismus und wissenschaftlich-technische Revolution, Berlin 1972, S. 31/32

[7] F. Engels, Ludwig Feuerbach und der Ausgang der klassischen deutschen Philosophie, MEW, Bd. 21, Berlin 1969, S. 307

[8] W. I. Lenin, Rede auf dem II. Gesamtrussischen Verbandstag des medizinischen und Sanitätspersonals, 1. März 1920, in: Werke, Bd. 30, Berlin 1972, S. 394

[9] Vgl. u. a. Organizacija nauki v pervye gody sovetskoi vlasti 1917–1925, Sbornik dokumentov, Leningrad 1968;
Lenin i akademija nauk. Sbornik dokumentov, Moskau 1969

Produktivkraft und Produktionsverhältnis unter jeweils konkret-historischen Bedingungen.[10]

Der *Prozeß* der Vergesellschaftung der Wissenschaft beinhaltet das sich historisch verändernde Verhältnis von Wissenschaft und Gesellschaft und ist ein untrennbarer Bestandteil der Gesellschaftsentwicklung überhaupt. Das dabei jeweils erreichte Niveau bildet den entsprechenden Vergesellschaftungs*grad*, der sich qualitativ, aber auch quantitativ verändert.

Die Vergesellschaftung der Arbeit und damit der verschiedenen Bereiche der Gesellschaft setzt mit der beginnenden gesellschaftlichen Arbeitsteilung ein. In dem Maße, wie sich verschiedene Arten von Tätigkeiten voneinander verselbständigen, erfordern sie einen Austausch untereinander. Die Produktion und damit die Reproduktion erhalten einen über den unmittelbaren Familienverband hinausgehenden gesellschaftlichen Charakter. Es setzt ein Prozeß ein, der die Herausbildung einer in sich gegliederten Gesamtheit von ökonomischen, sozialen und schließlich politischen Beziehungen zum Inhalt hat und als Vergesellschaftungsprozeß bezeichnet wird. Die entscheidenden historischen Schnittpunkte sind dabei die einzelnen ökonomischen Gesellschaftsformationen. Indem sie sich durch die Art und Weise – das „Wie“ – der Produktion und damit durch die Art und Weise der ökonomischen und sozialen Beziehungen sowie schließlich durch die Art und Weise der politischen Herrschaft unterscheiden, verkörpern sie gleichzeitig einen qualitativ unterschiedlichen Vergesellschaftungsgrad. Mit anderen Worten: Die ökonomischen Gesellschaftsformationen unterscheiden sich durch eine unterschiedliche Art und Weise und damit durch einen in der historischen Entwicklung jeweils höheren Grad der wechselseitigen Abhängigkeiten der einzelnen Bereiche der gesellschaftlichen Arbeitsteilung. Ich möchte daher zunächst folgende allgemeine Bestimmung der Vergesellschaftung geben: Die Vergesellschaftung beinhaltet das sich aus der gesellschaftlichen Arbeitsteilung entwickelnde System der gesellschaftlichen Beziehungen im gesamtgesellschaftlichen Maßstab. Im Prozeß der Vergesellschaftung vollzieht sich eine sozialökonomisch bestimmte Erweiterung, Intensivierung und Verdichtung der wechselseitigen Abhängigkeiten und damit zugleich der Kommunikationsbeziehungen zwischen den verschiedenen Bestandteilen und Bereichen der Gesamtgesellschaft. Unmittelbarer Ausdruck des

[10] W. G. Marachow, Struktur und Entwicklung der Produktivkräfte in der sozialistischen Gesellschaft, Berlin 1972, S. 108 ff.

jeweils erreichten Standes der Vergesellschaftung sind der gesellschaftliche Charakter der Arbeit und die innere Gliederung der Gesamtheit der gesellschaftlichen Beziehungen.

In dem Maße, wie sich die gesellschaftliche Arbeitsteilung im Prozeß der historischen Entwicklung erweitert und vertieft, gilt dies auch für die Aneignung der Natur und in unterschiedlicher Weise auch der Gesellschaft durch den Menschen und dessen Herrschaft über sie. Die historisch widersprüchlich verlaufende Entwicklung der Aneignung der Natur und Gesellschaft durch den Menschen erfordert zugleich Beobachten, Messen, Sammeln von Daten, Verallgemeinern sowie Weitergabe und Anwenden dieser Erfahrungen und Erkenntnisse. Wissenschaftliche Tätigkeiten waren und sind – wenn auch zunächst in wenig entwickelter Form – stets ein untrennbarer Bestandteil des Aneignungsprozesses und damit des gesellschaftlichen Reproduktionsprozesses. Die Herausbildung und Entwicklung der Wissenschaft vollzieht sich innerhalb des gesellschaftlichen Reproduktionsprozesses historisch ungleichmäßig und nicht gleichzeitig. Bei der speziellen Analyse der Vergesellschaftung der Wissenschaft geht es gerade darum, die sich historisch verändernden Bedingungen, Charakteristika und Erscheinungsformen des Verhältnisses von Wissenschaft und Gesellschaft zu erkennen.

Für eine marxistisch-leninistische Wissenschaftstheorie ist das insofern von besonderer Bedeutung, als damit ein entscheidender Gegensatz zu einer großen Zahl von bürgerlichen Beurteilungen der Wissenschaftsentwicklung deutlich wird. Das betrifft vor allem die bürgerliche Auffassung von der autarken, von der Gesamtgesellschaft in sozialökonomischer Hinsicht weitgehend unabhängigen Wissenschaftsentwicklung. Die Reduzierung der Wissenschaft auf einen Informationsprozeß, das Verständnis der Wissenschaftsentwicklung als einen fortlaufenden kumulativen Prozeß u. ä. sind mit derartigen Auffassungen mehr oder weniger, explizit oder implizit verbunden. Es fehlt nicht an zahlreichen bürgerlichen Versuchen, die Wissenschaft durchaus als ein System von Tätigkeiten anzusehen und ihre Vergesellschaftung mit ihrer immer größeren gesellschaftlichen Bedeutung in Verbindung zu bringen. Die Reduzierung der Wissenschaft auf ein System von Kenntnissen und Resultaten beschränkt sich auf einige besonders einflußreiche philosophische Strömungen und Richtungen, insbesondere des Neopositivismus. Die entsprechenden soziologischen und psychologischen Analysen der Wissenschaft befassen sich entsprechend der Spezifik ihrer Wissenschaftsdisziplinen in ihrer Mehrheit von vornherein mit der wissenschaftlichen Tätigkeit.

M. Webers 1919 gehaltene Rede über „Wissenschaft als Beruf“[11] war für die bürgerlich-soziologische Wissenschaftsforschung von programmatischer Bedeutung. Auch der Psychologe K. Holzkamp schreibt: „Vielmehr muß man Wissenschaft als aktives Tun begreifen, als eine bestimmte Weise menschlicher Produktivität. Nicht nur die wissenschaftliche Theorie, sondern in gewissem Sinne auch die wissenschaftliche Empirie sind in viel höherem Maße durch menschliches Handeln hervorgebracht, als das heute verbreitet angenommen wird.“[12] Doch fehlt in der folgenden Darstellung jegliche gesellschaftliche Spezifizierung bei der Analyse des von ihm untersuchten wissenschaftlichen Handelns. A. Weinberg erörtert eine große Zahl von Bedingungen, Faktoren und Konsequenzen der Großforschung, ohne den spezifisch sozialen Charakter der von ihm gesammelten Erfahrungen in den Mittelpunkt zu rücken.[13] H. Klages versteht unter Vergesellschaftung der Wissenschaft die erhöhte gesellschaftliche Nachfrage nach anwendbaren Forschungs- und Entwicklungsergebnissen, die Umstrukturierung des wissenschaftlichen Kommunikations- und Informationswesens und den Trend zum Großinstitut. Obwohl er sich bewußt ist, daß es sich hierbei um wichtige, aber allein quantitative Charakteristika der Vergesellschaftung handelt, leitet er die qualitativen Probleme der Vergesellschaftung unmittelbar aus den quantitativen ab. Die von ihm für jegliche Vergesellschaftung der Forschung formulierte Grundalternative „Freiheit oder Bindung“ orientiert sich allein an *Größen*ordnungen des Forschungsbetriebes, ohne Freiheit und Bindung im Zusammenhang mit der Gesamtheit der gesellschaftlichen Verhältnisse und Beziehungen der jeweiligen Gesellschaftsordnung zu untersuchen.[14]

Die Zugrundelegung und substantielle Analyse der sozialökonomischen Bedingungen der jeweiligen Gesellschaftsordnung sind letztlich ausschlaggebend für eine theoretische Analyse der Vergesellschaftung der Wissenschaft. Allein die Berücksichtigung gesellschaftlicher Bedingungen für die Entwicklung und Funktionsweise der Wissenschaft bleibt unbestimmt. Auch die strukturell-funktionale Analyse

[11] M. Weber, Wissenschaft als Beruf, in: Gesammelte Aufsätze zur Wissenschaftslehre, Tübingen 1951

[12] K. Holzkamp, Wissenschaft als Handlung. Versuch einer neuen Grundlegung der Wissenschaftslehre, Westberlin 1968, S. 7

[13] Vgl. A. Weinberg, Probleme der Großforschung, Frankfurt/Main 1970

[14] H. Klages, Rationalität und Spontaneität. Innovationswege der modernen Großforschung, Gütersloh 1967

der Wissenschaft[15] und die sich damit verbindende theoretische Diskussion marxistischer, aber auch zahlreicher bürgerlicher Wissenschaftler läßt das offenkundig werden.

So verschiedenartig die Konzeptionen im einzelnen auch sein mögen, so liegt ihnen letztendlich eine Auffassung von Vergesellschaftung wissenschaftlicher Tätigkeit zugrunde, die vergesellschaftete Wissenschaft mit all ihren Merkmalen und Folgerungen einfach im Sinne von „big science" zu fassen sucht und dem eine „little science" gegenüberstellt.[16] Es ist eine Dichotomie, die ähnlich wie die entsprechenden gesellschaftstheoretischen Konzeptionen einer Gegenüberstellung von Gemeinschaft und Gesellschaft (F. Tönnies) oder von organischer und mechanischer Solidarität (E. Durkheim) methodologisch unhistorisch die Entwicklungsproblematik einzubeziehen versuchen. Da der theoretische Ausgangspunkt ein quantitativer ist, erlauben auch die teilweise sehr detailliert analysierten und aufschlußreichen historischen Entwicklungsreihen der kollektiven Autorenschaft von Patenten und Publikationen, der Zitateindex u. ä. keine qualitativen Unterscheidungen zwischen den verschiedenen Gesellschaftsformationen. Es ist dies eine Variante der sehr verbreiteten kumulativen Konzeptionen, die bestimmte Seiten der Wissenschaftsentwicklung widerzuspiegeln vermag. E. G. Lejkin weist in einem theoriegeschichtlich fundierten Beitrag überzeugend nach, daß der von einem großen Teil der Vertreter der kumulativen Konzeptionen erhobene Anspruch, die Gesetzmäßigkeiten der Entwicklung der Wissenschaft nachzuweisen, nicht eingelöst wird und prinzipiell nicht erfüllt werden kann.[17] Diese und weitere bürgerliche Analysen der wissenschaftlichen Tätigkeit und ihrer Vergesellschaftung basieren auf einem formalen Rationalitätsverständnis, das insbesondere auf M. Weber zurückzuführen ist und das die jeder Gesellschaftsformation spezifische Rationalitätsproblematik außer acht läßt. Es kommt aber darauf an, die Vergesellschaftung der Wissenschaft und mit ihr die wissenschaftliche Tätigkeit in ihren sozialökonomisch bestimmten historischen Zusammenhängen zu erkennen

[15] Vgl. u. a. T. Parsons, The Social System, New York 1966;
A. Etzioni, The Active Society, New York 1968;
N. Luhmann, Selbststeuerung der Wissenschaft, in: Soziologische Aufklärung. Aufsätze zur Theorie sozialer Systeme, Köln/Opladen 1970

[16] D. J. de Solla Price, Little Science, Big Science, a. a. O.

[17] E. G. Lejkin, Zur Kritik der kumulativen Konzeptionen der Wissenschaftsentwicklung, in: Wissenschaft. Studien zu ihrer Geschichte, Theorie und Organisation, Berlin 1972

und zu untersuchen. Da die Vergesellschaftung der Wissenschaft nur in ihren gesamtgesellschaftlichen Zusammenhängen zu erfassen ist, bedarf die wissenschaftstheoretische Analyse der wissenschaftlichen Tätigkeit einer gesellschaftstheoretischen sowie wissenschaftshistorischen Begründung.

Die Vergesellschaftung der Wissenschaft ist für die Wissenschaftstheorie aber auch insofern von Bedeutung, als ihr Aufgaben- und Gegenstandsbereich vom Vergesellschaftungsprozeß selbst bestimmt werden. Ist die Herausbildung der „Wissenschaft von der Wissenschaft“ insgesamt ein Ergebnis der Vergesellschaftung der Wissenschaft, so sind die Aufgabenstellungen und die Lösungswege für die theoretische Analyse der Wissenschaft verschiedene. Wenn man davon ausgeht, daß neue Wissenschaftsgebiete sich auf Grund von gesellschaftlichen und wissenschaftlichen Bedürfnissen herausbilden, so sind auf Grund des qualitativ höheren Vergesellschaftungsgrades der Wissenschaft im Sozialismus die Anforderungen an eine Wissenschaft von der Wissenschaft qualitativ andere und quantitativ größere. Der besondere Anteil sowjetischer Forscher seit den 20er und 30er Jahren bis in die Gegenwart sowie zahlreicher marxistischer Wissenschaftler anderer Länder bei der Herausbildung einer Wissenschaft von der Wissenschaft spiegelt diese objektiven Bedürfnisse sozialistischer Wissenschaftspolitik und -leitung wider.[18] Die Einheit von Arbeiterklasse und Wissenschaft, die wissenschaftlich begründete Leitungstätigkeit in allen Bereichen und auf allen gesellschaftlichen Ebenen, die Vermittlung wissenschaftlicher Kenntnisse an alle Mitglieder der sozialistischen Gesellschaft stellen qualitativ neue Aufgaben. „Wir müssen uns, koste, was es wolle, ... die Aufgabe stellen: erstens zu lernen, zweitens zu lernen und drittens zu lernen und dann zu kontrollieren, ob die Wissenschaft bei uns nicht toter Buchstabe oder modische Phrase geblieben ist, ... ob die Wissenschaft wirklich in Fleisch und Blut übergegangen, ob sie vollständig und wirklich zu einem Bestandteil des Alltags geworden ist. Kurzum, wir müssen nicht die Forderungen stellen, die die Bourgeoisie Westeuropas stellt, sondern Forderungen, wie sie einem Land anstehen und geziemen, das sich zur Aufgabe gemacht hat, sich zu einem sozialistischen Land zu entwickeln“.[19] Damit wird aber auch offensichtlich, daß sich die marxistisch-

[18] H. Steiner, Die Herausbildung neuer Wissenschaftsgebiete. Eine Untersuchung am Beispiel der Wissenschaft von der Wissenschaft, in: Deutsche Zeitschrift für Philosophie, H. 4/1973

[19] W. I. Lenin, Lieber weniger, aber besser, in: Werke, Bd. 33, Berlin 1963, S. 476

leninistische Wissenschaft von der Wissenschaft für die sozialistische Gesellschaft von den entsprechenden bürgerlichen Bemühungen in den hochindustrialisierten kapitalistischen Ländern nicht nur hinsichtlich ihrer theoretisch-methodologischen und weltanschaulich-ideologischen Grundlagen und Aussagen wesentlich unterscheidet. Im Ergebnis des qualitativ unterschiedlichen Vergesellschaftungsgrades im Sozialismus und Imperialismus ist bereits die gesellschaftliche und theoretische Aufgabenstellung für die theoretische Analyse der Wissenschaft eine prinzipiell unterschiedliche.

Ausgehend von allen drei Bestandteilen des Marxismus-Leninismus hat die marxistisch-leninistische Wissenschaftstheorie als theoretische Grundlage und Kernstück der Wissenschaftswissenschaft insgesamt die Gesetzmäßigkeiten des Vergesellschaftungsprozesses der wissenschaftlichen Tätigkeiten als einen sozialökonomisch bestimmten Prozeß zum Gegenstand. Sie unterscheidet sich dabei von der bürgerlichen Wissenschaftswissenschaft einmal durch ihre Analyse der realen gesellschaftlichen Prozesse wissenschaftlicher Tätigkeit und zum anderen durch den sozialökonomisch eindeutig bestimmten Charakter ihres Herangehens an diese realen Prozesse. In diesem Sinne hat die marxistisch-leninistische Wissenschaftstheorie für die Wissenschaftswissenschaft insgesamt eine ähnliche Funktion zu erfüllen, wie die politische Ökonomie für die Wirtschaftswissenschaften insgesamt.

Die sozialistische Vergesellschaftung der Wissenschaft erfordert darüber hinaus – aufbauend auf der auf allen drei Bestandteilen des Marxismus-Leninismus basierenden Wissenschaftstheorie als allgemeiner Theorie – eine Reihe spezieller Theorien, die die verschiedenen wissenschaftlichen Tätigkeiten im einzelnen systematisch zum Gegenstand haben. Wie in der Wirtschaftswissenschaft sich auf der Grundlage der politischen Ökonomie spezielle ökonomische Theorien über die Arbeit (Arbeitsökonomik), die Industrie (Industrieökonomik), den Handel (Handelsökonomik) u. a. herausbildeten, trifft dies für die Wissenschaftswissenschaft im einzelnen für solche Bereiche wie die Forschung, die Bildung, die Leitung, Technologie u. a. zu. Die theoretische und methodologische Grundlage der speziellen wissenschaftswissenschaftlichen Theorien für diese Arten wissenschaftlicher Tätigkeit ist die marxistisch-leninistische Wissenschaftstheorie und letztlich der Marxismus-Leninismus insgesamt. In diesem Sinne sind die bereits existierenden bzw. sich entwickelnden Wissenschaftsdisziplinen der Bildung und Erziehung, Leitung und Technologie in ihren allgemeinen Grundlagen als Konsequenz der planmäßigen und proportionalen Entwicklung der Gesamtheit wissenschaftlicher Tätigkeiten im Sozialismus auch in die marxistisch-leninistische Wissenschaft von der Wissenschaft zu integrieren. Die systematische Vermittlung von wissenschaftlichen Kenntnissen an alle Mitglieder der sozialistischen Gesellschaft erfordert eine Theorie der Bildung und Erziehung des sozialistischen Staatsbürgers. Die Aufgaben der allgemeinbildenden Schule sind zwar ein sehr wesentlicher, aber doch nur ein Ausschnitt aus der Gesamtheit ihrer Aufgaben. Als pädagogische Wissenschaft hat diese spezielle wissenschaftswissenschaftliche Theorie der Bildung und Erziehung des sozialistischen Staatsbürgers die Bildungs- und Erziehungsprozesse in verschiedenen Lebensaltern, durch verschiedene Institutionen sowie in unterschiedlichen Sphären der sozialistischen Gesellschaft zum Gegenstand. Beispielsweise verbinden sich mit der populärwissenschaftlichen und wissenschaftspropagandistischen Tätigkeit gelegentlich noch Vorstellungen, die dieser sozialen Funktion der Wissenschaft nicht gerecht zu werden vermögen. Populärwissenschaftliche Tätigkeit reduziert sich nicht auf Fragen des Stils und der weniger wissenschaftsspezifischen Darstellung. Vielmehr handelt es sich in unserer Gesellschaft um Prozesse der Vermittlung von Wissen an unterschiedliche Bevölkerungs- und Beschäftigtengruppen mit dem Ziel, denk- und verhaltensanregend zu wirken. Diese aktive Funktion der Populärwissenschaft im Sozialismus unterscheidet sie zugleich von zahlreichen bürgerlichen Konzeptionen unverbindlicher Allgemeinbildung. Eine so verstandene und betriebene Populärwissenschaft für unterschiedliche Bevölkerungskreise und Altersgruppen beinhaltet aber theoretisch und praktisch bedeutsame Probleme des Zusammenhanges von Wissenschaft, Bildung, Erziehung und Persönlichkeitsentwicklung im Sozialismus, deren Lösung weder der Erwachsenenpädagogik noch den populärwissenschaftlichen Einrichtungen selbst allein überlassen bleiben kann. Letztendlich handelt es sich dabei um eine Problematik der Nutzbarmachung wissenschaftlicher Erkenntnisse für die gesellschaftliche Öffentlichkeit. Den Vertretern der Wissenschaftstheorie und der pädagogischen Wissenschaften erwächst die Aufgabe, eine derartige, der sozialistischen Gesellschaft entsprechende, spezielle wissenschaftswissenschaftliche Theorie der Vermittlung wissenschaftlicher Kenntnisse zu erarbeiten.

Ähnlich stellt sich die Aufgabe für eine marxistisch-leninistische Leitungswissenschaft oder auch die technologische Wissenschaft. Beide haben wissenschaftliche Tätigkeiten zum Gegenstand, bei denen es um die Überführung wissenschaftlicher Erkenntnisse in die unmittelbare Leitungs- bzw. industrielle Praxis geht. Sie sind daher in ihren theoretischen Grundlagen unerläßliche Bestandteile einer marxistisch-leninistischen Wissenschaftswissenschaft.

Wenn die marxistisch-leninistische Wissenschaftstheorie, aufbauend auf dem Marxismus-Leninismus in seiner Gesamtheit, die Gesetzmäßigkeiten des Vergesellschaftungsprozesses der wissenschaftlichen Tätigkeit zum Gegenstand hat, dann ist es eine unerläßliche Aufgabe für ihre Theoriebildung, den historischen Prozeß dieser Vergesellschaftung der wissenschaftlichen Tätigkeit in seinen jeweils bestimmenden Charakteristika und Erscheinungsformen zu analysieren.

Im Verhältnis von Wissenschaft und Gesellschaft lassen sich im wesentlichen vier historische Etappen unterscheiden:

1. die Herausbildung der gesellschaftlichen Funktionen der Wissenschaft in den vorkapitalistischen Produktionsweisen;
2. die Wirksamkeit der Funktionen der Wissenschaft bei der Herausbildung und Durchsetzung der kapitalistischen Produktionsweise;
3. die Wissenschaft beim Übergang zum Imperialismus und im gegenwärtigen staatsmonopolistischen Kapitalismus;
4. die Wissenschaft beim Übergang zum Sozialismus und in der entwickelten sozialistischen Gesellschaft.

Für den Vergesellschaftungsprozeß der Wissenschaft interessieren hier besonders die zweite, dritte und vierte Etappe. Ohne alle Charakteristika, Erscheinungsformen, Verflechtungen und Gesichtspunkte zusammenhängend in ihrer Einheit als ökonomischer, sozialer, politischer und ideologischer Prozeß darstellen zu können, sei im folgenden auf einige jeweils charakteristische Aspekte der Vergesellschaftung eingegangen.

II. Die Wissenschaft bei der Herausbildung und bei der Durchsetzung der kapitalistischen Produktionsverhältnisse

In der Wissenschaftsgeschichte werden in der Regel die Renaissance, die Aufklärung und die erste industrielle Revolution als selbständige Entwicklungsetappen dargestellt. Das ist insofern berechtigt, als es sich dabei um drei historisch nicht gleichzeitige Etappen handelt, in denen die Wissenschaft unterschiedliche Aufgaben zu erfüllen hatte. Diese Selbständigkeit ist jedoch insofern nur relativ, als alle drei Etappen in ihrer Einheit die Funktionen der Wissenschaft bei der

Herausbildung und bei der Durchsetzung der kapitalistischen Produktionsverhältnisse verdeutlichen. Im Ergebnis dieser Entwicklung beginnt sich im Kapitalismus ein gegenüber den vorkapitalistischen Produktionsweisen qualitativ neues Verhältnis von materieller Produktion und Wissenschaft herauszubilden, das Marx wie folgt charakterisiert: „In dem Maße aber, wie die große Industrie sich entwickelt, wird die Schöpfung des wirklichen Reichtums abhängig weniger von der Arbeitszeit und dem Quantum angewandter Arbeit, als von der Macht der Agentien, die während der Arbeitszeit in Bewegung gesetzt werden und die selbst ... abhängt vom allgemeinen Stand der Wissenschaft und dem Fortschritt der Technologie, oder der Anwendung dieser Wissenschaft auf die Produktion. (Die Entwicklung dieser Wissenschaft, besonders der Naturwissenschaft und mit ihr aller andren, steht selbst wieder im Verhältnis zur Entwicklung der materiellen Produktion.) ... Die Arbeit erscheint nicht mehr so sehr als in den Produktionsprozeß eingeschlossen, als sich der Mensch vielmehr als Wächter und Regulator zum Produktionsprozeß selbst verhält. ... Es ist nicht mehr der Arbeiter, der modifizierten Naturgegenstand als Mittelglied zwischen das Objekt und sich einschiebt, sondern den Naturprozeß, den er in einen industriellen umwandelt, schiebt er als Mittel zwischen sich und die unorganische Natur, deren er sich bemeistert. Er tritt neben den Produktionsprozeß, statt sein Hauptagent zu sein."[20]

Die Umwandlung der Naturprozesse in industrielle erfordert ein völlig neues Niveau der Wissenschaft. Dabei ist zweierlei besonders bedeutsam. Erstens macht Marx auf die besondere Abhängigkeit der Arbeitsmittel vom allgemeinen Stand der Wissenschaft, dem Fortschritt der Technologie und der Anwendung der Wissenschaft in der Produktion aufmerksam. Zweitens betont er die produktionstechnisch neue Stellung des Menschen als Wächter und Regulator der Produktion, der neben den Produktionsprozeß tritt und deshalb um des Verständnisses und der Beherrschung der Natur willen sich zum gesellschaftlichen Individuum entwickeln muß, was sich dann aber erst in der nächsthöheren Gesellschaftsformation des Sozialismus und Kommunismus voll realisieren läßt.

Für den Vergesellschaftungsprozeß der Wissenschaft seit Beginn des Kapitalismus ist es charakteristisch, daß erstens die Wissenschaft in den arbeitsteiligen Produktionsprozeß unmittelbar eingeschlossen wird, zweitens die verschiedensten Sphären des gesellschaftlichen

[20] K. Marx, Grundrisse der Kritik der politischen Ökonomie (Rohentwurf), Berlin 1953, S. 592f.

Lebens von der Wissenschaft erfaßt werden, drittens die Arbeitsteilung der Wissenschaft selbst systematisch entwickelt wird und viertens die Wissenschaft immer stärker den Charakter von allgemeiner Arbeit anzunehmen beginnt. Wir verbinden die Kennzeichnung „Vergesellschaftung der Wissenschaft" mit einem bestimmten Niveau des Verhältnisses von Wissenschaft und Gesellschaft, das in bestimmten qualitativen Kennzeichen des gesellschaftlichen Charakters und der Organisiertheit wissenschaftlicher Tätigkeit zum Ausdruck kommt. Vergesellschaftung der Wissenschaft ist demnach nicht identisch mit dem sozialen Charakter der Wissenschaft, der sich gleichzeitig mit der Herausbildung der Wissenschaft seit Beginn der gesellschaftlichen Arbeitsteilung entwickelt. Dabei ist die Trennung keine absolute. In dem Maße, wie sich der soziale Charakter und die sozialen Funktionen der Wissenschaften herausbilden und entwickeln, tritt die Wissenschaft in einen Vergesellschaftungsprozeß. Aber erst mit Beginn der kapitalistischen Entwicklung erreicht dieser eine Qualität, die es rechtfertigt, ihn als solchen gesondert zu analysieren und zu beurteilen. „Die kapitalistische Produktionsweise stellte als erste die Naturwissenschaften in den Dienst des unmittelbaren Prozesses der Produktion, während andererseits die Entwicklung der Produktion Mittel für die theoretische Bezwingung der Natur liefert."[21] Und an anderer Stelle schreibt Marx: „Alle früheren Eigentumsformen verdammen den größten Teil der Menschheit, die Sklaven, reine Arbeitsinstrumente zu sein. Die geschichtliche Entwicklung, politische Entwicklung, Kunst, Wissenschaft etc. spielen in den höheren Kreisen über ihnen. Das Kapital aber erst hat den geschichtlichen Prozeß gefangen genommen, in den Dienst des Reichtums."[22] Marx hebt hier die Funktion der Wissenschaft für die gesellschaftliche Entwicklung überhaupt hervor und unterscheidet daher qualitativ den Kapitalismus von den vorkapitalistischen Produktionsweisen. Aus dieser prinzipiell neuen Stellung der Wissenschaft in der Gesellschaft bilden sich die spezifisch kapitalistischen Widersprüche des Verhältnisses von Wissenschaft und Gesellschaft heraus. An dieser Stelle interessiert zunächst die mit der Ausweitung der Funktionen der Wissenschaft einhergehende Einbeziehung eines größeren Teils der Menschen in den Wirkungsbereich der Wissenschaft. Die Verbesserung der Bildung, Ausbildung und Erziehung eines größeren Teils der Bevölkerung wurde

[21] Aus dem handschriftlichen Nachlaß von Karl Marx, in: Kommunist, H. 7/1958. S. 22 (russ.)

[22] K. Marx, Grundrisse der Kritik der politischen Ökonomie, a. a. O., S. 484

deshalb zu einer notwendigen Bedingung, um die neuen Erfindungen und Entdeckungen in der Produktion wirksam werden zu lassen.

Insofern hängen auch Renaissance, Aufklärung und industrielle Revolution zusammen. Die Herausbildung des kapitalistischen Produktionsprozesses „als technologische Anwendung der Wissenschaft“[23] hatte Bedingungen zur Voraussetzung, die eine solche neue Wirksamkeit der Wissenschaft erst ermöglichten. Renaissance und Aufklärung trugen zur geistigen Emanzipation von der Scholastik des Mittelalters bei. Die Entdeckungen und Erfindungen der frühkapitalistischen Entwicklung wurden zum Ausgangspunkt und zur Grundlage sowohl völlig neuer Wissenschaftsgebiete als auch der späteren technischen Entwicklung. Die Erfindung des Buchdrucks und die Herausgabe der ersten wissenschaftlichen Zeitschriften[24] gestatteten eine der Entwicklung der kapitalistischen Warenwirtschaft entsprechende Verbreitung wissenschaftlicher Resultate und Erweiterung der Kommunikation unter den wissenschaftlich Tätigen. Die im 12. Jahrhundert einsetzende Gründung von Universitäten in verschiedenen Zentren Europas[25] führte trotz aller scholastischen Grenzen die wissenschaftliche Tätigkeit aus der lokalen Beschränkung und ermöglichte die für die Wissenschaft notwendige Öffentlichkeit, trug zur Institutionalisierung der Wissenschaft und dabei besonders zur relativen Verselbständigung des Systems wissenschaftlicher Tätigkeiten bei. Die im 17. Jahrhundert beginnende Bildung wissenschaftlicher Gesellschaften und Akademien[26] entsprach hinsichtlich wissenschaftlicher Kommuni-

[23] Ebenda, S. 587

[24] Nach D. J. de Solla Price erschienen die ersten wissenschaftlichen Zeitschriften der Akademien europäischer Länder um 1665. Die Gesamtzahl wissenschaftlicher Zeitschriften betrug 1750: 10.

[25] Die ersten europäischen Universitäten wurden in Bologna (1119), Paris (1160), Oxford (1167), Cambridge (1209), Padua (1222), Neapel (1224), Salamanca (1227), Prag (1348), Krakau (1364), Wien (1367), Heidelberg (1386), Köln (1388), Erfurt (1392), Leipzig (1409), Rostock (1419), Greifswald (1456) gegründet.
Vgl. O. Rühle, Idee und Gestalt der deutschen Universität, Berlin 1966

[26] Die ersten derartigen Institutionen wurden in London (1579), Rom (1603), London (1663 „The Royal Society for Improving Natural Knowledge“), Paris (1666), Berlin (1700 „Kurfürstlich Brandenburgische Sozietät der Wissenschaften zu Berlin“), Uppsala (1710), Wien (1712), St. Petersburg (1775), Kopenhagen (1742) gegründet.
Vgl. W. Jonas, V. Linsbauer, H. Marx, Die Produktivkräfte in der Geschichte, Bd. 1, Berlin 1969, S. 266

kation und Institutionalisierung dem sich herausbildenden nationalen Markt der kapitalistischen Warenwirtschaft und trug besonders zu einer neuen Art der Verbindung von Wissenschaft und Produktion bei[27], wie sie durch die Universitäten nicht gegeben war. Wissenschaft und Produktion verlieren ihre unmittelbare institutionelle Einheit und werden durch spezifisch wissenschaftliche Institutionen vermittelt. Wissenschaftliche Arbeit wird zu einem gegenüber der Produktion verselbständigten Bereich gesellschaftlicher Tätigkeit, die die örtliche Begrenzung ihrer Ergebnisse und Wirksamkeit immer mehr zu überwinden beginnt.

Diese verschiedenen Entwicklungstendenzen führen dazu, daß die Wissenschaft ihr eigenes Kommunikationssystem schafft, das sie im Prozeß ihrer zunehmenden Organisiertheit beständig erweitert und vertieft. Das ermöglicht es ihr schließlich, auch die Dampfmaschine als „die erste wirkliche internationale Erfindung"[28] zu entwickeln. Die Dampfmaschine bringt auf diese Weise den vergesellschafteten Charakter der Wissenschaft und deren Organisation im sich durchsetzenden Kapitalismus zum Ausdruck.

All das verdeutlicht die sozialökonomische Bedingtheit der wissenschaftlichen Tätigkeit. „Der kapitalistischen Produktionsweise entspricht eine andere Art der geistigen Produktion als der mittelaltrigen Produktionsweise. Wird die materielle Produktion selbst nicht in ihrer *spezifischen historischen* Form gefaßt, so ist es unmöglich, das Bestimmte an der ihr entsprechenden geistigen Produktion und die Wechselwirkung beider aufzufassen."[29] Die Maschinerie als „vergegenständlichte Wissenschaft", die Entwicklung des fixen Kapitals als Gradmesser dafür, „wie das allgemeine gesellschaftliche Wissen, knowledge, *zur unmittelbaren Produktivkraft* geworden ist"[30], „die Verwandlung des Produktionsprozesses aus dem einfachen Arbeitsprozeß in einen wissenschaftlichen Prozeß, der die Naturgewalten seinem Dienst unterwirft"[31] – ließen die Wissenschaft nicht nur zu

[27] J. Kuczynski vermittelt ein sehr aufschlußreiches Bild von der Intensität des Verhältnisses von Wissenschaft und Wirtschaft zu dieser Zeit am Beispiel der „Lunar Society" von Birmingham
Vgl. J. Kuczynski, Wissenschaft und Wirtschaft bis zur industriellen Revolution, Berlin 1970, S. 132–139

[28] F. Engels, Dialektik der Natur, in: MEW, Bd. 20, Berlin 1962, S. 392

[29] K. Marx, Theorien über den Mehrwert, 1. Teil, in: MEW, Bd. 26, 1, Berlin 1965, S. 257

[30] K. Marx, Grundrisse der Kritik der politischen Ökonomie, a. a. O., S. 594

[31] Ebenda, S. 588

einer unmittelbaren Produktivkraft werden, sondern bezogen die mit der Maschinenindustrie sich herausbildende neue, größte und progressivste Klasse in die gesellschaftliche Wirksamkeit dieser mit der Maschinerie sich entwickelnden „Akkumulation der gesellschaftlichen Wissenschaft“[32] ein. Daß dem Arbeiter „das Wissen ... in der Maschinerie als fremdes außer ihm“[33] gegenübertritt, ist die spezifisch kapitalistische Form der erstmals – im Gegensatz zu den vorkapitalistischen Produktionsweisen – größere Bevölkerungskreise erfassenden Wissenschaft. Indem die Wissenschaft im fixen Kapital in sachlicher Gestalt dem Arbeiter als fremde Macht gegenübertritt, verschärft sie auf diese Weise zugleich den Gegensatz von geistiger und körperlicher Arbeit. Sie wird zu einem Mittel der Intensivierung und Ausbeutung und erfährt auf diese spezifisch kapitalistische Weise eine Erweiterung ihrer gesellschaftlichen Wirksamkeit. „Die Scheidung der geistigen Potenzen des Produktionsprozesses von der Handarbeit und die Verwandlung derselben in Mächte des Kapitals über die Arbeit vollendet sich, ... in der auf der Grundlage der Maschinerie aufgebauten großen Industrie.“[34] Damit hat die Wissenschaft im Kapitalismus einen Entwicklungsstand erreicht, auf Grund dessen sie im Rahmen der dem Kapitalismus eigenen Gesetzmäßigkeiten in ihren organisierten Vergesellschaftungsprozeß eingetreten ist.

Es ist ein Charakteristikum vergesellschafteter Wissenschaft, daß zum ersten Mal in der Geschichte die ausgebeutete Klasse nicht nur mit Hilfe der Wissenschaft in einem höheren Maße ausgebeutet wird, sondern daß sie sich selbst in zunehmendem Maße der Wissenschaft für ihre eigene Befreiung bedient. Die Maschinenstürmerei als Protest gegen die Ausbeutung durch die „vergegenständlichte Wissenschaft“ war nur eine kurze Phase in der Geschichte der Arbeiterbewegung. Vielmehr waren alle sozialistischen Konzeptionen – einschließlich des utopischen Sozialismus – von Anfang an bemüht, die Wissenschaft für den Befreiungskampf der Arbeiterklasse zu nutzen. Es blieb Karl Marx und Friedrich Engels vorbehalten, den Sozialismus wissenschaftlich zu begründen. Damit gaben sie dem historisch sich entwickelnden Verhältnis von Arbeiterklasse und Wissenschaft eine theoretische Basis und führten die Gesellschaftswissenschaften im Kapitalismus des 19. Jahrhunderts hinsichtlich inhaltlicher Aussage, angewandter Methode sowie gesellschaftlicher Wirksamkeit als Wissen-

[32] Ebenda, S. 586
[33] Ebenda
[34] K. Marx, Das Kapital, Bd. I, in: MEW, Bd. 23, Berlin 1972, S. 446

schaft der Arbeiterklasse auf ein Niveau, das den Bedingungen vergesellschafteter Produktion und Wissenschaft entsprach. Indem „Marx sich auf das feste Fundament des menschlichen Wissens stützte, das unter dem Kapitalismus errungen worden war; indem Marx die Entwicklungsgesetze der menschlichen Gesellschaft erforschte, erkannte er die Unvermeidlichkeit der Entwicklung vom Kapitalismus zum Kommunismus, und, was die Hauptsache ist, er erbrachte den Beweis dafür allein auf Grund des exaktesten, gründlichsten und tiefsten Studiums dieser kapitalistischen Gesellschaft, dank der völligen Beherrschung alles dessen, was die frühere Wissenschaft zu bieten hatte... Alles, was das menschliche Denken hervorgebracht hatte, hat er umgearbeitet, der Kritik unterworfen, an der Arbeiterbewegung überprüft und dann jene Schlußfolgerungen gezogen, die die in den bürgerlichen Rahmen eingezwängten oder an bürgerlichen Vorurteilen gefesselten Menschen nicht zu ziehen vermochten."[35]

Insgesamt läßt sich feststellen, daß die Vergesellschaftung der Wissenschaft im vormonopolistischen Kapitalismus einen Entwicklungsstand erreicht hat, der die wissenschaftliche Tätigkeit in die gesellschaftliche Gesamtarbeit integriert. Doch finden die kapitalistischen Rationalisierungsprinzipien auf die Art und Weise der wissenschaftlichen Tätigkeit in dieser Periode in der Regel noch keine Anwendung. Dem laissez-faire der Wirtschaft entspricht die Art und Weise der sozialen Beziehungen in der wissenschaftlichen Tätigkeit. Selbst die wissenschaftliche Kooperation und Kommunikation in den im 19. Jahrhundert sich herausbildenden wissenschaftlichen Schulen spiegelt dies wider. Die Charakteristika der wissenschaftlichen Schule Justus von Liebigs (1803–1873), die als eine der bedeutsamsten wissenschaftlichen Schulen der Wissenschaftsentwicklung des 19. Jahrhunderts gilt, bestätigen dies exemplarisch.[36] Bedingt das laissez-faire der Maschinenproduktion auf jeden Fall einen arbeitsteilig zerlegten und kooperativ zusammengefaßten Arbeitsprozeß der in der materiellen Produktion Beschäftigten, so bedarf die wissenschaftliche Tätigkeit zu dieser Zeit in der Regel noch nicht solcher Arbeitsmittel, innerer Arbeitsteilung, Kooperation und Konzentration. Der Vergesellschaftungsgrad der geistigen Tätigkeit ist demzufolge gegenüber der körper-

[35] W. I. Lenin, Die Aufgaben der Jugendverbände, in: Werke, Bd. 31, Berlin 1959. S. 276

[36] H. Steiner, Die Kollektivität der Forschungsarbeit und die Forscherpersönlichkeit. RGW-Symposium „Systemanalyse der Wissenschaft. Wissenschaftlerpersönlichkeit und wissenschaftliches Kollektiv", Berlin, 18.–23. September 1972

lichen Tätigkeit und gegenüber der gesellschaftlichen Gesamtarbeit niedriger.

Trotzdem sind die sozialen, ökonomischen, politischen und ideologischen Auswirkungen dieses qualitativ neuen Verhältnisses von Gesellschaft und Wissenschaft auf den Charakter, den Inhalt und die Organisationsformen der wissenschaftlichen Tätigkeit vielfältig und tiefgreifend. Die Vielschichtigkeit der damit verbundenen Prozesse und Erscheinungsformen kulminiert in der Entwicklung wissenschaftlicher Tätigkeit zu einer selbständigen Berufstätigkeit. Die Entwicklung der Berufstätigkeit ist insgesamt eine Konsequenz der Vergesellschaftung der Arbeit des Kapitalismus. Der technische Fortschritt besteht „in der kapitalistischen Gesellschaft in der Vergesellschaftung der Arbeit, und diese Vergesellschaftung erfordert notwendigerweise eine Spezialisierung der verschiedenen Funktionen des Produktionsprozesses, ihre Verwandlung aus zersplitterten, vereinzelten, sich in jedem entsprechenden Produktionsbetrieb gesondert wiederholenden Funktionen in vergesellschaftete Funktionen, die in einem einzigen neuen Betrieb konzentriert auf die Befriedigung der Bedürfnisse der ganzen Gesellschaft berechnet sind.“[37] Die Herausbildung der bürgerlichen Berufstätigkeit ist eine Konsequenz der Produktivkräfte und Produktionsverhältnisse des sich entwickelnden Kapitalismus gleichermaßen. Die oben dargestellten neuen Funktionen der Wissenschaft für die Gesellschaft verlangen dementsprechend auch die berufsmäßige Verselbständigung der wissenschaftlichen Tätigkeit. Zwei Ursachenkomplexe liegen im wesentlichen dieser Entwicklung der wissenschaftlichen Tätigkeit zu einer verselbständigten Berufstätigkeit seit Beginn der kapitalistischen Entwicklung zugrunde.

Erstens stand die weitere Entwicklung der Wissenschaft im Rahmen der Institutionen der katholischen Kirche angesichts der Herausbildung der modernen – vor allem experimentell betriebenen – Naturwissenschaft in Widerspruch zu den geistigen Funktionen, die die Kirche in der Gesellschaft einnahm. Der „Fall Galilei“ steht dafür als Symbol. Die Emanzipation der modernen Wissenschaft von der Religion erreichte ein Niveau, das ihre weitere systematische Entwicklung außerhalb der kirchlichen Institutionen erforderte. Der Widerspruch zwischen der kapitalistischen Entwicklung und den Funktionen der

[37] W. I. Lenin, Zur sogenannten Frage der Märkte, in: Werke, Bd. 1, Berlin 1961, S. 92;
vgl. auch W. I. Lenin, Was sind die „Volksfreunde“ und wie kämpfen sie gegen die Sozialdemokraten, a. a. O., S. 165, 168f.

katholischen Kirche in der Gesellschaft war so tiefgreifend, daß es einer grundlegend neuen Orientierung der Kirche – des Protestantismus – bedurfte, um selbst die religiösen Funktionen der neuen kapitalistischen Ausbeutergesellschaft wahrnehmen zu können. Es war der sich entwickelnde Kapitalismus, der „Geist des Kapitalismus“, der letztendlich den Protestantismus hervorbrachte, und nicht umgekehrt, wie es M. Weber und zahlreiche bürgerliche Wissenschaftshistoriker bis auf den heutigen Tag darzustellen versuchen.[38] Der Rahmen der katholischen Kirche – wie der Kirche überhaupt – war geistig und institutionell mit den Entwicklungstendenzen der modernen Naturwissenschaften unvereinbar geworden. Der sich entwickelnde Kapitalismus und die modernen Naturwissenschaften verlangten wissenschaftlich tätige Personen und Institutionen außerhalb der kirchlichen Institutionen.

Die größere Anpassungsfähigkeit und geistige Aufgeschlossenheit des Protestantismus kommt nicht zuletzt darin zum Ausdruck, daß der weitaus größere Teil der namhaften Wissenschaftler des 17.–19. Jahrhunderts – selbst in überwiegend katholischen Ländern – persönlich prostestantischen und nicht katholischen Glaubens waren.[39]

Zweitens hatte die Wissenschaft selbst einen Entwicklungsstand erreicht, der von den sich mit ihr Beschäftigenden eine weitgehende Spezialisierung in dem oben von Lenin gemeinten Sinne erforderte. Das hat bezüglich der wissenschaftlichen Tätigkeit drei Konsequenzen zur Folge:

In Verbindung mit der oben genannten Tendenz nimmt der Anteil der Geistlichen unter den Wissenschaftlern immer mehr ab, während noch bis Ende des 18. Jahrhunderts ihr Anteil an den auswärtigen Mitgliedern der Académie des sciences in Paris, der Royal Society in London und der Königlichen Akademie der Wissenschaften in Berlin besonders auffiel.[40]

Konnte und mußte man noch zu Zeiten Newtons und Leibniz' bei jedem der auswärtigen Mitglieder der genannten Akademien mehrere

[38] M. Weber, Die protestantische Ethik. Kritiken und Antikritiken, hg. v. J. Winkelmann, Hamburg 1972;
R. Merton, Puritanism, Pietism and Science, in: Sociology of Science, hg. v. B. Barber und W. Hirsch, Glencoe 1963, S. 33–66;
L. S. Feuer, The scientific intellectual. The psychological and sociological origins of modern science, New York 1963

[39] A. de Candolle, Zur Geschichte der Wissenschaften und der Gelehrten seit zwei Jahrhunderten, Leipzig 1911, S. 174–178

[40] Ebenda, S. 212

Wissenschaftsdisziplinen angeben, so trifft dies im 19. Jahrhundert nur noch selten oder für sehr eng miteinander verbundene Wissenschaftsdisziplinen zu. „Die Erwählten der Akademien sind im 19. Jahrhundert fast ausschließlich Leute, die sich frühzeitig einem einzigen Gebiete der Wissenschaft gewidmet haben."[41]

Damit im Zusammenhang steht schließlich die Trennung der wissenschaftlichen Tätigkeit von anderen Arten beruflicher Erwerbstätigkeit (Militärs, Zivilbeamte, Geistliche, Münzmeister u. ä.). „Die Unmöglichkeit, es zu einer Vollkommenheit in einer Wissenschaft zu bringen, wenn man daneben einen Gelderwerb treibt oder eine regelmäßige Ursache der Ablenkung hat, wird täglich deutlicher."[42]

Die an die Stelle der kirchlichen Einrichtungen tretenden neuen Institutionen des geistigen Lebens waren die Universitäten und Akademien. Sie ermöglichten – anfangs noch unter starkem kirchlichen Einfluß stehend – in zunehmendem Maße ein der kapitalistischen Wirtschafts- und Gesellschaftsentwicklung entsprechendes geistiges Leben. Die wissenschaftliche Tätigkeit fand als verselbständigte Berufstätigkeit in ihnen ihre institutionelle Basis. Das schließt in sich ein, daß die diese Tätigkeit Ausführenden die notwendigen materiellen Mittel für ihren Lebensunterhalt und für ihre wissenschaftliche Tätigkeit besaßen bzw. sie durch ihre Lehrtätigkeit an den Universitäten erhielten. Mit der ständigen Erweiterung des sich mit wissenschaftlicher Tätigkeit beschäftigenden Personenkreises wurde die Lehrtätigkeit an Universitäten zur materiellen Grundlage, um Forschungstätigkeit auszuführen. Durch die Institutionalisierung der Privatdozentur, des Habilitationsverfahrens u. a. wurden im 19. Jahrhundert in Deutschland soziale, aber auch wissenschaftlich bedeutsame Selektionsmechanismen geschaffen, die die Forschungstätigkeit an die Lehrtätigkeit banden.[43] Der oft zitierte Grundsatz von der Einheit von Lehre und Forschung ist deshalb nicht nur von bildungspolitischem Interesse, sondern zugleich von forschungsorganisatorischer Bedeutung. So sehr die Institutionalisierung der wissenschaftlichen Tätigkeit an den Universitäten bei der Herausbildung und Durchsetzung des Kapitalismus für die Entwicklung der Wissenschaft einen großen historischen Fort-

[41] Ebenda, S. 211

[42] Ebenda

[43] Vgl. H. Plessner (Hrsg.), Untersuchungen zur Lage der deutschen Hochschullehrer, Bd. I, Göttingen 1956;
A. Busch, Die Geschichte des Privatdozenten, Stuttgart 1959;
J. Ben-David, The scientist's role in society. A comparative study, Englewood Cliffs 1971

schritt bildete, so vermochte die Ausschließlichkeit dieses Weges, wissenschaftliche Forschung zu betreiben, am Ende des 19. und zu Beginn des 20. Jahrhunderts den wissenschaftlichen und gesellschaftlichen Bedürfnissen und Notwendigkeiten nicht mehr gerecht zu werden.

III. Die weitere Vergesellschaftung der Wissenschaft im Imperialismus und das Verhältnis von Arbeit und Schöpfertum in der wissenschaftlichen Berufstätigkeit

Übereinstimmend wird in allen wissenschaftshistorischen Abhandlungen der besondere quantitative und qualitative Aufschwung der Natur- und technischen Wissenschaften am Ende des 19. Jahrhunderts und zu Beginn des 20. Jahrhunderts hervorgehoben. Die damit verbundene weitere Vergesellschaftung der Wissenschaft fällt unmittelbar mit dem Übergang des Kapitalismus in sein imperialistisches Stadium zusammen. Die besonderen Charakteristika der weiteren Vergesellschaftung der Wissenschaft in dieser Zeit sind daher von den sozialökonomischen Bedingungen des Imperialismus bestimmt. Dabei ist zu berücksichtigen, daß der Imperialismus keine selbständige Gesellschaftsformation bildet. Alle besonders deutlich werdenden Widersprüche entspringen den kapitalistischen Produktionsverhältnissen. Zugleich wird im Imperialismus ein Vergesellschaftungsgrad erreicht, der in seinen Formen den Vergesellschaftungsgrad der nächsthöheren Gesellschaftsordnung vorbereitet.

Wenn W. I. Lenin in seiner Analyse des Imperialismus feststellt: „Im besonderen wird auch der Prozeß der technischen Erfindungen und Vervollkommnungen vergesellschaftet“[44], so betrifft das die Herausbildung der in monopoleigenen Einrichtungen konzentrierten und organisierten Forschung mit allen sich daraus ergebenden Konsequenzen. Arbeitsteilig zerlegte und unter dem Kommando des Monopolkapitals von zahlreichen Beteiligten schließlich zusammengeführte Forschungstätigkeit verdeutlicht den nunmehr auch in der wissenschaftlichen Tätigkeit sich durchsetzenden Widerspruch zwischen gesellschaftlicher Produktion und privater Aneignung. Dieses Verhältnis von Monopolen und organisierter Forschung ist aber durchaus kein einseitiges. Die Bildung der Monopole ermöglicht nicht nur vergesellschaftete Forschungstätigkeit. Umgekehrt trägt die Entwicklung der Wissenschaft

[44] W. I. Lenin, Der Imperialismus als höchstes Stadium des Kapitalismus, in: Werke, Bd. 22, Berlin 1960, S. 209.

im allgemeinen und die der Forschung im besonderen selbst zur Bildung von Monopolen bei. „Schließlich hat auch die Wissenschaft selbst zur Bildung von Monopolen beigetragen, da sie ebenfalls große Kapitalinvestitionen notwendig machte. Die in der Hauptsache oder ganz auf der Wissenschaft basierenden Industriezweige, wie die chemische und Elektroindustrie, trugen von Anfang an monopolistischen Charakter."[45] Das Verhältnis von Wissenschaft, Technik und Produktion ist nicht nur enger und gesellschaftlich weitreichender geworden. Die aktive Rückwirkung der Wissenschaft auf die Entwicklung der Technik und Produktion erreicht eine neue Qualität.[46] Damit wird die Wissenschaft zu einem ökonomischen und gesellschaftlichen Wachstumsfaktor, dessen Wirksamkeit aber durch die Schranken der privaten Aneignung sowie der Monopole als der Basis vergesellschafteter Forschung begrenzt ist.

Die Entwicklung einer auf der Grundlage der Wissenschaft sich ausbreitenden Massenproduktion erforderte eine quantitative und qualitative Ausdehnung der Vermittlung wissenschaftlicher Kenntnisse. Der Ausbau des Netzes allgemeinbildender Schulen und die Durchsetzung der in den entwickelten kapitalistischen Ländern eingeführten allgemeinen Schulpflicht wurden zu einem ökonomischen und gesellschaftlichen Erfordernis. Und so wie bereits im vormonopolistischen Kapitalismus mit den Werken von Marx und Engels die Gesellschaftswissenschaften in der Arbeiterklasse und in breiten Bevölkerungskreisen Verbreitung fanden, wurden seit Ende des vorigen Jahrhunderts naturwissenschaftliche Erkenntnisse in allgemein verständlicher Form einem immer größeren Teil des Volkes zugänglich.[47] Parallel mit der klassenmäßig differenzierten Erhöhung der Allgemeinbildung entsteht eine größere Zahl neugegründeter Universitäten und Hochschulen, wobei die *technischen Hochschuleinrichtungen* in besonderem Maße die neue Qualität im Verhältnis von Wissenschaft, Technik und Produktion zum Ausdruck bringen. Zugleich findet diese Verbreitung wissenschaftlicher Kenntnisse wiederum ihre Grenzen in den sozialökonomischen Bedingungen des kapitalistischen Bildungsmonopols. Erstens wird das Bildungsziel von den pragmatischen Erfordernissen des kapitalistischen Verwertungsstandpunktes bestimmt, zweitens werden die Bildungsinhalte von den gesellschaftlichen Partikular-

[45] J. D. Bernal, Die Wissenschaft in der Geschichte, Berlin 1961, S. 489

[46] B. M. Kedrov, Lenin i revoljucia v estestvoznanii XX veka, Moskau 1969, S. 106

[47] W. I. Lenin, Materialismus und Empiriokritizismus, in: Werke, Bd. 14, Berlin 1962, S. 353

interessen der Bourgeoisie bzw. der Monopolbourgeoisie diktiert, drittens weisen die sozialökonomischen Schranken den einzelnen Klassen ein jeweils unterschiedliches Maß an Bildungsmöglichkeiten zu, und viertens wird das sich notwendigerweise erhöhende, doch ohnehin klassenmäßig differenzierte allgemeine Bildungsniveau breiter Bevölkerungskreise durch eine Gegenüberstellung von Massenbildung und elitärer Bildung meinungs- und verhaltensbildend abgewertet und durch geistige und kulturelle Manipulation z. T. wieder aufgehoben.[48]

Ein weiteres Charakteristikum der Vergesellschaftung der Wissenschaft im Imperialismus betrifft die sich im Zusammenhang mit den neuen Erkenntnissen der Naturwissenschaften neu und erweitert stellenden Fragen nach einem entsprechenden wissenschaftlichen Weltbild. Die um die Jahrhundertwende in Gang gekommene Diskussion um die „Krise der Physik" ist mehr als eine fachwissenschaftliche Erörterung von Physikern und Philosophen. Sie ist für den weiteren Vergesellschaftungsprozeß der Wissenschaft insofern von Bedeutung, als es sich dabei um den Gesamtzusammenhang der verschiedenen Wissenschaftsdisziplinen untereinander, den Zusammenhang von Natur- und Gesellschaftswissenschaften sowie um die erkenntnismäßige, weltanschauliche und gesellschaftliche Erweiterung der Wirkungssphäre wissenschaftlicher Tätigkeit handelt. Die sich erweiternden Möglichkeiten wissenschaftlicher Tätigkeit erforderten ein verändertes Verständnis des Zusammenhangs von Wissenschaft und Gesellschaft. Die seit den 40er Jahren am Beispiel der Kernphysik und seit einigen Jahren am Beispiel der Biologie geführten Diskussionen über die Möglichkeiten und Gefahren wissenschaftlicher Entdeckungen sowie der gesellschaftlichen und ethischen Verantwortung des Wissenschaftlers sind auf einer qualitativ höheren Ebene auf der Grundlage des veränderten Kräfteverhältnisses in der Welt und der gewachsenen Rolle der Wissenschaft in der Gesellschaft eine Wiederaufnahme der um die Jahrhundertwende geführten Diskussion um die weltanschauliche, gesellschaftliche und moralische Problematik wissenschaftlicher Forschung. In dieser notwendigen Bestimmung der erkenntnismäßigen, weltanschaulichen, sozialen und moralischen Implikationen und Konsequenzen der aktuellen Probleme der Wissenschaftsentwicklung liegt auch ein entscheidender Antrieb für die theoretische Analyse wissenschaftlicher Tätigkeit selbst.

[48] Vgl. u. a. J. Kuczynski, Wissenschaft und Gesellschaft, Berlin 1972, S. 201ff.

Als ein weiteres Charakteristikum der Vergesellschaftung der Wissenschaft muß das Verhältnis von Wissenschaft und Öffentlichkeit hervorgehoben werden. Die engere Verbindung von Wissenschaft, Technik und Produktion, die immer umfangreichere – auch populäre – Verbreitung wissenschaftlicher Kenntnisse, die für alle sichtbaren und klassenmäßig differenziert von allen genutzten Ergebnisse technischer Zivilisation sowie des Gesundheitswesens, der Bildung und wissenschaftlichen Leistungen als Möglichkeiten für gesellschaftlichen Aufstieg, die Nutzung der Gesellschaftswissenschaften als Instrumentarium zur Manipulation menschlichen Handelns, die durch die Wissenschaft und Technik geschaffenen modernen Vernichtungswaffen usw. schaffen eine öffentliche Meinung über die Möglichkeiten und Wirksamkeit der Wissenschaft, die weit mehr beinhaltet als die Summe der Wirkung aller ihrer Einzelgebiete.

Zugleich vollzieht sich dies aber unter gesellschaftlichen Bedingungen, unter denen die geistige Tätigkeit der Arbeiterklasse und dem größten Teil der Bevölkerung als eine fremde Macht im Dienste des Kapitals gegenübertritt. Die Wissenschaft kann demzufolge trotz zunehmender geistiger Tätigkeitsmerkmale, steigendem Bildungsniveau, konsumtiver Nutzung ihrer Resultate u. ä. von der Mehrheit der Bevölkerung gesellschaftlich nicht angeeignet werden. Es ist eine Folge der hochgradigen Vergesellschaftung im Imperialismus, daß die wissenschaftliche Tätigkeit selbst zu einem gesellschaftlichen Bereich geworden ist, in dem sich gesellschaftliche Produktion und privatkapitalistische Aneignung antagonistisch widersprechen. Die verschiedenen bürgerlichen technokratischen und szientifischen Konzeptionen und ihre Umsetzung in der monopolkapitalistischen Leitungspraxis beruhen auf dieser in allen Bereichen des gesellschaftlichen Lebens wahrzunehmenden Nutzung wissenschaftlicher Tätigkeit unter Ausschluß des größten Teils der Bevölkerung von ihrer tatsächlichen gesellschaftlichen Beherrschung. So kommt in den imperialistischen Ländern eine öffentliche Meinung über die Wissenschaft zustande, in der Glaube an die unendlichen Möglichkeiten und Furcht vor der unkontrollierbaren gesellschaftlichen Übermacht der Wissenschaft einander ergänzen. Die in diesen Ländern weit verbreitete Lethargie gegenüber der imperialistischen Nutzung wissenschaftlicher Resultate, die Furcht führender Naturwissenschaftler vor dem Mißbrauch der Ergebnisse ihrer Tätigkeit, die zahlreichen kulturkritischen Veröffentlichungen über Gegenwart und Zukunft der Wissenschaft sind Ausdrucksformen dieser Furcht vor den Konsequenzen der kapitalistisch hochgradig vergesellschafteten Wissenschaft.

Schließlich bewirkt die Vergesellschaftung der Wissenschaft im Imperialismus die sich verändernde Stellung der wissenschaftlich Tätigen selbst. Lenin hebt in seiner Imperialismus-Analyse hervor, daß „die besten Ingenieure angestellt“[49] werden. Damit ist ein Prozeß von sozialen Strukturveränderungen im Imperialismus gekennzeichnet, der sich außerordentlich verstärkt hat und eine wesentliche Seite des sozialökonomischen Charakters der Vergesellschaftung der Wissenschaft betrifft. Er bezieht sich auf die Veränderung in der gesellschaftlichen Stellung der wissenschaftlich Tätigen zur herrschenden Bourgeoisie im Verlaufe der kapitalistischen Gesamtentwicklung. Erstens führen die bereits hervorgehobene klassenmäßig differenzierte Verbesserung des allgemeinen Bildungsniveaus der gesamten Bevölkerung und der notwendig breitere Zugang von Angehörigen verschiedenster sozialökonomischer Schichten zu den Universitäten und Hochschulen zu einer allmählichen Veränderung der herkunftsmäßigen Zusammensetzung der Intelligenz. Zweitens wird durch das ständig enger werdende Verhältnis von Wissenschaft, Technik und Produktion ein immer größerer Teil der wissenschaftlich Tätigen zu direkt produktiv Tätigen und treten diese in eine direkte Verbindung und Zusammenarbeit mit den Arbeitern in der produktiven Sphäre. Dadurch verändert sich bei einem Teil von ihnen ihr Verhältnis zur gesellschaftlichen Umwelt und vor allem zur materiellen Produktion. Drittens führte die Vergesellschaftung der Produktion nicht nur zu einer Zunahme der absoluten Zahl der wissenschaftlich Tätigen, sondern auch zum Übergang von der freiberuflichen zur Angestelltentätigkeit. Im Verlauf der kapitalistischen Entwicklung geraten die wissenschaftlich Tätigen in ein mehr oder weniger privilegiertes Ausbeutungsverhältnis; der Wert und Preis ihrer Ware Arbeitskraft schwanken, und allmählich unterliegt die wissenschaftliche Tätigkeit der kapitalistischen Entwertung. Schließlich trägt auch die immer weiter vorangetriebene Arbeitsteilung dazu bei, daß die sozialökonomische Differenzierung der wissenschaftlich Tätigen immer sichtbarer wird. Viertens stellen die bürgerliche Aufklärung, die Zeit der Übereinstimmung von Produktivkräften mit den kapitalistischen Produktionsverhältnissen sowie des parasitären Kapitalismus den wissenschaftlich Tätigen historisch unterschiedliche Aufgaben. Ideologische und praktische Apologetik, antihumanistische und militaristische Zielstellungen sind im Imperialismus von wissenschaftlich Tätigen zu realisieren. Das führt zu immer stärker werdenden

[49] W. I. Lenin, Der Imperialismus als höchstes Stadium des Kapitalismus, in: Werke, Bd. 22, a. a. O., S. 209

Widersprüchen zwischen der bürgerlich-humanistischen Gesinnung, dem ehrlichen Streben nach Erkenntnis sowie dem bürgerlichen Wissenschaftsethos eines großen Kreises wissenschaftlich Tätiger und den durch Monopole und imperialistischen Staat ihnen zugewiesenen gesellschaftsstabilisierenden Aufgaben. All das hat fünftens zur Folge, daß die ursprüngliche objektive und subjektive Interessenidentität zwischen Gesamtbourgeoisie und bürgerlicher Intelligenz aufgehoben wird. Im gleichen Maße, wie sich die Bourgeoisie selbst sozialökonomisch und politisch differenziert, werden die verschiedenen Gruppen und Fraktionen der Monopolbourgeoisie, der nichtmonopolistischen Großbourgeoisie, der mittleren und Kleinbourgeoisie von verschiedenen Gruppen der Intelligenz repräsentiert und in ihren Interessen vertreten. Zugleich führen die genannten Widersprüche einen immer größer werdenden Kreis von wissenschaftlich Tätigen völlig an die Seite und in die Reihen der organisierten Arbeiterklasse. Sie tragen dazu bei, daß sich bereits im Imperialismus der Kern für eine den Anforderungen der nächsthöheren Gesellschaftsordnung entsprechende sozialistische Intelligenz herausbildet, die Verbindung von Wissenschaft und Arbeiterklasse sich auch dadurch bereits im Imperialismus weiter festigt und damit sich auch die soziale Basis für die Wirksamkeit wissenschaftlicher Tätigkeit trotz aller imperialistischer Widersprüche erweitert.[50]

Die hier zusammengefaßten Charakteristika der Vergesellschaftung der Wissenschaft im Imperialismus verändern nicht allein die gesellschaftliche Stellung der Wissenschaftler. Die sozialökonomischen Konsequenzen für die wissenschaftliche Tätigkeit betreffen das gesamte System wissenschaftlicher Tätigkeiten und damit den Reproduktionsprozeß der Wissenschaft. Sie sind nicht zuletzt von weitreichendem Einfluß für die weitere Entwicklung der Wissenschaft als Berufstätigkeit.

Beim Übergang zum Imperialismus entwickelt sich dabei ein gesellschaftlicher Widerspruch, der im wesentlichen in drei Erscheinungsformen zum Ausdruck kommt:

1. Die mit der Habilitationsordnung und der Privatdozentur verbundenen sozialen „Zunftgesetze“ für die Aufnahme in die wissenschaftliche Tätigkeit standen im Widerspruch zu den gewachsenen

50 H. Steiner, Grundlagen und Ausdrucksformen des Intelligenzproblems im gegenwärtigen Imperialismus, in: Wirtschaftswissenschaft, H. 7/1966;
Soziale Strukturveränderungen im modernen Kapitalismus, Berlin 1967, Kap. I und II

quantitativen und qualitativen Anforderungen an die Wissenschaft einschließlich des damit notwendig verbundenen Anwachsens der Zahl der Wissenschaftler.

2. Die primär durch die Befähigung zur wissenschaftlichen Lehre bestimmten wissenschaftlichen Auswahlkriterien für die Rekrutierung wissenschaftlicher Kader widersprechen der notwendigen Durchsetzung des Primats der Forschung als Produktionssphäre im Reproduktionsprozeß der Wissenschaft, der mit dem Übergang zum Imperialismus innerhalb des gesellschaftlichen Reproduktionsprozesses eine neue Qualität erreicht.

3. Die in hohem Maße aus den thematischen, zeitlichen und organisatorischen Bedingungen der wissenschaftlichen Lehre abgeleiteten Möglichkeiten für den Umfang, die thematische Schwerpunktbildung und die organisatorische Gestaltung der Forschungstätigkeit entsprechen nicht mehr der für den Imperialismus notwendigen Komplexität, thematischen Planung und arbeitsorganisatorischen Gestaltung von Arbeitsteilung, Kooperation und Kommunikation in der wissenschaftlichen Forschung.

J. van't Hoff war einer der ersten praktisch tätigen Naturwissenschaftler, der diesem Widerspruch auf seine Weise in seiner Begrüßungsrede bei Eröffnung des Kongresses der Naturwissenschaftler und Ärzte 1895 in Holland Ausdruck verlieh. „Wenn die Verbreitung von Wissen eine Angelegenheit des Staates ist, so denke ich, daß auch die Vermehrung dieses Wissens eine Sache des Staates ist und daß gleichberechtigt neben den Menschen, deren Pflicht die Lehre ist und die sich mit der Forschung beschäftigen können, wenn sie Zeit und Lust dazu haben, es auch Menschen geben kann, deren erste Pflicht die Forschung ist und die nur dann zu lehren haben, wenn sie Lust und Zeit dafür haben."[51] Als er schließlich 1896 in Berlin zum Mitglied der Akademie gewählt wurde, verzichtete er auf seine Lehrtätigkeit an der Amsterdamer Universität und siedelte nach Deutschland über, um sich als Akademiemitglied vollständig der Forschungstätigkeit widmen zu können. Ähnlich verhielt sich W. Ostwald bezüglich seiner Lehrtätigkeit an der Leipziger Universität, wie er in einem Brief an Arrhenius vom 27. Januar 1895 mitteilt.[52] Doch das waren lediglich individuelle Lösungswege des charakterisierten gesellschaftlichen Problems. Neben der Erweiterung des Netzes von Universitäts- und Hochschuleinrichtungen war die Einrichtung von staatlichen For-

[51] Zitiert bei: N. I. Rodnyj, J. I. Solov'ev, J. van't Hoff o problemach razvitija chimii, in: Učenye o nauke i ee razvitii, Moskau 1971, S. 114/115

[52] Ebenda, S. 116

schungsinstitutionen[53] und vor allem auch der weitreichende Ausbau der industriellen Forschung der Weg, um die Institutionen der wissenschaftlichen Tätigkeit den Erfordernissen der imperialistischen Wissenschafts- und Gesellschaftsentwicklung anzupassen. So tritt neben die Differenzierung wissenschaftlicher Tätigkeit nach Natur- und Gesellschaftswissenschaften sowie nach Wissenschaftsdisziplinen eine weitere nach wissenschaftlicher Lehrtätigkeit und wissenschaftlicher Forschungstätigkeit und diese wiederum nach Grundlagen- und anwendungsorientierter Forschungstätigkeit. Doch ist diese relativ verselbständigte Institutionalisierung der Forschungstätigkeit zwar ein Charakteristikum des Übergangs zum Imperialismus, doch nur eine Voraussetzung zu einer neuen Form der sozialen Organisation wissenschaftlicher Tätigkeit: der großbetrieblichen Entwicklung und der damit verbundenen innerbetrieblichen Arbeitsteilung der Forschung. Vor allem in den industriellen Forschungseinrichtungen, aber auch in den staatlichen Forschungsinstitutionen und in zunehmendem Maße auch in den Universitäten und Hochschulen wird eine arbeitsteilige Gruppenarbeit entwickelt, die den Kriterien kapitalistisch-rationeller Arbeitsorganisation unterworfen wird. Der kapitalistische Teilarbeiter wird auch in der Wissenschaft, und zwar in der nach kapitalistischen Verwertungskriterien organisierten Forschungstätigkeit zu einem Charakteristikum der kapitalistischen Gesellschaft in ihrem imperialistischen Entwicklungsstadium. Diese Differenzierung der wissenschaftlichen Tätigkeiten im Prozeß der Entwicklung der Wissenschaft als bürgerliche Berufstätigkeit markiert eine wesentliche Seite der Entwicklung der Wissenschaft als Produktivkraft, die mit dem Übergang zum kapitalistischen Teilarbeiter in der Forschung einen Stand erreicht, bei dem sie in ein neues Produktionsverhältnis umzuschlagen beginnt. Das für die bisherige Arbeitsweise charakteristische Produktionsverhältnis der bürgerlichen Mittelklasse wird – wie oben bereits hervorgehoben – für einen zunehmend größeren Kreis von wissenschaftlichen Mitarbeitern allmählich, differenziert und zugleich von den Spezifika wissenschaftlicher Tätigkeit notwendigerweise modifiziert zu einem Ausbeutungsverhältnis. Je nach gesellschaftlichem und methodologischem Standort der Verfasser werden diese Tendenzen der kapitalistischen Wissenschaftsentwicklung von bürgerlichen Autoren bis auf den heutigen Tag theoretisch zu charakteri-

[53] G. Wendel, Zur gesellschaftlichen Stellung und Funktion der Kaiser-Wilhelm-Gesellschaft zur Förderung der Wissenschaft e. V., Dissertation, Leipzig 1965

sieren versucht[54], von bürgerlich-demokratischen und teilweise romantischen Positionen ausgehend kritisiert[55], empirisch analysiert[56] oder unmittelbar leitungsmäßig zu gestalten versucht.[57] „Insbesondere geriet der Forscher selbst . . ., in Situationen von neuartiger Beschaffenheit. Er wurde im industriellen Bereich mit dem Sozialmodell des Arbeitgeber-Arbeitnehmer-Verhältnisses und im staatlichen Bereich mit dem des Verhältnisses zwischen Dienstherren und Beamten konfrontiert und hatte sich mit entsprechend formulierten Rollenerwartungen auseinanderzusetzen . . . In der überwiegenden Zahl der Fälle ist der Forscher heute dazu gezwungen, die Wissenschaft ‚als Beruf' (Max Weber) auszuüben und das heißt für ihn wiederum vielfach: sich einem direkt auf kalkulierbare Leistungen abgestellten, straff organisierten und einem Produktionsplan subsumierten Betriebs-Zusammenhang einzufügen, die eigene Tätigkeit als Erwerb zu betrachten und die Vorgegebenheit von Funktionsteilung, Arbeitsplanung, Arbeitsreglement, Anordnungsbefugnissen und Arbeitsdisziplin hinzunehmen."[58]

Dieses privilegierte Lohnarbeiter-Verhältnis, in das die Entwicklung der wissenschaftlichen Tätigkeit als Produktivkraft umschlägt, verläuft jedoch in den verschiedenen institutionellen Bereichen wissenschaftlicher Tätigkeit außerordentlich ungleichmäßig. Das betrifft die Differenzierung

1. zwischen industriellen Forschungs- und Entwicklungseinrichtungen, dem Hochschulwesen sowie den staatlichen Instituten der Grundlagenforschung;
2. zwischen Natur- und Gesellschaftswissenschaften sowie zwischen den verschiedenen Wissenschaftsdisziplinen und
3. zwischen den verschiedenen arbeitsfunktionell verselbständigten Phasen des Forschungsprozesses.

Wenn man darüber hinaus bedenkt, daß

1. auch in der physischen Tätigkeit trotz ihres insgesamt höheren

[54] M. Weber, Wissenschaft als Beruf, a. a. O.;
A. v. Harnack, Vom Großbetrieb der Wissenschaft, in: Reden und Aufsätze, Bd. 1, Gießen 1911, S. 11–20

[55] E. v. Kahler, Der Beruf der Wissenschaft, Berlin 1920;
W. H. Whyte, Herr und Opfer der Organisation, Düsseldorf 1958

[56] Vgl. W. O. Hagstrom, The scientific community, New York 1965;
D. Pelz und F. M. Andrews, Scientists in organizations, New York 1966;
G. Boalt, The sociology of research, London 1969

[57] Vgl. „Research management". The International Journal of Research Management, New York

[58] J. Klages, Rationalität und Spontaneität a. a. O., S. 17/18

Vergesellschaftungsgrades bis auf den heutigen Tag unterschiedliche Grade der Vergesellschaftung der Arbeit gleichzeitig nebeneinander existieren,

2. dabei noch zahlreiche Autoren die handwerkliche Totalität des Arbeitsvollzuges als Lösungsweg für die Überwindung des kapitalistischen Charakters der Arbeitsteilung ansehen,

3. die Forschungstätigkeit auf Grund ihres bewußt schöpferischen Charakters nur so weit elementarisierbar ist, daß sie die Eigenschaft eines Problemlösungsprozesses nicht verliert, sowie

4. auf Grund der neuen gesellschaftlichen Funktionen der Wissenschaft einerseits und ihrer Entwicklung zur Berufstätigkeit andererseits wissenschaftliche Tätigkeit zu einem spezifischen Tätigkeitsbereich individueller Bewährung und damit verbundener Aufstiegsmöglichkeiten wurde,

so wird die Widersprüchlichkeit des Prozeßverlaufs und die Verschiedenartigkeit seiner Widerspiegelung als kapitalistisches Produktionsverhältnis verständlich. Denk- und Arbeitsweise, Erwartungen und Bewertungen sowie konkretes Verhalten wurden von den wissenschaftlich Tätigen sowie der öffentlichen Meinung nach wie vor in hohem Maße von den entsprechenden Maßstäben der bürgerlichen Mittelklasse bestimmt. Es ist daher nicht zufällig, wenn die Erkenntnis der Bedingungen des konkreten Arbeitsvollzuges vergesellschafteter Forschungstätigkeit von bürgerlichen Autoren zu umgehen versucht wird. Die dabei weit verbreitete dichotomische Gegenüberstellung von Forschung als Schöpfung auf der einen Seite und Forschung als Arbeit auf der anderen ist ein Ausdruck dessen. Die damit verbundenen gegensätzlichen Auffassungen „lassen sich nämlich allesamt ohne weiteres als Antworten auf die Fragen begreifen: Welche Potenzen gelangen im Forschungsvollzug zum Tragen und wie charakterisiert sich der Forschungsvollzug von daher?

Auf der einen Seite lautet die Antwort auf diese Frage: Im Forschungsvollzug kommen objektiv-irrationale Momente wie der „Zufall" und „subjektiv-irrationale, persönlichkeitsgebundene Momente" („Inspirationen", „Genie" etc.) zur Geltung und er charakterisiert sich von daher als „Schöpfungs"-Prozeß von rational uneinsehbarer Struktur, der keineswegs rein willensmäßig erzeugt werden kann, der äußeren Effizienzerwartungen und Manipulationsbemühungen unzugänglich ist, der ihm vielmehr „Freiheit" als das ihm gemäße Medium erfordert, etc.

Auf der anderen Seite lautet die Antwort dahingegen in gradliniger Entgegengesetztheit: Im Forschungsvollzug kommen objektiv rationale Elemente wie „Planung" und „Organisation" und subjektiv-rationale, persönlichkeitsunabhängige Elemente („perspiration") zur Geltung. Er charakterisiert sich damit als „Arbeits"-Prozeß von rational prinzipiell einsehbarer und willensmäßig erzeugbarer Struktur, der äußeren Planungs-, Steuerungs- und Kontrollmanipulationen und Effizienzerwartungen prinzipiell zugänglich ist, der somit auch in rational angelegte Handlungszusammenhänge beliebiger Art integrierbar ist etc."[59]

Völlig zutreffend stellt Klages in diesem Zusammenhang fest, daß beide extreme Auffassungen die Realität des Forschungsprozesses nicht zu erfassen vermögen. Doch vermag auch sein von ihm entwickeltes Konzept den darin enthaltenen Widerspruch nicht zu erkennen und aufzulösen, sondern ihn lediglich zu modifizieren. Indem er die genannte Entgegensetzung lediglich als ein methodisches Problem der Dichotomie von methodologischem Irrationalismus und methodologischem Rationalismus auffaßt, vermag er zwar eine weitaus differenziertere Betrachtung verschiedener Arten von Forschungstätigkeiten zu geben und die genannte Dichotomie in einen pluralistischen Forschungsbegriff aufzulösen, doch bleibt dabei das dem inhaltlich zugrunde liegende bürgerliche Arbeits- und Schöpfungsverständnis wissenschaftlicher Tätigkeit das gleiche. Allen gemeinsam ist ein Arbeitsverständnis, das durch folgende vier Merkmale charakterisiert wird:

Erstens wird Arbeit überhaupt und die industrielle im besonderen von vornherein als Leid aufgefaßt und negativ bewertet. Anknüpfend an A. Smith und A. Marshall über H. Herkner, A. Weber und H. de Man stellt H. Marcuse fest: „Vielmehr: Noch *vor* allen solchen Belastungen durch die Arbeitsweise und Arbeitsgestaltung begegnet die Arbeit als solche schon als „Last", sofern sie das menschliche Tun unter ein fremdes, auferlegtes Gesetz stellt: unter das Gesetz der „Sache" die zu tun ist (und *die auch dann eine „Sache", ein Anderes als das Leben selbst, bleibt, wenn der Mensch sich seine Arbeit selbst gibt*) ... *In der Arbeit wird der Mensch immer von seinem Selbstsein auf ein Anderes verwiesen* ..."[60]

Zweitens sind Arbeitsfreude und Arbeitszufriedenheit theoretisch wie praktisch trotz dieses Verständnisses der Arbeit nur möglich, indem sie ebenso absolut und unabhängig von gesellschaftlichen Bedingungen aufgefaßt werden. H. de Man spricht deshalb von der Arbeitsfreude

[59] Ebenda, S. 26/27

[60] H. Marcuse, Über die philosophischen Grundlagen des wirtschaftswissenschaftlichen Arbeitsbegriffs, in: Kultur und Gesellschaft 2, Frankfurt/Main 1965, S. 15 (Hervorhebungen – H. St.)

als einer „psychischen Gegebenheit" und einer „allgemein-triebhaften Neigung", die „kein in der arbeitstechnischen oder gesellschaftlichen Organisation begründeter, sondern ein autogen-psychischer Tatbestand" sei.[61]

Drittens beschränken sich die bürgerlichen Analysen der Arbeitsfreude und Arbeitszufriedenheit im wesentlichen auf den Einzelbetrieb als Lösungsebene.

Viertens liegt schließlich den zahlreichen einzelnen bürgerlichen Konzeptionen und Untersuchungen in ihrer Mehrzahl ein von überlieferten handwerklich-traditionellen Vorstellungen bestimmtes Arbeitsideal zugrunde, das zum Maßstab für die mögliche Verwirklichung der anthropologischen und psychologischen Grundbedürfnisse nach Arbeitsfreude, Arbeitsinteresse und Arbeitszufriedenheit gemacht wird. Völlig zutreffend schreibt daher Ch. v. Ferber in seiner theoriegeschichtlichen Analyse, daß den verschiedenen bürgerlichen Bestimmungen des subjektiven Aspekts der Arbeitsverhältnisse als „gemeinsamer Fluchtpunkt" die *„Idealisierung der speziellen Arbeitssituation handwerklich-kleinbürgerlicher Produktionsverhältnisse"* zugrunde liege, „die die *unmittelbare* Verfügungsgewalt des einzelnen über seine Arbeitsverhältnisse sicherte".[62]

So werden die Vergesellschaftung der Arbeit schlechthin sowie die allein technisch-ökonomische Seite der geteilten Arbeit für fehlende Arbeitsfreude und Arbeitszufriedenheit verantwortlich gemacht und als Ausweg Dezentralisierung, einzelbetriebliche Lösungen, ein „Maximum an Autonomie" und handwerklicher Totalität in der Arbeit gesetzt.[63]

Dabei reflektieren die beiden Pole in der Engegensetzung von „Schöpfungs"- und „Arbeits"-Konzeptionen der Forschungstätigkeit unterschiedliche Klassenpositionen und einen unterschiedlichen Vergesellschaftungsgrad bezüglich der wissenschaftlichen Forschungstätigkeit. Die durch individuelle Selbständigkeit, vorwiegend persönlichkeitsgebundene Momente und „Zufall" sich auszeichnenden „Schöpfungs"-Konzeptionen entsprechen als Denk- und Arbeitsweise ebenso der bürgerlichen Mittelklasse, wie die durch funktionale Arbeitsteilung, Aspekte der sozialen Organisation und „Planung"

61 H. de Man, Der Kampf um die Arbeitsfreude, Jena 1927, S. 148 (Hervorhebung – H. St.)

62 Ch. v. Ferber, Arbeitsfreude – Wirklichkeit und Ideologie, Stuttgart 1959, S. 7 (Hervorhebung – H. St.)

63 Vgl. H. Steiner, Nachwort zur deutschen Ausgabe, in: Der Mensch und seine Arbeit, Berlin 1971, S. 389–398

charakterisierten „Arbeits“-Konzeptionen den kapitalistischen Arbeitsprozeß als Wertbildungs- und Verwertungsprozeß widerspiegeln. Da sich die wissenschaftliche Berufstätigkeit auch im gegenwärtigen Imperialismus als eine sozialökonomisch heterogene Tätigkeit verwirklicht, bringen die polaren – wie auch die von Klages skalierten – „Schöpfungs“- und „Arbeits“konzeptionen wissenschaftlicher Tätigkeit in bürgerlicher Form diese sozialökonomische Heterogenität zum Ausdruck. Doch für die Analyse des wissenschaftlich-schöpferischen Arbeitsprozesses selbst, in dem Arbeit und Schöpfung eine dialektische Einheit bilden, sind derartige Konzeptionen ungeeignet. Zwar reflektieren sie in bürgerlicher Form den Vergesellschaftungsprozeß der wissenschaftlichen Tätigkeit im Imperialismus, ohne ihn jedoch theoretisch zu analysieren. Stattdessen werden die damit verbundenen Charakteristika und Merkmale als objektive Gegebenheiten in die wissenschaftliche Darstellung eingeführt und beschrieben, ohne weiter nach ihrem gesellschaftlichen „Woher“, „Warum“ und „Wie“ zu fragen.

Für eine weitere marxistische Behandlung dieser Problematik stellen sich daher vor allem Fragen

1. nach dem Charakter und den Entwicklungsbedingungen dieses Vergesellschaftungsprozesses,
2. nach dem methodischen Zugang zur Analyse seiner vielfältigen Erscheinungsformen sowie
3. nach der konkreten Gestalt und den realen Entwicklungswidersprüchen dieses Prozesses.

Die Klärung des Zusammenhangs von Vergesellschaftung der Wissenschaft und wissenschaftlichem Schöpfertum ist dabei der Schlüssel zur Lösung des Problems. Die wissenschaftliche Tätigkeit als Berufstätigkeit ist dabei die soziale Erscheinung, über die dieser Zusammenhang nicht nur vermittelt wird, sondern in der er sich zugleich manifestiert. Auch H. Klages geht von der Vergesellschaftung der Wissenschaft aus. Wenn er trotzdem auf die damit verbundene gesellschaftliche Problematik der Vergesellschaftung des Erkenntnisprozesses verzichtet und sie stattdessen auf ein methodisches Problem der Forschungstätigkeit reduziert (methodischer Irrationalismus und methodischer Rationalismus als Dichotomie in ihrer pluralistischen Auflösung), so hat das seinen theoretischen Ausgangspunkt bereits in seinem inhaltlichen Verständnis der Vergesellschaftung. Indem er es unterläßt, die Vergesellschaftung der Wissenschaft erstens als den Entwicklungsprozeß der gesellschaftlichen Arbeit und damit im Zusammenhang zweitens als Veränderung in der gesellschaftlichen und individuellen Aneignungsweise der Natur und gesellschaftlichen Umwelt zu begreifen, geht er am Wesen der Vergesellschaftung vorbei.

Wie bereits einleitend ausgeführt wurde, ist die Vergesellschaftung der Wissenschaft Bestandteil der Vergesellschaftung der Arbeit. Und die Vergesellschaftung der Arbeit beinhaltet die jeweilige konkrethistorische Wechselbeziehung von Produktivkräften und Produktionsverhältnissen in bezug auf die Entwicklung und die Struktur des gesellschaftlichen Gesamtarbeiters. Die gelegentlich für sehr verschiedenartige Erscheinungen und Prozesse verwendete Bezeichnung „Vergesellschaftung" beruht zu einem großen Teil auf einer unzureichenden Unterscheidung dieses Wesens der Vergesellschaftung von seinen vielfältigen Erscheinungsformen. Die immer engere Verbindung von Wissenschaft und Produktion, die quantitative und qualitative Ausdehnung der Wissenschaft, die immer stärkere Institutionalisierung der Wissenschaft, die Notwendigkeit und Verwirklichung einer spezifischen Wissenschaftspolitik usw. sind für jeden offensichtliche Indikatoren, in denen sich das höhere Maß an Gesellschaftlichkeit des Charakters der Arbeit und der Intensivierung der gesellschaftlichen Beziehungen von Wissenschaft und Gesellschaft verwirklichen. Zugleich ist aber nur über die Vielfalt dieser Erscheinungsformen der gesellschaftliche Charakter der Arbeit auch in der Wissenschaft einer konkreten Primärdatenerhebung zugänglich. Welche Seiten des gesellschaftlichen Charakters der Arbeit in den verschiedenen Erscheinungsformen widergespiegelt werden, wie diese am adäquatesten erfaßt werden, durch welche Ebenen und Mechanismen dieses Verhältnis von Wesen und Erscheinungen vermittelt wird u. a. sind schließlich methodologische Probleme der empirischen Erforschung der Vergesellschaftung der Arbeit.

Zugleich erfordert die Erfassung, Erkenntnis und Analyse der Vergesellschaftung die Zugrundelegung ihres Prozeßcharakters.

Im gleichen Maße, wie sich die Wechselbeziehungen von Produktivkräften und Produktionsverhältnissen seit der Herausbildung der menschlichen Arbeit entwickeln, führt dies zu einer immer größeren Gesellschaftlichkeit der Arbeit, wird die menschliche Arbeit vergesellschaftet. Dieser Prozeß realisiert sich in der Gesamtheit der ökonomischen, sozialen, politischen, geistig-kulturellen Beziehungen, die als soziale Strukturen den Charakter von sozialen Institutionen annehmen. Dieser komplexe und keineswegs kontinuierlich verlaufende Prozeß findet seine entscheidenden Zäsuren in der historischen Ablösung der Gesellschaftsordnungen. Danach unterscheiden sich die verschiedenen Gesellschaftsordnungen durch eine unterschiedlich entwickelte Gesellschaftlichkeit der Arbeit. Auf Grund der sich verändernden Wechselbeziehungen von Produktivkräften und Produktionsverhältnissen innerhalb einer Gesellschaftsordnung verändert sich auch die Struktur und Dynamik des gesellschaftlichen Gesamtarbeiters und damit die Vergesellschaftung der Arbeit. Die Veränderung der Struktur und Dynamik des gesellschaftlichen Gesamtarbeiters ist aber nichts anderes als ein Korrelat der Entwicklung der menschlichen Produktivkraft. Die wissenschaftliche Tätigkeit gewinnt in dem Maße an Bedeutung, wie der Stoffwechselprozeß zwischen Mensch und Natur aufhört, durch die extraktiven Wirtschaftsbereiche (Landwirtschaft, Bergbau) bestimmt zu sein und die Stoffveränderung bzw. -verarbeitung in der industriellen Fertigung an deren Stelle in den Mittelpunkt rückt. War die dem zugrunde liegende Methodik im Übergang noch die individuelle Erfahrung und das handwerkliche „Pröbeln", so wurde die theoretische Erkenntnis immer mehr zu einem Erfordernis dieser industriellen Fertigung. Die Aneignungsweise wurde eine andere, eine gesellschaftlichere, eine allgemeine. Marx' Charakterisierung der wissenschaftlichen Arbeit als „allgemeine Arbeit" bringt dies als Zielbestimmung jeglicher gesellschaftlicher Arbeitstätigkeit bezüglich ihres Niveaus der gesellschaftlichen Aneignungsweise zum Ausdruck. Veränderungen in der Struktur und Dynamik des gesellschaftlichen Gesamtarbeiters beinhalten demzufolge in einer gegebenen Gesellschaft erstens die Ungleichmäßigkeit verschiedener gesellschaftlicher Tätigkeitsbereiche hinsichtlich des Vergesellschaftungsgrades ihrer Arbeit sowie zweitens unterschiedliche Funktionen dieser einzelnen Bereiche innerhalb der gesellschaftlichen Gesamtarbeit. Diese Konsequenz in der Entwicklung der gesellschaftlichen Produktivkraft der Arbeit birgt Entwicklungswidersprüche unterschiedlicher Qualität in sich. Für die wissenschaftliche Tätigkeit ist dabei letztlich die jeweils konkret-historische Ausprägung des Widerspruchs von körperlicher und geistiger Arbeit innerhalb der gesellschaftlichen Gesamtarbeit bestimmend. Konkret verlaufen diese Entwicklungswidersprüche einmal zwischen dem System wissenschaftlicher Tätigkeiten und der gesellschaftlichen Gesamtarbeit und zum anderen davon abgeleitet innerhalb des Systems wissenschaftlicher Tätigkeiten. Und in der wissenschaftlichen Tätigkeit als Berufstätigkeit finden beide Ebenen dieser Entwicklungswidersprüche ihren Niederschlag. Da – wie oben gezeigt wurde – die wissenschaftliche Tätigkeit als Berufstätigkeit sowohl eine Produktivkraft wie auch ein Produktionsverhältnis darstellt, besitzen die unserer Epoche entsprechenden Widersprüche der Produktivkraftentwicklung je nach der sozialen Organisation der gesellschaftlichen Gesamtarbeit nicht nur einen anderen gesellschaftlichen Charakter, sondern vor allem auch einen unterschiedlichen Entwicklungsverlauf.

In der bürgerlichen Literatur wird die genannte erste Ebene zwischen Wissenschaft und Gesellschaft vielfach als Integrationskonflikt zwischen der „wissenschaftlichen Subkultur" und der „Subkultur des Managements" charakterisiert.[64] W. Kornhauser, H. A. Shepard u. a. bemühen sich auch um eine Systematik der darin eingeschlossenen Konflikterscheinungen. Shepard sieht dabei neun „Dilemmas" der vergesellschafteten Forschungstätigkeit, die sich seiner Meinung nach charakteristischen Zielbestimmungen der Forschung bzw. des kapitalistischen Managements zuordnen lassen.

„1. Soll die Forschung ein Instrument des „trouble shooting" sein oder der Erarbeitung der Basis für eine langfristige Investitionspolitik und Programmplanung dienen?

2. Soll Forschung generell von den Interessen der Trägerorganisation oder vom Ziel der Wissensvermehrung bestimmt sein?

3. Soll der Forscher sich den eventuellen Geheimhaltungswünschen der Trägerorganisation oder den Publizitätserwartungen seiner Fachkollegenschaft unterwerfen?

4. Wie soll die beiderseitige Frustration überwunden werden, die daraus entsteht, daß die Forschung recht häufig in einer jenseits aller Voraussehbarkeit liegenden Weise „Zeit" benötigt, während das „Management" dazu neigt, auf einer als Kalkulationsbasis geeigneten Terminierung zu beharren?

5. Soll die Forschung nach den Prinzipien der delegierten Amtsautorität oder nach den der informell professionellen Autorität, wie sie unter „Kollegen" üblich ist, geleitet werden?

6. Soll die Kooperation in der Forschung auf der Basis formeller Abteilungen oder auf der Basis der spontanen Bildung von ad-hoc-Gruppen organisiert werden?

7. Soll der Forschungsleiter ein „Forschungsverwalter" oder ein Forscher sein?

8. Sollen die Forscher eine „Kaste" oder eine im ständigen „Abwehrkampf" stehende „Klasse" sein?

9. Sollen die Forscher „Elite" oder „Proletariat" sein?"[65]

[64] R. M. Hower and Ch. D. Orth, Managers and Scientists, Boston 1963, S. 31, zitiert bei H. Klages, Rationalität und . . ., a. a. O., S. 34

[65] B. Barber and W. Hirsch (Hrsg.), The sociology of science, Glencoe 1962, S. 344, zitiert bei H. Klages, a. a. O., S. 36

Das von Shepard jeweils verwandte alternative „oder" ist nicht nur ein Beispiel für das bürgerliche Verständnis der wissenschaftlichen Tätigkeit einmal als „Schöpfung" und zum anderen als „Arbeit". Es ist die Erkenntnis eines Entwicklungswiderspruchs der Produktivkraft der Arbeit in der Form eines kapitalistischen Antagonismus, den er aber nicht als solchen, sondern als gesellschaftlich allgemeingültig begreift. Doch nur die Aufdeckung der dem zugrunde liegenden spezifischen Mechanismen ermöglicht die Erkenntnis der Bedingungen und Faktoren, um die genannten Entwicklungswidersprüche nicht nur in einem ausweglosen „oder" zu konstatieren, sondern in ein „sowohl als auch" aufzulösen.

Das verlangt aber die Analyse der Vergesellschaftung der wissenschaftlichen Berufstätigkeit im Imperialismus, die die historische und funktionale Methode in sich vereinigt. Die sozialökonomischen und arbeitsfunktionellen Bedingungen und Konsequenzen der wissenschaftlichen Arbeitsteilung finden deshalb letztendlich ihre Erklärung in der Marxschen Theorie von der ökonomischen Gesellschaftsformation. Die Charakterisierung der Vergesellschaftung der wissenschaftlichen Tätigkeit beim Übergang zum Sozialismus und in der entwickelten sozialistischen Gesellschaft soll dies im Hinblick auf die empirische Erforschung dieser Prozesse in einem noch höheren Grade deutlich werden lassen.

IV. Die sozialistische Vergesellschaftung der Wissenschaft, ihr Prozeßcharakter und ihre Erforschung über das wissenschaftlich-schöpferische Arbeitsverhalten

Die Spezifik der sozialistischen Vergesellschaftung der Wissenschaft ist in der politischen Machtergreifung durch die Arbeiterklasse und in der Überführung der entscheidenden Produktionsmittel in gesamtgesellschaftliches Eigentum begründet. Das ist die entscheidende Bedingung dafür, daß der allen Klassengesellschaften eigene Widerspruch von geistiger und körperlicher Arbeit beim Aufbau des Sozialismus allmählich seinen Antagonismus verliert. Die für den Kapitalismus und sein imperialistisches Stadium charakteristische gesellschaftliche Macht der geistigen Tätigkeit gegenüber der Arbeiterklasse ist in der ökonomischen und politischen Macht des Kapitals bzw. Monopolkapitals konzentriert. Mit der ökonomischen und politischen Machtergreifung durch die Arbeiterklasse sind die sozialökonomischen Schranken für die gesellschaftliche Aneignung der wissenschaftlichen Tätigkeiten durch die Arbeiterklasse und alle anderen Werktätigen prinzipiell überwunden. Das Verhältnis von Wissenschaft und Gesellschaft wird nicht mehr über das kapitalistische Privateigentum vermittelt, sondern erhält im Zusammenhang von Arbeiterklasse und Wissenschaft seine entscheidende sozialökonomische Bezugsbasis. Neu ist dabei nicht, das Verhältnis von Arbeiterklasse und Wissenschaft überhaupt. Wie bereits dargestellt wurde, erfordert die Entwicklung der materiellen Produktion von der Arbeiterklasse und der gesamten Bevölkerung in verschiedener Hinsicht die Aneignung von wissenschaftlichen Kenntnissen und die Auseinandersetzung mit den Konsequenzen der wissenschaftlichen und technischen Entwicklung. Von prinzipieller Bedeutung ist die Rolle der Wissenschaft für die Herausbildung der Arbeiterklasse als selbstbewußte Klasse im Verlauf der kapitalistischen Entwicklung. Nur indem sie sich den Sozialismus als Wissenschaft zu eigen macht, vollzieht sie den von Marx gekennzeichneten Übergang von der Klasse an sich zur Klasse für sich. Und indem die Arbeiterklasse in ihren Organisationen, durch die marxistisch-leninistische Partei und die Gewerkschaften, die Vertretung der objektiven Interessen subjektiv wahrnimmt, bereitet sie sich im Rahmen des Kapitalismus auf die ihr im Sozialismus zukommende Funktion der gesamtgesellschaftlichen Leitung auf wissenschaftlicher Grundlage vor. Marx' Feststellung, daß „der große theoretische Sinn ... den sogenannten gebildeten Klassen Deutschlands durchaus abhanden gekommen ist, dagegen in seiner Arbeiterklasse neu auflebt“[66], kennzeichnet diesen Zusammenhang von Arbeiterklasse und Wissenschaft, wie er sich bereits im Kapitalismus herausbildet. Wenn aber die produzierende Klasse auch zur herrschenden Klasse wird und dadurch das Verhältnis von körperlicher und geistiger Arbeit einen prinzipiell neuen gesellschaftlichen Charakter erhält, wird der Zusammenhang von Arbeiterklasse und Wissenschaft zu einem entscheidenden Ausgangspunkt der staatlichen Gesellschafts- und Wissenschaftspolitik. In diesem Sinne ist das Verhältnis von Arbeiterklasse und Intelligenz nur ein bestimmter Ausschnitt aus der Gesamtproblematik. Jegliche Reduzierung des Zusammenhangs von Arbeiterklasse und Wissenschaft auf das Verhältnis der Arbeiterklasse zur Intelligenz läßt den gesamtgesellschaftlich allseitigen Charakter der sozialistischen Vergesellschaftung der Wissenschaft außer acht und ermöglicht nur eine sehr einseitige Analyse.

[66] K. Marx, Das Kapital, Bd. I, in: MEW, Bd. 23, a. a. O., S. 19

Der Übergang der Arbeiterklasse zur machtausübenden Klasse erfordert nicht nur eine Hochschulreform, die die Klassenschranken für den Zugang zu den höchsten Bildungsstätten überwindet und den Bildungsinhalt auf der Grundlage des Marxismus-Leninismus vermittelt. Er fordert eine kulturelle Entwicklung, die alle Bereiche des gesellschaftlichen Lebens erfaßt und den Zusammenhang von Wissenschaft und Gesellschaft nicht nur weitaus vielfältiger, sondern zugleich unmittelbarer werden läßt.[67] Schulreform, Industriereform, Justizreform u. ä. waren auch in der DDR nicht nur Voraussetzung für eine antifaschistisch-demokratische Entwicklung und Bestandteil sozialökonomischer Strukturveränderungen, sondern zugleich Grundlagen für eine wissenschaftlich fundierte Gesellschaftspolitik sowie deren Bestandteil. Die systematische Vermittlung von wissenschaftlichen Kenntnissen im Rahmen der Partei der Arbeiterklasse und der Massenorganisationen, die Gründung und der Ausbau von allgemeinbildenden und populärwissenschaftlichen Einrichtungen, vielfältige Qualifizierungsprogramme und Weiterbildungsveranstaltungen vermitteln der Arbeiterklasse insgesamt und darüber hinaus der gesamten Bevölkerung wissenschaftliche Kenntnisse und vor allem wissenschaftliches Denken zur selbständigen Aneignung der Wissenschaft. Die Wissenschaft wird dabei zu einer Voraussetzung und zu einem Mittel für die aktive Auseinandersetzung mit der gesellschaftlichen Umwelt. Einsicht in gesamtgesellschaftliche Zusammenhänge, gesellschaftliche Aktivität, Teilnahme an der Neuererbewegung, Zusammenarbeit mit unmittelbar wissenschaftlich Tätigen haben Wissen und Können zur Voraussetzung, führen zur eigenen wissenschaftlichen Tätigkeit und bringen die Wahrnehmung der Funktion von gesellschaftlichen Eigentümern zum Ausdruck.

Indem sich das Verhältnis von Wissenschaft und Gesellschaft im Sozialismus über den Zusammenhang von herrschender Arbeiterklasse und Wissenschaft durchsetzt, sind die erforderlichen Bedingungen erfüllt, damit die Wissenschaft selbst gesamtgesellschaftlich geplant und umgekehrt zur allseitigen Grundlage der Leitung der Gesamtgesellschaft und all ihrer Bereiche wird. Die Arbeiterklasse vereinigt als gesellschaftlicher Gesamtarbeiter im wesentlichen alle Sphären und Arten der arbeitsteilig zerlegten gesellschaftlichen Arbeit in sich. Sie vermag auf diese Weise die wissenschaftliche Tätigkeit voll in den gesellschaftlichen Reproduktionsprozeß zu integrieren, die übergreifenden gesamtgesellschaftlichen Interessen für die Ge-

[67] Vgl. Kul'turnaja Revoljucija v SSSR 1917–1965 gg., Moskau 1967

staltung der wissenschaftlichen Tätigkeit durchzusetzen und damit ihrer machtausübenden Tätigkeit bei der Leitung der sozialistischen Gesellschaft selbst wissenschaftlichen Charakter zu verleihen. Insofern unterscheidet sich die seit den ersten Jahren der Sowjetmacht in allen sozialistischen Ländern verwirklichte gesamtstaatliche Wissenschaftsleitung prinzipiell von allen in den letzten Jahren auch in der staatsmonopolistischen Gesellschaft verwirklichten Formen staatlicher Wissenschaftspolitik. Die gesamtgesellschaftliche Zielbestimmung der Grundrichtungen der Forschung und ihre staatliche Institutionalisierung sind ein Spezifikum sozialistisch vergesellschafteter Wissenschaft, während die staatliche Wissenschaftspolitik der hochindustrialisierten imperialistischen Länder die Anforderungen und Interessen der verschiedenen Monopolgruppen an die Wissenschaft zusammenzufassen, auszugleichen und insgesamt zu realisieren versucht. Die Zielsetzung der Forschung ist im gegenwärtigen Kapitalismus demzufolge nur ihrer Form nach gesamtgesellschaftlich; in ihrem Inhalt ist sie von den Prioritäten der privatkapitalistischen Aneignung durch die verschiedenen Monopolgruppen bestimmt. Demgegenüber ist die gesamtgesellschaftliche Leitung der Wissenschaft im Sozialismus ein Bestandteil der gesamtgesellschaftlichen Leitung der sozialistischen Gesellschaft überhaupt. Erfordert die Kompliziertheit und Komplexität der gesamtgesellschaftlichen Leitung selbst deren wissenschaftlichen Charakter, so ermöglicht das bereits gekennzeichnete neue Verhältnis von Arbeiterklasse und Wissenschaft deren gesellschaftliche Realisierung.

Das neue Verhältnis von Arbeiterklasse und Wissenschaft und die damit verbundene volle Integration der Wissenschaft in den gesellschaftlichen Reproduktionsprozeß ermöglichen und erfordern die systematische Gestaltung des wechselseitigen Zusammenhanges der verschiedenen wissenschaftlichen Tätigkeiten untereinander. Forschung und Lehre, Forschung und deren technologische Umsetzung, Forschung und Bewußtseinsbildung, Forschung und Leitung, Bildung und Leitung, Forschung und materielle Produktionstätigkeit u. ä. Zusammenhänge existieren unterschiedlich ausgeprägt seit Beginn der Herausbildung wissenschaftlicher Tätigkeiten. Doch erst im Kapitalismus erhalten sie mit dem einsetzenden Vergesellschaftungsprozeß der Wissenschaft gesamtgesellschaftliche Relevanz. Im Verlauf der kapitalistischen Entwicklung und insbesondere in deren imperialistischem Stadium nimmt ihre wechselseitige Abhängigkeit zwar zu, doch vollzieht sich die Entwicklung der verschiedenen wissenschaftlichen Tätigkeiten außerordentlich ungleichmäßig. Das von Lenin für den Imperialismus entdeckte Gesetz der ungleichmäßigen ökonomischen Entwicklung bezieht sich nicht nur auf die unterschiedliche Entwicklung der verschiedenen kapitalistischen Staaten untereinander, sondern betrifft innerhalb jedes einzelnen kapitalistischen Landes auch deren verschiedene Bereiche. Beispielsweise entsprechen Lehre, Bildung und Leitung als wissenschaftliche Tätigkeit sowohl quantitativ wie auch qualitativ in keiner Weise den Anforderungen der hochvergesellschafteten Produktion des Imperialismus und sind nur aus deren privatkapitalistischer Aneignung erklärbar. Im Sozialismus kommt es darauf an, die Leitung auf allen Ebenen – einschließlich und vorrangig auf der gesamtgesellschaftlichen – wissenschaftlich begründet auszuüben. Diese Erweiterung der nach wissenschaftlichen Grundsätzen betriebenen Leitungstätigkeit von der rationalen Organisation des Einzelbetriebes im Kapitalismus zur allseitig wissenschaftlichen Leitung aller gesellschaftlichen Ebenen im Sozialismus schließt unter den Bedingungen der machtausübenden Arbeiterklasse auch eine quantitative und qualitative Erweiterung der Lehre und Bildung als wissenschaftliche Tätigkeiten in sich ein. Die Veränderungen in der wissenschaftlich begründeten Leitungstätigkeit erfordern nicht nur ein größeres Maß an Kenntnissen bei einer größeren Zahl von dafür beruflich ausgebildeten Kadern. Das gesellschaftliche Eigentum an Produktionsmitteln und die sich daraus ergebende Einheit von Arbeiterklasse und Wissenschaft verlangen, daß sich wissenschaftlich begründete Leitung der gesellschaftlichen Prozesse nicht auf einen bestimmten Personenkreis beschränkt, sondern zur Angelegenheit der gesamten Arbeiterklasse und aller Mitglieder der Gesellschaft wird. Das bedeutet aber, daß sich Lehre und Bildung in ihren Funktionen als wissenschaftliche Tätigkeiten im Rahmen der sozialistischen Gesellschaft erweitern. Auf die damit verbundenen Konsequenzen für die pädagogische Theorie und die wissenschaftswissenschaftliche Forschung wurde bereits in den Ausführungen zur marxistisch-leninistischen Wissenschaftstheorie hingewiesen.

Die genannten Beispiele machen deutlich, daß sich mit den sozialökonomisch bedingten Veränderungen in der Leitung, Lehre und Bildung auch Veränderungen in der Forschung selbst vollziehen müssen. Die Allseitigkeit wissenschaftlicher Leitungstätigkeit stellt an die Bewußtheit der Arbeiterklasse und aller übrigen Werktätigen sowie an die Wissenschaft hinsichtlich der Kenntnisse und Beherrschbarkeit gesellschaftlicher Prozesse, damit also auch an die gesellschaftswissenschaftliche Forschung, völlig neue Anforderungen. In ähnlicher Weise ließe sich das am Verhältnis von Wissenschaft, Technik und Produktion, an den sozialökonomischen Bedingungen für die Entwicklung der Produktivkräfte und anderen Beispielen hinsichtlich ihrer Konsequenzen für die Forschung, Lehre, Bildung und Anwendung darstellen. Die genannten Beispiele machen jedoch zweierlei sichtbar. Erstens ist im Sozialismus die Eingliederung der Wissenschaft in den gesellschaftlichen Reproduktionsprozeß ein sozialökonomisch bestimmter, außerordentlich komplexer gesellschaftlicher Prozeß, der sich nicht auf ökonomische Kriterien im engeren Sinne oder organisatorische Regelungen reduzieren läßt. Daraus folgt zweitens, daß der gesellschaftliche Reproduktionsprozeß eine planmäßige und proportionale Entwicklung der verschiedenen wissenschaftlichen Tätigkeiten verlangt. Ebenso wie im Imperialismus das Gesetz der ungleichmäßigen Entwicklung auch in der Wissenschaft und ihren einzelnen Teilen wirksam ist, beginnt im Sozialismus das Gesetz der planmäßigen, proportionalen Entwicklung auch im System der wissenschaftlichen Tätigkeiten zu wirken und verlangt seine bewußte Gestaltung. Wir haben es mit einem weiteren Charakteristikum sozialistischer Vergesellschaftung der Wissenschaft zu tun, das sich aus der Einheit von Arbeiterklasse und Wissenschaft ergibt.

Wenn Marx wissenschaftliche Tätigkeit als allgemeine Arbeit verstand, so hängt deren Realisierung unmittelbar mit dem jeweiligen Vergesellschaftungsgrad zusammen. „Allgemeine Arbeit ist alle wissenschaftliche Arbeit, alle Entdeckung, alle Erfindung.“ Bekanntlich trifft er diese Aussage jedoch in Verbindung mit seinen Darlegungen über die „Ökonomie in der Anwendung des konstanten Kapitals“, wobei er hinsichtlich der „Ökonomie durch Erfindungen“ darauf hinweist: „Diese Ersparungen in Anwendung des fixen Kapitals sind ... das Resultat davon, daß die Arbeitsbedingungen auf großer Stufenleiter angewandt werden, kurz, daß sie dienen als Bedingungen unmittelbar gesellschaftlicher, vergesellschafteter Arbeit oder der unmittelbaren Kooperation innerhalb des Produktionsprozesses. Es ist dies einesteils die Bedingung, worunter allein die mechanischen und chemischen Erfindungen angewandt werden können ... Andernteils werden erst bei großer Stufenleiter der Produktion die Ökonomien möglich, die aus der gemeinschaftlichen produktiven Konsumtion hervorfließen. Endlich aber entdeckt und zeigt erst die Erfahrung des kombinierten Arbeiters, wo und wie zu ökonomisieren, wie die bereits gemachten Entdeckungen am einfachsten auszuführen, welche praktischen Friktionen bei Ausführung der Theorie – ihrer Anwendung auf den Produktionsprozeß – zu überwinden usw."[68] Danach ist die Wissenschaft als allgemeine Arbeit an ein Produktionsniveau gebunden, das unmittelbar gesellschaftlichen, d. h. vergesellschafteten Charakter trägt. Erst dann können die neuen Erfindungen und Entdeckungen in der Produktion angewandt werden und eine ökonomische Effektivitätssteigerung bewirken.

Die hier genannten Bedingungen für die gesellschaftliche Wirksamkeit der Wissenschaft als allgemeiner Arbeit erlauben weiterführende Überlegungen für die sozialistische Vergesellschaftung. Beispielsweise verwirklicht sich erst über die sozialistische Vergesellschaftung der Wissenschaft der internationale Charakter der Wissenschaft auch in der ihm sozialökonomisch entsprechenden internationalen Wissenschaftskooperation. Marx, Engels und Lenin wiesen wiederholt darauf hin, daß der Prozeß der Vergesellschaftung der Arbeit in allen Phasen die Internationalisierung der Arbeit und ihres Austausches in sich einschließt.[69] Die spezifischen Bedingungen der Internationalisierung wissenschaftlicher Arbeit sowie ihrer widersprüchlichen Entwicklung im Kapitalismus und Imperialismus einerseits und Sozialismus andererseits sind untrennbar mit der Entwicklung der Wissenschaft als allgemeine Arbeit verbunden. Die theoretische Erforschung der realen Prozesse der Internationalisierung der Wissenschaft ist über ihren unmittelbaren Gegenstand hinaus von konzeptioneller Bedeutung für das Verständnis der Wissenschaft als allgemeine Arbeit und damit für die marxistisch-leninistische Wissenschaftstheorie als Wissenschaftsdisziplin.[70]

Die planmäßige proportionale Entwicklung wissenschaftlicher Tätigkeiten von der Gewinnung bis zur Anwendung neuer Erkenntnisse ermöglicht auch eine Erweiterung der Funktionsbestimmung wissenschaftlicher Tätigkeit als allgemeiner Arbeit. Zunächst betrifft dies die Funktionen der Wissenschaft, die in der materiellen Produktion, aber auch in allen anderen gesellschaftlichen Bereichen einen qualitativ neuen Charakter erhalten. Die Anwendungsmöglichkeiten der

---

68 K. Marx, Das Kapital, Bd. III, in: MEW, Bd. 25, a. a. O., S. 113

69 Vgl. G. Kohlmey, Vergesellschaftung, Internationalisierung, sozialistische Integration. Zur Entfaltung des internationalen Charakters der sozialistischen Produktionsweise, in: Deutsche Zeitschrift für Philosophie, H. 7/1972

70 Vgl. G. Kröber, Sozialistische Integration und wissenschaftlich-technischer Fortschritt. RGW-Symposium „Systemanalyse der Wissenschaft. Wissenschaftlerpersönlichkeit und wissenschaftliches Kollektiv". Berlin, 18.–23. September 1972

wissenschaftlichen Tätigkeit vergrößern und erweitern sich in der Gesamtgesellschaft. Wissenschaft wird als gesellschaftliche Tätigkeit und in ihren Resultaten allgemeingültiger. Zum anderen beruht dies auf der oben ausgeführten Einheit von Arbeiterklasse und Wissenschaft. Die Einheit von produzierender Klasse, herrschender Klasse und Wissenschaft und die damit verbundene Erweiterung der gesellschaftlichen Wirksamkeit wissenschaftlicher Tätigkeit schafft zugleich die notwendigen sozialökonomischen Voraussetzungen zur Realisierung der Marxschen Bestimmung der wissenschaftlichen Tätigkeit als allgemeiner Arbeit. In dem Maße, wie

erstens die Arbeitsteilung von körperlicher und geistiger Tätigkeit ihren Antagonismus verliert, ist wissenschaftliche Tätigkeit für alle sozialökonomisch möglich,

zweitens die Wissenschaft in immer stärkerem Maße allen Produktions- und gesellschaftlichen Prozessen zugrunde liegt, erfaßt sie und bestimmt sie auch den Charakter aller anderen gesellschaftlichen Tätigkeitsbereiche,

drittens wissenschaftliche Kenntnisse und Bildung – in unterschiedlichem Maße – für alle Berufe und Tätigkeiten zu einem unabdingbaren Erfordernis werden, werden nicht mehr manuelle, sondern zunehmend geistige Grundelemente der Tätigkeit zur vergleichbaren Basis aller Berufe und Tätigkeiten,

viertens die routinemäßigen Tätigkeitselemente in der physischen wie auch in der geistigen Arbeit mechanisiert und automatisiert werden, wird auch vom Arbeitsinhalt das Schöpferische mehr und mehr zum bestimmenden und alle Arbeit charakterisierenden Tätigkeitselement.

Das bedeutet, daß der Prozeß der Vergesellschaftung der Wissenschaft im allgemeinen und der sozialistischen Vergesellschaftung der Wissenschaft im besonderen die Entwicklung der Wirksamkeit wissenschaftlicher Tätigkeit als *allgemeine* Arbeit bestimmt.

Die Entwicklungswidersprüche im Prozeß der Integration des Systems wissenschaftlicher Tätigkeiten in den gesellschaftlichen Reproduktionsprozeß stellen sich auch für die sozialistische Gesellschaft als ein außerordentlich kompliziertes Problem dar. Die Struktur des gesellschaftlichen Gesamtarbeiters beinhaltet auch im Sozialismus verschiedenartige Funktionen der einzelnen gesellschaftlichen Tätigkeitsbereiche. Der Vergesellschaftungsgrad der Arbeit ist bei der notwendigen Aufeinanderfolge „Wissenschaft – Technik – Produktion“ ein unterschiedlicher. Das Problem der Überleitung von Forschungsergebnissen in die gesellschaftliche Praxis ist demzufolge nicht schlechthin ein Problem der subjektiven Überzeugung der daran Beteiligten. Es resultiert aus unterschiedlichen Interessen der verschiedenen gesellschaftlichen Tätigkeitsbereiche. „Am Prozeß der Überleitung sind eine große Zahl von Personen beteiligt – vom wissenschaftlichen Theoretiker bis zum Arbeiter in der Fabrik. Es wäre falsch, von einer vollen Übereinstimmung ihrer Interessen auszugehen. Selbst bei größtem inneren Antrieb moralischer Art spielt das Prinzip der materiellen Interessiertheit die bestimmende Rolle. Die Art und Weisen der Realisierung dieses Prinzips sind verschieden, sie hängen vom Charakter der Arbeit der am Prozeß der Überleitung Beteiligten ab."[71]

Um die qualitative Spezifik dieser aus dem sozialistisch arbeitsteiligen Reproduktionsprozeß resultierenden Interessenwidersprüche von den als Klassenantagonismus auftretenden des gegenwärtigen Kapitalismus zu unterscheiden, sind an dieser Stelle einige weiterführende Ausführungen zum Prozeßverlauf der Vergesellschaftung der Arbeit erforderlich. Wenn oben die Vergesellschaftung der Arbeit als die jeweilige konkret-historische Wechselbeziehung von Produktivkräften und Produktionsverhältnissen in bezug auf die Entwicklung und die Struktur des gesellschaftlichen Gesamtarbeiters definiert wurde, so hat diese Wechselbeziehung mindestens drei sich qualitativ voneinander unterscheidende gesellschaftliche Entwicklungsstufen. Für die wissenschaftliche Tätigkeit stellen sich diese wie folgt dar:

Erstens: Die wissenschaftliche Tätigkeit wird vergesellschaftet, doch ihre Aneignung erfolgt privat. Es sind die Prozesse, die mit der bereits charakterisierten widersprüchlichen Entwicklung der wissenschaftlichen Tätigkeit als Berufstätigkeit in den verschiedenen Phasen der kapitalistischen Entwicklung verbunden sind. Sie beinhalten die Herausbildung und Entfaltung der wissenschaftlichen Tätigkeit als Produktivkraft, die zugleich ihre Entwicklung als kapitalistisches Produktionsverhältnis bedingen. Obwohl der dabei erreichte Vergesellschaftungsgrad der Arbeit vergleichsweise insgesamt niedriger ist als in der materiellen Produktion und außerdem innerhalb des Systems wissenschaftlicher Tätigkeiten außerordentlich differenziert ist, erfordert auch die weitere Entwicklung der wissenschaftlichen Tätigkeit eine grundlegende Veränderung der

[71] M. P. Čemodanov, Problema vnedrenija i problema interesa, in: Issledovanije-Razrabotki-Vnedrenije (v SSSR i za rubežom), Moskau 1970, S. 76

gesellschaftlichen Aneignungsweise. Das erreichte Niveau der Problemkomplexität der wissenschaftlichen Forschung, die vergesellschafteten Formen der wissenschaftlichen Kommunikation sowie die zunehmende gesellschaftliche Reichweite wissenschaftlicher Forschungstätigkeit und damit die weitere Entfaltung der Charakteristika wissenschaftlicher Tätigkeit als allgemeine Arbeit erfordern auch für den relativ niedrigen Vergesellschaftungsgrad der wissenschaftlichen Tätigkeit die gesellschaftliche Aneignungsweise.

Zweitens: Die Aneignungsweise wird prinzipiell mit dem gesellschaftlichen Charakter der wissenschaftlichen Tätigkeit in Übereinstimmung gebracht. Der Antagonismus zwischen physischer und geistiger Arbeit wird aufgehoben und die Dichotomie kapitalistischer Entfremdung von Arbeit und Schöpfung wird von ihren gesellschaftlichen Voraussetzungen her überwunden. Die Produktivkraft der wissenschaftlichen Tätigkeit erreicht über ein qualitativ neues Produktionsverhältnis selbst eine neue Qualität. Die Gesellschaftlichkeit der wissenschaftlichen Tätigkeit wird nicht mehr durch die Partikularinteressen einer herrschenden Ausbeuterklasse, die Spontaneität ihrer Integration in den gesellschaftlichen Reproduktionsprozeß und die sozialökonomischen Barrieren bei der Ausübung wissenschaftlich-schöpferischer Tätigkeit begrenzt und eingeschränkt. Oder anders ausgedrückt: Der Zusammenhang von Wissenschaft und Arbeiterklasse wird zum bestimmenden für das Verhältnis von Wissenschaft und Gesellschaft, wissenschaftlich-schöpferische Tätigkeit wird gesellschaftlich geplanter Bestandteil des gesellschaftlichen Gesamtarbeiters, wird allen Mitgliedern der Gesellschaft erstens als selbständige Berufstätigkeit, zweitens innerhalb ihrer andersartigen Berufstätigkeit sowie drittens neben ihrer Berufstätigkeit prinzipiell zugänglich.

Drittens: Die neue gesellschaftliche Aneignungsweise der wissenschaftlichen Tätigkeit und der individuell oder kollektiv betriebene Erkenntnisprozeß als individuelle Aneignung der natürlichen und gesellschaftlichen Umwelt durch die Forscher entwickeln sich als eine dialektische Wechselbeziehung. Das neue Produktionsverhältnis der prinzipiellen Übereinstimmung von gesellschaftlicher Produktion und gesellschaftlicher Aneignungsweise entwickelt sich u. a. in der konkreten Gestalt dieser Wechselbeziehung von gesellschaftlicher und individueller Aneignungsweise zugleich als eine neue Produktivkraft. Das damit verbundene gesellschaftliche Problem stellt sich als wissenschaftliches Problem wie folgt: Auf welche Weise und über welche Mechanismen sind im Prozeß der Forschung die Interessen der individuellen Aneignungsweise durch die Forscher (die Spinozaische „amor intellectualis dei“) und die Interessen der gesellschaftlichen Aneignungsweise durch das gesellschaftliche Gesamtsubjekt (die Realisierung des Zusammenhangs von Wissenschaft und sozialistischer Gesellschaft) in einer stets produktiv wirksamen Weise in Übereinstimmung zu bringen? Das ist letztlich eine entscheidende Seite, um die Vorzüge der sozialistischen Wirtschafts- und Gesellschaftsordnung in der wissenschaftlich-schöpferischen Tätigkeit voll zur Geltung zu bringen. Und das betrifft sowohl die gesellschaftliche Effektivität der wissenschaftlich-schöpferischen Tätigkeit als auch die Entwicklung sozialistischer Forscherpersönlichkeiten. W. I. Lenin sprach in diesem Zusammenhang wiederholt von der außerordentlich schwierigen Aufgabe, nach der Expropriation und Konfiskation „die Produktion tatsächlich zu vergesellschaften“.[72] Das bedeutet aber, daß dieser Prozeß der gesellschaftlichen und individuellen Aneignung in der Forschungstätigkeit außerordentlich vielschichtig und kompliziert verläuft. „Der Sozialismus ist keine ‚einfache, unkomplizierte‘ Produktionsweise, in der das gesellschaftlich Notwendige allein von einer Zentrale ermittelt wird, das so Ermittelte auf die Teilsysteme einfach aufgeschlüsselt, ihnen „zugeteilt“ werden kann und dementsprechend die Detailfragen zentral zu steuern sind.“[73] Auf den hierfür notwendigen demokratischen Zentralismus als gesellschaftlichen Mechanismus zur Realisierung dieser Einheit von gesellschaftlicher und individueller Aneignungsweise wird noch zurückzukommen sein. Um die dabei zu beachtenden Spezifika wissenschaftlicher Forschungstätigkeit von vornherein zu berücksichtigen, sei jedoch zumindest kurz auf die Differenzierung der Aneignungsweise innerhalb des Systems wissenschaftlicher Tätigkeiten eingegangen.

Wie bereits betont, sind die das Verhältnis von wissenschaftlichen Tätigkeiten und gesellschaftlicher Gesamtarbeit determinierenden gesellschaftlichen Bedingungen und Faktoren auch für die Beziehungen *innerhalb* des Systems wissenschaftlicher Tätigkeiten bestimmend. Die in bezug auf die Forschungstätigkeit zu unterscheidenden drei Ebenen der Arbeitsteilung wissenschaftlicher Tätigkeiten
erstens als relative Verselbständigung von Forschung, Bildung und

[72] W. I. Lenin, Die nächsten Aufgaben der Sowjetmacht, in: Werke, Bd. 27, Berlin 1960, S. 231, 235f., 308f.
W. I. Lenin, Die große Initiative, in: Werke, Bd 29, Berlin 1961, S. 412f.

[73] G. Ebert, G. Koch, F. Matho, H. Milke, Theoretische Grundprobleme der Weiterentwicklung des sozialistischen Eigentums im ökonomischen System des Sozialismus, in: Wirtschaftswissenschaft, H. 7/1969, S. 978

Erziehung, Technik und Technologie sowie Leitung innerhalb des Reproduktionsprozesses wissenschaftlicher Tätigkeiten,
zweitens als Teilung von Natur-, technischen und Gesellschaftswissenschaften sowie deren verschiedene Einzelwissenschaften und
drittens als arbeitsfunktionelle Teilung des Forschungsprozesses sind schließlich die Bereiche, in denen sich die oben gekennzeichneten gesellschaftlichen Mechanismen im unmittelbaren wissenschaftlichen Arbeitsprozeß als konkret-historische Wechselbeziehungen von Produktivkräften und Produktionsverhältnissen realisieren und als Entwicklungswidersprüche in Erscheinung treten. Die Darstellung der relativen Verselbständigung der Forschungstätigkeit und ihrer historischen Entwicklung im Kapitalismus und Imperialismus ließ dies bereits deutlich werden. Auch das historisch sich verändernde System der Wissenschaftsdisziplinen beruht auf dieser Widersprüchlichkeit der Entwicklung des gesellschaftlichen Gesamtarbeiters. Die Unterscheidung von technischen Wissenschaften, Naturwissenschaften und Gesellschaftswissenschaften bezieht sich nicht allein auf unterschiedliche Klassen von Untersuchungsgegenständen. Sie beinhaltet vor allem unterschiedliche Funktionen im gesellschaftlichen Erkenntnisprozeß und damit zugleich unterschiedliche Vergesellschaftungsgrade der wissenschaftlich-schöpferischen Tätigkeit bei technischen, Natur- und Gesellschaftswissenschaften. So haben die technischen Wissenschaften die gesellschaftliche Funktion, wissenschaftliche Erkenntnisse über die Natur entsprechend dem jeweiligen Stand der Produktivkräfte und Produktionsverhältnisse gesellschaftlich wirksam umzusetzen. In ihnen vollzieht sich der Zusammenhang von Naturerkenntnis und ihrer ökonomischen sowie gesellschaftlichen Nutzung unmittelbar. Der Vergesellschaftungsgrad ihrer Arbeit ist demzufolge weiter fortgeschritten als in den Natur- und Gesellschaftswissenschaften. Die Naturwissenschaften ermöglichen historisch die Entwicklung der Wissenschaft zur Produktivkraft und sind im Gesamtsystem der Wissenschaften eine notwendige Voraussetzung für die Entwicklung der technischen Wissenschaften. Ihr Zusammenhang mit der materiellen Produktion ist in einem höheren Grade vermittelt. Der Vergesellschaftungsgrad ihrer Arbeit ist daher niedriger als in den technischen, doch höher als in den Gesellschaftswissenschaften. Die Gesellschaftswissenschaften haben die Entwicklungs- und Funktionsgesetze des gesellschaftlichen Lebens zu erkennen und für die planmäßige Leitung gesellschaftlicher Prozesse zu nutzen. Da die allumfassende Wissenschaft von der Gesellschaft mit dem Marxismus sich später als die technischen und Naturwissenschaften

herausbildete und vor allem ihre planmäßige Anwendung als Leitungswissenschaft der gesamtgesellschaftlichen Entwicklung erst mit dem Übergang zum Sozialismus möglich wird, ist auch der Vergesellschaftungsgrad ihrer Arbeit lange Zeit niedriger als in den technischen und Naturwissenschaften. Der unterschiedliche Verflechtungsgrad der Tätigkeiten dieser Wissenschaftsklassen, das unterschiedliche Maß des Einsatzes von technischen Mitteln zur Ermöglichung und Erhöhung der wissenschaftlich-schöpferischen Leistungsfähigkeit der Forscher, die unterschiedliche Entwicklung des methodisch-technischen Instrumentariums, das unterschiedliche Niveau der funktionalen Arbeitsteilung im Forschungsprozeß, der unterschiedliche Stand in der Organisiertheit und Kollektivität der Problemlösung, die unterschiedliche Unmittelbarkeit in der Anwendung der erzielten Ergebnisse sind Ausdrucksformen für diese im Durchschnitt unterschiedlichen Vergesellschaftungsgrade der Arbeit in den technischen, Natur- und Gesellschaftswissenschaften.

Ebenso ungleichmäßig verläuft die Entwicklung innerhalb der jeweiligen Wissenschaftsklassen zwischen den ihnen zugehörigen Wissenschaftsdisziplinen. Auch Wissenschaftsdisziplinen unterscheiden sich nicht allein nach ihrem Untersuchungsgegenstand, sondern werden dadurch charakterisiert, daß sie

erstens ein relativ präzise abgestecktes Aufgabengebiet umfassen,

zweitens sich historisch herausgebildet und bewährt haben,

drittens eine relativ eigenständige Arbeits- und Denkweise und entsprechend ein relativ eigenes methodisches Instrumentarium entwickelten,

viertens ein in sich strukturiertes System von Erkenntnissen, Begriffen und Kategorien besitzen,

fünftens eine größere Zahl von in der Forschung Tätigen über längere Zeiträume beschäftigen und

sechstens sich in wissenschaftlichen Einrichtungen und Organisationen institutionalisiert haben.

Wie man die hier zusammengestellten Charakteristika einer Wissenschaftsdisziplin im einzelnen auch definieren mag, so geht es bei der vorgenommenen Charakterisierung einer Wissenschaftsdisziplin um die theoretischen Grundlagen ihres Verständnisses und die damit verbundene Art und Weise des Herangehens an ihre Analyse. Danach reduziert sich eine Wissenschaftsdisziplin nicht auf Untersuchungsgegenstände, sondern sie wird durch eine spezifische Qualität von wissenschaftlichen Tätigkeiten bestimmt. Die objektiven und subjektiven Bedingungen des wissenschaftlichen Arbeitsprozesses, die

Denk- und Arbeitsweise, die gewonnenen Resultate, die Art und Weise der Institutionalisierung unterscheiden Wissenschaftsdisziplinen. Die besonderen Schwierigkeiten interdisziplinärer Forschungstätigkeit sind deshalb nicht primär eine Frage der subjektiven Einsicht in die objektive Notwendigkeit durch die daran Beteiligten. Sie resultieren vor allem aus dem widersprüchlichen Entwicklungsprozeß der verschiedenen Wissenschaftsdisziplinen und ihren Wechselbeziehungen. Das setzt ein Verständnis von „wissenschaftlicher Tätigkeit" voraus, dem erstens das marxistische Arbeitsverständnis einschließlich des gesamten Arbeitsprozesses und zweitens die Spezifik wissenschaftlich-schöpferischer Arbeit in ihrem konkret-historischen Kontext zugrunde liegt. Das heißt, daß nicht nur der Vollzug, sondern auch alle materiellen und subjektiven (einschließlich gesellschaftlichen) Bedingungen sowie Resultate der Tätigkeit in ein solches Verständnis eingehen. Das methodische Mittel zur konkreten Analyse und Vergleichbarkeit dieser verschiedenartigen Seiten der wissenschaftlichen Arbeit, die den Begriff der wissenschaftlichen Tätigkeit im marxistischen Verständnis determinieren und konstituieren, bildet die Kategorie des Verhaltens. Der Verhaltensbegriff erlaubt sowohl *aktuelles* (Arbeits-, Leistungs- und übriges Sozialverhalten) als auch in Ergebnissen und sozialen Institutionen *gewonnenes* wie auch in objektiven und subjektiven Bedingungen vorhandenes *potentielles* Verhalten (Arbeitsbedingungen, Problem- und Methodenbewußtsein, Wertorientierungen, Einstellungen u. a.) zu differenzieren und zugleich miteinander vergleichbar in sich zu vereinigen. Er dient auf diese Weise – über die unmittelbare Verhaltensanalyse hinaus – als ein methodologisches Mittel zur Operationalisierung bei der Erforschung des Systems wissenschaftlicher Tätigkeiten sowie der verschiedenen Elemente und deren Zusammenwirken im wissenschaftlichen Arbeitsprozeß.[74]

Die dritte Ebene der Arbeitsteilung wissenschaftlicher Tätigkeiten vereinigt in sich schließlich die Entwicklungswidersprüche der verschiedenen Determinationsebenen wissenschaftlicher Tätigkeiten im unmittelbaren Arbeitsvollzug in sich. Die soziale Organisation des arbeitsfunktionell geteilten Forschungsprozesses beinhaltet eine derartige Differenzierung wissenschaftlicher Tätigkeiten nach Phasen und Elementen des Forschungsprozesses. Die von R. Voß vorge-

[74] Vgl. L. Läsker, Wissenschaftsdisziplinen und Wissenschaftsentwicklung an der Universität. Materialien des RGW-Symposiums „Systemanalyse der Wissenschaft. Wissenschaftlerpersönlichkeit und wissenschaftliches Kollektiv" Sektion II, Berlin, 18.–23. September 1972

nommene Klassifikation wissenschaftlicher Tätigkeiten veranschaulicht die Strukturierung der damit verbundenen Differenzierung wissenschaftlicher Tätigkeiten.[75] Der sozialökonomische Charakter wissenschaftlicher Berufstätigkeit drückt sich in der sozialen Organisation dieser arbeitsfunktionellen Teilung der Forschungstätigkeit aus. Kapitalistische und sozialistische Gruppenarbeit in der Forschung unterscheidet sich nicht zuletzt dadurch, inwieweit

erstens die arbeitsorganisatorischen Regelungen (Elementarisierung des komplexen Problemlösungsprozesses, Planungsmechanismus u. ä.) allein von ökonomischen Leistungskriterien oder von der dialektischen Einheit von Leistung und sozialistischer Persönlichkeitsentwicklung bestimmt werden sowie

zweitens die notwendige soziale Organisation sich auf Gruppen-, betriebliche bzw. andere partikulare Interessen reduziert oder diese als dialektische Einheit von gesellschaftlichen, Gruppen- und individuellen Interessen konzeptionell begreift und sozial realisiert.

Oder anders ausgedrückt: Die kapitalistischen Verwertungsbedingungen sind erstens bestimmend für die Ausbildung, Erziehung und Weiterbildung der Mitarbeiter in der Forschung und führen zweitens zu dem gesellschaftlichen Widerspruch zwischen der unerbittlichen Konkurrenz im Gebiet des Geistigen im Rahmen der Gesamtgesellschaft und der möglichen Interessenübereinstimmung und Kollektivität zwischen den Mitgliedern von Forschungen in institutionellem Rahmen.[76] Die entsprechenden bürgerlichen wissenschaftswissenschaftlichen Untersuchungen zur Optimierung der Forschungsarbeit in Gruppen sind deshalb konzeptionell von vornherein auf die Ausschaltung und Neutralisierung der gesamtgesellschaftlich wirksamen geistigen Konkurrenz durch unmittelbare Lösungen auf institutioneller und Gruppenebene ausgerichtet.[77]

Die sozialistische Einheit von rationaler und humanistischer Zielbestimmung der Forschungstätigkeit bestimmt erstens den Inhalt und die Wege der Ausbildung, Erziehung und Weiterbildung leistungs-

75 R. Voss, Zur Klassifikation von Tätigkeiten im arbeitsteiligen Forschungsprozeß, in: Wissenschaftliche Zeitschrift der Technischen Hochschule für Chemie „Carl Schorlemmer", Leuna-Merseburg, H. 3/1972

76 K. Mannheim, Die Bedeutung der Konkurrenz im Gebiet des Geistigen, in: Wissenssoziologie, Neuwied 1964, S. 566–613

77 Auf die notwendige begriffliche, theoretische und historische Unterscheidung von geistiger Konkurrenz und geistigem Wettstreit der Ideen in der Gesamtgesellschaft kann an dieser Stelle nur hingewiesen werden.

fähiger sozialistischer Forscherpersönlichkeiten und gestattet zweitens die Realisierung der Kollektivität als einheitlichen sozialen Wirkungsmechanismus im Gesamtsystem wissenschaftlicher Tätigkeiten bzw. der sozialistischen Gesellschaft insgesamt.[78] Dieser soziale Wirkungsmechanismus ist, wie in der Gesellschaft insgesamt, auch im System wissenschaftlicher Tätigkeiten der demokratische Zentralismus. Der demokratische Zentralismus ist demzufolge kein administratives Problem, sondern der der sozialistischen Gesellschaft entsprechende gesellschaftliche Mechanismus, um die Interessenübereinstimmung zwischen den verschiedenen sozialen Organisationsebenen von der Gesamtgesellschaft bis zur Persönlichkeit in Übereinstimmung zu bringen. Die hochgradige Vergesellschaftung der Arbeit in der sozialistischen Gesellschaft bedarf ebenso der zentralen und langfristigen Planung und Steuerung, wie sich der sozialistische Charakter dieser Vergesellschaftung der Arbeit erst über die dialektische Einheit von gesellschaftlichem und individuellem Aneignungsprozeß, d. h. durch die schöpferische Aktivität der daran beteiligten Werktätigen verwirklicht. Da Forschungstätigkeit ihrem arbeitsfunktionellen Inhalt nach schöpferische Tätigkeit ist, erfordert jede soziale Organisationsform der Forschungstätigkeit die Übereinstimmung mit der gesellschaftlich bestimmten schöpferischen Aktivität der daran Beteiligten. Je höher der Vergesellschaftungsgrad der wissenschaftlichen Tätigkeit ist, um so vielschichtiger und vermittelter, d. h. komplizierter wird die Herstellung dieser Übereinstimmung. Der gegenwärtige Imperialismus begnügt sich auf Grund der für ihn prinzipiellen Unlösbarkeit dieses Widerspruchs mit temporären und partiellen Lösungen. Der Sozialismus hat über den demokratischen Zentralismus prinzipiell die Möglichkeit, das Problem zu lösen. Und wenn er seine Vorzüge bezüglich der schöpferischen Aktivität aller Mitarbeiter der Forschung und anderer gesellschaftlicher Bereiche bei zentraler und langfristiger Forschungsplanung und weiterer Vergesellschaftung der Forschungstätigkeit nutzen will, muß er den demokratischen Zentralismus in der Forschungstätigkeit real verwirklichen. Das erfordert aber erstens die Überwindung aller einseitigen (administrativen, organisatorischen, nur in eine Richtung verlaufenden) Lösungsversuche sowie zweitens die Berücksichtigung des spezifischen Charakters der wissenschaftlich-schöpferischen Tätigkeit (stochastischer Charakter der Forschungstätigkeit,

[78] Materialien des RGW-Symposiums „Systemanalyse der Wissenschaft. Wissenschaftlerpersönlichkeit und wissenschaftliches Kollektiv". Sektion II, Berlin, 18.–23. September 1972

Verhältnis von Planung und Selbständigkeit sowie von kollektiven und individuellen Arbeitsphasen). Wissenschaftswissenschaftliche Untersuchungen über die Bedingungen und Faktoren wissenschaftlich-schöpferischer Tätigkeit haben deshalb von vornherein diesen Gesamtmechanismus zu erfassen und bei speziellen Untersuchungen beispielsweise zur Gruppenarbeit diesen Gesamtmechanismus konzeptionell zugrunde zu legen. Die damit verbundenen methodologischen Konsequenzen betreffen nicht allein die größere Reichweite einschließlich ihrer gesellschaftlichen und theoretischen Vermittlungsebenen, sondern auch und vor allem die unterschiedliche Zielfunktion, die nicht allein eine Form von Gruppenaktivität, sondern vor allem eine gesamtgesellschaftliche Aktivität zum Ziel individuell-schöpferischen Handelns hat.

Das durch die Vergesellschaftung der Arbeit entstandene, sozialökonomisch determinierte System wissenschaftlicher Tätigkeiten, das sich erstens nach Gesellschaftsbereichen, zweitens nach Bereichen innerhalb der Wissenschaft, drittens nach Wissenschaftsklassen und -disziplinen und viertens nach arbeitsfunktionellem Inhalt differenziert, beinhaltet für die diese Tätigkeiten ausübenden Wissenschaftlerpersönlichkeiten vielfältige und komplizierte Probleme. Ihre theoretische Erforschung ist daher ein zentrales Anliegen einer marxistisch-leninistischen Wissenschaftstheorie. Es betrifft den Zusammenhang von Vergesellschaftung der Wissenschaft und wissenschaftlich-schöpferischer Tätigkeit.

Der sowjetische Wissenschaftshistoriker N. I. Rodnij schreibt dazu: „Das charakteristische Merkmal der wissenschaftlichen – wie übrigens jeglicher geistigen – Tätigkeit und zugleich auch Voraussetzung für ihren Erfolg ist die Liebe zur Sache. Nur das erlernt man, was man liebt, sagte Goethe, und je tiefer und umfassender die Kenntnis ist, desto stärker und mächtiger und lebendiger muß die Liebe, ja die Leidenschaft sein. Die Haupttriebkraft der wissenschaftlichen Betätigung ist die Spinozistische „amor intellectualis dei", die Liebe zur Einsicht in die Dinge . . ."

„Die Triebkräfte wissenschaftlicher Tätigkeit berühren ohne Zweifel das zentrale Thema des wissenschaftlichen Schöpfertums, dessen Bedeutung heute, da immer mehr Menschen zur Wissenschaft stoßen, ständig zunimmt . . ."

„Wichtig ist . . ., was den Menschen zur Wissenschaft hinzieht, welche Einstellung er zu ihr hat, das heißt, ob sie ihm – um einen Ausdruck Schillers zu gebrauchen – eine Milchkuh ist oder ihm der wissenschaftliche Schaffensprozeß eine gewisse Genugtuung bereitet und in seiner Lebenshaltung – wie Einstein es ausdrückte – „der Drang nach Wahrheit mehr gilt als ihr garantierter Besitz".“[79] Diese für die Forschungstätigkeit notwendigen persönlichen Voraussetzungen bilden einen Schwerpunkt der entsprechenden Diskussionen in der sowjetischen Öffentlichkeit.[80] Die Einmaligkeit jedes Forschungsprozesses (– beliebige Wiederholungen verdienen per definitionem nicht mehr als Forschung angesprochen zu werden –) verlangt vom Forscher ein Maß von Befähigung und Identifikation mit der gestellten Aufgabe, wie sie bei gesellschaftlichen Tätigkeiten mehr algorithmisierbaren Charakters in einer solchen Ausprägung nicht unbedingt erforderlich sind. Vorstellungskraft, die *Fähigkeit des selbständigen Vorgehens* und der Suche nach Lösungswegen sowie die Kenntnis und Beurteilungsfähigkeit eines differenzierten Methodenpluralismus müssen mit dem unbedingt notwendigen Wissensfundus gepaart sein.

Die Erkenntnis des bisher Unbekannten und das notwendig selbständige Suchen zur Realisierung dieser Einmaligkeit jeder Forschung bedürfen der *Identifikation* mit der Aufgabe und des bewußten Engagements für ihre Lösung. Forschungstätigkeit ist demzufolge ihrem Charakter nach bewußte Tätigkeit.

Schließlich beinhaltet die Einmaligkeit der Forschungstätigkeit und die damit verbundene Spezifik der dafür erforderlichen Kenntnisse, Fähigkeiten und persönlichen Haltungen die besondere gesellschaftliche *Verantwortung* des Forschers für die Auswahl des Forschungsgegenstandes, den einzuschlagenden Lösungsweg, die einzusetzenden Mittel sowie die Nutzung der erzielten Resultate. Und das übersteigt schließlich die zeitlose Spinozistische „amor intellectualis dei“, indem es mit dem kategorischen Imperativ der geschichtlichen Entwicklung die wissenschaftlich-schöpferische Tätigkeit in ihren konkreten Bedingungen hinsichtlich Ort und Zeit ihrer Realisierung stellt. „Die Wissenschaft ist eine Macht geworden. Dem Wissenschaftler erwächst damit eine früher nicht gekannte Verantwortung, die sich nicht auf die Arbeit im eigenen Fachgebiet beschränkt: Erkenntnisse objektiver wissenschaftlicher Arbeit nicht nur anzusammeln, sondern dafür zu

[79] N. I. Rodnij, Probleme des wissenschaftlichen Schöpfertums und der Organisation der Wissenschaft in den Arbeiten von Naturwissenschaftlern, in: Wissenschaft. Studien zu ihrer Geschichte, Theorie und Organisation, Berlin 1972, S. 99f.

[80] Vgl. N. N. Semjonov, Sčas'te tvorceskoi raboty, in: Nauka segodnja, Moskau 1969, S. 199–206
M. Azbel', Učenyj-strast', charakter, intellekt, in: Literaturnaja gazeta, Moskau 1971, Nr. 49

sorgen, daß sie auch befolgt werden".[81] Diese Forderung läßt die Komplexität und Kompliziertheit von Erkenntnistätigkeit und wissenschaftlichem Verhalten deutlich werden. Ihnen liegen Prozesse der Wissenschafts- und Gesellschaftsentwicklung zugrunde, die es zu erkennen und im einzelnen zu analysieren gilt. Die Frage nach den Gründen und tieferen Ursachen von Haltungen und Handlungen führt zur notwendigen Aufdeckung der Determinanten des Verhaltens von Wissenschaftlern bzw. der sich auf eine solche Berufstätigkeit Vorbereitenden.

Verschiedene sowjetische Untersuchungen der letzten Jahre zeigen nicht nur das Anwachsen der Zahl und der Qualifikation der wissenschaftlich Tätigen, sondern verdeutlichen auch die ganze Differenziertheit der damit verbundenen Erwartungen, Zielstellungen und Lebenspläne.[82] Da diese wiederum einem außerordentlich vielschichtigen und komplizierten Determinationsmechanismus unterliegen, ist dessen Analyse eine vordringliche Aufgabe für die Erkenntnis und schließlich die praktische Gestaltung des Verhältnisses von Vergesellschaftung der Wissenschaft und wissenschaftlich-schöpferischer Tätigkeit.

Wissenschaftlich-schöpferische Tätigkeit realisiert sich als aktuelles, gewonnenes und potentielles Verhalten im oben genannten Sinne gleichermaßen. Auch die sozialen Beziehungen, die im Prozeß der Produktion, Distribution, Zirkulation und Konsumtion von Wissen entstehen, realisieren sich als Verhalten. Schließlich sind die verschiedenartigen Anforderungen, die sich aus dem Vergesellschaftungsprozeß der Wissenschaft an die wissenschaftlichen Mitarbeiter ergeben, Anforderungen an das Verhalten.

Die Komplexität der Prozesse erfordert eine methodische Ableitung für die theoretische und empirische Verhaltensanalyse. Die im Prozeß der Vergesellschaftung der Wissenschaft sich verändernden Funktionen der Wissenschaft bzw. der Forschung bestimmen den Charakter und die konkrete Gestalt der Funktionen der Wissenschaftler bzw. der

[81] M. Steenbeck, Die Einheit der Wissenschaft als gesellschaftliche Notwendigkeit, in: Reden und Aufsätze 1959–1967, Berlin 1967, S. 239
Vgl. auch seinen Beitrag „Die Bedeutung der Grundlagenforschung", ebenda, sowie den sowjetischen Sammelband „Nauka i nravstvennost" Moskau 1971

[82] Vgl. u. a. V. N. Šubkin, Ličnye plany i ich realizacija, in: Sociologičeskie opyty, Moskau 1970, S. 204–215, 280–287
M. N. Rutkevič, F. P. Filippov, Žiznennye plany molodeži, in: Social' nye peremeščenija, Moskau 1970, S. 208–247
S. A. Kugel', O. M. Nikandrov, Molodye inženery, Moskau 1971

Forscher. Indem der Wissenschaftler bzw. Forscher die ihm von der gesellschaftlichen Entwicklung gestellten Funktionen in seiner Arbeitstätigkeit wahrnimmt, verändert er sich selbst und nimmt er aktiv Einfluß auf die Dynamik der ihm zukommenden Funktionen. Er ist deshalb nicht nur ein Ausführender, sondern ist an der Gestaltung der Funktionen selbst beteiligt. Determiniert durch die gesellschaftlichen Verhältnisse wird er zum Gestalter dieser gesellschaftlichen Verhältnisse. Diese Objekt-Subjekt-Beziehung bei der Bestimmung und Wahrnehmung der dem Wissenschaftler zukommenden Funktionen wird im Sozialismus über den demokratischen Zentralismus realisiert. Dabei ist es ein Problem der gesellschaftlichen Leitung sowie der Organisation der wissenschaftlichen Arbeit, dies in einer Weise zu verwirklichen, daß die schöpferische Aktivität aller Mitarbeiter durch die Wissenschaftsplanung nicht nur zur Ausführung, sondern darüber hinaus zur Funktionsgestaltung stimuliert wird. Funktionsverhalten und Funktionsverändern bilden für die marxistische Persönlichkeitstheorie eine dialektische Einheit. Der Forscher kann dabei um so mehr auf die Funktionsgestaltung aktiv Einfluß nehmen, wie er die objektiven Prozesse der Gesellschafts- und Wissenschaftsentwicklung sowie des wissenschaftlichen Arbeitsprozesses kennt, persönlich akzeptiert, zu nutzen versteht und zur Grundlage seines individuellen Handelns macht. Dabei geht es nicht um jegliche Art von Verhalten, sondern um das Arbeitsverhalten im Prozeß der wissenschaftlich-schöpferischen Tätigkeit. Die im gesellschaftlichen Aneignungsprozeß sich verwirklichende Einheit von Arbeit und Schöpfertum realisiert sich in der bereits hervorgehobenen Differenzierung und vergleichbaren Zusammenfassung von aktuellem, geronnenem und potentiellem Arbeitsverhalten. Dem liegen kognitive und motivationale Prozesse beim Forscher zugrunde, die der Erkenntnis und davon ausgehend der bewußten Steuerung bedürfen. Es ist eine Konsequenz vergesellschafteter wissenschaftlicher Tätigkeit, daß die dabei auftretenden Widersprüche und Hemmnisse sehr verschieden sind, aber im individuellen Verhalten der Forschungskader unterschiedslos zum Ausdruck kommen.

Erstens: Ist sich die Gesellschaft bereits über die Funktionen der Wissenschaftler bzw. Forscher in einer solchen Weise bewußt, daß sie sie in konkreten gesellschaftlichen Anforderungen an die Wissenschaftler zu formulieren vermag?

Zweitens: Wurden diese von der Gesellschaft präzise abgesteckten Anforderungen in einer handlungsorientierenden Weise vermittelt?

Drittens: Werden die sozialen Institutionen und gesellschaftlichen Mechanismen (demokratischer Zentralismus, Inhalt und Form der

Anerkennung) bereits so weit beherrscht, daß sie das wissenschaftlich-schöpferische Handeln stimulieren?

Viertens: Sind die kognitiven und arbeitsorganisatorischen Bedingungen und Faktoren wissenschaftlich-schöpferischer Tätigkeit so weit bekannt, daß sie eine rationelle Gestaltung der Elemente sowie des gesamten wissenschaftlichen Arbeitsprozesses als individuellen und kollektiven Problemlösungsprozeß ermöglichen?

Fünftens: In welchem Maße und auf welche Weise wurden die gesellschaftlich bestimmten Anforderungen von den Forschungskadern individuell erkannt, akzeptiert und zur Grundlage ihres Handelns gemacht?

Jede dieser Fragen beinhaltet einen ganzen Komplex von Problemen, die als Widersprüche und Hemmnisse des wissenschaftlichen Schöpfertums in den verschiedenartigsten Formen von Verhalten zum Ausdruck kommen. Eine nüchterne Bestandsaufnahme dieser verschiedenartigen Verhaltensmuster und ihre ursächliche Erklärung sind die Voraussetzung und teilweise Bestandteil von leitungswirksamen Folgerungen für die Entwicklung der wissenschaftlich-schöpferischen Tätigkeit. Die Erforschung des Arbeitsverhaltens von Forschungskadern ist hierfür nicht nur theoretisch außerordentlich bedeutsam, sondern erlaubt zugleich einen methodischen Zugang für die empirische Analyse und Bewertung dieser vielschichtigen Problematik und beinhaltet schließlich eine auf die praktische und rationelle Gestaltung wissenschaftlich-schöpferischer Tätigkeit orientierte Problemstellung.
Das Verhältnis zur Arbeit bei Forschungskadern ist eine Resultante,
in der sich erstens die sozialökonomischen, wissenschaftsspezifischen institutionellen, arbeitsorganisatorischen, tätigkeits- und persönlichkeitsspezifischen Bedingungen und Einflußfaktoren als Determinationskomplexe für das wissenschaftlich-schöpferische Verhalten manifestieren;
in der zweitens die Einheit von historischer und logischer, theoretischer und empirischer sowie grundlagen- und praxisorientierter Forschung von vornherein ein methodologisches Erfordernis ist und
in der sich drittens gesellschaftliche Mechanismen der sozialökonomisch determinierten Genesis und Funktionsweise des Systems wissenschaftlicher Tätigkeiten verwirklichen.

Die als Komplex erscheinenden und real wirkenden Determinanten des wissenschaftlich-schöpferischen Verhaltens sind als verschiedene Ebenen methodisch zu unterscheiden und lassen sich schematisch wie folgt darstellen:

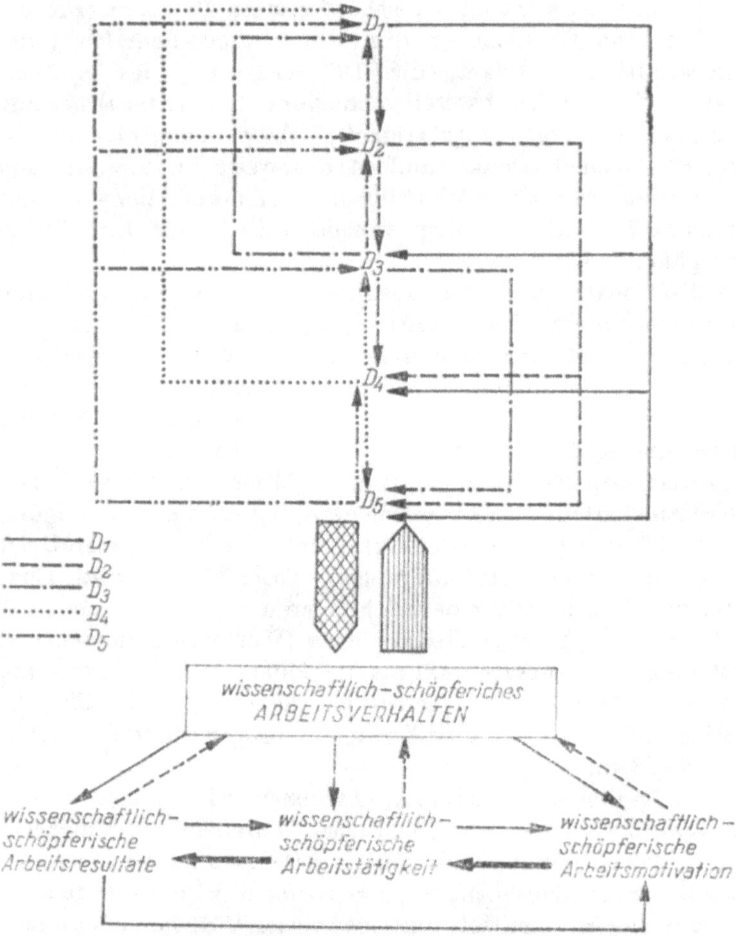

Abb. 1 Die methodische Erfassung der sozialen Determination wissenschaftlich-schöpferischer Tätigkeit

Dabei symbolisieren

D_1 – die sozialökonomischen Bedingungen (Prozeß, Charakter und Entwicklungsniveau der Vergesellschaftung der Arbeit, Verhältnis von körperlicher und geistiger Arbeit, Verhältnis von Wissenschaft und Gesellschaft, Verhältnis von Arbeiterklasse und Intelligenz, sozialökonomisch bestimmtes Niveau der Denk- und Arbeitsweise, sozialökonomisch bestimmtes Entwicklungsniveau des geistigen Lebens u. ä.);

D_2 – die Spezifika wissenschaftlich-schöpferischer Tätigkeit (Prozeß, Charakter und Entwicklungsniveau der Vergesellschaftung der wissenschaftlichen Arbeit, die Differenzierung des Systems wissenschaftlicher Tätigkeiten und seine Institutionalisierung, Spezifika der Forschungstätigkeit, Entwicklungsniveau der wissenschaftlichen Denk- und Arbeitsweise, Charakter und Organisation des wissenschaftlichen Kommunikationssystems, wissenschafts- und disziplinspezifische Bedingungen der Arbeitsatmosphäre u. ä.);

D_3 – die institutionalisierten Arbeitsbedingungen (Entwicklungsniveau und Charakter der Gruppenarbeit, arbeitsorganisatorische Bedingungen, Kommunikation innerhalb der Arbeitsgruppe, Leitung der unmittelbaren Forschungstätigkeit, Charakter und Formen der Anerkennung, sozialpolitische Bedingungen, Arbeits- und Denkweise der Gruppe, Gruppenatmosphäre u. ä.);

D_4 – tätigkeitsspezifische Bedingungen (Verhältnis von schöpferischen und routinehaften Tätigkeitselementen, notwendige Ausprägung von intellektuellen, wissensmäßigen, methodischen, kooperativen und berufsethischen Anforderungen, Technisierungsgrad, Charakter und Stand der Praxisbeziehungen u. ä.);

D_5 – persönlichkeitsspezifische Bedingungen (Wertorientierungen und Einstellungen, Interessenprofil, soziales Milieu, Ausbildungsniveau, individuelle Denk- und Arbeitsweise, demographische Charakteristika, intellektuelle und willensmäßige Eigenschaften, psychophysische Bedingungen u. ä.)

Die hier aufgeführten Determinationsebenen wirken sowohl unmittelbar als auch vermittelt und „gebrochen“ durch eine oder mehrere der anderen Ebenen auf das individuelle Arbeitsverhalten. Je allgemeiner die Determinationsebene ist, um so mehr wird sie durch die folgenden spezielleren vermittelt und „gebrochen“. So kommt es, daß alle fünf Ebenen im Verhalten der Forscherpersönlichkeit zum Ausdruck kommen und daher oftmals als ein ausschließliches Resultat individueller Spezifika des jeweiligen Forschers erscheinen.[83] Das individuelle Arbeitsverhalten ist aber eine Resultante von determinierenden Bedingungen unterschiedlichen gesellschaftlichen Allgemeinheitsgrads. Beispielsweise ist eine konkret-historische Analyse des Denkstils von Wissenschaftlern unmöglich, wenn man diese nicht im Rahmen der entsprechenden Denk- und Arbeitsweise einer

[83] Vgl. dazu auch den Bericht von R. Winkler im vorliegenden Sammelband.

gegebenen Epoche, ihrer Gesellschaftsordnung, ihrer Wissenschaftsdisziplin sowie ihres unmittelbaren Arbeitsmilieus untersucht. Die gleichzeitige und vergleichbare Einbeziehung von aktuellem, geronnenem und potentiellem Arbeitsverhalten erlaubt die Berücksichtigung von konkretem Arbeitsvollzug, seiner Resultate sowie seiner subjektiven Voraussetzungen. Dadurch werden mit der Analyse des Verhältnisses zur Arbeit wesentliche Seiten des realen Arbeitsprozesses zum Gegenstand der Untersuchung gemacht. Das Schema verdeutlicht aber auch die dem demokratischen Zentralismus eigene Rückwirkung auf die verschiedenen übergeordneten Determinationsebenen. Wenn sich wissenschaftlich-schöpferisches Handeln vor allem im Sozialismus nicht auf den unmittelbaren Arbeitsvollzug reduzieren läßt, sondern sich letztlich in der Funktionsveränderung verwirklicht, wird zugleich auf die übergeordnete determinierende Ebene aktiv Einfluß genommen. Die besondere methodische Schwierigkeit besteht darin, davon ausgehend ein aufeinander abgestimmtes Untersuchungsprogramm auszuarbeiten, das theoretische, methodologische, wissenschaftshistorische und empirische Forschungen mit den ihnen eigenen Methoden zu den verschiedenen damit verbundenen Themenkomplexen vereinigt. Für die dafür unabdingbar notwendigen empirischen Forschungen kommt es im besonderen darauf an, das theoretische Konzept für die empirische Analyse so zu operationalisieren, daß die theoretischen *Zusammenhänge und Hypothesen empirisch ausdrückbar, erfaßbar und überprüfbar gemacht* werden können.

Heinz Seickert

Effektivität der Wissenschaft und ökonomische Gesetze des Sozialismus

Die auf dem VIII. Parteitag der SED beschlossene Hauptaufgabe stellt an die Beschleunigung des wissenschaftlich-technischen Fortschritts entsprechend den objektiven Erfordernissen und unseren realen Möglichkeiten hohe Anforderungen. Das Tempo des zukünftigen wissenschaftlich-technischen Fortschritts wird dabei nicht nur von der Größe des Wissenschaftspotentials allein abhängen, sondern in entscheidendem Maße von der Beherrschung der Entwicklungsgesetze des Sozialismus und der damit verbundenen rationellen Gestaltung solcher sozialistischen Bedingungen, die es ermöglichen, „die Errungenschaften der wissenschaftlich-technischen Revolution organisch mit den Vorzügen des sozialistischen Wirtschaftssystems zu verbinden“.[1]

Einer der entscheidenden Vorzüge des sozialistischen Wirtschaftssystems, die sich auf der Grundlage des sozialistischen Eigentums an den Produktionsmitteln, der Volksmacht mit der Arbeiterklasse an der Spitze und der führenden Rolle der marxistisch-leninistischen Partei herausbilden, besteht in der *planmäßigen Leitung der Volkswirtschaft*. Die Ausnutzung dieses Vorzuges – und das gilt im Prinzip für jeden anderen Vorzug des sozialistischen Wirtschaftssystems ebenso – ist mit der Ausnutzung aller übrigen Vorzüge des Sozialismus und der bewußten Ausnutzung der Entwicklungsgesetze des Sozialis-

[1] Diese Forderung wurde in folgenden Materialien des XXIV. Parteitages der KPdSU sowie des VIII. Parteitages der SED verankert: L. I. Breshnew, Rechenschaftsbericht des Zentralkomitees der Kommunistischen Partei der Sowjetunion, Moskau-Berlin 1971, S. 79; Bericht des Zentralkomitees an den VIII. Parteitag der SED, Berlin 1971, S. 47; Direktive des VIII. Parteitages der Sozialistischen Einheitspartei Deutschlands zum Fünfjahrplan für die Entwicklung der Volkswirtschaft der DDR 1971–1975, in: Dokumente des VIII. Parteitages der SED, Berlin 1971, S. 54

mus aufs engste verbunden. Das bedeutet, daß die planmäßige Leitung der Volkswirtschaft im Sozialismus ausgehen muß
-von der *Einheit von Wissenschaft und Sozialismus*;
-vom *internationalen Charakter des Sozialismus* und nicht zuletzt
-von der objektiven Tatsache, daß *spezifische* Entwicklungsgesetze und *qualitativ neue* Triebkräfte in der sozialistischen Gesellschaft wirksam geworden sind, daß nicht mehr der Profit, sondern *die Bedürfnisse der Menschen zum Maß aller Dinge und ihre Befriedigung zum Kriterium gesellschaftlichen Handelns werden.* Sowohl der XXIV. Parteitag der KPdSU als auch der VIII. Parteitag der SED haben bei der Orientierung der gesellschaftlichen Entwicklungsprozesse in diese Richtung entscheidende Eckpfeiler gesetzt. Dazu erklärte der Erste Sekretär des ZK der SED, Erich Honecker: „Denn eins ist ja in den Dokumenten des VIII. Parteitages ganz unmißverständlich ausgedrückt worden: Wir streben die Kontinuität, die Planmäßigkeit, das hohe Tempo der volkswirtschaftlichen Entwicklung nicht um seiner selbst willen an. Sie sind Mittel der auf das Wohl des Menschen gerichteten Politik des Sozialismus. Es bleibt dabei, Genossen: Nichts wird bei uns um seiner selbst willen gemacht! Alles dient dem Wohl des arbeitenden Menschen! In diesem und nur in diesem Sinne bemühen wir uns, das Wachstum, die Effektivität und die Qualität der Produktion zu steigern."[2]

Eine solche dem ökonomischen Grundgesetz des Sozialismus entsprechende Orientierung erfordert bei der planmäßigen Leitung der Volkswirtschaft zweierlei:

Erstens: die Beachtung spezifischer, aus den Gesetzmäßigkeiten – insbesondere dem ökonomischen Grundgesetz – des Sozialismus abgeleiteter Kriterien für die Effektivität der gesellschaftlichen – also auch der wissenschaftlichen – Arbeit, wobei das Verhältnis von ökonomischen und nichtökonomischen Effekten für die Zielrealisierung und Durchsetzung des ökonomischen Grundgesetzes des Sozialismus eine besondere Aufmerksamkeit verdient, und

zweitens: die Beachtung der aus der Einheit von Wissenschaft und Sozialismus sowie aus dem internationalen Charakter des Sozialismus sich ergebenden *neuen Bedingungen* im Wirkungsmechanismus der ökonomischen Gesetze des Sozialismus.

[2] E. Honecker, Der VIII. Parteitag und unsere nächsten Aufgaben, Berlin 1972, S. 32

Effektivität der Wissenschaft und ökonomisches Grundgesetz des Sozialismus

Das ökonomische Grundgesetz des Sozialismus verallgemeinert die wesentlichen Erscheinungen im Ablauf des gesellschaftlichen Reproduktionsprozesses und ist das *grundlegende* Gesetz bei der Zielbestimmung des Systems gesellschaftlicher Tätigkeiten. In der gegenwärtigen Phase der Entwicklung des Sozialismus in der DDR findet das ökonomische Grundgesetz des Sozialismus seinen konkreten Ausdruck in der vom VIII. Parteitag der SED beschlossenen Hauptaufgabe, die „in der weiteren Erhöhung des materiellen und kulturellen Lebensniveaus des Volkes auf der Grundlage eines hohen Entwicklungstempos der sozialistischen Produktion, der Erhöhung der Effektivität des wissenschaftlich-technischen Fortschritts und des Wachstums der Arbeitsproduktivität" besteht.[3]

Zwischen der aus dem ökonomischen Grundgesetz des Sozialismus abgeleiteten Hauptaufgabe und der wissenschaftlichen Tätigkeit besteht ein direkter Zusammenhang, weil sowohl das Ziel der sozialistischen Gesellschaft als auch die Mittel zur Erreichung des Ziels die Einheit von Wissenschaft und Sozialismus beinhalten und weil nach der Zielfunktion des Sozialismus auch die Kriterien der Effektivität wissenschaftlicher Tätigkeiten bestimmt werden müssen.

Im Sozialismus bestimmen bekanntlich die Bedürfnisse der Werktätigen als sozialistische Persönlichkeiten, als Schöpfer des materiellen und geistigen Reichtums, als Eigentümer der Produktionsmittel und als Konsumenten das Ziel der gesellschaftlichen Tätigkeiten, wobei die immer bessere Befriedigung ihrer *geistigen* Bedürfnisse *nicht nur Ziel, sondern auch Voraussetzung und Bedingung der gesellschaftlichen Tätigkeiten überhaupt ist.* So ist die immer bessere Befriedigung der Bedürfnisse nach neuen Erkenntnissen, höherer Bildung und mehr Wissen nicht nur Ziel wissenschaftlicher Tätigkeiten, sondern zugleich Voraussetzung und Bedingung dafür, daß die Menschen immer wirkungsvoller sich schöpferisch – im Forschungsprozeß oder als Neuerer in der Produktion – entfalten und aktiv am gesellschaftlichen Leben des Sozialismus teilnehmen, daß sie die sozialistische Gesellschaftsordnung entsprechend ihren Entwicklungstendenzen bewußter gestalten und zu ihrer Stärkung beitragen und nicht zuletzt auch Voraussetzung und Bedingung dafür, durch Weiterentwicklung der Produktivkräfte und intensiv erweiterte Reproduktion den materiellen Reichtum

[3] Direktive des VIII. Parteitages der SED . . ., a. a. O., S. 48/49

zu mehren, das Leben lebenswerter, inhaltsreicher und niveauvoller zu gestalten. Diese Zusammenhänge gilt es zu beachten, wenn die Frage nach der Effektivität der Wissenschaft im Hinblick auf die Realisierung der Zielfunktion des Sozialismus beantwortet werden soll.

Die Bedürfnisse nach neuen Erkenntnissen, höherer Bildung und mehr Wissen kommen objektiv und historisch bedingt in gewissem Umfange aus dem System wissenschaftlicher Tätigkeiten selbst, insofern gibt es wissenschaftliche Tätigkeit für die Wissenschaft selbst, so wie es in der materiellen Produktion eine Produktion für die Produktion gibt zur Befriedigung produktiver Bedürfnisse. Der überwiegende Teil der Bedürfnisse nach neuen Erkenntnissen, insbesondere anwendungsbereiten Forschungsergebnissen, nach höherer Bildung und mehr Wissen kommt aber aus Bereichen des gesellschaftlichen Lebens, die *außerhalb* des Systems wissenschaftlicher Tätigkeiten existieren. Die Befriedigung dieser Bedürfnisse ist aufs engste mit dem Grundanliegen der sozialistischen Wissenschaft verbunden, die Welt nicht nur wissenschaftlich zu interpretieren, sondern sie zu verändern.

Bei der Beantwortung der Frage nach der Effektivität der Wissenschaft im Hinblick auf die Realisierung der Zielfunktion des Sozialismus gehen wir zunächst davon aus, daß die *Effekte der wissenschaftlichen Arbeit Wirkungen darstellen, die den Umfang der Befriedigung bestimmter Bedürfnisse zum Ausdruck bringen, die mit einer Veränderung der objektiven Realität oder ihrer Widerspiegelung im Bewußtsein verbunden ist.* Bei den Effekten wissenschaftlicher Tätigkeit handelt es sich stets um Resultate der Bedürfnisbefriedigung, die entweder *im Prozeß* der wissenschaftlichen Tätigkeit direkt oder im Prozeß der gesellschaftlichen Arbeit *mit den Produkten* wissenschaftlicher Tätigkeit erzielt werden. In beiden Fällen liegen den Effekten Prozesse der gesellschaftlichen Arbeit zugrunde.

Zu der zuerst genannten Gruppe von Effekten, denen individuelle und gesellschaftliche Bedürfnisse nach neuen Erkenntnissen, nach Wissen, Information und Bildung zugrunde liegen, gehören die

Erkenntniseffekte,
Informationseffekte,
Bildungseffekte sowie
politisch-ideologische und
bewußtseinsbildende Effekte.

Sie werden im Prozeß der wissenschaftlichen Tätigkeit erzielt kommen – wie alle übrigen Effekte gesellschaftlicher Arbeit auch – zustande, indem Produkte vorangegangener gesellschaftlicher Arbeit (Erkenntnisse, Produktionsmittel usw.) genutzt werden, und sie sind – sofern sie die Form von Erkenntnissen, Forschungsresultaten, Entdeckungen, wissenschaftlich ausgebildeten Kadern usw. haben – selbst Produkte der wissenschaftlichen Tätigkeit. Im Hinblick auf die Durchsetzung des ökonomischen Grundgesetzes des Sozialismus müssen die *im* Prozeß wissenschaftlicher Tätigkeiten direkt erzielten Effekte oder ihre Produkte in ihrer Bedeutung sowohl für die Zielrealisierung des Sozialismus als auch für die Herausbildung und Gestaltung seiner Mittel gesehen und bewertet werden. Die im Prozeß der wissenschaftlichen Tätigkeit in Form ihrer Produkte erzielten Effekte stellen für die Umgestaltung und Veränderung der gesellschaftlichen Praxis bedeutende Voraussetzungen (Mittel) dar, die in Verbindung mit anderen Faktoren im Prozeß der gesellschaftlichen Arbeit zu den Anwendungs- und Nutzungseffekten der Wissenschaft, insbesondere zur Beschleunigung des wissenschaftlich-technischen Fortschritts sowie zur Erhöhung der Effektivität der gesellschaftlichen Arbeit führen. Für die *Produkte wissenschaftlicher Tätigkeiten* (Forschungsergebnisse, Erkenntnisse und Ideen u. a. m.) gilt hierbei analog, was Marx zu den Produktionsmitteln schreibt:

„Die lebendige Arbeit muß diese Dinge (sprich Forschungsergebnisse und Erkenntnisse – H. S.) ergreifen, sie von den Toten erwecken, sie aus nur möglichen in wirkliche und wirkende Gebrauchswerte verwandeln. Vom Feuer der Arbeit beleckt, als Leiber derselben angeeignet, zu ihren begriffs- und berufsmäßigen Funktionen im Prozeß begeistet, werden sie zwar auch verzehrt, aber zweckvoll, als Bildungselemente neuer Gebrauchswerte, neuer Produkte, die fähig sind, als Lebensmittel in die individuelle Konsumtion oder als Produktionsmittel im neuen Arbeitsprozeß einzugehn.

Wenn also vorhandne Produkte (sprich Forschungsergebnisse und Erkenntnisse – H. S.) nicht nur Resultate, sondern auch Existenzbedingungen des Arbeitsprozesses sind, ist andrerseits ihr Hineinwerfen in ihn, also ihr Kontakt mit lebendiger Arbeit, das einzige Mittel, um diese Produkte vergangner Arbeit als Gebrauchswerte zu erhalten und zu verwirklichen.“[4]

Während die *Effekte* wissenschaftlicher Tätigkeiten den *Umfang* der Befriedigung materieller und geistiger Bedürfnisse zum Ausdruck bringen, wird durch die Kategorien *Effektivität* bzw. *Produktivität der Wissenschaft* unter Berücksichtigung des Arbeitsaufwandes der *Wirkungsgrad* wissenschaftlicher Tätigkeiten ausgedrückt.

Grundsätzlich gelten für die Effekte und die Effektivität, die *mit*

[4] K. Marx, Das Kapital, Bd. 1, in: MEW, Bd. 23, Berlin 1962, S. 198

Produkten wissenschaftlicher Tätigkeiten erzielt werden, die gleichen Kriterien, nach denen die Effektivität der gesellschaftlichen Arbeit in den jeweiligen Bereichen – ausgehend vom ökonomischen Grundgesetz des Sozialismus – bestimmt werden muß. So gelten für die Effektivität der medizinischen Forschung die gleichen Kriterien (z. B. Erhöhung der Lebenserwartung, Beseitigung von Krankheiten, Zurückdrängung der Mutter- und Säuglingssterblichkeit, Verbesserung des Gesundheitszustandes u. a. m.), die auch für den *Gesamtbereich* des sozialistischen Gesundheitswesens gültig sind.

Der entscheidende Bereich des gesellschaftlichen Lebens, in dem mit Produkten wissenschaftlicher Tätigkeiten ein bedeutender Einfluß auf die Erhöhung der Effektivität der gesellschaftlichen Arbeit ausgelöst wird, ist die materielle Produktion. Bei der Bestimmung der Kriterien, die anzeigen, inwieweit im Sozialismus die Wissenschaft zur unmittelbaren Produktivkraft geworden ist, wird sehr häufig in der Literatur auf Marx verwiesen, der bei der Analyse der kapitalistischen Produktion in der Entwicklung des fixen Kapitals, also des Kapitalvorschusses für die Arbeitsmittel (Maschinen, Anlagen, Aggregate, Instrumente, Werkzeuge etc.) ein wichtiges Kriterium sah, das anzeigt, „bis zu welchem Grade das allgemeine gesellschaftliche Wissen, knowledge, zur unmittelbaren Produktivkraft geworden ist, und daher die Bedingungen des gesellschaftlichen Lebensprozesses selbst unter die Kontrolle des general intellect gekommen, und ihm gemäß umgeschaffen sind“.[5]

Nach Auffassung der sowjetischen Autoren I. A. Majzel' und I. S. Meleščenko „materialisiert sich die Wissenschaft in der Produktion über die Arbeitsmitel und über die Arbeitsgegenstände“.[6]

Einen davon wesentlich abweichenden Standpunkt zum Kriterium der Wissenschaft als unmittelbarer Produktivkraft vertreten die Autoren des sowjetischen Buches „Die gegenwärtige wissenschaftlich-technische Revolution“. Bei ihnen heißt es:

„Sinn und Inhalt der Umwandlung der Wissenschaft in eine unmittelbare Produktivkraft ist nicht die Einheit von Wissenschaft und Arbeit und auch nicht die verstärkte Anwendung der Wissenschaft im Prozeß der lebendigen Arbeit, sondern gerade ein diametral entgegengesetzter Prozeß, nämlich die völlige Trennung der Wissenschaft von der un-

[5] K. Marx, Grundrisse der Kritik der politischen Ökonomie, Berlin 1953, S. 594

[6] J. A. Majzel', J. S. Meleščenko, Die Umwandlung der Wissenschaft in eine unmittelbare Produktivkraft (russ.), in: Voprossy filosofii, H. 6/1964, S. 165

mittelbaren lebendigen Arbeit ... Werden die Erzeugnisse ... auf einer automatischen Fertigungsstraße hergestellt, so fehlt die unmittelbare lebendige Arbeit des Menschen vollständig, und als Ursache für die Produktivität dieser Fertigungsstraße fungiert jener Vorrat an menschlichem Wissen ... der sich in dieser Fertigungsstraße niedergeschlagen hat und ihre Mechanismen zwingt, gewissermaßen bewußt diese oder jene Operationen auszuführen ... Apparate, Vorrichtungen und kybernetische Geräte, die mit Hilfe von Rückkopplungen und anderen Gliedern logische Produktionsfunktionen übernehmen können ..., sind an die Stelle des Menschen getreten und fungieren als materielle Träger des geistigen Elements der Produktion (der Wissenschaft), so daß die Wissenschaft unmittelbar, das heißt ohne die lebendige Arbeit des Menschen wirkt. Die Automatisierung der Produktion ist die dingliche Erscheinungsform der Umwandlung der Wissenschaft in eine unmittelbare Produktivkraft."[7]

Zu dieser Auffassung sind m. E. einige Bemerkungen notwendig: Zunächst einmal muß festgestellt werden, daß man den produktiven gesellschaftlichen Arbeitsprozeß nicht identifizieren und beschränken darf mit dem bzw. auf den Prozeß der unmittelbaren Fertigung, in dem die lebendige Arbeit immer mehr ersetzt wird durch Maschinen, Automaten, also die vergegenständlichte Arbeit. Aber auch dort, wo anstelle des Menschen Automaten wirksam werden, geschieht dies nicht unabhängig vom Menschen, also unabhängig von der lebendigen Arbeit. Auch für die Automaten gilt, was Marx – wie bereits zitiert – zum Verhältnis von lebendiger Arbeit und Produktionsmitteln geschrieben hat: „Die lebendige Arbeit muß diese Dinge ergreifen, sie von den Toten erwecken ..." Der automatisierte unmittelbare Fertigungsprozeß existiert für sich allein genommen überhaupt nicht, sondern existiert immer nur als Teilprozeß im Prozeß der produktiven gesellschaftlichen Gesamtarbeit, dessen historische Erscheinungsform im Sozialismus sich als Einheit von Leitung, Planung wissenschaftlicher Forschung und unmittelbarer Fertigung darstellt. Ausgehend von dieser Einheit ist die Wissenschaft als unmittelbare Produktivkraft zwar nicht zu einem neuen Element der Produktivkräfte neben Arbeitskraft, Arbeitsmittel und Arbeitsgegenstand geworden, jedoch als System gesellschaftlicher Tätigkeiten *zu einem neuen Element des gesamten gesellschaftlichen produktiven Arbeitsprozesses*. Nicht die gelegentliche und zufällige Anwendung wissenschaftlicher Erkenntnisse

[7] Autorenkollektiv, Die gegenwärtige wissenschaftlich-technische Revolution, Berlin 1972, S. 197/198

in der materiellen Produktion und auch nicht die Substitution lebendiger Arbeit durch Automaten an sich war dafür bestimmend und ließ die Wissenschaft zur unmittelbaren Produktivkraft werden, sondern ihre *objektive Bedingtheit* in der materiellen Produktion. Solange die materielle Produktion auch ohne die zufällige, auf einige wenige Seiten beschränkte Nutzung wissenschaftlicher Erkenntnisse in ihrer historisch konkreten Form existenzfähig war, so lange konnte die Wissenschaft nicht zu einer unmittelbaren Produktivkraft werden. Erst mit der Herausbildung der Maschinerie beginnt jener Entwicklungsprozeß der materiellen Produktion, in dem zunächst die bewußte Ausnutzung der Gesetze der Natur und mit der Weiterentwicklung der Produktivkräfte auch die bewußte Ausnutzung der von den Klassikern des Marxismus-Leninismus aufgedeckten Entwicklungsgesetze der menschlichen Gesellschaft *objektiv notwendig* wurden. Der wissenschaftliche Arbeitsprozeß wurde damit immer mehr zu einem wesentlichen Bestandteil gesellschaftlicher, insbesondere produktiver Tätigkeiten. Daß sich hierbei *qualitative* Unterschiede zwischen Kapitalismus und Sozialismus zwangsläufig ergeben mußten, ist vor allem darauf zurückzuführen, daß es erst unter den Bedingungen sozialistischer Produktionsverhältnisse möglich ist, neben einer umfassenden Nutzung der Naturgesetze auch die Entwicklungsgesetze der Gesellschaft – insbesondere die ökonomischen Gesetze – bewußt auszunutzen. Demzufolge müssen die Kriterien, die anzeigen, inwieweit die Wissenschaft im Sozialismus zur unmittelbaren Produktivkraft geworden ist, wesentlich weiter gefaßt werden als im Kapitalismus, wobei auch für die Wissenschaft als Produktivkraft die These von Marx gilt, der im „Kapital" schrieb:

„Produktivkraft ist natürlich stets Produktivkraft nützlicher konkreter Arbeit und bestimmt in der Tat nur den Wirkungsgrad zweckmäßiger produktiver Tätigkeit im gegebenen Zeitraum."[8] Wenn Volkov in diesem Zusammenhang die Frage nach dem Entwicklungsniveau der Produktivkräfte dahingehend beantwortet: „Wir verfügen über keinen genaueren Maßstab als die Entwicklungsstufe der Technik, denn die Geschicklichkeit der lebendigen Arbeit, ihre Produktivität und der Fortschritt der Wissenschaft als gesellschaftlicher Produktivkraft finden ihre Verkörperung in einer bestimmten Technik"[9], dann kann ihm nur bedingt zugestimmt werden. Selbstverständlich müssen auch im Sozialismus die Arbeitsmittel (z. B. die Herausbildung

[8] K. Marx, Das Kapital, Bd. 1, a. a. O., S. 60
[9] G. N. Wolkow, Soziologie der Wissenschaft, Berlin 1970, S. 21

produktiver Maschinensysteme, komplexer Automatisierungsmittel u. a.) wie die Technik allgemein als ein wichtiges Kriterium der Produktivkraft Wissenschaft angesehen werden. Wenn wir jedoch berücksichtigen, daß im Sozialismus mit Hilfe der Wissenschaft nicht nur der Faktor Arbeitsmittel *qualitativ* verändert und dadurch der „Wirkungsgrad der produktiven, konkret-nützlichen Arbeit“ erhöht wird, sondern alle Faktoren und Bedingungen der produktiven gesellschaftlichen Arbeit mit Hilfe der Wissenschaft eine *qualitative* Veränderung erfahren, dann reicht dieses Kriterium allein nicht mehr aus, die Rolle der Wissenschaft als Produktivkraft sichtbar zu machen. Neben dem o. g. Kriterium gewinnen demzufolge noch solche Kriterien im Sozialismus an Bedeutung, die im *Qualifikationsniveau der produktiv Tätigen* (subjektiver Faktor), im *Niveau der Arbeitsgegenstände,* im *Grad der nationalen und internationalen Arbeitsteilung,* im *Grad der Wissenschaftlichkeit der Prognosen und Produktionspläne* und nicht zuletzt im *Niveau der Leitung, Planung und Organisation der gesellschaftlichen Arbeit* in der materiellen Produktion zum Ausdruck kommen. Die entscheidenden Kriterien jedoch, die im Sozialismus anzeigen, inwieweit die Wissenschaft zur Produktivkraft geworden ist, inwieweit die Wissenschaft über die qualitative Veränderung aller Faktoren und Bedingungen der Produktion beigetragen hat, den „Wirkungsgrad der produktiven konkret nützlichen Arbeit“ zu erhöhen, müssen in den entscheidenden Effektivitätskriterien der materiellen Produktion, das heißt *in der Stabilität und im stabilen Wachstum der materiellen Produktion und des Nationaleinkommens sowie in der Steigerung der Arbeitsproduktivität* gesehen werden.

Wenn der objektiv bedingte produktive wissenschaftliche Arbeitsprozeß gegenwärtig entscheidend zum Wachstum des Nationaleinkommens beiträgt, dann darf die Rolle der Wissenschaft als Produktivkraft nicht nur auf ihre Rolle als ökonomischer Wachstumsfaktor beschränkt werden. Denn mit dem Wachstum der materiellen Produktion und des Nationaleinkommens ist allein zur Sicherung beziehungsweise Stabilisierung eines erreichten Niveaus der materiellen Produktion ein immer größerer Forschungs- und Entwicklungsaufwand notwendig, um eine bereits erreichte Größe des Nationaleinkommens immer wieder produzieren zu können. Das Nationaleinkommen, welches heute mit einer bestimmten Produktion realisiert wird, kann morgen mit der gleichen Produktion nicht mehr realisiert werden, und das Nationaleinkommen, das gestern und heute in weniger forschungsintensiven Zweigen produziert wurde, muß – bedingt durch die objektiv wirkenden ökonomischen Gesetzmäßigkeiten und gesetzmäßigen Erscheinungen der Wissenschaftsentwicklung – morgen in forschungsintensiveren Zweigen produziert werden.

Ein wesentlicher Aufwand an wissenschaftlicher Arbeit ist heute notwendig, um die *einfache Reproduktion* des Nationaleinkommens zu ermöglichen, um ein bestimmtes Produktionsniveau (Volumen der Produktion) zu halten. Ohne wissenschaftliche Arbeit wäre es nicht möglich, veraltete Erzeugnisse durch neue zu ersetzen, würde es zu einem Rückgang nicht nur im Außenhandelsumsatz, sondern vor allem in der Produktion kommen. Insofern stellt die Wissenschaft nicht nur einen bedeutenden Wachstumsfaktor, sondern auch einen bedeutenden *volkswirtschaftlichen Stabilisierungsfaktor* dar. Je höher das Niveau einer Volkswirtschaft ist, um so größer muß die Rolle der Wissenschaft als *Stabilisierungsfaktor* eingeschätzt werden. Was aus der Sicht der Wissenschaft vom Standpunkt der Zunahme des Wissens sich als erweiterte Reproduktion darstellt, führt nicht in jedem Fall auch schon zu einer erweiterten Reproduktion des Nationaleinkommens und zu einem Wachstum der Produktion. Daraus ergibt sich, daß die Effektivität wissenschaftlicher Tätigkeiten in der Produktion *nicht nur* unter dem Aspekt des ökonomischen Wachstums betrachtet werden darf.

Effektivität der Wissenschaft und Gesetz der Ökonomie der Zeit

Die Tatsache, daß der wissenschaftliche Arbeitsprozeß im Sozialismu- zu einem objektiv bedingten Prozeß der produktiven gesellschaft lichen Gesamtarbeit geworden ist, hat dazu geführt, daß die komplexen ökonomischen Prozesse und Erscheinungen die mannigfaltigen Bewegungen und Prozesse der Wissenschaftsentwicklung einschließen. Nur aus dieser Einheit heraus ist sowohl die Steigerung der Arbeitsproduktivität, das Wachstum der materiellen Produktion und seine Stabilisierung als auch der Zuwachs wissenschaftlicher Erkenntnisse, die Zunahme des Anteils wissenschaftlicher Tätigkeiten und das dynamische Wachstum des Wissenschaftspotentials in seiner Gesamtheit zu erklären. Denn die materielle Produktion ist nicht nur die entscheidende Existenzbedingung für die Wissenschaft, sondern in ihrer gegenwärtigen historisch-konkreten Form im Sozialismus zugleich der entscheidende Anwendungs- und Nutzungsbereich für die Wissenschaft, ohne die die materielle Produktion selbst nicht mehr existenzfähig wäre. Dies erklärt auch, warum in den sozialistischen Ländern gegenwärtig die immer engere Verflechtung von Wissenschaft und

Produktion zu einer erstrangigen Aufgabe geworden ist, warum bei der planmäßigen Leitung der Volkswirtschaft eine Reihe neuer Bedingungen im Wirkungsmechanismus der ökonomischen Gesetze beachtet werden muß, die sich aus der objektiv bedingten Verflechtung von Wissenschaft und Produktion ergeben und die eine immer stärkere internationale Zusammenarbeit der sozialistischen Länder auf den Gebieten Wissenschaft und Technik erfordern. So haben sich bei der Beherrschung des Gesetzes der Ökonomie der Zeit im Sozialismus sowohl *qualitativ neue Bedingungen für die Minimierung* des Arbeitsaufwandes ergeben (bedingt durch die Ausnutzung der Triebkräfte des Sozialismus, durch bewußte Beherrschung des Gesetzes der planmäßigen proportionalen Entwicklung der Volkswirtschaft u. a. m.) als auch *qualitativ neue Bedingungen für die Maximierung des Nutzens oder Ertrages.* Solche qualitativ neuen Bedingungen ergeben sich beispielsweise aus der internationalen Zusammenarbeit zwischen den sozialistischen Ländern durch Austausch und multivalente Nutzung von Forschungsergebnissen. Sie ergeben sich aber auch aus der Existenz des *Zeitfaktors.* Die Beschleunigung des wissenschaftlich-technischen Fortschritts führt zwangsläufig dazu, daß immer vollkommenere, qualitativ weiterentwickelte Produktionsmittel und Konsumgüter hergestellt werden, wodurch die vorhandenen Erzeugnisse einem ebenso schnellen moralischen Verschleiß unterliegen. Unter diesen Bedingungen ist es ökonomisch nicht unwesentlich, zu *welchem Zeitpunkt* neue Erzeugnisse mit neuen Gebrauchseigenschaften angeboten werden und *welcher Zeitvorsprung* gegenüber den Konkurrenten auf dem Weltmarkt vorhanden ist. Eine der entscheidenden Konsequenzen, die sich aus dem Zeitfaktor im Wirkungsmechanismus des Gesetzes der Ökonomie der Zeit für die Forschungstätigkeit ergaben, war allgemein eine wesentliche Verkürzung der Forschungs-, Entwicklungs- und Überleitungszeiten. Das geschah vor allem durch bedeutende Prozesse der Konzentration des Forschungspotentials, durch Intensivierung der Forschungsprozesse selbst und vor allem durch engere Verflechtung von Wissenschaft und Produktion. Die Verkürzung der Forschungs-, Entwicklungs- und Überleitungszeiten bedeutet zugleich Verlängerung der Zeitspanne der ökonomischen Nutzung von Forschungsergebnissen. Eine wesentliche Verkürzung der Überleitungszeiten kann schon dadurch erreicht werden, wenn Erkenntnisse der Grundlagenforschung nicht erst über die angewandte Forschung und Entwicklung, sondern auf *direktem* Wege nutzbar gemacht werden können. Das System der Wissenschaftsplanung in der DDR geht deshalb immer mehr dazu über, die *Forschungsprogrammplanung* der Akademien, Universitäten und Hochschulen, durch die der wissenschaftliche Vorlauf planmäßig gestaltet wird, mit der *Forschungsprojektplanung*, durch die planmäßig auf anwendbare Forschungsergebnisse orientiert wird, zu verbinden. In diesem Sinne fordert auch der VIII. Parteitag:

„Die *Grundlagenforschung* muß zur kontinuierlichen und stabilen Entwicklung der Volkswirtschaft beitragen. In enger sozialistischer Wissenschaftskooperation, besonders mit der UdSSR und den anderen Ländern des RGW, ist der erforderliche wissenschaftliche Vorlauf zu schaffen. *Dabei sind entsprechend den Festlegungen im Plan Zwischenergebnisse mit hohem Niveau in die Produktion überzuführen.*“[10] (Hervorhebung – H. S.).

Eine solche dem Gesetz der Ökonomie der Zeit entsprechende Forderung war erst möglich, nachdem sich grundlegende Veränderungen im Anwendungsbereich der wissenschaftlichen Erkenntnisse vollzogen hatten. Wenn heute bereits Zwischenergebnisse der Grundlagenforschung in die Produktion überführt werden können, dann deshalb, weil mit der wissenschaftlichen Durchdringung der materiellen Produktion im Sozialismus das wissenschaftliche Niveau der Werktätigen in der Produktion so weit erhöht worden ist, daß dadurch bestimmte „Aufbereitungsetappen“ im Forschungsprozeß selbst eingespart werden können. Zahlreiche Erkenntnisse und Methoden der Wissenschaft, die früher nur von wenigen Spezialisten verstanden wurden, gehören heute zur Allgemeinbildung der Werktätigen. Hieran wird deutlich, wie sich im Sozialismus die Bedingungen für die Wirksamkeit des Gesetzes der Ökonomie der Zeit ständig verändern, wie diese Bedingungen durch die Wissenschaft selbst auch ständig verändert werden.

Zweifellos stellt die Entwicklung des Sozialismus unter dem Aspekt der Durchsetzung des Gesetzes der Ökonomie der Zeit an die Grundlagenforschung im natur- und gesellschaftswissenschaftlichen Bereich hohe Anforderungen, weil ohne grundlegend neue Erkenntnis keine *qualitativen* Veränderungen in der gesellschaftlichen Praxis – wie sie der Sozialismus auf vielen Gebieten zur Durchsetzung seines ökonomischen Grundgesetzes verlangt – möglich sind. Im Gegensatz zu früheren Produktionsweisen, die – wie Engels hervorhebt – „nur auf Erzielung des nächsten, unmittelbarsten Nutzeffekts der Arbeit ausgegangen“[11] sind, muß im Sozialismus durch die weitsichtige

[10] Direktive des VIII. Parteitages der SED, . . ., a. a. O., S. 59
[11] F. Engels, Dialektik der Natur, in: MEW, Bd. 20, Berlin 1962, S. 454

Wissenschaftspolitik und durch rechtzeitigen wissenschaftlichen Vorlauf in der Grundlagenforschung auch zukünftigen Erfordernissen der wissenschaftlich-technischen Revolution entsprochen werden.

Effektivität der Wissenschaft und Gesetz der ständigen Steigerung der Arbeitsproduktivität

Die objektiv bedingte Verflechtung von Wissenschaft und Produktion muß in Verbindung mit dem Gesetz der Ökonomie der Zeit auch bei der Beherrschung des Gesetzes der ständigen Steigerung der Arbeitsproduktivität beachtet werden. Es unterliegt keinem Zweifel, daß durch die Steigerung der Arbeitsproduktivität die entscheidenden materiellen Voraussetzungen für das Wachstum der Wissenschaft und die dynamische Zunahme neuer wissenschaftlicher Erkenntnisse geschaffen werden. Andererseits kann dieses Gesetz in der sozialistischen Produktion gegenwärtig nur noch in Verbindung mit der Ausnutzung der Wissenschaft und der Erhöhung der Effektivität der wissenschaftlichen Arbeit durchgesetzt werden. Die auf dem VIII. Parteitag der SED beratenen Probleme und Aufgaben zur Steigerung der Arbeitsproduktivität wurden deshalb aufs engste verküpft mit den Fragen der wissenschaftlich-technischen Arbeit, zu deren Schwerpunkt die *Verwirklichung der sozialistischen Rationalisierung* gehört. „Die *sozialistische Rationalisierung* ",heißt es in der Direktive des VIII. Parteitages, „ist ein objektives Erfordernis für die Intensivierung der gesellschaftlichen Produktion. Sie ist somit als eine erstrangige Aufgabe von gesamtgesellschaftlicher Bedeutung durchzusetzen ... Sie ist auf die Modernisierung der vorhandenen Technik, die Mechanisierung, die Teilautomatisierung und auf die Automatisierung ausgewählter volkswirtschaftlicher Vorhaben zu richten. Auf diese Weise ist der Kampf um die Steigerung der Arbeitsproduktivität bei Ausschöpfung aller Möglichkeiten zu führen."[12]

Die hier geforderte Ausschöpfung aller Möglichkeiten zur Beherrschung des Gesetzes der ständigen Steigerung der Arbeitsproduktivität im Sozialismus setzt das Erkennen grundlegender produktiver Beziehungen der Wissenschaft im gesellschaftlichen Reproduktionsprozeß voraus. Nur dadurch wird es möglich, die Wissenschaft im Sozialismus als Faktor zur Steigerung der Arbeitsproduktivität umfassend zu nutzen, ist es möglich, zum Beispiel hinsichtlich der

[12] Direktive des VIII. Parteitages der SED ..., a. a. O., S. 50

Fragen des ökonomischen Wachstums, des Nutzeffekts der lebendigen Arbeit (Arbeitsproduktivität, Nationaleinkommen) sowie hinsichtlich der Fragen der Ökonomie der Zeit u. a. zu richtigen Schlußfolgerungen zu gelangen. Zwischen der Produktivität der geistig-schöpferischen Arbeit und der Produktivität in der materiellen Produktion bestehen enge Wechselbeziehungen. In diesem Zusammenhang wird zuweilen in Publikationen und Vorträgen die These vertreten, daß in den letzten zwanzig Jahren – bzw. seit Beginn dieses Jahrhunderts – die Steigerungsraten der Arbeitsproduktivität im Bereich der materiellen Produktion um ein Vielfaches mehr gestiegen seien als im Bereich der geistigen Produktion. Eine solche These ist sehr problematisch, weil sie leicht zu Mißverständnissen und Fehlschlüssen führen kann. In diesem Zusammenhang entsteht zunächst die Frage, ob es überhaupt möglich ist, die Produktivität – im Sinne von Marx, also den Wirkungsgrad der produktiven, konkret nützlichen Arbeit – der geistigen Arbeit für sich allein zu messen, und wenn ja, nach welchen Kriterien gemessen werden kann. Wir können zwar mit einiger Genauigkeit den Aufwand an lebendiger und vergegenständlichter Arbeit im wissenschaftlichen Arbeitsprozeß berechnen, problematisch aber ist es, diesem Aufwand ein quantifizierbares Ergebnis gegenüberzustellen, um so zu einer Produktivitätskennziffer zu kommen.

Da die Wissenschaft nicht für sich allein als Produktivkraft wirksam werden kann, sondern nur im Prozeß der produktiven gesellschaftlichen Gesamtarbeit, ergibt sich zwangsläufig, daß es kompliziert ist, die ökonomische Effektivität der geistigen Arbeit anteilmäßig genau zu bestimmen und zum Kriterium der Produktivitätsmessung der geistigen Produktion zu machen. Auch der Umfang neuer Erkenntnisse reicht als Kriterium nicht aus, weil – gemessen an der Bedeutung für die Veränderung der gesellschaftlichen Praxis, insbesondere Produktion, – Erkenntnis nicht gleich Erkenntnis ist.

Aber nicht nur die Produktivitätsmessung der geistigen Produktion für sich genommen ist problematisch, sondern auch die der materiellen Produktion, weil die materielle Produktion immer nur aus der Einheit von körperlicher und geistiger Arbeit verstanden werden kann. Mit anderen Worten: Die Steigerungsraten der Arbeitsproduktivität der materiellen Produktion sind zugleich auch Ausdruck der Produktivität der geistigen Produktion von Forschung und Entwicklung. Wenn die Steigerungsraten der Arbeitsproduktivität in der materiellen Produktion so beträchtlich sind, dann doch auch deshalb, weil durch die Forschungstätigkeit bzw. die geistig-schöpferische Tätigkeit produktivere Arbeitsmittel, kostensenkende und damit produktivitätserhöhende neue Arbeitsgegenstände, die Ökonomie der Zeit günstig beeinflussende Technologien, Wirkprinzipien und Produktionsverfahren entwickelt worden sind und weil auf der Grundlage der geistigen Produktion planmäßig auch eine hocheffektive Struktur unserer Volkswirtschaft, rationellere Formen der nationalen und internationalen sozialistischen Kooperation und Zusammenarbeit gestaltet werden konnten. Diese produktiven Zusammenhänge zwischen Wissenschaft und unmittelbarer Produktion werden bei Produktivitätsmessungen in der materiellen Produktion zur Zeit noch nicht in vollem Umfang beachtet.

Gegenwärtig werden bei Berechnungen wichtiger volkswirtschaftlicher Kennziffern noch große Teile der produktiv Tätigen des Wissenschaftsbereiches nicht mit berücksichtigt. Im Gefolge dessen wird bei Produktivitätsmessungen zum Beispiel einem immer größer werdenden Nationaleinkommen ein immer kleiner werdender Kreis, auf den man gegenwärtig noch die produktive Tätigkeit beziehungsweise die Messung der Arbeitsproduktivität beschränkt, gegenübergestellt. Denn bekanntlich verlagert sich mit dem Übergang zu automatisierten Fertigungssystemen die produktive Tätigkeit des Menschen immer mehr aus der Sphäre der unmittelbaren Fertigung in die Sphäre der Leitung, Produktionsplanung, Produktionsvorbereitung, Forschung, Entwicklung, Produktionskontrolle und Produktionsüberwachung. Gegenwärtig werden beispielsweise in der DDR durch die Kennziffer „Produktionsarbeiter“ nur erfaßt die *direkt* in der Produktion sowie für Zwischenlagerung, Reparatur- und Transportleistungen tätigen Arbeiter. Ausgeklammert sind selbst die Produktionsarbeiter, die für Forschung und Entwicklung der Produktion, für die Konstruktion und Projektierung tätig sind, von den Tätigen der auftragsgebundenen Forschung und den Tätigen im Bereich der Grundlagenforschung ganz zu schweigen, die außerhalb der Kombinate und Betriebe in Wissenschaftseinrichtungen beschäftigt und an produktionswirksamen Forschungsaufgaben beteiligt sind. Es ergibt sich von selbst, daß andere auf dieser Basis errechnete Kennziffern (zum Beispiel die Kennziffer Produktivität je Produktionsarbeiter) in ihrer Aussagekraft wesentlich beschränkt sind, was in mancher Hinsicht auch zu Fehlentscheidungen in einzelnen VVB und Betrieben führte. So wurden z. B. in einigen VVB Planstellen für Forschungskader gestrichen, um bessere „Produktivitätskennziffern“ zu erreichen. Denn bekanntlich gehören die Forschungskader zu den Angestellten. Wächst die Zahl der Angestellten schneller als die der Produktionsgrundarbeiter, wird nur ein geringeres Wachstum der Produktivität der Arbeiter und Angestellten im Vergleich zur Produktivität der Produktionsarbeiter erreicht.

Bei der planmäßigen proportionalen Gestaltung einer hocheffektiven Volkswirtschaft müssen wir zwangsläufig zu falschen Schlußfolgerungen gelangen, wenn wir bei der Produktivitätsmessung die Vorleistungen beziehungsweise den objektiv notwendigen Aufwand im Wissenschaftsbereich – der zweiglich doch recht verschieden ist – nicht mit in Rechnung stellen oder wenn wir bei der Analyse der Faktoren, die die Steigerung der Arbeitsproduktivität sowie das Wachstum der materiellen Produktion verursachen, den Einsatz der Forschung, also der geistigen Produktion, unberücksichtigt lassen.

Die Mängel und Unzulänglichkeiten der Produktivitätsmessung in der materiellen Produktion verleiten auch zu solchen Thesen, auf die vorher hingewiesen wurde. Die Steigerung der Arbeitsproduktivität in der materiellen Produktion, die ja gerade ein entscheidendes Kriterium dafür ist, inwieweit die Wissenschaft zur unmittelbaren Produktivkraft geworden ist, läßt sich logischerweise nicht gleichzeitig zu einem Kriterium machen, das man der Produktivität der geistigen Produktion *gegenüberstellen* kann. Eine solche Gegenüberstellung wäre erst möglich auf der Basis *partieller* Produktivitätskennziffern, die es noch nicht gibt.

Die kritischen Einwände zu der vorher genannten These dürfen allerdings nicht in dem Sinne verstanden werden, als wollten wir jegliche Niveauunterschiede zwischen geistiger und materieller Produktion überhaupt leugnen oder als könnten wir mit der Produktivität der geistigen Arbeit bereits zufrieden sein. Ganz im Gegenteil. Auch für den wissenschaftlichen Arbeitsprozeß ist die These von Marx gültig, daß sich die Epochen nicht dadurch unterscheiden, „was gemacht wird, sondern *wie*, mit welchen Arbeitsmitteln gemacht wird"![13] Wenn wir unter diesem Aspekt die geistige und materielle Produktion vergleichen, dann hat sich zweifellos in den letzten Jahrzehnten in der Entwicklung das „Wie" im Bereich der materiellen Produktion wesentlich mehr verändert als im Bereich der geistigen Produktion. Das widerspiegelt sich vor allem in der unterschiedlichen Entwicklung der materiell-technischen Basis, in der Technologie, der Organisation sowie im Vergesellschaftungsgrad der Arbeit. Die technologische Durchdringung der geistigen Produktion, der eine immer größere Aufmerksamkeit geschenkt werden muß, ist die eine Seite, die Veränderung der materiell-technischen Basis des wissenschaftlichen

[13] K. Marx, Das Kapital, Bd. 1, a. a. O., S. 194/195

Arbeitsprozesses die andere Seite, die wir beachten müssen. Beide Seiten stehen in einer Wechselbeziehung zueinander und begründen im Sozialismus auch mit *die ökonomische Notwendigkeit der Konzentration des Forschungspotentials, der internationalen sozialistischen Zusammenarbeit sowie der Anwendung sozialistischer Formen und Methoden der Wissenschaftsorganisation.* Die Tatsache, daß im Vergleich zur unmittelbaren materiellen Produktion in der geistigen Produktion hinsichtlich der Anwendung moderner Technologien ein Rückstand besteht, liegt *nicht nur* darin begründet, daß die Forschungstechnologie noch nicht in vollem Maße dem zunehmenden Einsatz der gegenständlichen Faktoren, z. B. solchen Arbeitsmitteln wie EDV-Anlagen im wissenschaftlichen Arbeitsprozeß, entspricht, sondern liegt *auch* darin begründet, daß die materiell-technische Basis der geistigen Produktion für die Anwendung einer modernen Forschungstechnologie in den früheren Jahren bei weitem nicht so verändert werden konnte wie im Bereich der unmittelbaren materiellen Produktion und daß man in manchen Kombinaten eher bereit war, die moderne Rechentechnik in der Lohn- und Gehaltsrechnung einzusetzen als in dem für die Produktivitätssteigerung bedeutenderen Bereich der Forschung.

Auf die Notwendigkeit der Entwicklung der materiell-technischen Basis zur Erhöhung der Produktivität der geistig-schöpferischen Arbeit hat der Präsident der Akademie der Wissenschaften der UdSSR, Keldyš, auf dem XXIV. Parteitag der KPdSU mit besonderem Nachdruck aufmerksam gemacht: „Ein bestimmender Faktor bei der Steigerung der Arbeitsproduktivität der Wissenschaftler und bei der Hebung der Forschung ist in unserer Zeit der wissenschaftliche Gerätebau und die Automatisierung der Forschungen; sie ermöglichen es, die Produktivität der Arbeit der Wissenschaftler zu verzehnfachen. Wenn der wissenschaftliche Gerätebau nicht wie erforderlich entwickelt wird, ist die Wissenschaft zum Zurückbleiben verurteilt."[14]

Ausgehend von der Erkenntnis, daß die Steigerung der Arbeitsproduktivität entscheidend durch die Produktivität der geistig-schöpferischen Arbeit beeinflußt wird, sind in den Materialien des VIII. Parteitages der SED an verschiedenen Stellen im Zusammenhang mit den Forderungen zur Erhöhung der Effektivität der gesellschaftlichen Arbeit Aufgaben zur Erhöhung der Effektivität und

[14] M. W. Keldysch, Wissenschaft hilft technischen Fortschritt beschleunigen, in: ND vom 29. 4. 1971, S. 4

Produktivität der Wissenschaft gestellt worden. So heißt es beispielsweise in der Direktive des VIII. Parteitages:
„Der volkswirtschaftliche Nutzeffekt des wissenschaftlich-technischen Potentials ist vor allem durch die Steigerung der Produktivität der geistig-schöpferischen Arbeit zu erhöhen.“[15]

Mit dieser Forderung werden zugleich auch die Wege und Methoden aufgezeigt, die für eine solche Produktivitätssteigerung von Bedeutung sind: „Das betrifft insbesondere die Auswahl und Festlegung der Aufgaben, die systematische Bereitstellung der wissenschaftlich-technischen Informationen, die Anwendung produktiver Forschungsmethoden, einen rationellen Ablauf der wissenschaftlich-technischen Arbeiten, die Gewährleistung einer schöpferischen Arbeitsatmosphäre und die planmäßige Erarbeitung standardisierter wissenschaftlich-technischer Lösungen.“[16]

Effektivität der Wissenschaft und Gesetz der planmäßigen proportionalen Entwicklung der Volkswirtschaft

Die Erzielung einer hohen Effektivität der wissenschaftlichen Tätigkeiten selbst sowie einer hohen Effektivität der gesellschaftlichen Arbeit mit Produkten wissenschaftlicher Tätigkeiten ist selbstverständlich nicht allein durch Beherrschung des Gesetzes der Ökonomie der Zeit in Verbindung mit dem Gesetz der ständigen Steigerung der Arbeitsproduktivität möglich. Insbesondere die Erfahrungen der letzten Jahre haben gezeigt, daß die Fragen der Effektivität der gesellschaftlichen bzw. der wissenschaftlichen Arbeit im Sozialismus vom Gesetz der planmäßigen proportionalen Entwicklung der Volkswirtschaft nicht getrennt werden dürfen. In diesem Zusammenhang wurde erneut bestätigt, daß die ökonomischen Gesetze des Sozialismus nicht isoliert voneinander wirken, sondern komplex im gesamtgesellschaftlichen Maßstab. Die größere Wirksamkeit des Gesetzes der Ökonomie der Zeit, das ein *allgemeines* ökonomisches Gesetz ist und sowohl unter kapitalistischen als auch sozialistischen Bedingungen wirkt, auf die Effektivität der gesellschaftlichen Arbeit ergibt sich dabei vor allem durch den Wirkungsmechanismus des ökonomischen Grundgesetzes und des Gesetzes der planmäßigen proportionalen

[15] Direktive des VIII. Parteitages der SED . . ., a. a. O., S. 60
[16] Ebenda

Entwicklung der Volkswirtschaft. So wie das Gesetz der Ökonomie der Zeit nicht für sich gesehen und losgelöst von den spezifischen ökonomischen Gesetzen des Sozialismus verwirklicht werden kann, so kann auch das Gesetz der planmäßigen proportionalen Entwicklung der Volkswirtschaft nicht voll wirksam werden, wenn Grunderfordernisse der anderen Gesetze, z. B. des Gesetzes der Ökonomie der Zeit oder des Gesetzes der ständigen Steigerung der Arbeitsproduktivität sowie der objektiv bedingten Verflechtung von Wissenschaft und Produktion verletzt werden. Es würde der Komplexität des Wirkungsmechanismus der ökonomischen Gesetze zuwiderlaufen, wenn man auf Planmäßigkeit und Proportionalität schlechthin achtete und nicht auf eine solche planmäßige proportionale Entwicklung der Volkswirtschaft, die eine umfassende Ausnutzung der Wissenschaft, einen bedeutenden Zuwachs an Nationaleinkommen und ein Höchstmaß an Effektivität der gesellschaftlichen Arbeit garantiert. Bei der planmäßigen proportionalen Entwicklung der Volkswirtschaft geht es also nicht um die Beachtung von Proportionen schlechthin, sondern um die Herstellung solcher Proportionen, die ein Höchstmaß an Effektivität der gesellschaftlichen Arbeit bei der Verwirklichung der Zielfunktion des Sozialismus ermöglichen; denn proportional kann auch eine weniger effektiv strukturierte Volkswirtschaft gestaltet werden. Diese Zusammenhänge zeigen, daß an die Gestaltung der Grundproportionen des gesellschaftlichen Reproduktionsprozesses, an die Gestaltung der Proportionen zwischen Produktion und Konsumtion, Akkumulation und Konsumtion sowie zwischen Abteilung I und Abteilung II der materiellen Produktion immer höhere Anforderungen gestellt werden müssen. Diese Proportionen sind nur noch bewußt zu verwirklichen, wenn in ihnen die Proportionen zwischen Bildung, Wissenschaft und Produktion eingeschlossen sind. Die vorrangige Entwicklung der Abteilung I – eine Grundbedingung für das extensive und intensive Wachstum der materiellen Produktion – läßt sich gegenwärtig nicht mehr verwirklichen, wenn nur noch die Endstufen der Produktion, die Stufen der unmittelbaren Fertigung in den Abteilungen I und II bilanziert und proportional gestaltet werden. Vorrangige Entwicklung der Abteilung I – der Produktion von Produktionsmitteln – schließt entsprechende Maßnahmen im Bildungswesen ein, bedeutet unter den gegenwärtigen Bedingungen zugleich vorrangige Entwicklung solcher Zweige der Naturwissenschaften, der technischen Wissenschaften sowie der Ökonomie und die Konzentration der Forschungskapazitäten auf solche Forschungsschwerpunkte, die für die Weiterentwicklung der modernen Technik, die Rationalisierung, Automatisierung, die Anwendung der elektronischen Datenverarbeitung, für die Chemisierung sowie für die ökonomisch effektivere Gestaltung des gesellschaftlichen Reproduktionsprozesses von ausschlaggebender Bedeutung sind.

Es sind aber nicht nur die produktiven und konsumtiven Bedürfnisse des eigenen Landes, die ein differenziertes Wachstum innerhalb der materiellen Produktion sowie zwischen Bildung, Wissenschaft und Produktion erforderlich machen, sondern auch die im Rahmen der internationalen sozialistischen Arbeitsteilung und Zusammenarbeit zu berücksichtigenden Bedürfnisse der anderen sozialistischen Länder. Eine unter solchen Bedingungen entsprechend den Erfordernissen des Gesetzes der Ökonomie der Zeit strukturierte Volkswirtschaft erfordert entsprechende Proportionen innerhalb und zwischen den verschiedenen Bereichen der Gesellschaft.

Ein dynamisches Wachstum bestimmter Zweige der Produktion muß nicht nur von einem entsprechenden Wachstum der Zulieferindustrie begleitet sein, sondern ebenso von einem entsprechenden Wachstum der geistigen Produktion. So sind unter unseren Bedingungen in die Aufgaben der Industrie im Fünfjahrplanzeitraum „zur Entwicklung einer effektiven Produktionsstruktur bei Sicherung der planmäßigen proportionalen Entwicklung der Volkswirtschaft und der Erfordernisse der sozialistischen ökonomischen Integration der Mitgliedländer des RGW“ und in die Maßnahmen „zur Entwicklung der Rohstoff- und Energiebasis sowie zur Sicherung der Proportionen zwischen Zulieferindustrie und Endproduzenten einschließlich der Ersatz- und Verschleißteilproduktion“ [17] auch bedeutende Aufgaben auf dem Gebiet der Grundlagen- und angewandten Forschung eingeschlossen zur Erhöhung der Qualität und Verbesserung der Gebrauchseigenschaften der Erzeugnisse, zur Verbesserung der Materialökonomie und rationelleren Gestaltung der Rohstoff- und Energiewirtschaft. Zu den zuletzt genannten Aufgaben zählen beispielsweise die im Fünfjahrplanzeitraum vorgesehenen wichtigen Forschungsaufgaben auf dem Gebiet der Werkstofforschung, der Rohstofforschung und -erkundung sowie zur Entwicklung ökonomischer Aufschlußverfahren, um eine bessere Nutzung der eigenen Rohstoffvorkommen und eine schnellere Entwicklung der aus heimischen Ressourcen gewonnenen Wirkstoffe zu ermöglichen.

Die aus dem Wirkungsmechanismus des Gesetzes der planmäßigen

[17] Ebenda, S. 70f.

proportionalen Entwicklung unserer Volkswirtschaft sich ergebenden Konsequenzen betreffen im wissenschaftlichen Arbeitsprozeß sowohl die proportionale Gestaltung von Forschung und Lehre, Grundlagenforschung und angewandter Forschung, Entwicklung und Überleitung als auch den unmittelbaren Forschungsprozeß, in dem beim Einsatz des Forschungspotentials notwendige Proportionen nicht nur innerhalb der einzelnen Potentialelemente (z. B. zwischen Wissenschaftlern und wissenschaftlich-technischen Hilfskräften), sondern auch zwischen den subjektiven Faktoren (Arbeitskräften) und gegenständlichen Faktoren (Forschungsgeräten) beachtet werden müssen. Bei Verletzung notwendiger Proportionen sind manche Probleme überhaupt nicht oder nur mit Zeitverlusten lösbar, z. B. wenn Wissenschaftler bestimmter Disziplinen fehlen oder wenn Wissenschaftler mit organisatorischen und technischen Arbeiten über das notwendige (unvermeidliche) Maß hinaus auf Kosten ihrer schöpferischen Arbeitszeit belastet werden. Dadurch verteuert sich nicht nur die Ausführung technischer Arbeiten, sondern verringert sich zugleich auch die Effektivität der Forschungsarbeit überhaupt. Solche Disproportionen traten beispielsweise auch auf, als mit der zunehmenden Anwendung moderner Forschungsgeräte und EDV-Anlagen im Forschungsprozeß Wissenschaftler bestimmter Disziplinen (z. B. Mathematiker) und ein entsprechendes Bedienungspersonal nicht sofort bereitstanden, um diese Produktionsmittel bei der Erhöhung der Effektivität der wissenschaftlichen Arbeit voll nutzen zu können. Ganz gleich, in welcher Ebene der wissenschaftlichen Tätigkeit das Gesetz der planmäßigen proportionalen Entwicklung der Volkswirtschaft verletzt wird, seine Verletzung ist stets mit *Effektivitätsverlusten* verbunden und widerspiegelt sich stets in den Prozessen der wissenschaftlichen Tätigkeiten und den diesen zugrunde liegenden Faktoren (Arbeitskräfte und Produktionsmittel einschließlich Informationen). Planmäßige proportionale Entwicklung der Wissenschaft bzw. der Forschung bedeutet planmäßige proportionale Prozeßgestaltung, bedeutet in letzter Konsequenz vor allem auf hohe Effektivität orientierte planmäßige proportionale Entwicklung und Gestaltung des Wissenschaftspotentials. Deshalb verdient die Erforschung der Potentialproblematik im Rahmen der marxistisch-leninistischen Wissenschaftstheorie unter dem Aspekt seiner effektiven planmäßigen proportionalen Entwicklung größte Aufmerksamkeit.

Die Überwindung entstandener Disproportionen ist oft nur auf lange Sicht möglich, weil in der Regel verschiedene Bereiche des gesellschaftlichen Lebens davon betroffen sind und weil solche Prozesse wie Qualifizierung von Wissenschaftlern nur langfristig möglich sind. Gerade hier zeigen sich die Vorzüge des Sozialismus sehr deutlich. Durch wissenschaftliche Prognosen und Pläne können nicht nur Disproportionen weitestgehend vermieden werden, sondern dort, wo sie auftreten, können sie auf Grund des gesellschaftlichen Eigentums an den Produktionsmitteln schneller überwunden werden. Für die Effektivität der gesellschaftlichen Arbeit ist dies von wesentlicher Bedeutung. Hierbei wird zugleich deutlich, daß die Effektivität der gesellschaftlichen Arbeit sehr entscheidend vom Grad der Ausnutzung der Vorzüge des sozialistischen Wirtschaftssystems abhängt. Diese in der wissenschaftstheoretischen Forschungsarbeit bei der Lösung grundlegender Probleme der Wissenschaft stärker zu beachten, macht es vor allem notwendig, den Wechselbeziehungen und gegenseitigen Bedingtheiten von Wissenschaft und ökonomischen Gesetzen des Sozialismus zukünftig eine größere Aufmerksamkeit zu schenken.

Hubert Laitko

Zyklische Prozesse in der Wissenschaft

1. Die Bedeutung der Suche nach Regelmäßigkeiten

Auf den ersten Blick erscheint Wissenschaft als Domäne der Nichtwiederholbarkeit. Jedes einzelne Element hat nur deshalb Anspruch auf einen Platz im gesellschaftlichen Fonds wissenschaftlicher Erkenntnisse, weil es von allen anderen Elementen dieses Fundus unterschieden und insofern singulär ist.[1] Während zwei Exemplare einer Maschine doppelt soviel materiellen gesellschaftlichen Reichtum darstellen wie eines, ist der von zwei Exemplaren ein und desselben Buches repräsentierte ideelle Reichtum der Gesellschaft um kein Gran größer als der in einem einzigen Exemplar enthaltene – der Vorzug der Vervielfachung der materiellen Zeichengestalt eines ideellen Resultats besteht nur in der entsprechenden Vergrößerung der Zugriffsmöglichkeiten. Entsprechend sind die Tätigkeiten, die neue wissenschaftliche Resultate erzeugen, ihrem Erkenntnisinhalt nach wesentlich unikal. Zwar ist es nicht selten der Fall, daß mehrere Wissenschaftler – sei es im gleichen Kollektiv, sei es unabhängig voneinander –, die mit dem gleichen Problem konfrontiert sind, identische Erkenntnisprozesse vollziehen und entsprechend zu identischen Ergebnissen gelangen[2]; in nicht zu weiten Grenzen, jenseits derer der vielfache Vollzug des Gleichen eine ungerechtfertigte Vergeudung gesellschaftlicher Arbeitskraft darstellt, ist eine solche Parallelität auch wünschenswert, denn sie erhöht die Wahrscheinlichkeit dafür, daß das gefundene Ergebnis richtig ist. Dennoch zählt

[1] „Die wissenschaftliche Produktion ist keine Massenproduktion, ihr Ergebnis ist stets ein einzelnes, in seiner Spezifik nicht wiederholbares Produkt" (G. N. Wolkow, Soziologie der Wissenschaft, Berlin 1970, S. 254). Petrov und Potemkin bemerken, daß eine Experimentieranlage einer Maschine nur äußerlich ähnlich ist, denn ihre Produkte müssen sich sämtlich voneinander unterscheiden (M. K. Petrov und A. V. Potemkin, Soziologija nauki, Rostov 1968, S. 81).

[2] Vgl. N. I. Rodnyj, Zum Problem der wissenschaftlichen Entdeckungen, in: Wissenschaftliches Schöpfertum, Berlin 1972, S. 185ff.

vom Standpunkt des Resultats nur eine einzige Tätigkeitsfolge als notwendige und hinreichende Bedingung zu seiner Erzeugung. Vom Standpunkt des Resultats und seines gesellschaftlichen Wertes betrachtet, sind die Tätigkeiten zur Erzeugung identischer materieller Güter additiv, die Tätigkeiten zur Erzeugung identischer Erkenntnisse dagegen nichtadditiv. Symbolisch könnte man erstere mit $a + a = 2a$, letztere dagegen mit $a + a = a$ beschreiben.

Die sozialistische Gesellschaft benötigt zuverlässige Mittel zur Gestaltung der wissenschaftlichen Arbeitsprozesse, deren Anwendung die soziale Ergiebigkeit der Wissenschaft fortlaufend steigert. Der Entwurf und der Einsatz solcher Mittel – sowohl der bereits bekannten und bewährten als auch der in Zukunft neu zu schaffenden – können selbstverständlich nur vom Regelmäßigen, sich Wiederholenden in den wissenschaftlichen Tätigkeiten ausgehen, keineswegs aber vom Einmaligen, Nichtwiederholbaren.[3] Die Anwendung der wissenschaftsgestaltenden Mittel läuft dann darauf hinaus, solche stabilen Zusammenhänge zwischen den wissenschaftlichen Tätigkeiten durch bewußte Beeinflussung ihrer Existenzbedingungen zu variieren, aufzulösen oder neu zu setzen. Die Praxis der Wissenschaftsleitung verlangt daher, sowohl die vorhandenen regelmäßigen Zusammenhänge in der Gesamtheit wissenschaftlicher Tätigkeiten unter sozialistischen Bedingungen möglichst umfassend zu erkunden als auch mit Hilfe theoretischer Ansätze die unter gewissen Bedingungen möglichen bzw. notwendigen Regelmäßigkeiten abzuleiten.[4]

Nun gibt es in der Gesamtheit der wissenschaftlichen Tätigkeiten

[3] K. Hager betont die Notwendigkeit, „die objektiven Zusammenhänge aufzudecken, nach denen sich die Wissenschaft entwickelt . . .“ Es ist erforderlich, „in enger interdisziplinärer Arbeit und ausgehend vom Marxismus-Leninismus die theoretischen Grundlagen der Wissenschaftsentwicklung weiter auszubauen, die für die Wissenschaftspolitik der Partei, aber auch für die Leitung und Organisation der wissenschaftlichen Tätigkeit in den Forschungs- und Entwicklungseinrichtungen der DDR den nötigen Vorlauf sichern muß“ (K. Hager, Sozialismus und wissenschaftlich-technische Revolution, Berlin 1972, S. 58).

[4] „Der Sozialismus schafft die günstigsten Bedingungen für die Entwicklung der Wissenschaft. Für ihre Realisierung ist die Erkenntnis der Gesetzmäßigkeiten des Funktionierens der Wissenschaft und die Ausnutzung dieser Gesetzmäßigkeiten zum Zweck der Erhöhung des Tempos des wissenschaftlich-technischen Fortschritts erforderlich“ (V. V. Kosolapov, A. N. Ščerban, Optimizacija naučno-issledovatelskoj dejatel’nosti, Kiev 1971, S. 63).

zwei miteinander verbundene, aber in der Abstraktion wohlunterscheidbare Ebenen von Regelmäßigkeiten, die hier bedingt als nichtspezifische und spezifische bezeichnet werden sollen.

a) *Nichtspezifische Regelmäßigkeiten*

Es handelt sich, grob gesagt, um Zusammenhänge, die die wissenschaftlichen Tätigkeiten nicht deshalb aufweisen, weil sie wissenschaftliche sind, sondern deshalb, weil sie gesellschaftliche Arbeitstätigkeiten wie andere Tätigkeitsarten auch sind. Allerdings kann man erwarten, daß sie im Wissenschaftsbereich eine durch die Besonderheiten der wissenschaftlichen Tätigkeit bedingte Nuancierung annehmen. Um Regelmäßigkeiten dieser Art aufzudecken, bedarf es keiner besonderen wissenschaftswissenschaftlichen Forschung. Ihre Existenz bzw. Existenzmöglichkeit kann von vornherein als gegeben betrachtet werden, wenn man nur anerkennt, daß die wissenschaftliche Tätigkeit keine autonome Sphäre ist, sondern ein kausal und funktionell als Abschnitt des arbeitsteiligen Reproduktionsprozesses der jeweiligen Gesellschaftsordnung in das Ganze der Gesellschaft eingegliederter Bereich.[5] Spezieller Aufmerksamkeit bedürfen nur die eventuellen Modifikationen, denen die gesellschaftlich allgemeingültigen Zusammenhänge im Wissenschaftsbereich durch dessen Besonderheiten unterworfen werden.

Betrachten wir ein theoretisch triviales, aber praktisch äußerst bedeutsames Beispiel. Als einen für alle gesellschaftlichen Tätigkeiten gültigen stabilen Zusammenhang kann man zweifellos die positive Korrelation zwischen der physischen und psychischen Gesundheit der Ausführenden und der Erfolgschance der Tätigkeit ansehen. Die uneingeschränkte Gültigkeit dieser Feststellung für den Bereich der wissenschaftlichen Tätigkeit dürfte kaum zu bestreiten sein; auch die bürgerliche Psychologie hat bekanntlich ihre alten Spekulationen über die psychopathischen Züge der Genialität längst in die Mottenkiste geworfen. Für die sozialistische Gesellschaft ist darüber hinaus die Gesundheit der Menschen nicht nur eine Effizienzbedingung für die Produktion materieller und ideeller Güter, sondern vor allem auch ein selbständiger sozialer Wert hohen Ranges, ein grundlegendes menschliches Bedürfnis und eine fundamentale Bedingung für die Möglichkeit, alle anderen Bedürfnisse voll zu entwickeln und zu be-

[5] Vgl. H. Steiner, Der sozialökonomische Charakter der Vergesellschaftung der Wissenschaft als theoretische und methodologische Grundlage für ihre wissenschaftstheoretische Analyse, in: Deutsche Zeitschrift für Philosophie, H. 12/1971, S. 1471ff.

friedigen. Daraus ergibt sich die einfache und natürliche Forderung für die sozialistische Wissenschaftsleitung, die Arbeitsprozesse in ihrem Zuständigkeitsbereich so zu gestalten, daß die größtmögliche Sorge um die Gesundheit der hier Tätigen gewährleistet ist. Es ist jedoch bekannt, daß auch dieser einfachen und elementaren Forderung durchaus nicht immer und überall in vollem Umfang Rechnung getragen wird. Mitunter trifft man auf Hektik im Arbeitsregime, auf Überforderungserscheinungen oder auch auf Nichtachtung elementarer hygienischer Gebote (lange Beratungen in von Zigarettenrauch erfüllten Räumen usw.) – also auf Faktoren von zumindest potentiell pathogener Natur. Solche Erscheinungen sind sicher nur teilweise auf direkte Unachtsamkeit zurückzuführen; zum Teil beruhen sie auch auf Unkenntnis dessen, wo im jeweiligen Arbeitsbereich potentiell pathogene Faktoren auftreten und wie ihnen am besten entgegenzuwirken ist. Hier liegt auch das selbständige Untersuchungsfeld des Gebietes „Hygiene der wissenschaftlichen Tätigkeit“, das sich mit den spezifischen Modifikationen der allgemeinen Korrelation von Gesundheitszustand und Arbeitsprozeß im Wissenschaftsbereich beschäftigt.

Dieses elementare und allgemein bekannte Beispiel gestattet die Formulierung eines wichtigen allgemeinen Prinzips: Regelmäßigkeiten, die anderen Bereichen der gesellschaftlichen Tätigkeit im Sozialismus nicht auf Grund ihres *besonderen* Inhalts, sondern auf Grund ihrer generellen Eigenschaft, gesellschaftliche Tätigkeiten schlechthin zu sein, eigen sind, gelten auch für die wissenschaftlichen Tätigkeiten unter sozialistischen Bedingungen. Die auf solche Regelmäßigkeiten gegründeten Gestaltungsmittel sind auf den Wissenschaftsbereich übertragbar. Die Besonderheiten der wissenschaftlichen Tätigkeiten nuancieren jedoch diese Zusammenhänge, ohne ihre Gültigkeit aufzuheben; entsprechend müssen auch die darauf gegründeten Mittel in Anwendung auf die Wissenschaft nuanciert werden. Diese Modifikationen liegen im allgemeinen nicht an der Oberfläche, sondern bedürfen systematischer Erforschung.

Es gibt viele Fälle einer solchen durch objektive Gemeinsamkeiten der regelmäßigen Zusammenhänge gerechtfertigten Mittelübertragung, die aber meist bedeutend schwieriger zu erläutern sind als unser einfaches Beispiel. Ein wichtiger Fall sei hier noch genannt: die Anwendung des Prinzips des demokratischen Zentralismus auf die wissenschaftliche Tätigkeit und die Realisierung dieses Prinzips durch eine vielstufige Leitungshierarchie, die sich im Prinzip nicht von der hierarchischen Leitungsstruktur in anderen Bereichen gesellschaftlicher Tätigkeit unterscheidet.

b) *Spezifische Regelmäßigkeiten*

Hier handelt es sich um regelmäßige Zusammenhänge, die den wissenschaftlichen Tätigkeiten gerade auf Grund ihrer besonderen Eigenschaft, *wissenschaftliche* und nicht irgendwelche anderen Tätigkeiten zu sein, zukommen. Unter wissenschaftlichen Tätigkeiten werden in diesem Aufsatz solche verstanden, deren unmittelbare Resultate stets Erkenntnisse sind und die entweder in der Neuproduktion solcher Erkenntnisse oder in der Veränderung ihrer Existenzweise bestehen.[6] Die vielfältigen Formen der gesellschaftlichen Praxis, die wissenschaftliche Erkenntnisse zur zielgerichteten Veränderung materieller Gegenstände und Zustände anwenden und die umgangssprachlich oft ebenfalls als wissenschaftliche Tätigkeiten bezeichnet werden, subsumieren wir nicht unter diesen Begriff. Die Begründung einer solchen Begriffsbildung würde den Rahmen dieses Aufsatzes überschreiten. Nach ihren spezifischen Regelmäßigkeiten unterscheiden sich die wissenschaftlichen Tätigkeiten von anderen gesellschaftlichen Tätigkeitstypen. Die einleitenden Bemerkungen haben bereits die enormen erkenntnistheoretischen Schwierigkeiten des Nachweises solcher Zusammenhänge und damit der eigentlichen Wissenschaftsforschung angedeutet. Während es verhältnismäßig einfach ist, die Existenz nichtspezifischer regelmäßiger Zusammenhänge in der wissenschaftlichen Tätigkeit nachzuweisen, ist der Existenzbeweis für spezifische Zusammenhänge hier mit großen Schwierigkeiten verbunden. Mit anderen Worten: Bestünde die einzige spezifische Regelmäßigkeit der wissenschaftlichen Tätigkeiten darin, daß alle ihre Ergebnisse nichtidentisch und daher alle einzelnen Tätigkeiten vom Standpunkt ihres Erkenntnisinhalts verschieden sind (diese Tatsache ist, solange man sich auf die Forschungstätigkeiten als Grundform der wissenschaftlichen Tätigkeit beschränkt, unbestreitbar), so müßte sich Wissenschaftsforschung darauf beschränken, die Modifikationen der nichtspezifischen Regelmäßigkeiten im Wissenschaftsbereich zu untersuchen.

Die praktische Bedeutung der hier in Form einer zugespitzten erkenntnistheoretischen Fragestellung formulierten Problematik liegt auf der Hand. Der Verfasser ist der Ansicht, daß die bisher praktizierten Mittel gesellschaftlicher Wissenschaftsgestaltung zumindest

[6] Vgl. J. Šejnin, Osnovnyje ponjatija organisazii i upravlenija naučnoj dejatelnostju, in: Upravlenije, planirovanije i organizacija naučnych i techničeskich issledovanij, Bd. 2, Moskau 1971, S. 178ff.; V. A. Dmitrijenko, O nekotorych osobennostjach naučnoj dejatelnosti, in: Problemy dejatelnosti učonogo i naučnych kollektivov, H. IV, Leningrad 1971

zum größten Teil auf der Erkenntnis nichtspezifischer Zusammenhänge beruhen. Dafür sei noch ein Beispiel genannt. Wie andere gesellschaftlich notwendige Tätigkeiten unterliegt auch die wissenschaftliche Tätigkeit der gesellschaftlichen Einflußnahme durch die materielle Stimulierung der in diesem Bereich Tätigen, die eine der wesentlichen Realisierungsformen des sozialistischen Leistungsprinzips ist. Für den Vergleich der Leistungen und die Feststellung dessen, wessen Leistung höher und wessen niedriger ist, existieren jedoch infolge der Unikalität der Resultate keine direkten theoretisch begründeten Meßverfahren. Die praktizierten und empirisch gewonnenen Bewertungsverfahren funktionieren wohl, doch es ist eine infolge des Fehlens einer dafür geeigneten Theorie bisher unentschiedene Frage, ob sie auch die günstigsten sind.[7]

Für die Hauptform der materiellen Stimulierung, das normale Arbeitseinkommen, sind wir auf indirekte Bewertungskriterien angewiesen, die auch in anderen Tätigkeitsbereichen gelten – insbesondere die Korrelation des Arbeitseinkommens mit der Stellung in der Leitungspyramide und mit der Qualifikationshöhe, wobei letztere hauptsächlich am Vorliegen bestimmter wissenschaftlicher Grade und Auszeichnungen gemessen wird. Das ist keineswegs unproblematisch. Beispielsweise liegt der Gradabhängigkeit der Bezahlung faktisch das Postulat zugrunde, daß auf verschiedenen Gebieten erworbene Grade gleichen Ranges ein identisches Qualifikationsniveau bedeuten; dieses Postulat kann jedoch infolge der inhaltlichen Nichtkommensurabilität der wissenschaftlichen Tätigkeiten auf verschiedenen Gebieten nicht unmittelbar bewiesen werden usw.

Man sieht deutlich, daß vom Standpunkt der Spezifik der wissenschaftlichen Tätigkeit die auf der Basis nichtspezifischer Regelmäßigkeiten funktionierenden Mittel gesellschaftlicher Wissenschaftsgestaltung eigentlich Mittel indirekter Steuerung sind. Sie sind effektiv, weil den von ihnen gesteuerten Prozessen diese Regelmäßigkeiten objektiv eigen sind. Offensichtlich läßt sich aber ihre Effektivität in dem Maße erhöhen, wie es gelingt, sie durch ein Arsenal von Mit-

7 Zu den Bewertungsverfahren für die Leistung der wissenschaftlich Tätigen siehe beispielsweise: I. I. Makešin, O kriterijach ozenki kačestva naučno-issledovatelskich rabot;
A. D. Susman, Ob ozenke naučnoj resultativnosti raboty issledovatelskich kollektivov;
W. S. Libensson. Škala dlja ozenki snačimosti naučnych rabot (alle in: Problemy dejatelnosti učonogo i naučnych kollektivov, H. IV, Leningrad 1971).

teln der direkten Steuerung zu ergänzen, die auf der Kenntnis spezifischer Regelmäßigkeiten beruhen. Die gesellschaftlichen Verhältnisse des Sozialismus bieten der bewußten Wissenschaftsgestaltung die Möglichkeit unbegrenzt zunehmender Effektivität. Dazu ist es jedoch notwendig, die objektiv vorhandenen und möglichen Regelmäßigkeiten im Wissenschaftsbereich immer besser zu kennen. Darin sehen wir auch den tiefen Zusammenhang von Wissenschaftsforschung und Sozialismus.

Die zwei wichtigsten Formen direkter Steuerung im Prozeß der Wissenschaftsleitung bestehen in unserer Gesellschaft in der von erkannten gesellschaftlichen Bedürfnissen ausgehenden Zielbestimmung und in der dem so gewonnenen Zielmuster entsprechenden Potentialverteilung. Die Funktionstüchtigkeit dieses Verfahrens beweist praktisch die Existenz spezifischer Regelmäßigkeiten, und zwar ungeachtet dessen, daß es bisher nicht gelungen ist, diese Regelmäßigkeiten auf der Basis erkannter Gesetze theoretisch abzuleiten. Es beweist damit zugleich auch, daß es aussichtsreich ist, nach solchen Gesetzen zu suchen. Aber die Funktionstüchtigkeit eines Verfahrens bedeutet selbstverständlich nicht, daß es keiner Verbesserung fähig und bedürftig wäre. Die bewußte Durchführung der Prozesse der Zielbestimmung und Potentialverteilung (einschließlich der Potentialbildung und -entwicklung) zeugt davon, daß über die spezifischen Regelmäßigkeiten der wissenschaftlichen Tätigkeit auch gesellschaftliches Wissen vorhanden ist. Dieses Wissen hat die empirische Form „kollektiver Weisheit“, verteilt in den Arbeits- und Lebenserfahrungen zehntausender von Menschen, die im Sozialismus auf den verschiedensten Ebenen aktiv an der Durchführung der genannten Prozesse beteiligt sind. Die Aufgabe, dieses Wissen abzuheben und in einer Theorie oder einer Familie von Theorien zu organisieren, ist infolge ihrer immensen Schwierigkeit bisher noch ungelöst. Dabei läßt sich der Wert kaum überschätzen, den eine genügend reichhaltige und begründete Theorie des Übergangs von erkannten gesellschaftlichen Erfordernissen zu spezifischen Wissenschaftszielen und eine Theorie der zielabhängigen Potentialgestaltung als Werkzeuge in der Hand der sozialistischen Wissenschaftsleitung hätten.

Aus den genannten Gründen ist es sinnvoll, nach spezifischen Regelmäßigkeiten innerhalb der wissenschaftlichen Tätigkeit zu suchen – durch empirische Untersuchung von Korrelationen in großen spezifischen Tatsachenmassiven, die allerdings stets sehr aufwendig ist und ohne Rechentechnik kaum bis zur notwendigen Aussagekraft geführt werden kann, durch die Konstruktion von zunächst einfachen, später reichhaltigeren Modellen von Zusammenhängen in der Wissenschaft und ihren Vergleich mit der Wirklichkeit und schließlich in Verbindung damit durch die Zusammenfassung aller in den Erkenntnissen der verschiedensten Wissenschaftsgebiete enthaltenen Hinweise auf die Existenz und Art solcher Regelmäßigkeiten. Es ist anscheinend möglich, auf diese Weise durch das reale Objekt „Wissenschaft" eine ganze Reihe von „Schnitten" zu legen und es damit theoretisch faßbarer zu machen. Hier handelt es sich um ein Aufgabengebiet, das nach Ansicht des Verfassers von der Wissenschaftswissenschaft (науковедение) allein nicht bewältigt werden kann (zumindest dann, wenn man eine rationelle Bestimmung ihres Gegenstandes vornimmt und sie nicht einfach als Konglomerat sämtlicher irgendwie denkbaren Wissenschaftsforschungen betrachtet[8]) und zu dessen Bewältigung eine über die Grenzen dieser Disziplinen hinausgehende interdisziplinäre Arbeit oder doch zumindest die Verwertung vielfältiger außerhalb ihrer Grenzen gewonnener Erkenntnisse und Gesichtspunkte durch die Wissenschaftswissenschaft erforderlich ist. Deshalb haben wir bisher den unbestimmten Terminus „Wissenschaftsforschungen" verwendet.[9]

Im folgenden wollen wir nun einen der möglichen „Schnitte" durch

[8] Der Forschungsraum einer Wissenschaftsdisziplin wird stets dadurch bestimmt, daß ein wissenschaftlicher Gegenstand im Rahmen eines gegebenen Bezugssystems erforscht wird. Dieses Bezugssystem findet in der fundamentalen Theorie der Disziplin seinen deutlichsten Ausdruck. Überall dort, wo die Erkenntnis nicht mit der Vorgabe eines Bezugssystems, sondern mit einem „Sammelstadium" beginnt – so auch in der Wissenschaftswissenschaft –, macht sich zunächst die Tendenz geltend, alle möglichen Erkenntnisse über den realen Gegenstand an sich zu reißen, so daß ein ungeordnetes Konglomerat das Vorstadium der neuen Disziplin bildet. In dem Maße, wie sich die marxistisch-leninistische Wissenschaftstheorie als fundamentale Theorie der Wissenschaftswissenschaft formiert, wird deutlich, daß letztere die Erkenntnisse der Philosophie, Ökonomie usw. über die Wissenschaft wohl berücksichtigt, aber nicht okkupiert, und die Untersuchung der Wissenschaft in den Bezugssystemen dieser Disziplinen auch keinesfalls überflüssig macht.

[9] K. Hager hebt den interdisziplinären Charakter der Aufgabe hervor, die gegenwärtigen Probleme der Wissenschaftsentwicklung zu untersuchen: „Sich dieser Probleme anzunehmen, sind die marxistisch-leninistischen Philosophen, Ökonomen, Soziologen und Historiker genauso aufgerufen wie Psychologen, Kybernetiker, Mathematiker und Naturwissenschaftler" (K. Hager, a. a. O., S. 58).

die Erscheinung „Wissenschaft" andeuten. Er geht von der Tatsache aus, daß die wissenschaftlichen Tätigkeiten im gesellschaftlichen Gesamtzusammenhang untereinander durch einen historischen Entwicklungsprozeß verbunden sind. Die Kontinuität und Stabilität von Entwicklungsprozessen beruht darauf, daß sie auf einem Unterbau zyklischer Vorgänge ablaufen, in denen bestimmte Objekte, Zustände, Eigenschaften usw. in der Zeitrichtung „transportiert" werden, sowohl durch einfache Erhaltung als auch durch Reproduktion. Der gesellschaftlichen Entwicklung liegt eine gestufte Mannigfaltigkeit von Reproduktionsprozessen zugrunde. Die Reproduktion der Gesellschaftsordnungen und ihrer Teilbereiche durch die menschliche Lebenstätigkeit ist der Elementarprozeß der geschichtlichen Entwicklung. In den antagonistischen Ordnungen führt dieser Prozeß zur tendenziellen Verschärfung seiner inneren Widersprüche und schließlich zur Umwälzung seiner eigenen Basis, in der kommunistischen Ordnung zur stetigen Vervollkommnung der Gesamtgesellschaft. Diese Überlegung läßt sich auch auf einen Teilbereich der Gesellschaft, die Wissenschaft, übertragen, wobei die Aufmerksamkeit hier nicht auf ihren Entwicklungsaspekt gerichtet ist. Vielmehr wird ihre Entwicklung als Tatsache angenommen, um die Frage nach den zugrunde liegenden zyklischen Prozessen zu motivieren. Dem Verfasser scheint diese Fragestellung eine aussichtsreiche Richtung der Suche nach spezifischen Regelmäßigkeiten anzudeuten. Dabei ergibt sich eine ganze Folge von verschiedenen Bezugssystemen für die Analyse, die wir in der Richtung vom Einfacheren zum Komplizierteren anordnen. Diese Anordnung erfolgt aus methodischen Gründen; sie ist in gewissem Sinne invers zu der Hauptrichtung der gesellschaftlichen Determination der Prozesse.

2. Erkenntniszyklen

Das einfachste Bezugssystem, in dem sich wissenschaftliche Tätigkeiten beschreiben lassen, ist das der Erkenntnistheorie. Wissenschaftliche Tätigkeit erscheint dabei als Vorgang der ideellen Widerspiegelung der objektiven Realität in gedanklichen Abbildern. Die Diskussion der Unterschiede dieses Vorgangs von anderen, außerwissenschaftlichen Prozessen der ideellen Widerspiegelung kann an dieser Stelle außer Betracht bleiben. Die grundlegende Eigenschaft der wissenschaftlichen Tätigkeiten besteht also unter erkenntnistheoretischem Aspekt darin, Produktion und Reproduktion von objektiver Wahrheit zu sein.[10] Die Einfachheit des Standpunktes wird durch die Abstraktion von allen anderen Bezugssystemen erreicht, zum Beispiel vom ökonomischen Aufwand-Resultat-Zusammenhang (zwei Erkenntnisprozesse, die das gleiche Resultat mit unterschiedlichem Aufwand erreichen, sind erkenntnistheoretisch äquivalent), von der Dauer, von der methodischen Kompliziertheit usw.

Es handelt sich hier jedoch nicht etwa um Einfachheit, die durch Grobheit der Näherung bedingt ist, sondern um die Einfachheit des Fundamentalen. Obwohl die Erkenntnistheorie ein philosophisches Gebiet und kein Bestandteil der Wissenschaftswissenschaft ist, kann letztere ohne bewußtes Aufbauen auf der Erkenntnistheorie nicht konstituiert werden.[11] Wenn die ideelle Widerspiegelung der objektiven

[10] „In der Gnoseologie wird das Subjekt in unpersönlicher Form genommen ... Wichtig für die Gnoseologie ist der Inhalt des Wissens in seiner Beziehung zur objektiven Realität, der Prozeß und die Tendenz seiner Entwicklung" (P. V. Kopnin, Vvedenije v marksistskuju gnoseologiju, Kiev 1966, S. 64).

[11] Dobrov und Mitarbeiter unterscheiden zwei wesentlich verschiedene Arten des Vorgehens in der Wissenschaftswissenschaft, wobei sie sich mit Nachdruck zur zweiten bekennen. Die erste stellt allgemeine soziale, logische, ethische und andere derartige Probleme in den Vordergrund und orientiert sich vorzugsweise auf die Erkenntnisresultate der Wissenschaftswissenschaft; die zweite hat das Ziel, konkret auf die Optimierung der sozialen Organisation der Wissenschaft einzuwirken und die Methoden ihrer Leitung zu verbessern, und zwar „auf der Grundlage der Erkenntnis der Gesetzmäßigkeiten der Entwicklung des Organisationssystems der Wissenschaft" (G. M. Dobrov, V. N. Klimenjuk, L. P. Smirnov, A. A. Savel'ev, Potential der Wissenschaft, Berlin 1971, S. 16). Diese Gegenüberstellung ist nicht sehr klar, und soweit sich Dobrov gegen einen kontemplativen, praxisfremden Stil in der Wissenschaftswissenschaft wendet, muß man ihm selbstverständlich zustimmen. Sie hat jedoch auch noch einen anderen Sinn, der deutlich wird, wenn man berücksichtigt, welcher Teil der Wissenschaftsproblematik in den Dobrovschen Arbeiten – verglichen mit den Schriften anderer führender sowjetischer Vertreter der Wissenschaftswissenschaft – ausgespart bleibt. Meines Erachtens kann das Organisationssystem der Wissenschaft nicht das Ausgangsobjekt wissenschaftswissenschaftlicher Untersuchung sein. Über die Eignung derartiger Systeme kann man nur dann entscheiden, wenn man davon ausgeht, daß hier spezifische Erkenntnisprozesse organisiert werden. Ein genügend reichhaltiges theoretisches Fundament für die Wissenschaftswissenschaft müßte daher das Bezugssystem der Erkenntnistheorie einschließen, ohne sich darauf zu reduzieren.

Realität nicht als grundlegende Eigenschaft der wissenschaftlichen Tätigkeit aufgefaßt wird, dann entstehen formalistische und oberflächlich-pragmatische Varianten der Wissenschaftswissenschaft, die die Spezifik der Wissenschaft, ihren Unterschied von anderen gesellschaftlichen Tätigkeiten nicht adäquat erfassen. Es gibt nicht wenige wissenschaftswissenschaftliche Arbeiten, deren Wert durch ihre erkenntnistheoretische Abstinenz gemindert wird. Da es weiterhin eine fundamentale philosophische Frage ist, wie man Erkenntnis aufzufassen hat, zeigt sich von dieser Seite her auch der wesentliche Unterschied zwischen marxistischen und bürgerlichen Varianten der Wissenschaftswissenschaft – ein Unterschied, der durch die erwähnte erkenntnistheoretische Abstinenz (der Verzicht darauf, die Grundfrage der Philosophie als für die wissenschaftstheoretische Fragestellung relevant zu betrachten) oft genug vertuscht wird.

Es ist zu erwarten, daß sich die grundlegenden und am einfachsten zugänglichen zyklischen Regelmäßigkeiten der wissenschaftlichen Tätigkeit bereits auf der Ebene des erkenntnistheoretischen Bezugssystems zeigen lassen. In der Tat haben wir es hier mit dem bisher am besten untersuchten Typ solcher Regelmäßigkeiten zu tun; dank der auf den Arbeiten der Klassiker des Marxismus beruhenden Entwicklung der Erkenntnistheorie zu einer wissenschaftlichen Disziplin im Rahmen des Marxismus-Leninismus hat die Untersuchung von Regelmäßigkeiten hier teilweise bereits das Niveau der Gesetzeserkenntnis erreicht.

Aus dem philosophischen Prinzip, daß die Erkenntnis als ideelle Widerspiegelung einer objektiv-real existierenden, einheitlichen Welt aufzufassen ist, folgt sofort die grundlegende Eigenschaft der Kumulativität des objektiv wahren Wissens im Prozeß der Wissenschaftsentwicklung[12]. Diese Eigenschaft wird mit Hilfe der Dialektik von

[12] Die Termini „Kumulativität“ bzw. „Kumulation“ sind umstritten. Petrov und Potemkin sprechen sich beispielsweise für ihre Verwendung aus: „Der Terminus ‚Kumulation‘ ist am geeignetsten zur Bezeichnung des komplizierten Mechanismus des Hervorbringens, der Fixierung, der Speicherung, der Anhäufung und der Übertragung von Wissen und von Erfahrungen der wissenschaftlichen Tätigkeit“ (M. K. Petrov und A. V. Potemkin, Soziologija nauki, Rostov 1968, S. 44/45). Nach meiner Auffassung ist die Kumulativität eine objektive Eigenschaft des wissenschaftlichen Wissens im historischen Prozeß, die man mit Lejkin etwa folgendermaßen ausdrücken kann: „Die Kenntnis von realen Fakten, die einmal von der Wissenschaft erarbeitet wurden, geht im Verlaufe der nachfolgenden Entwicklung nicht verloren, sondern

absoluter und relativer Wahrheit philosophisch erklärt[13]. Vom Standpunkt ihres Erkenntnisinhalts betrachtet, ist eine einzelne wissenschaftliche Tätigkeit keine atomare Aktion, sondern ein Glied in einem potentiell unendlich erstreckten Netz. Eine einzelne wissenschaftliche Tätigkeit verläuft niemals ohne ein Erkenntnis-Apriori, und sie besitzt im allgemeinen Fall Nachfolgetätigkeiten, zu deren Erkenntnis-Apriori die Resultate der betrachteten Tätigkeit gehören. Wir können daraus ein wesentliches Prinzip ableiten: *Jede einzelne wissenschaftliche Tätigkeit enthält in sich notwendig das Moment der einfachen Reproduktion von Erkenntnissen; der Inhalt ihres Erkenntnis-Apriori wird im Resultat ganz oder teilweise reproduziert.* Damit haben wir die einfachste und zugleich grundlegende zyklische Regelmäßigkeit in der wissenschaftlichen Tätigkeit definiert und begründet. Sie liefert uns zugleich ein Kontinuitätsprinzip, das uns erlaubt, eine Gesamtheit wissenschaftlicher Tätigkeiten als ein Kontinuum, als einen von der Quelle an homogenen Strom ohne absolute Diskontinuitäten zu betrachten. Dadurch wird auch der in der Einleitung zu diesem Aufsatz erläuterte äußere Schein der vollständigen gnoseologischen Unterschiedlichkeit und Inkommensurabilität aller wissenschaftlichen Tätigkeiten durchbrochen. Diese erkenntnistheoretische Position erlaubt nun den Übergang zu einer bereits ausgesprochen wissenschaftswissenschaftlichen Fragestellung. Intuitiv könnte man sie so formulieren: Offenbar ist ein Erkenntnis-Apriori von einem gewissen Mindestumfang notwendige Stabilitätsbedingung aller wissenschaftlichen Tätigkeiten, wobei dessen Zusammensetzung und Umfang zielabhängig sind; wird dieser Mindestumfang unterschritten oder ist die Zusammensetzung nicht zielgerecht, so entartet die wissenschaftliche

sie wird in sie aufgenommen und angehäuft (kumuliert)". (E. G. Lejkin, Zur Kritik der kumulativen Konzeptionen der Wissenschaftsentwicklung, in: Wissenschaft. Studien zu ihrer Geschichte, Theorie und Organisation, Berlin 1972, S. 154/55.) Die theoretischen und weltanschaulichen Gegensätze beginnen erst bei der Erklärung dieser Tatsache.

13 Übergänge im wissenschaftlichen Erkennen, in denen die Funktionen früherer Erkenntnisse bei der Erzeugung neuen Wissens deutlich werden, sind in der erkenntnistheoretischen Literatur ausführlich untersucht worden (Übergänge von Faktenaussage zu Faktenaussage, von Gesetzesaussage zu Gesetzesaussage, von Theorie zu Theorie, von Faktenaussagen zur Theorie und umgekehrt usw.). Besonders anschaulich wird die Kumulativität der Erkenntnisinhalte in den Korrespondenzbeziehungen zwischen bestimmten mathematisch formulierten Theorien (vgl. H. Laitko, Das Korrespondenzprinzip als Methode der theoretischen Erkenntnis, in: Wege des Erkennens, Berlin 1969).

Tätigkeit in Dilettantismus bzw. kann gar nicht erst begonnen werden. Andererseits ist es erfahrungsgemäß so, daß ein zu großes Erkenntnis-Apriori die schöpferische, innovative Komponente der wissenschaftlichen Tätigkeit lähmt, daß sich die Vorbereitungsstadien von Forschungsarbeiten ungebührlich dehnen usw. Es liegt daher nahe anzunehmen, daß für jede wissenschaftliche Tätigkeit ein Optimum für ihr Erkenntnis-Apriori hinsichtlich Zusammensetzung, Struktur und Umfang existiert.[14] Ist dieses Optimum annähernd bekannt, so lassen sich daraus praktikable Schlußfolgerungen auf die Zusammensetzung der wissenschaftlichen Kollektive, die notwendigen Qualifikationsmaßnahmen, das Arbeitsregime der Informationsdienste usw. ziehen. Die Zusammensetzung des optimalen Erkenntnis-Apriori ist sicher in jedem Fall individuell, aber für Struktur und Umfang ist die Existenz von Regelmäßigkeiten zu erwarten, zumal es sich hier um eine von der sicheren Tatsache der Existenz elementarer gnoseologischer Zyklen in jeder wissenschaftlichen Tätigkeit abgeleitete Fragestellung handelt. Eine aus der Annahme zyklischer Regelmäßigkeiten direkt folgende Aufgabe der Wissenschaftswissenschaft besteht also im Aufbau einer Theorie des zielabhängigen Struktur- und Umfangsoptimums für das Erkenntnis-Apriori wissenschaftlicher Tätigkeiten. Der Verfasser bezweifelt, daß diese Aufgabe allein im Rahmen der Informatik lösbar ist. Deshalb wurde auch der Terminus „Erkenntnis-Apriori" (statt: Ausgangsinformation) bevorzugt, um das Primat des Erkenntnisinhalts zu betonen. Die – wahrscheinlich von der Theorie nicht unmittelbar erfaßbare – Zusammensetzung des Erkenntnis-Apriori wird in jedem Fall rein inhaltlich charakterisiert, für die Struktur scheinen gnoseologisch-logische Ausdrucksmittel am geeignetsten, und der Umfang läßt sich selbstverständlich in informationellen Termini beschreiben. Das Phänomen der Kumulativität ist auch mit der Untersuchung des wissenschaftlichen Schöpfertums verbunden. Wenn wir uns auf die Betrachtung der Forschungstätigkeit beschränken, so kennzeichnen die einfache Reproduktion das Erkenntnis-Apriori und die Produktion neuer Erkenntnisse zweifellos entgegengesetzte Seiten. Diese Gegensätze sind jedoch auch unter unserem Gesichts-

[14] „Methodentheoretische Betrachtungen müssen ... die optimalen Tatsachenmengen finden, die zur Problemstellung, zur Hypothesen- und Theoriebildung erforderlich sind" (H. Parthey, D. Wittich, Der Begriff der ‚Tatsache' und die Funktion der Tatsachen in der wissenschaftlichen Forschung, in: Begriff und Funktion der Tatsache in der wissenschaftlichen Forschung. Rostocker philosophische Manuskripte, H. 6/1969, S. 11).

punkt nur in ihrer Einheit zu begreifen. Die Reproduktion des Erkenntnis-Apriori von Forschungstätigkeiten ist notwendig mit seiner Formveränderung verbunden, und diese Formveränderung basiert auf der Produktion neuer Erkenntnisinhalte[15], denn es ist unumgänglich, alte und neue Erkenntnis in einer *einheitlichen* Form auszudrücken. Es wurde gezeigt, daß ein adäquates Erkenntnis-Apriori für jede Forschungstätigkeit Ausführbarkeits- und Stabilitätsbedingung ist; ihr reproduktiver Aspekt bedingt ihren innovativen. Umgekehrt kann aber die einfache Reproduktion von Erkenntnissen in der Forschung nur durch die Produktion neuer Erkenntnis bewirkt werden; die neuen Erkenntnisse schaffen gewissermaßen den Kanal, durch den die alten Erkenntnisinhalte in den kumulativen Prozeß einströmen. Das bedeutet, daß der innovative Aspekt der Forschung ihren reproduktiven bestimmt. Reproduktiver und innovativer Aspekt der Forschungstätigkeit bedingen sich also gegenseitig, wobei der innovative Aspekt die führende Rolle spielt; das wird deutlich, wenn man die Determination der Ziele berücksichtigt, denn die Gesellschaft betreibt Forschungstätigkeiten gerade um ihrer neuartigen Resultate willen. Man kann noch weiter gehen und eine positive Korrelation zwischen beiden Aspekten annehmen: Je neuartiger eine Entdeckung ist, um so durchlaßfähiger ist der von ihr repräsentierte Kanal zur Reproduktion alter Erkenntnisinhalte. Wenn sich diese Annahme bestätigen ließe, so käme man nach Ansicht des Verfassers zu einem originellen Verfahren, den relativen Neuheitsgrad einer wissenschaftlichen Entdeckung abzuschätzen oder gar zu messen. Eine direkte Abschätzung durch unmittelbare Bewertung des Neuen dürfte kaum möglich sein; aussichtsreich ist dagegen seine Bewertung durch Abschätzung des mit ihm verbundenen Gegenteils. Bei jedem Versuch, daraus praktische Konsequenzen zu ziehen, muß selbstverständlich berücksichtigt werden, daß nicht etwa die einfach bewahrte, von der neuen Entdeckung nicht berührte Erkenntnis Ausgangspunkt der Abschätzung sein kann. Grundsätzlich kann man nur von der Menge alter Erkenntnisinhalte ausgehen, die einer von der neuen Entdeckung inhaltlich bedingten Formveränderung unterworfen worden sind.

[15] Wir sehen hier von dem „entarteten" Fall einer bloßen Umformung vorausgesetzter Erkenntnisse ab, der in der Forschung als Zwischenstadium vorkommt. Wenn beispielsweise eine Menge biologischer Aussagen in kybernetische Terminologie umcodiert wird, so erzeugt diese Operation für sich zwar noch keine neue Erkenntnis, schafft aber die Voraussetzung für deren Produktion durch Anwendung der in kybernetischer Terminologie formulierten Theorien auf biologische Erscheinungen.

Das Erkenntnis-Apriori wissenschaftlicher Tätigkeiten ist in mehreren Dimensionen verschiedenartig zusammengesetzt. In der gnoseologischen Dimension ist es zweckmäßig, schon in einfachster Näherung drei Stufen zu unterscheiden: Tatsachen, Theorien, Paradigmen. Ihre Differenz besteht primär in der ausgeprägt verschiedenen Extension der Geltungsbereiche, schlägt sich in ihrer unterschiedlichen logischen Form nieder und äußert sich in ihrer unterschiedlichen Funktion in konkreten wissenschaftlichen Tätigkeiten.[16] Dieses Dreistufenschema setzt sich bewußt von dem unter neopositivistischem Einfluß entstandenen Zweistufenschema ab. Die Paradigmenschicht ist nämlich jener Bereich, über den philosophisch-weltanschauliche Einstellungen und darüber hinaus das ganze „geistige Klima" der jeweiligen Gesellschaft auf die wissenschaftliche Tätigkeit wirken. Wissenschaftliche Paradigmen sind jedoch, obwohl mit ihnen verbunden, nicht mit philosophischen Einstellungen identisch. Man kann sie ad hoc als globale nichtstrenge Hypothesen ohne definierten Geltungsbereich ansehen.[17]

Diese Differenzierung bietet den Ansatzpunkt, um einer weiteren Gruppe gnoseologisch bedingter zyklischer Regelmäßigkeiten auf die Spur zu kommen. Die Wissenschaftsgeschichte zeigt, daß viele wissen-

[16] Von den Problemen und Methoden sehen wir an dieser Stelle ab. Erstens treten sie in einem rein erkenntnistheoretischen Bezugssystem noch nicht als selbständige Gebilde auf. Zweitens haben sie auch andere funktionelle Eigenschaften. Die Methoden sind in den Prozessen ihrer Anwendung Mittel und nicht Erkenntnisinhalte; der Prozeß ihrer Anwendung ist nicht unmittelbar der Prozeß ihrer Reproduktion. Die Probleme verschwinden im Prozeß ihrer Lösung und werden nicht reproduziert.

[17] Die kategoriale (paradigmatische) Schicht des wissenschaftlichen Denkens spielt eine große Rolle in der von Jaroševskij und Mitarbeitern vertretenen Richtung der Psychologie der wissenschaftlichen Forschung: „Wenn man das Programm der Tätigkeit eines Gelehrten nicht kennt, dessen Untergrund wissenschaftliche Kategorienstrukturen bilden, dann kann man die Quellen dieser Tätigkeit, ihre Motivation, den Charakter der Suche nach neuen Lösungen, den Sinn der Konflikte mit anderen Forschern und vieles andere, das schon zum Gebiet der Psychologie und nicht der Logik gehört, nicht verstehen" (M. G. Jaroševskij, Nauka kak predmet psichologičeskogo issledovanija, in: Problemy naučnogo tvorčestva v sovremennoj psichologii, Moskau 1971, S. 35). Vgl. auch M. G. Jaroševskij, Über drei Verfahren der Interpretation des wissenschaftlichen Schöpfertums, in: Wissenschaftliches Schöpfertum, Berlin 1972, S. 117ff.; E. Jobst, A. Thom, Entwicklungsbedingungen und Ausdrucksformen von Revolutionen im wissenschaftlichen Denken, Deutsche Zeitschrift für Philosophie, H. 5/1972, S. 547ff.

schaftliche Aussagen nur eine begrenzte „Lebensdauer“ haben und dann in dieser oder jener Form durch andere „abgelöst“, von anderen „aufgehoben“ werden. Dieser Prozeß ist eine der Erscheinungsformen der Kontinuität wissenschaftlicher Erkenntnisentwicklung und bedeutet, daß diese nicht nur in der Anlagerung neuer Elemente an den vorhandenen Erkenntnisbestand, sondern im steten Umbau des Gesamtgebäudes vonstatten geht; dieser Umbau ist eine Menge *gerichteter* Veränderungen, deren Gesamtrichtung der Dialektik des Übergangs zu relativen Wahrheiten immer höherer Ordnung unterliegt. Man kann die Notwendigkeit dieser empirisch leicht zu belegenden Erscheinung auch theoretisch aus allgemeinen erkenntnistheoretischen Thesen ableiten.

Diese Vorgänge laufen in sehr verschiedener Form ab. Wenn man hier von der Korrektur von einfachen Irrtümern – dem Nachweis also, daß bestimmte Aussagen überhaupt nicht objektiv wahr waren – absieht, so kann man sie im Bereich der aussagenproduzierenden Forschung auf zwei Typen zurückführen:

a) Eine Aussagenmenge wird durch eine andere substituiert, die den vollen Erkenntnisinhalt der ersteren einschließt, und verschwindet damit aus dem aktuellen Wissensfundus. Auch dabei gibt es verschiedene Formen. Eine sehr elementare besteht darin, daß eine Aussage über den gemessenen Wert einer physikalischen Konstanten durch die Aussage über das Ergebnis einer genaueren Messung ersetzt wird (Präzisierung des Wissens). Eine kompliziertere liegt dann vor, wenn eine Menge von Aussagen über empirische Sachverhalte durch eine mathematisch formulierte Relation ersetzt wird, aus der sich nach Bedarf jede der ursprünglichen Formulierungen wieder ableiten läßt (Verdichtung des Wissens) usw. Allen diesen Vorgängen ist gemeinsam, daß sie für gewisse Aussagenmengen abgeschlossene „Lebenszyklen“ definieren.

b) Zu einer Aussagenmenge wird eine andere Aussagenmenge erzeugt, die den gesamten Erkenntnisinhalt der ersteren einschließt. Dennoch bleibt die erstere auch in ihrer ursprünglichen Gestalt im aktuellen Wissensfundus erhalten, weil sie für viele Anwendungsfälle pragmatische Vorteile bietet und zugleich ausreichend genau ist. Das bekannteste Beispiel dafür ist die Weiterverwendung der klassischen Mechanik auch nach der Schaffung der relativistischen und der Quantenmechanik; auch alle anderen Fälle, in denen zwischen älteren und neueren Theorien Korrespondenzbeziehungen existieren, lassen sich hier als Beispiele verwenden. In diesem Fall kann man also nur relativ, nur bezogen auf bestimmte kumulierende Ereignisse von „Lebenszyklus“ sprechen.

Für die aufforderungsproduzierende Komponente der Forschung, die Anleitungen zum Handeln und Verhalten erzeugt, läßt sich – wenn auch auf etwas komplizierterem Wege – eine gleichartige Zweiteilung finden.

Für die Wissenschaftswissenschaft ist es nun offensichtlich eine wichtige Frage, ob sich nun für Fakten, Theorien und Paradigmen bzw. für bestimmte Gruppen von ihnen relativ stabile Durchschnittslebensdauern oder besser noch stabile Wahrscheinlichkeitsverteilungen für die Dauer der Lebenszyklen finden lassen und ob es innerhalb solcher Zyklen ein Zeitintervall maximaler Verwertbarkeit gibt; ebenso ist es von Belang, ob für die durchschnittliche oder wahrscheinliche Dauer solcher Zyklen eine zeitliche Dynamik existiert. Für die Steuerung der wissenschaftlichen Informationsströme und die Bestimmung begründeter Rhythmen für die Bestandserneuerung aktueller Speicher wären solche Auskünfte von erstrangiger Bedeutung; die Kurven der faktischen Nutzernachfragen kann man dafür aus mehreren Gründen nicht als ausreichende Basis betrachten.

Den Versuchen einer Messung an statistischen Massiven wissenschaftshistorischer Daten müßte jedoch die Schaffung einer zuverlässigen Definition des Begriffes „Lebenszyklus" bzw. der Typen von Lebenszyklen vorangehen. Die im letzten Jahrzehnt bei der Diskussion der Priceschen Wachstumsrelationen in der bürgerlichen populären und wissenschaftswissenschaftlichen Literatur verbreiteten spektakulären Behauptungen, wonach angeblich unter den Bedingungen der wissenschaftlich-technischen Revolution sämtliche Forschungsergebnisse einem ständig rascheren moralischen Verschleiß unterliegen, bedürfen auf der Basis einer objektiven Analyse der Lebenszyklen einer gründlichen kritischen Überprüfung, zumal sie auch von einigen nichtbürgerlichen Autoren unkritisch übernommen worden sind. Sie führen zu der absurden Konsequenz, daß die für die Ausführung einer sinnvollen Forschungsarbeit verfügbare Kalenderzeit gegen Null konvergiert, und bewirken praktisch Mißachtung der positiven Traditionen und hektischen Modernismus und Avantgardismus in der wissenschaftlichen Arbeit, zu deren deutlich spürbaren Resultaten beispielsweise die mit der kybernetischen, semiotischen und systemtheoretischen Strömung der Nachkriegszeit in den USA und in Westeuropa verbundene terminologische Inflation gehört. Diese Behauptungen über die Dynamik des moralischen Verschleißes scheinen dem Verfasser eher gewisse Praktiken und vielleicht auch ideologische Bedürfnisse des kapitalistischen Wissenschaftsbetriebes widerzuspiegeln als den realen Gang der Erkenntnisentwicklung. Zudem ist es nicht bewiesen, ob sich der Begriff des moralischen Verschleißes ohne weiteres von materiellen auf ideelle Produkte übertragen läßt; der Verfasser neigt eher zu der Auffassung, daß die sinnvolle Anwendung dieses Begriffs auf ein Produkt menschlicher Tätigkeit voraussetzt, daß dieses Produkt seiner Natur nach auch einem physischen Verschleiß unterliegt.

Noch vor der Ermittlung absoluter durchschnittlicher oder wahrscheinlicher Lebenszyklen wäre es von Nutzen, wenigstens Aussagen über das Verhältnis der Lebenszyklen von Fakten, Theorien und Paradigmen zueinander machen zu können, weil sich daraus die Begründung wesentlicher Proportionen in der gesamten Lehr- und Lerntätigkeit von der allgemeinbildenden Schule bis zur Weiterbildung hochqualifizierter Spezialisten ergibt. Auf den ersten Blick scheint hier alles unklar zu sein. Es gibt Faktenaussagen, die innerhalb des Lebenszyklus ein und derselben Theorie durch andere substituiert werden; nach dem bekannten Prinzip der Invarianz bestätigter Fakten gegenüber Theorien gibt es umgekehrt Faktenmengen, die den Wechsel der Theorien überdauern. Der Übergang von bestimmten Theorien zu vollkommeneren wird durch gewisse Paradigmen gesteuert; umgekehrt überleben bestimmte Theorien die Fruchtbarkeitsperioden gewisser Paradigmen unverändert usw. Es gibt hier komplizierte Wechselbeziehungen, die längst noch nicht ausreichend untersucht sind. Dennoch spricht vieles dafür, daß für die durchschnittlichen Lebenszyklen der Fakten, Theorien und Paradigmen die folgende elementare Beziehung existiert:

$$\overline{T}_F < \overline{T}_{Th} < \overline{T}_P$$

Um diese Annahme als plausible zu betrachten, muß man zwei Voraussetzungen machen. Erstens muß man alle jene Faktenaussagen aus der Betrachtung ausschließen, die unabhängig von jeder Theorie in der Umgangssprache formuliert und im Kontext der Umgangssprache auch voll verständlich sind; für diese lassen sich mit Sicherheit keine stabilen Lebenszyklen finden. Zweitens muß man mit voller Konsequenz den Standpunkt der dialektisch-materialistischen Widerspiegelungstheorie einnehmen. Danach erscheint das Prinzip der Invarianz der Faktenaussagen gegenüber dem Wechsel der Theorien nicht mehr als selbstverständlich, sondern als ein Relikt der neopositivistischen Zweiteilung der Wissenschaftssprache in die voneinander getrennten Sphären der Beobachtungssprache und der theoretischen Sprache. Eine bestätigte Faktenaussage wird in eine neue Theorie keineswegs unverändert wie eine Perle in einen Tresor eingeschlossen; sie wird vielmehr von ihr absorbiert, und die Forschungstätigkeit, die das bewirkt, reproduziert nur den objektiven Erkenntnisinhalt dieser Aussage. Selbst dann, wenn vorher und nachher identische Termini verwendet werden, unterscheiden sie sich in der Interpretation. Die Einschmelzung in eine neue Theorie bedeutet daher das Ende zumindest des relativen Lebenszyklus einer bestimmten Faktenaussage. Das Verhältnis von Theorien und Paradigmen ist schwerer zu beurteilen. Dennoch kann man annehmen, daß es auch hier einen erkenntnistheoretisch begründeten Ansatz gibt: Die Paradigmen sind nicht steuernde Prinzipien ohne eigenen Erkenntnisinhalt, sondern sehr allgemeine, hypothetische und relativ unscharf umrissene Formen der ideellen Widerspiegelung der objektiven Realität. Deshalb unterliegen auch sie der Kumulation. Man kann das an Hand der historischen Entwicklung der Paradigmen der Determination deutlich machen: Das Paradigma der eindeutigen Determination (die positive Seite des Mechanizismus), das Paradigma der Wahrscheinlichkeitsdetermination und das Paradigma der mehrstufigen, funktionell geordneten Determination folgten historisch aufeinander, wobei jedes seinen Vorgänger als Teilfall in sich enthält. Jedes dieser Paradigmen vermag nun in seiner Wirkungsperiode im Prinzip nicht nur einzelne Theorien, sondern zusammenhängende Theorienfolgen zu generieren; auf der Basis des Paradigmas der eindeutigen Determination entstand beispielsweise die klassische Mechanik nicht nur in der Newtonschen Gestalt, sondern auch in sukzessiv allgemeineren Formulierungen (Lagrange, Hamilton usw.). Für andere paradigmatische Dimensionen der wissenschaftlichen Erkenntnis, etwa für das allgemeine Raum-Zeit-Bild, die allgemeine Vorstellung vom Mechanismus der Entwicklung usw.[18], lassen sich ähnliche Betrachtungen durchführen. Wenn sich die obengenannte plausible Annahme bestätigen läßt, so ist damit das folgende Prinzip der Lehr- und Lernprozesse für wissenschaftlich Tätige begründet: Die paradigmatische Komponente der modernen wissenschaftlichen Erkenntnis muß sich jeder wissenschaftlich Tätige in vollem Umfang aneignen, wobei dieses Gebiet auf das engste mit dem Studium der marxistisch-leninistischen Weltanschauung verbunden ist, ohne damit identisch zu sein. Auf der Ebene der Theorien erfolgt die notwendige einschränkende Auswahl wesentlich weniger radikal als auf dem Gebiet der Fakten. Der zweite Teil dieses Postulats ist allgemein anerkannt und weitgehend realisiert; der erste Teil ist noch kaum durchdacht und hat in die Ausbildung wissenschaftlicher Spezialisten nur in unbedeutendem Maße Eingang gefunden.

[18] Der Verfasser ist der Ansicht, daß das eindimensionale Paradigmenschema die reale Geschichte der wissenschaftlichen Erkenntnis übermäßig vereinfacht.

3. Problemlösungszyklen

Auch in diesem Abschnitt beschränken wir unsere Betrachtung auf die Forschung als Grundform der wissenschaftlichen Tätigkeit, wählen jedoch nun ein gegenüber dem erkenntnistheoretischen durch eine weitere Forderung höher konkretisiertes Bezugssystem. Im vorigen Abschnitt haben wir die fundamentalen Erkenntniszyklen der wissenschaftlichen Tätigkeit, die inhaltliche Reproduktion des Erkenntnis-Apriori im Resultat, in Abstraktion von den Zielen und Mitteln jener Tätigkeiten betrachtet, die den Vollzug dieser Zyklen bewirken. Nun gehen wir dazu über, die wissenschaftlichen Erkenntnisprozesse im Ziel-Mittel-Zusammenhang der sie ausführenden Tätigkeiten zu behandeln.[19] Der disziplinäre Ort der Untersuchungen in diesem Bezugssystem ist umstritten. Auf jeden Fall überschreiten sie den Rahmen der erkenntnistheoretischen und damit überhaupt der philosophischen Fragestellung. Mitunter werden sie einer besonderen, bisher noch nicht klar konstituierten Disziplin (Methodologie, Logik der wissenschaftlichen Forschung u. a.) zugeordnet.[20] Der Verfasser bevorzugt es jedoch, aus Gründen, die in der weiteren Darstellung deutlich werden, dieses Bezugssystem als das elementare der Wissenschaftswissenschaft anzusehen, so daß die entsprechenden Untersuchungen einen bestimmten Übergang von der Erkenntnistheorie zur Wissenschaftswissenchaft darstellen. Es ist nicht ausgeschlossen, diese Untersuchungen auch unter vollständiger Abstraktion davon zu betreiben, daß der gnoseologische Inhalt der untersuchten Prozesse in der ideellen Widerspiegelung der objektiven Realität besteht, so daß die Ergebnisse nachher einer äußeren philosophischen Interpretation unterliegen.

19 Es ist interessant, daß bereits in den ersten Arbeiten zur Rolle von Problemen in der Forschung, die in der DDR publiziert worden sind, von einem theoretischen Ansatz ausgegangen wurde, der die Forschung als eine zielgerichtete Tätigkeit und nicht einfach nur als einen Erkenntnisprozeß versteht (vgl. Problemstruktur und Problemverhalten in der wissenschaftlichen Forschung. Thesen, verfaßt von H. Parthey, H. Vogel, W. Wächter, Rostocker philosophische Manuskripte, H. 3/1966, S. 7).

20 Eine weitgehend ausgebaute Konzeption dieser Art ist das von P. V. Kopnin und Mitarbeitern entwickelte Programm einer „Logik der wissenschaftlichen Forschung“ mit dem Ziel, „die wissenschaftliche Forschung als ein Ganzes zu begreifen“. In dieser Konzeption tritt der Problembegriff als Ausgangskategorie auf (P. V. Kopnin, M. V. Popovič (Hrsg.), Logik der wissenschaftlichen Forschung, Berlin 1969, S. 22, S. 31ff.).

Wir würden damit jedoch auf den Vorzug verzichten, die Einheit der Wissenschaften auf marxistischer Grundlage für diese Forschungen zu nutzen. Es ist fruchtbarer, das durch die dialektisch-materialistische Formulierung der philosophischen Grundfragen ausgedrückte Bezugssystem der Erkenntnistheorie und das durch die Ziel-Mittel-Relation der wissenschaftlichen Tätigkeiten repräsentierte Bezugssystem nicht als schlechthin verschieden aufzufassen, sondern das zweite als eine Konkretisierung und Spezifizierung des ersteren zu verstehen.

Auf dieser Untersuchungsebene wird nun das *Ziel* einer Forschungstätigkeit als ein besonderes ideelles Gebilde hervorgehoben. Es ist jedoch keineswegs möglich, das Ziel einer Forschungstätigkeit ebenso wie das Ziel einer praktischen Tätigkeit explizit anzugeben – als ideelle Vorwegnahme des künftigen Resultats der Tätigkeit.[21] Die Übertragung dieser Forderung auf die Forschung würde sofort zu dem Paradoxon führen, daß mit der Formulierung des Ziels auch die Tätigkeit selbst bereits ausgeführt ist. In der Forschung kann man nur gewisse Eigenschaften angeben, die das angestrebte, jedoch der Natur der Sache nach im voraus unbekannte Resultat haben soll. Vorwiegend handelt es sich um die *funktionelle* Formulierung solcher Eigenschaften, d. h. um die Angabe des Zwecks, den das angestrebte Resultat erfüllen soll. Forderungen dieser Art sollen hier bedingt als *funktionelle Ziele* bezeichnet werden. Funktionelle Ziele sind exakt formulierbar, doch ihre Angabe genügt keineswegs, um eine systematische Forschungsarbeit zu ermöglichen.

Es ist vielmehr notwendig, diesen funktionellen Zielen *Probleme* zuzuordnen, die als Stellvertreter für die unmittelbaren Ziele in Forschungsprozessen fungieren. Da es nicht möglich ist, für eine Forschungstätigkeit ein unmittelbares Ziel im Sinne der gedanklichen Vorwegnahme des Resultats anzugeben, werden wir im folgenden die Probleme einfach als unmittelbare Ziele der Forschungstätigkeit betrachten.

Der Begriff des Problems bezeichnet eine Situation eingeschränkter Unbestimmtheit in einem Massiv wissenschaftlicher Erkenntnisse.[22]

[21] „Der Fall der Voraussicht wissenschaftlicher Entdeckungen ist eine äußerst seltene Erscheinung. Viel häufiger sehen die Wissenschaftler eine akute ‚Durchbruchstelle' auf diesem oder jenem Abschnitt der wissenschaftlichen Forschung voraus . . ." (G. M. Dobrov, Prognostik in Wissenschaft und Technik, Berlin 1971, S. 37).

[22] J. S. Žarikov formuliert: „Absolut unerläßlich für die Stellung des Problems ist die Regel, die vorsieht, daß im Problem eine *Unbestimmtheit* vorhanden sein muß" (P. V. Kopnin, M. V. Popovič (Hrsg.), Logik der wissenschaftlichen Forschung, a. a. O., S. 51).

Der Verfasser hegt eine gewisse Skepsis gegenüber der Annahme, man könne ein Problem in ähnlicher Weise wie einen Begriff oder eine Aussage als ein separables gedankliches Gebilde explizit angeben; eher ist ein Problem eine Relation besonderen Typs in einem Erkenntnismassiv, die man allerdings strukturell modellieren kann. Es ist interessant, daß auch der auf den Rostocker problemtheoretischen Konferenzen durchgeführte Versuch einer Klassifikation der Probleme nicht von ihrer unmittelbaren Charakteristik, sondern von den zugehörigen funktionellen Zielen ausgeht: Denn die Einordnung eines Problems als Beschreibungs- oder Erklärungsproblem gibt – ausschließlich – die Funktion an, die das Resultat des Problemlösungsprozesses in einem Kontext wissenschaftlicher Erkenntnisse ausüben soll.[23] Wenn wir ein Problem als eine Situation eingeschränkter Unbestimmtheit in einem Erkenntnismassiv verstehen, so gelangen wir zu einer wichtigen Schlußfolgerung: Der Forschungsprozeß kann als ein Vorgang aufgefaßt werden, der mit der sukzessiven Reduktion der ursprünglichen Unbestimmheit immer mehr gegen eine „gewöhnliche" Zielstellung konvergiert, und die Erreichung einer vollständig präzisen Zielformulierung ist mit der Zielerfüllung identisch.[24] Bei Verfolgung dieses Weges ergeben sich vielleicht Möglichkeiten, die in einem Problem ursprünglich enthaltene Unbestimmheit quantitativ abzuschätzen und damit zu einer mehr als nur äußerlichen Anwendung des Informationsbegriffs auf die Forschungsprozesse zu gelangen.[25] Nach An-

[23] Vgl. H. Parthey, W. Wächter, Das Problem und seine Struktur in der wissenschaftlichen Forschung, in: Problemstruktur und Problemverhalten in der wissenschaftlichen Forschung, Rostocker philosophische Manuskripte, H. 3/1966, S. 33–37.

[24] Diese Ansicht wird von vielen Wissenschaftlern vertreten. Als Beispiel sei eine Äußerung von M. Strauss angeführt: „Am Anfang einer neuen Erkenntnisentwicklung steht gewöhnlich nicht ein scharf formuliertes Problem, sondern die Erkenntnis oder Vermutung, daß überhaupt ein Problem vorliegt. Ich nenne dies die *erste Stufe der Problemerkennung.* Die *letzte Stufe der Problemerkennung* ist erst erreicht, wenn – um mit *Niels Bohr* zu sprechen – einem die Lösung des Problems trivial erscheint" (M. Strauss, Prolegomena zu einer dynamischen Problemtheorie, in: Problemtypen bei der Hypothesen- und Prognosenbildung, Rostocker philosophische Manuskripte, H. 7/1970, S. 39).

[25] Eine sehr interessante Hypothese in dieser Richtung äußert W. Feitscher: „Bestimmungsproblemen lassen sich Unschärfe-Relationen zuordnen, Aufgaben kann man keine Unschärfe-Relationen zuordnen" (W. Feitscher, Zur Unterscheidung zwischen Problem und Aufgabe nach einer

sicht des Verfassers kann man ein Problem durch die aktuelle oder latente Koexistenz von gewissen Aussagen und ihren Negationen in einem Erkenntnismassiv charakterisieren und danach auch identifizieren. Eine solche Situation drückt immer die Existenz einer gewissen Unbestimmheit aus. Durch ihre logische Unzulässigkeit zwingt sie zugleich dazu, sie zu überwinden, im einfachsten Fall durch Ausschluß einer der einander negierenden Aussagen und unveränderte Beibehaltung der anderen, im allgemeinen durch mehr oder minder komplizierte Umgestaltung beider, und tritt so als *innere* Triebkraft des Forschungsprozesses auf. Narski hat diesen Vorgang für eine Reihe zugespitzter antinomischer Situationen in der Geschichte des wissenschaftlichen Erkennens untersucht.[26] Es scheint jedoch möglich, diese Charakteristik auf alle Probleme überhaupt auszudehnen (so etwa die bekannte Situation der Unvereinbarkeit einer Aussage über eine empirische Erscheinung, die aus einer bestätigten Theorie abgeleitet worden ist, und einer empirisch gewonnenen Aussage über den gleichen Gegenstand: Konflikt Theorie – Fakt). Man muß dabei nur berücksichtigen, daß solche logisch unzulässigen antinomischen Pseudokonjunktionen keineswegs immer explizit auftreten. Meist genügt eine schwächere Formulierung: In einem bestimmten Erkenntnismassiv ist es gleichermaßen möglich, eine Aussage und ihre Negation zu bestätigen, oder gleichermaßen unmöglich, eine Aussage oder ihre Negation auszuschließen.

Der reale Forschungsprozeß hat es stets mit Zuordnungen von funktionellen Zielen und Problemen zu tun. Kein Problem wird ohne ein funktionelles Ziel gelöst; im Grenzfall besteht das funktionelle Ziel einfach in der Forderung, das Resultat der Forschungstätigkeit möge die Eigenschaften haben, das vorgelegte Problem zu lösen. Ein solches extrem schwach bestimmtes funktionelles Ziel ist nur

Hypothese über Unschärfe-Relationen, in: Problemtypen bei der Hypothesen- und Prognosenbildung. Rostocker philosophische Manuskripte, H. 7/1970, S. 31).

26 Narski schreibt: „Vom Standpunkt der dialektischen Logik des Marxismus kann der Prozeß der Erkenntnisbewegung etwa so charakterisiert werden: er entwickelt sich in antinomischen Strukturen, ähnlich den Schemata des Triadenrythmus, die mit Hilfe formallogischer Mittel ausgedrückt werden. Triebkraft der relativ selbständigen Entwicklung dieses Prozesses sind antinomische Widersprüche, ähnlich wie die Triebkraft der Entwicklung des Erkenntnisobjekts die Widersprüche in dessen Wesen sind“ (I. S. Narski, Problema protivorečija v dialektičeskoj logike, Moskau 1969, S. 173).

zulässig bei fundamentalen Erkundungsproblemen. In allen anderen Fällen sind genauere funktionelle Bestimmungen notwendig. Wenn man den Prozeß der Zielbestimmung generell als Zuordnung von funktionellem Ziel und Problem auffaßt, so ist das sehr wichtig für das Verständnis der Praxis der Wissenschaftsleitung: denn gerade die funktionellen Ziele unterliegen der unmittelbaren gesellschaftlichen Bewertung hinsichtlich ihrer Bedeutsamkeit. Die Zuordnung dürfte im allgemeinen wechselseitig mehrdeutigen Charakter tragen, so daß Auswahl-, Entscheidungs- und Optimierungsaufgaben auftreten. Es ergibt sich auch eine elementare Klassifikation der Zielbestimmungsvorgänge:

1. Einem formulierten funktionellen Ziel wird ein Problem zugeordnet.
1.1. Das Problem wird aus einem Massiv bereits bekannter Probleme ausgewählt, es wird eine Entscheidung über seine Bearbeitung getroffen (Problemauswahl).
1. 2. Ein bisher unbekanntes Problem wird auf dem Wege der Analyse einer vorhandenen oder eigens herbeigeführten Problemsituation formuliert (Problemfindung).
2. Einem formulierten Problem wird ein funktionelles Ziel zugeordnet.
2. 1. Das funktionelle Ziel wird aus einem Massiv bereits bekannter funktioneller Ziele ausgewählt, für das bekannte Problem wird ein gesellschaftlich sinnvoller Bearbeitungskontext gefunden (Auswahl funktioneller Ziele).
2. 2. Das funktionelle Ziel wird auf Grund der Untersuchung der Tendenzen der Bedürfnisentwicklung bestimmter gesellschaftlicher Bereiche neu gesetzt, die Problembearbeitung erweitert aktiv den gesellschaftlichen Bedürfnishorizont (Setzen funktioneller Ziele).

Diese vier Typen haben Eigentümlichkeiten, die faktisch noch nicht untersucht sind; auch über ihre günstigsten Proportionen im sozialistischen Wissenschaftsbetrieb liegen keine Untersuchungen vor. An dieser Stelle kann darauf nicht eingegangen werden. Es sei nur erwähnt, daß das gelegentlich übliche Verfahren, nur funktionelle Ziele anzugeben, ohne zur Zuordnung eines entsprechenden Problems fortzuschreiten, nicht als befriedigender Weg der Zielstellung in der Forschung angesehen werden kann; die auf solche Zielstellungen beschränkten Tätigkeiten bleiben im Vorfeld eigentlicher Forschung.[27]

[27] In der Leitung der Forschung ist es daher gelegentlich notwendig, sich mit der Tendenz auseinanderzusetzen, für die Planvorhaben nur oberflächliche pragmatische Themenformulierungen anzugeben.

Die konkreten Forschungsprozesse erscheinen damit nun als Akte, die mit der Herstellung eines Paares aus funktionellem Ziel und Problem beginnen und mit der Lösung des Problems enden. Das ist natürlich eine Vereinfachung, aber sie muß für unsere Zwecke genügen; eine entwickelte Theorie der Forschungsprozesse hätte auch die komplizierteren Fälle zu berücksichtigen, bei denen im Forschungsablauf das einem funktionellen Ziel zugeordnete Problem durch ein anderes Problem oder das einem Problem zugeordnete funktionelle Ziel durch ein anderes funktionelles Ziel substituiert wird, bei denen einem funktionellem Ziel gleichzeitig mehrere Probleme oder einem Problem gleichzeitig mehrere funktionelle Ziele zugeordnet sind usw. Die Forschung insgesamt tritt in dieser Betrachtungsweise als eine Menge endlicher gerichteter Vorgänge auf. Alle Forschungstätigkeiten, mögen sie sich inhaltlich noch so sehr voneinander unterscheiden, sind identisch als Repräsentanten des gleichen *Zyklus*, der im Übergang vom Problem zur Problemlösung besteht. In dieser Identität aller Forschungstätigkeiten sehen wir eine weitere ihnen eigene zyklische Regelmäßigkeit.

Gegenüber dem Abschnitt (2) befinden wir uns dabei auf einer höheren Abstraktionsstufe. Um die in der inhaltlichen Reproduktion des Erkenntnis-Apriori im Resultat bestehende Zyklizität zu bestimmen, mußten wir den Erkenntnisinhalt einer Forschungstätigkeit analytisch in eine reproduktive und eine innovative Komponente zerlegen. Auf der jetzigen Betrachtungsebene wird diese Zerlegung nicht mehr vorgenommen. Vielmehr abstrahieren wir vom Erkenntnisinhalt überhaupt und charakterisieren die Forschungstätigkeit *strukturell*. Das einfachste strukturelle Charakteristikum ist die Relation zwischen einem Paar funktionelles Ziel/Problem und einem Resultat. Diese Relation ist zeitlich erstreckt; sie hat die Eigentümlichkeit, daß sie theoretisch nicht vor Abschluß einer Forschungstätigkeit angegeben werden kann, sondern durch die Forschungstätigkeit auf dem Wege der Verausgabung lebendiger Arbeit selbst hergestellt wird. Genauer: Zu Beginn der Forschungstätigkeit sind für die Variablen „funktionelles Ziel“ und „Problem“ genaue Belegungen vorhanden, für die Variable „Resultat“ jedoch nicht.

Da von vornherein behauptet werden kann, daß jegliche Forschungstätigkeit eine Relation dieser Art herstellt, entsteht hier der Schein der vollständigen Unabhängigkeit der Struktur der Forschungsprozesse von ihrem Erkenntnisinhalt. In Wirklichkeit ist aber die Struktur der problemlösenden Tätigkeit eben die Form, in der sich der Erkenntnisinhalt bewegt, und bei näherer Betrachtung wird sich eine Begrenzug der Unabhängigkeit ergeben. Trotzdem ist es nicht ohne Belang, die allgemeinen Eigenschaften der Relation zwischen dem Paar funktionelles Ziel/Problem und dem Resultat im Vergleich zu den Eigenschaften der Relation zwischen einer „gewöhnlichen“ Zielstellung und dem Resultat der entsprechenden Tätigkeit zu untersuchen, denn daraus ergeben sich für Theorie und Praxis gleichermaßen wichtige Einsichten in grundlegende Charakteristika der Forschungsprozesse, die sie von anderen gesellschaftlichen Tätigkeiten unterscheiden.

Eine Differenzierung des Bildes und eine weitere Annäherung an die Wirklichkeit ergibt sich, wenn diese Relation (bei einer Systembetrachtung würde sie dem unvermittelten Input-Output-Vergleich entsprechen) in eine Relationsmenge aufgegliedert wird. Dann erscheint der Forschungsprozeß als eine Menge von *Schritten*, deren jeder durch eine zeitlich erstreckte Relation charakterisiert ist. Von der schwierigen Frage, bis zu welcher Tiefe eine Aufgliederung in Schritte jeweils erfolgen darf, sei hier abgesehen. Wir begnügen uns mit einer pragmatischen Antwort: die Aufgliederung ist jeweils nur in einem solchen Grade sinnvoll, wie es möglich ist, Klassen von Schritten zu definieren, deren Verknüpfung (Folgen von Schritten verschiedener Klassen) empirisch prüfbare invariante Strukturen verschiedener Forschungsprozesse ergibt. Auf struktureller Ebene ist es damit prinzipiell möglich, *Klassen* von Forschungstätigkeiten zu bilden, indem man erstens Klassen von Elementarschritten angibt und zweitens Elementarschritte verschiedener Klassen zusammenfügt, wobei der Ordnungsgrad dieser Zusammenstellung sicher sehr verschieden sein kann. Die Exemplare ein und derselben Klasse besitzen dann bei verschiedenem Erkenntnisinhalt der einzelnen Schritte eine identische Struktur der Schrittfolge; zugleich unterscheiden sie sich strukturell von allen Exemplaren anderer Klassen.

In entwickelter Form zeigt sich die strukturelle Zyklizität der Forschungstätigkeiten also darin, daß die Struktur der Schrittfolgen von verschiedenen Exemplaren ein und derselben Klasse identisch ist und daß die an gleicher Stelle der Struktur stehenden Schritte verschiedener Exemplare der gleichen Klasse von Schritten angehören. Die so bestimmten Klassen von Forschungstätigkeiten müssen zumindest potentiell nicht leer sein, d. h. es ist durchaus möglich, aus theoretischen Erwägungen eine noch nirgends realisierte, aber möglicherweise realisierbare Struktur zu entwerfen. Für die Menge der so definierten Klassen von Forschungstätigkeiten gibt es offenbar – zumindest unter Einschluß der historischen Perspektive – keine feste

Grenze. Neben der Angabe invarianter Strukturen durch Verknüpfungen von Schrittklassen gibt es noch einen anderen Weg, um die Forschungstätigkeiten zu klassifizieren. Er besteht in der Spezifizierung der Relation zwischen dem Paar funktionelles Ziel/Problem und dem Resultat, indem man Klassen solcher Paare und Klassen von Resultaten bestimmt. Die geläufigen Klassifikationen beruhen meistens auf diesem Prinzip, wobei allerdings nur äußerst grobe und globale Charakteristika verwendet werden (Grundlagenforschung, angewandte Forschung usw.). Nur in einigen klassifizierenden Begriffsbildungen läßt sich, wenn auch recht vage, das strukturelle Prinzip erkennen (empirische Forschung, experimentelle Forschung, theoretische Forschung usw.). Es ist zu erwarten, daß es zwischen den von beiden genannten Prinzipien ausgehenden Klassifikationen keine eindeutige Zuordnung geben wird.

Theoretisch ist es wesentlich, die Existenz dieser Klassen dadurch zu motivieren, daß man sie als Formen der Gewinnung bestimmter Typen von Erkenntnisinhalten erklärt, also von der ursprünglichen Abstraktion von den Erkenntnisinhalten weitergeht zur Betrachtung der Beziehungen zwischen der gnoseologischen und der strukturellen Ebene. Andernfalls bleibt man bei einer rein analytischen Behandlung der Strukturen stehen und ist nicht imstande, ihre historische Dynamik zu erfassen. Darin besteht der theoretische Sinn der Warnung vor gnoseologischer Abstinenz in der wissenschaftstheoretischen Grundlagenforschung.

Jede Schrittklasse läßt sich nun durch eine gewisse Aufforderung repräsentieren – eine methodische Regel (die mehr oder minder vollständige Anweisung, wie der Übergang zum Resultat des entsprechenden Schrittes auszuführen ist) oder ein methodisches Prinzip (die Anweisung, was bei der Ausführung des entsprechenden Schrittes zu beachten ist). Eine Klasse von Forschungstätigkeiten, bestimmt nach dem strukturellen Klassifizierungsprinzip, wird entsprechend repräsentiert durch eine Menge solcher Aufforderungen. Eine solche Menge wird als eine *Methode* bezeichnet. Sie ist meist mehr oder weniger geordnet; es können aber auch ungeordnete Mengen vorkommen. Insofern ist die strukturell verstandene Methodentheorie der wissenschaftlichen Forschung, die von einer Gruppe am Institut für Wissenschaftstheorie und -organisation der AdW der DDR (W. Heitsch, E. Lang, H. Parthey, W. Wächter, H. Wolf) ausgearbeitet wird, eine aussichtsreiche Variante einer Strukturtheorie der Forschungstätigkeit.[28] Es

[28] Vgl. W. Heitsch, H. Parthey, W. Wächter, Heuristik und Dialektik, Deutsche Zeitschrift für Philosophie, H. 2/1971, S. 145ff.

bleibt nach Ansicht des Verfassers allerdings offen, ob die – zweifellos ziemlich allgemeingültige – Klassifizierung der Elementarschritte nach den Typen logischer Operationen im Zweistufenmodell der Wissenschaftssprache die einzige oder die günstigste Klassifizierungsmöglichkeit ist. Eine andere Variante wäre die ebenso allgemeine und mehr auf die Erkenntnisinhalte orientierte Einteilung der Schritte nach den verschiedenartigen Übergängen zwischen Dingen, Eigenschaften und Relationen nach Ujemov.[29] Vom Standpunkt unseres Aufsatzes liegt damit zugleich eine Theorie zyklischer Regelmäßigkeiten vor, denn die durch eine Methode angegebene Struktur ist im Prinzip in weiteren Forschungstätigkeiten *wiederholbar*.

Die Repräsentanz einer Forschungsstruktur durch eine Methode hat den Vorteil, daß die Kenntnis von der Struktur hier in operativer, instrumentaler Form auftritt – relativ abgetrennt vom Erkenntnisinhalt des Forschungsprozesses und ihm als *Mittel* gegenübertretend. Die Ziel-Mittel-Beziehung der Forschungstätigkeit ist also zunächst eine Zuordnung zwischen einem Problem und einer Methode. Im allgemeinen dürften für die Bearbeitung eines Problems mehrere Methoden in Frage kommen, und das funktionelle Ziel liefert hier Auswahlkriterien. Sofern die Probleme unabhängig von den Methoden klassifiziert werden, ist auch das Feld der möglichen Zuordnungen zwischen verschiedenen Problem- und Methodentypen ein wichtiger Forschungsgegenstand.

Die Methoden als ideelle Gebilde sind zugleich die grundlegenden Mittel der Forschungstätigkeit. Selbstverständlich kommt es faktisch oft vor, daß die vorhandenen materiellen Geräte und Ausrüstungen die Auswahl der anzuwendenden Methoden determinieren. Dieses Phänomen ändert jedoch nichts an der Tatsache, daß ein materielles Objekt (gleich, ob ein Naturgegenstand oder ein technisches Erzeugnis) dann und nur dann ein Forschungsmittel ist, wenn eine Methode existiert, in deren Rahmen es als Mittel fungieren kann. Daher ist die Methodentheorie der Forschungstätigkeit ein Lieferant unentbehrlicher Grundlagen für die Technologie der Forschungsprozesse.

Sofern wir akzeptieren, daß ein bestimmtes Problem mit einer gewissen Methode bearbeitbar ist, geben wir zugleich eine Struktur vor, die – unter der Bedingung der Richtigkeit dieser Voraussetzung – realisierbar ist. Im Rahmen dieser Struktur läßt sich die Forschungs-

[29] A. I. Ujemov, Logičeski analis sistemnogo podchoda k objektam i ego mesto sredi drugich metodov issledovanija, in: Sistemnye issledovanija, Jahrbuch 1969. Moskau 1969, S. 84–88.

tätigkeit steuern. Wird sie arbeitsteilig ausgeführt, so ist die in der Methode vorgegebene Struktur auch die Basis der Arbeitsteilung, und eine begründete Arbeitsteilung kann nicht weiter gehen als bis zu den strukturell bestimmten Elementarschritten. Genügend entwickelte Methoden geben auch das Gerüst für die Netzwerke einer wissenschaftlich begründeten Forschungsplanung. Die komplizierte und vielschichtige Theorie der wissenschaftlichen Arbeitsprozesse, die soziale, psychologische, ökonomische, technologische und andere Aspekte einschließt, findet ihr strukturelles Fundament in den Methoden der Forschungstätigkeit und damit einen elementaren theoretischen Ausgangspunkt in der Methodentheorie der Forschung. Sie kann und muß die Resultate der methodentheoretischen Analyse verwenden und kann sie vielfältig konkretisieren, aber sie kann die in dieser Analyse aufgewiesenen Elementarschritte nicht noch differenzierter angeben. Wenn man so will, liefert die Methodentheorie eine Art atomistisches Prinzip für alle hierarchisch darüberliegenden Ebenen der wissenschaftswissenschaftlichen Forschung. Der Sinn dieses Prinzips besteht darin, daß sich der Erkenntnischarakter der wissenschaftlichen Tätigkeit durch die verschiedensten Vermittlungen hindurch in allen Zusammenhängen der Wissenschaft geltend macht.

Die in den Methoden ausgedrückte zyklische strukturelle Regelmäßigkeit von Forschungstätigkeiten gleicher Klasse gestattet uns also, die Forschung bewußt zu beherrschen. Je mehr Methoden explizit und in genügender Vollständigkeit bekannt sind, um so mehr Instrumente hat die sozialistische Wissenschaftsleitung für eine tatsächliche inhaltsbezogene Planung zur Verfügung. Die Arbeit auf methodischem Gebiet hat damit eine direkte leitungspraktische Bedeutung. Ein Plan, dessen Ablaufstruktur auf derartigen Methodenstrukturen beruht, wird dem Forschungsablauf höchstmögliche Stabilität verleihen, ohne ihn einzuengen.

Höchstmögliche Stabilität bedeutet jedoch nicht absolute. Es ist ein Irrtum zu glauben, man könnte mit Hilfe struktureller Verfahren und der darauf aufbauenden Ablaufplanung den Gang der Forschungstätigkeiten a priori absolut stabilisieren, also gewissermaßen überraschungsfrei gestalten; dieser Irrtum beruht auf einem Übersehen der Spezifik der Ziele der Forschungstätigkeiten, ihrer einfachen Identifizierung mit Zielen von algorithmisch programmierbaren Tätigkeiten. Einerseits besitzen Forschungstätigkeiten strukturelle Invarianten, die unter anderem in Form von Methoden angegeben werden können, und sind auf dieser Grundlage planbar; andererseits sind sie durch diese Invarianten bedeutend weniger stark determiniert als

Tätigkeiten, deren Ziele in der gedanklichen Vorwegnahme des Resultats selbst bestehen, und müssen daher auf spezifische Weise geplant werden.

Diese Tatsache kommt in drei Arten von Unbestimmtheiten zum Ausdruck, die objektiven Charakter tragen und nicht wegdekretiert werden können; sie beruhen sämtlich darauf, daß es Forschung mit Problemen als Unbestimmtheitsstellen im Erkenntnismassiv zu tun hat:

a) Unbestimmtheit der Zuordnung Problem – Methode
Wenn ein Problem gegeben ist, so kann man im allgemeinen nur mit einer gewissen, nicht aber mit voller Sicherheit behaupten, daß eine bestimmte Methode zur Lösung dieses Problems geeignet ist. Bei einer sehr abstrakten Klassifizierung der Probleme und Methoden ist diese Unbestimmtheit mitunter nicht spürbar; einem „Erklärungsproblem" beispielsweise entspricht natürlich unbedingt das formale Schema der „Erklärungsmethode" – nur sagt dieses Schema eben so gut wie gar nichts darüber aus, wie man zu dem erforderlichen Explanans gelangen kann. Je konkreter und bestimmter die Probleme und Methoden gefaßt werden, um so spürbarer wird auch die Zuordnungsunbestimmtheit. Man kann sie reduzieren durch eine breitere Taktik (paralleles Vorgehen nach mehreren Methoden) oder eine variable Taktik (Wechsel der Methode bei Mißerfolg), aber nie ganz beseitigen. Die Tatsache, daß ein bestimmtes Problem im geplanten Zeitraum nicht gelöst werden konnte, ist also in der Forschung keineswegs immer ein Zeichen schlechter Arbeit des ausführenden Kollektivs.

b) Unbestimmte Übergänge innerhalb der Methode, d. h. die Methode als ganze ist nicht durch einen Algorithmus ausdrückbar. Es können sowohl Übergänge zwischen den einzelnen Schritten als auch einzelne Schritte selbst unbestimmt sein. Diese Tatsache hat positive Bedeutung, denn sie zwingt die Forscher zur schöpferischen Tätigkeit, zur geistigen Bewältigung des wirklich Unbekannten, statt sie im Rahmen des bisherigen Wissens festzuhalten. Je detaillierter der Ablauf einer Forschungstätigkeit durch eine methodische Struktur vorgegeben ist, um so weniger wird selbstverständlich das Resultat den Rahmen des vorher bekannten Wissens überschreiten. Das Ausweichen auf eine höher determinierte Struktur dürfte ziemlich zwangsläufig mit dem Ausweichen auf ein weniger fundamentales Problem verbunden sein. Die methodische Vorgabe der Struktur einer Forschungstätigkeit kann daher nur bis zu einem Optimum getrieben werden, das je nach Art des zu bearbeitenden Problems mehr oder minder weit unterhalb des entsprechenden Optimums für Routinetätigkeiten liegt. Dieses Optimum bietet auch die strukturelle Basis für die Ablaufplanung. Versucht ein Plan, wie es gelegentlich vorkommt, dennoch eine höhere Determiniertheit des Ablaufes zu bestimmen, so ist der Effekt nicht etwa eine höhere Stabilität und Sicherheit des Forschungsprozesses; im Gegenteil, die zum Problemlösen objektiv notwendige Flexibilität wird eingeschränkt, und dadurch erhält ein solcher Plan, statt Instrument des wissenschaftlichen Schöpfertums zu sein, Züge eines bürokratischen Hemmnisses.

c) Unbestimmtheit der Zuordnung zwischen den Elementen der methodischen Struktur und den metrischen Charakteristika der entsprechenden Prozesse. Die Methoden geben nur topologische Strukturen an. Tatsächlich erfolgen aber die einzelnen Schritte mit einem konkreten, numerisch ausdrückbaren Aufwand und in einer endlichen, meßbaren Zeit.[30] Die größte Schwierigkeit bei der Benutzung von Forschungsmethoden als Planungsbasis dürfte darin bestehen, einem methodischen Schritt bzw. einer ganzen Methode bestimmte Werte metrischer Charakteristika zuzuordnen. Dieses Problem ist theoretisch überhaupt nicht gelöst; nur für Teilprozesse mit Routinecharakter – die bei aller Wichtigkeit eben nicht das eigentliche Charakteristikum der Forschung bilden – können ohne Schwierigkeiten empirisch genaue Werte angegeben werden. Jeder Plan muß aber mit bestimmten Fristen rechnen und bestimmte Anforderungen bilanzieren; hier ist es bisher nur möglich, sich auf Erfahrungswerte zu stützen, denen keine Theorie zugrunde liegt. Offensichtlich sind umfangreiche Messungen notwendig, damit zu allen wichtigen methodischen Schritten und Methoden die zugehörigen Verteilungen der entsprechenden metrischen Charakteristika gefunden werden. Eventuell kann man auch mit komplexen metrischen Kennziffern arbeiten, da zwischen den verschiedenen Arten anscheinend Abhängigkeiten bestehen (etwa zwischen Zeitdauer und Menge der eingesetzten Arbeitskräfte usw.). Die Unbestimmtheiten treten dann als Intervalle auf, in denen

30 Zu den sich daraus ergebenden Unbestimmtheiten vgl. beispielsweise: V. Nalimov, S. Mulčenko, Ob ispolsovanii statističeskich metodov pri upravlenii rasvitijem nauki, in: Upravlenije, planirovanije i organizacija naučnych i techničeskich issledovanij, Bd. 3, Moskau 1970; S. Pirogov, O nekotorych aspektach predmeta ekonomiki nauki, ebenda Bd. 4.

die einem Stukturelement der Methode zugeordneten metrischen Charakteristika schwanken können. Die Wissenschaftsleitung erhält auf diese Weise Information über im Plan als eine Bedingung seiner Stabilität notwendig vorzusehende Reserven.

Die wissenschaftswissenschaftlichen Forschungen haben unter anderem die Aufgabe, die Unbestimmtheiten dieser drei Typen zu untersuchen, sie in diskreten bzw. kontinuierlichen Feldern möglicher Zuordnungen zu beschreiben und zu ermitteln, ob sich in diesen Feldern stabile Wahrscheinlichkeitsverteilungen finden lassen. Solche Untersuchungen sind notwendig, um die Einsichten in die strukturelle Zyklizität der Forschungsprozesse für ihre praktische Beherrschung voll wirksam werden zu lassen. Vorläufig ist nur der Weg ziemlich aufwendiger (wegen der Größe der dazu notwendigen Datenmassive) empirischer Untersuchungen in Sicht. Es ist jedoch nicht ausgeschlossen, daß die Entwicklung der Wissenschaftstheorie schon in absehbarer Zeit zu theoretischen Ansätzen führt, die es gestatten, solche Übergangsintervalle und eventuell Wahrscheinlichkeiten a priori anzugeben und damit die notwendigen empirischen Untersuchungen zu verkürzen und zu ökonomisieren.

4. Innere Reproduktionszyklen vollständiger Systeme wissenschaftlicher Tätigkeiten

Der vorige Abschnitt hatte Forschungstätigkeiten in ihrem elementaren Ziel-Mittel-Bezug betrachtet. Dabei erschienen Probleme und Methoden als spezifische ideelle Charakteristika der Forschungstätigkeiten, deren Bestimmung im erkenntnistheoretischen Bezugssystem noch nicht möglich war. Im einzelnen ergaben sich die Relationen funktionelles Ziel-Problem, (funktionelles Ziel-Problem)-Resultat, Problem-Methode. Auf dieser Basis ergab sich eine strukturelle Zyklizität der Forschungstätigkeit, deren innere Regelmäßigkeit durch invariante Strukturen aller Exemplare einer Klasse von Forschungstätigkeiten ausgedrückt wurde; jede derartige invariante Struktur wird durch eine Methode repräsentiert.

Die Grenzen dieser Betrachtungsweise bestehen darin, daß sie nur einen einzigen Zusammenhang zwischen den verschiedenen Forschungstätigkeiten explizit ausweist: Verschiedene Forschungstätigkeiten erscheinen als Elemente ein und derselben Klasse oder zumindest als Elemente der Menge aller Forschungstätigkeiten überhaupt. Auf den genetischen, kumulativen Zusammenhang, wonach die Ergebnisse bestimmter Forschungstätigkeiten zur Voraussetzung für andere werden, wurde zwar am Rande hingewiesen, aber das Bezugssystem war nicht reichhaltig genug, um ihn theoretisch auszudrücken.

Daher konkretisieren wir jetzt das Bezugssystem der Betrachtung durch Hinzufügen weiterer Bestimmungen in einer für die Wissenschaftswissenschaft typischen Weise. Bei den im vorigen Abschnitt dargelegten Vorstellungen ist es strittig, ob man sie als typisch wissenschaftswissenschaftliche betrachten (diesen Standpunkt vertritt der Verfasser) oder eventuell einer besonderen Disziplin methodologischen Charakters zuordnen soll. Nun jedoch gelangen wir in eine Sphäre der Untersuchung, die unbestritten charakteristisch für die wissenschaftswissenschaftliche Betrachtungsweise ist. Die Forschung erscheint jetzt nicht mehr nur als Erkennen (Widerspiegelung) und nicht mehr nur als Problemlösen (Anwendung von Methoden als *ideellen* Mitteln), sondern zugleich als *Funktionieren von Wissenschaftspotential.* Wir möchten den Begriff des Wissenschaftspotentials auf dieser Ebene der Betrachtung verstehen als Synonym für die Produktivkräfte der wissenschaftlichen Tätigkeit, wobei wir diese Begriffsbildung als ein vollständiges Analogon zum Begriff der Produktivkräfte der Produktion materieller Güter einführen. Wird die Ebene der Betrachtung verändert und nicht die Produktion von Erkenntnissen, sondern die Produktion materieller Güter betrachtet, dann ist es evident, daß der Begriff des Wissenschaftspotentials hier seine Selbständigkeit verliert; ein bedeutender Teil der Forschung fungiert hier einfach als Stufe im materiellen Produktionsprozeß, ihre Resultate erscheinen als Zwischenprodukte und ihre Potentiale als Bestandteile der Produktivkräfte der materiellen Produktion. Im Mittelpunkt der wissenschaftswissenschaftlichen Untersuchung steht jedoch die Spezifik der wissenschaftlichen Tätigkeit, und damit gewinnt der Potentialbegriff selbständige und zentrale Bedeutung.

Wenn wir – wie in diesem Abschnitt – das Wissenschaftspotential als eine Art von Produktivkräften auffassen, dann erscheint die wissenschaftliche Tätigkeit durch ein ähnliches Prisma, wie es die technologische Sicht für die Untersuchung der materiellen Produktionstätigkeit bietet.[31] Potentiale erscheinen als spezifische Gesamtheiten von Menschen (Besitzern wissenschaftlicher Arbeitskraft) und sach-

[31] Volkov sagt: „Kurzum, die technologischen Verhältnisse können definiert werden als Verhältnisse, die sich in der Entwicklungssphäre der Produktivkräfte herausbilden" (G. N. Wolkow, Soziologie der Wissenschaft, Berlin 1970, S. 49).

lichen Faktoren, wobei die in speziellen materiellen Trägern gespeicherten Ergebnisse früherer Forschungsarbeiten eine besonders große Rolle spielen.[32] Im potentiellen Zustand kann man bestimmte Klassen von speziellen Arbeitsmitteln der Forschung – ideellen (Methoden) und materiellen (Geräte und Anlagen) – sehr klar hervorheben. Im Prozeß des Funktionierens ist im allgemeinen jedoch eine substantielle Unterscheidung von Arbeitsgegenstand und Arbeitsmitteln unmöglich und eine funktionelle Unterscheidung ziemlich schwierig.

Der Potentialbegriff ist in erster Linie relational bestimmt, und erst auf dieser Grundlage können ihm empirische Größen zugeordnet werden. Die verbreitete Manier, Potentiale einfach durch Aufzählung von wissenschaftlichen Kadern, Instituten, Laboratorien, Finanzmitteln usw. anzugeben, verdeckt diesen grundlegenden Umstand. Die bestimmende Relation ist folgende: Eine gegebene Gesamtheit menschlicher und sachlicher Faktoren ist Wissenschaftspotential nur durch ihre Fähigkeit, eine gewisse Menge von möglichen Zielen wissenschaftlicher Tätigkeiten annehmen und zielgerecht funktionieren zu können, und sie ist Wissenschaftspotential nur relativ zu dieser Menge. Demgegenüber sind die durch die Organisation des Potentials gesetzten inneren Relationen abgeleitet. Ein gut organisiertes, mit einer hervorragenden Spezialbibliothek und vielleicht sogar mit Rechentechnik ausgestattetes Kollektiv von Altphilologen wäre also relativ zu einer Menge von mikrobiologischen Forschungszielen in keiner Weise ein Wissenschaftspotential; Potential ist es nur relativ zur Menge jener Ziele, gegenüber denen es sachgerecht funktionieren kann. Dieses Beispiel wurde so konstruiert, daß seine Absurdität augenfällig ist; die Praxis des Forschungsbetriebes kennt jedoch auch Fälle, in denen die vorgegebenen Zielen zugeordneten Potentiale zielinadäquat sind, ohne daß diese Inadäquatheit sofort zu bemerken ist.

Im Zusammenhang unseres Artikels ist die Tatsache wesentlich,

32 Wir sehen einen Vorzug der von Dobrov und Mitarbeitern entwickelten Fassung des Begriffes „Wissenschaftspotential" darin, daß erstens den wissenschaftlichen Informationen als Potentialbestandteilen großes Gewicht beigelegt wird und daß zweitens die Potentiale als organisierte Systeme betrachtet werden (G. M. Dobrov, V. N. Klimenjuk, L. P. Smirnov, A. A. Savel'ev, Potential der Wissenschaft, Berlin 1971, S. 18). Im ganzen verbleibt dieser Begriff hier jedoch auf der empirisch-aufzählenden Ebene. Siehe zum Potentialbegriff auch A. Tuszko, St. Chaskielewicz, Naučnye issledovanija – organizacija i upravlenie, Moskau 1971, S. 33–62.

daß Wissenschaftspotentiale – nicht anders als die Produktivkräfte der materiellen Produktion – in der wissenschaftlichen Tätigkeit verbraucht werden. Damit sie weiterhin funktionieren können, müssen Reproduktionsprozesse den Verschleiß kompensieren. Was die Ermüdung der Produzenten, die Abnutzung der Geräte und Anlagen usw. betrifft, so sind die Vorgänge selbst wie auch die kompensierenden Reproduktionsprozesse (die sämtlich außerwissenschaftliche Tätigkeiten voraussetzen) mit den entsprechenden Vorgängen in der materiellen Produktion wesentlich identisch. Spezifische Züge treten erst hervor, wenn wir die ideelle Seite des Funktionierens der Potentiale betrachten. Erkenntnisse sind im Potential enthalten als Qualifikationen (aktuelle und latente Bewußtseinsinhalte der wissenschaftlich Tätigen), in Zeichenform kodiert als Dokumente (Literatur usw.) und vergegenständlicht als Geräte und Anlagen. Während Erkenntnisse – abstrakt gesehen – auf Grund ihrer ideellen Natur physisch überhaupt nicht verschleißen, unterliegen ihre konkreten materiellen Existenzformen selbstverständlich physischer Abnutzung – Qualifikationen beispielsweise verschleißen physisch durch den reversiblen Prozeß des Vergessens, der durch das ganze Arbeitsleben eines wissenschaftlich Tätigen begleitende Lernvorgänge kompensiert werden muß, und den irreversiblen Prozeß des Alterns ihrer Träger, zu dessen Kompensation die proportionale Zuführung junger Kader notwendig ist. In bezug auf Potentiale und ihre Komponenten läßt sich auf der Basis der Eigenschaft, physisch zu verschleißen, auch der Begriff des moralischen Verschleißes ihres Erkenntnisinhaltes sinnvoll einführen, weil ja – wie bereits ausgeführt – Wissenschaftspotentiale stets relativ zu Mengen möglicher Ziele wissenschaftlicher Tätigkeiten bestimmt sind. Durch die kombinierte Wirkung physischer und moralischer Verschleißprozesse und durch die Entwicklung der gesellschaftlichen Anforderungen an die wissenschaftlichen Tätigkeiten bilden sich auf einem offenbar recht komplizierten Weg bestimmte Verhältnisse von einfacher und erweiterter Reproduktion der Wissenschaftspotentiale heraus, auf die wir hier nicht eingehen können und die noch größtenteils unerforscht sind.

Die Spezifik dieser Verschleißvorgänge wird sofort deutlich, wenn wir sie zu der Eigenschaft der inhaltlichen Unikalität der Forschungstätigkeiten in Beziehung setzen. Für die Wiederholung gleicher Prozesse in der materiellen Produktion genügt die einfache, identische Reproduktion ihres Potentials. Ein äquivalenter Prozeß existiert auf dem Gebiet der Potentiale der Forschung nicht. Mit einem vollständig identischen Erkenntnis-Apriori können anscheinend (ein strenger theoretischer Beweis existiert dafür bisher allerdings nicht) nicht zwei verschiedene Probleme gelöst werden. Auf jeden Fall sind die Erkenntnisinhalte eines Forschungspotentials zu einem Zeitpunkt t_1, wo es das Problem P_1 zu bearbeiten beginnt, und zu einem späteren Zeitpunkt t_2, wo es das Problem P_2 in Angriff nimmt, nicht identisch, denn in t_2 verfügt das Potential auf jeden Fall zusätzlich über die aus der Bearbeitung von P_1 gewonnenen neuen Erkenntnisse, die in t_1 noch nicht vorhanden waren. Mit dieser Formulierung haben wir ein schwieriges Problem der Theorie der Wissenschaftspotentiale angedeutet und zugleich überspielt: Man könnte nämlich auch behaupten, daß wir es in t_1 und in t_2 einfach mit zwei verschiedenen Potentialen zu tun haben. Daher ist ein vernünftiges Identifizierungs- und Unterscheidungskriterium vonnöten, mit dessen Hilfe sich alle Prozesse der Potentialveränderung in zwei Klassen einteilen lassen – die Veränderung und Entwicklung bestimmter Potentiale einerseits und die Umwandlung bestimmter Potentiale in andere (bzw. in Erscheinungen, die keine Wissenschaftspotentiale mehr sind) andererseits. Im allgemeinen verlangt die Orientierung eines Potentials auf ein neues Forschungsziel eine bewußt vorgenommene „Umrüstung“; sie erfolgt zumindest in den Qualifikationen (der vorhandenen Kader) und in den herangezogenen dokumentalen Quellen, während die Kader selbst ebenso wie auch Geräte und Ausrüstungen aus leicht einsehbaren Gründen ein größeres „Beharrungsvermögen“ aufweisen. Wir können daher den folgenden allgemeinen Schluß ziehen: Für den Übergang von einer Forschungstätigkeit zur anderen ist die einfache Reproduktion des Potentials nicht hinreichend; unumgänglich notwendig ist eine – mehr oder minder tiefgehende – Veränderung des Erkenntnisinhalts des Potentials.

Daraus und aus dem kumulativen Charakter der wissenschaftlichen Widerspiegelung der Wirklichkeit folgt nun zwingend, daß die Ergebnisse früherer Forschungstätigkeiten in die Potentiale späterer Forschungen *übergehen* müssen, wie es in der Praxis des Wissenschaftsbetriebes auch tatsächlich massenhaft der Fall ist. Dieser Übergang ist für die historische Fortexistenz der Wissenschaft, für ihre Reproduktion in der geschichtlichen Entwicklung absolut notwendig. Stets sind derartige Übergänge objektive Prozesse der Verschiebung von an materielle Träger (Individuen oder Dokumente) gebundenen Erkenntnissen von einem Raum-Zeit-Gebiet zum anderen, denn da Forschungstätigkeiten und ideelle Vorgänge überhaupt an materielle Prozesse gebunden sind, müssen verschiedene Forschungstätigkeiten selbstverständlich verschiedene Raum-Zeit-

Gebiete einnehmen. Der genetische Zusammenhang zwischen verschiedenen Forschungstätigkeiten wird daher durch *Transportvorgänge* vermittelt. Sofern man die an materielle Träger gebundenen Erkenntnisse als Informationen bezeichnen möchte (der Terminus „Information" wird hier in seiner unpräzisierten, aber verbreiteten Alltagsbedeutung verwendet; sein Gebrauch ist nicht mit der Bezugnahme auf ein informationstheoretisches Konzept verbunden), kann man von Vorgängen des *Informationstransports* sprechen.

Betrachten wir zunächst den Elementarfall, daß ein und dasselbe Forschungskollektiv zwei verschiedene Probleme nacheinander bearbeitet. Die Ergebnisse der ersten Tätigkeit werden zweifellos in das Potential der zweiten „transportiert", aber dieser „Transport" erfordert keine speziellen Tätigkeiten und wird auch kaum als eine besondere Seite der wissenschaftlichen Tätigkeit bewußt, denn er erfolgt einfach über das Gedächtnis der Beteiligten. Die Abstraktion, die ihn als einen besonderen Vorgang ausweist, erscheint auf den ersten Blick spitzfindig und gekünstelt. Sie ist es jedoch keineswegs, wie die weitere Betrachtung zeigen wird.

Nehmen wir nun an, daß in unserem Beispiel mit dem Übergang vom ersten zum zweiten Forschungsproblem ein teilweiser Wechsel des Mitarbeiterbestandes verbunden ist. Sofern die erfolgreiche Bearbeitung des zweiten Problems die Kenntnis der Resultate des ersten Problemlösungsprozesses voraussetzt, müssen die neuen Mitarbeiter bereits *spezielle* Tätigkeiten aufwenden, um sich diese für die aktive Teilnahme am Prozeß der Produktion neuen Wissens unentbehrlichen Kenntnisse anzueignen. Werden genetisch zusammenhängende Forschungsarbeiten von gänzlich verschiedenen Potentialen ausgeführt, so sind besondere Tätigkeiten vonnöten, die geeignete Ströme dokumentaler Information emittieren und aufnehmen. Betrachten wir schließlich Mengen von genetisch verbundenen Forschungstätigkeiten über größere Zeiträume hinweg, so ergibt sich die Notwendigkeit spezialisierter Lehrtätigkeiten, um junge Kader systematisch an die Forschungstätigkeit heranzuführen.

Diese Konsequenzen sind auf den ersten Blick äußerst trivial. Die Existenz spezialisierter Lern-, Lehr- und Informationstätigkeiten gehört zu den Selbstverständlichkeiten des heutigen Wissenschaftsbetriebes. Die angeführten Überlegungen haben jedoch nicht einfach ihre Existenz gezeigt, sondern – in allgemeiner Form – ihre Existenznotwendigkeit aus zwei Seiten der Gesellschaftlichkeit des Forschens hergeleitet; dazu diente auch die oben angeführte und zunächst gekünstelt scheinende elementare Abstraktion. Das eine Moment ist die Kumulativität, die historische Kontinuität der Forschung, die die systematischen Lehr- und Lerntätigkeiten zur Kompensation des natürlichen Generationswechsels erforderlich macht; das andere Moment ist die geschichtlich fortschreitende gesellschaftliche Arbeitsteilung im Prozeß der Erkenntnisproduktion selbst, die angesichts des inneren Zusammenhangs der gesellschaftlichen Gesamterkenntnis Kommunikationen zwischen gleichzeitig arbeitenden Forschern, vermittelnde Informationsströme und besondere Tätigkeiten zur Erzeugung und Aufnahme dieser Ströme bedingt und sekundär die fachliche Spezialisierung und Profilierung der Lehr- und Lerntätigkeiten hervorruft. Die Qualifizierungstätigkeiten (Lehren und Lernen[33]) und die Informationstätigkeiten werden wir hier bedingt als *wissenschaftliche Übergangstätigkeiten* bezeichnen, denn sie vermitteln die Übergänge von einer Forschungstätigkeit zur anderen. Mit dieser Bezeichnung wird sinnfällig zum Ausdruck gebracht, daß innerhalb der Wissenschaft die Übergangstätigkeiten den Forschungstätigkeiten *funktionell untergeordnet* sind. Diese Feststellung gilt allein für die Eigenschaft bestimmter Tätigkeiten, die Zusammenhänge im System der gesellschaftlichen Wissensproduktion zu vermitteln. Viele dieser Tätigkeiten existieren gleichzeitig auch in anderen gesellschaftlichen Zusammenhängen, von denen sie gleichfalls funktionell determiniert werden. Diese Feststellung ist für die Praxis bereits nicht mehr trivial oder gleichgültig, denn die auf einer bestimmten Stufe der Arbeitsteilung unumgängliche berufliche Verselbständigung verschiedener Übergangstätigkeiten ist mit der Gefahr ihrer ressortmäßigen Ausführung verbunden. Von da an ist die Aussage, daß die Übergangstätigkeiten angesichts ihrer funktionellen Determination durch die Forschung selbst wissenschaftliche Tätigkeiten sind, keine Selbstverständlichkeit mehr. Sie begründet vielmehr Normen für die Ausführung dieser Tätigkeiten, die nicht spontan erfüllt werden. Es ist allgemein bekannt, wie ungemein schwierig es ist, die Arbeit wissenschaftlicher Informationsdienste so einzurichten, daß sie die laufende Forschungsarbeit wirksam unterstützen (oder sie zumindest nicht behindern); auch die Frage, wie junge Wissenschaftler durch ihre Ausbildung am besten für aktives Forschen zu befähigen sind, muß immer wieder neu durchdacht werden.

[33] Damit sind sowohl die Primärausbildung (Hochschulstudium etc.) und die systematische postgraduale Weiterbildung als auch die in den Forschungsprozeß unmittelbar eingebetteten Tätigkeiten der laufenden Aufnahme von Kenntnissen gemeint.

In wissenschaftstheoretischer Sicht erscheinen also die Übergangstätigkeiten als Momente der innerwissenschaftlichen Arbeitsteilung, die historisch-genetisch aus der Erkenntnisproduktion (Forschung) herauswachsen und dieser funktionell untergeordnet sind. Durch diesen Zusammenhang – und in diesem Zusammenhang – sind sie selbst wissenschaftliche Tätigkeiten. Viele dieser Übergangstätigkeiten sind gesellschaftlich polyfunktionell, so daß ihre Bestimmung als wissenschaftliche Tätigkeiten nicht etwa ihre erschöpfende Charakteristik, sondern nicht mehr als die Angabe einer einzigen von mehreren wesentlichen Eigenschaften bedeutet. Das äußert sich darin, daß sich die Unbestimmtheitseigenschaften der Forschungstätigkeiten in den funktionellen Charakteristika der Übergangstätigkeiten wiederfinden.[34] Wir können das an bekannten Phänomenen demonstrieren. Nehmen wir beispielsweise an, daß ein bestimmtes Ausbildungsprogramm für junge Wissenschaftler strikt auf die Bedürfnisse eines gewissen Forschungsgebietes abgestimmt ist, in dem die Teilnehmer anschließend eingesetzt werden sollen. Selbst wenn wir die idealisierende Annahme machen, daß das übermittelte Wissen von den Teilnehmern verlustfrei aufgenommen worden ist, können wir stets nur mit einer gewissen, nie mit hundertprozentiger Sicherheit behaupten, daß die vermittelte Qualifikation tatsächlich die für die bevorstehenden Problemlösungsprozesse wesentliche ist. Je fundamentaler und neuartiger die zu bewältigende Forschungsproblematik ist, um so mehr nimmt die Unsicherheit des Apriori-Urteils zu. Für einen Informationsdienst, der ein Forschungskollektiv unter Beachtung der Spezifik der jeweiligen Problematik „bedient“, steigt die Unsicherheit, für die Problembearbeitung wesentliche Informationen nicht übermittelt oder die wirklich wesentlichen Informationen nicht

[34] Dies zeigt sich beispielsweise im Fall der Informationstätigkeiten folgendermaßen: „Ein Forscher wird sein Informationsbedürfnis nicht immer genau formulieren können. Erst beim Studium der Primärquellen (Artikel, Forschungsberichte, Bücher) präzisiert er sein Ziel, kann zu neuen Assoziationen gelangen und neue Hypothesen aufstellen. Daher übertragen wissenschaftliche Mitarbeiter die Arbeit der Auswahl und des Studiums von wissenschaftlich-technischer Literatur ungern an Informationseinrichtungen. In diesem Fall beschränkt sich die Aufgabe der Informationseinrichtungen darauf, die für den Forscher erforderlichen Dokumente herauszusuchen und sie in einer nutzerfreundlichen Form bereitzustellen“ (A. I. Michajlov, Wissenschaftlich-technische Information und Effektivität der Wissenschaft, Informatik, H. 2/1972, S. 3).

aufgenommen zu haben, mit der Schärfe der Selektion, während umgekehrt für den Bezieher eine möglichst scharfe Bündelung vom Standpunkt des Zeitaufwandes natürlich günstig ist usw.[35]

Betrachten wir einzelne Forschungstätigkeiten oder Systeme von Forschungstätigkeiten ($F_1, F_2, \ldots, Fn$), so erscheinen sie durch Übergangstätigkeiten miteinander vernetzt.[36] Retrospektive Darstellungen entsprechender Graphen über der Zeitachse finden wir in wissenschaftshistorischen Untersuchungen, einerseits zur Darstellung der Folgewirkungen gewisser Entdeckungen (s. Abb. 1),

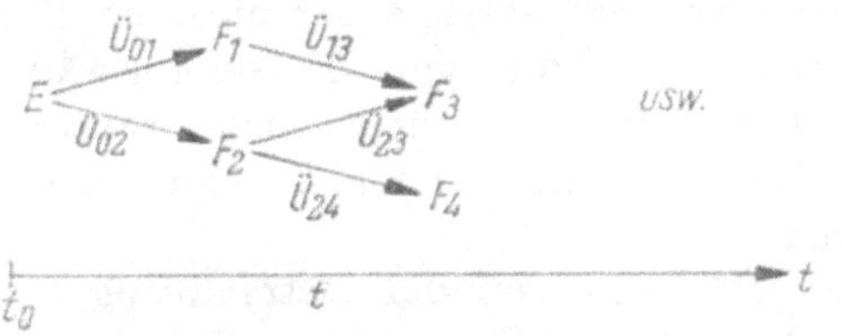

Abb. 1

andererseits zur Darstellung der Vorgeschichte gewisser Entdeckungen: (s. Abb. 2)

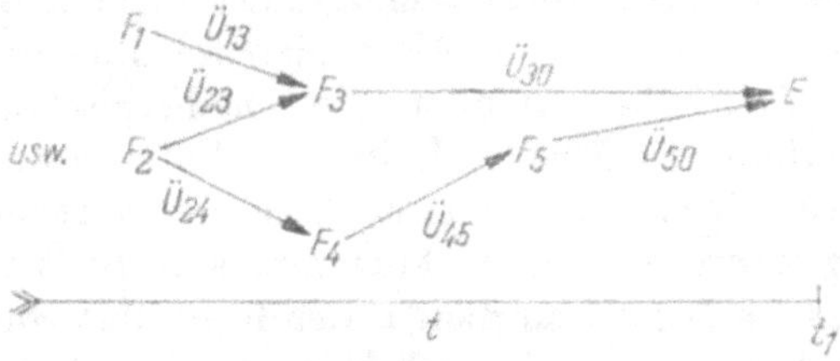

Abb. 2

Prospektiv werden solche Darstellungsweisen für die Netzwerkplanung von Forschungsarbeiten benutzt.[37] Die Pfeile bedeuten gerichtete Transportvorgänge der oben erörterten Art, wobei ein Teil

[35] Siehe S. J. Zločevskij, A. V. Kozenko, V. V. Kosolapov, A. N. Polovinčik, Information in der wissenschaftlichen Forschung, Berlin 1972, S. 206 ff.

[36] Solche Netze werden beispielsweise durch die Quellen-Index-Analyse aufgewiesen. Vgl. V. V. Nalimov, S. M. Mulčenko, Indeks naučnych istočnikov kak instrument analiza tendencij rasvitija nauki, in: Analiz sakonomernostej i prognosirovanie razvitija nauki i techniki, Tesissy dokladov simposiuma. Wyp. 1, Kiev 1967

[37] P. L. Saborski, D. M. Nussenbaum, Praktika setevogo planirovanija naučno-issledovatelskich i opytno-konstruktorskich rabot, Moskau 1967

dieser Transportvorgänge durch spezielle Übergangstätigkeiten bewirkt wird. Die angeführten Schemata sind rein symbolisch; in verschiedenen Prozessen können sie die verschiedenartigste Form haben. Strenggenommen ergibt die retrospektive Betrachtung, die eine gewisse bereits erfolgte Entdeckung zum Ziel- oder Ausgangspunkt nimmt, potentiell unendlich – entweder in die Vergangenheit oder in die Zukunft – erstreckte Netze; nur ein konventioneller Abbruch an bestimmten Zeitpunkten führt zu überschaubaren Situationen.

Die Existenz von wissenschaftlichen Übergangstätigkeiten führt zur Bestimmung einer weiteren Form von Zyklizität in der Wissenschaft. Sie ist jedoch nicht zu erkennen, solange wir einzelne Forschungstätigkeiten (oder einzelne Systeme von Forschungstätigkeiten) betrachten; in diesem Fall finden wir nur zeitlich erstreckte Netze. Die Zyklizität wird jedoch deutlich, wenn wir eine weitergehende Abstraktion vornehmen.

Die Abstraktion besteht im Übergang von der Betrachtung einzelner Forschungstätigkeiten (oder einzelner Systeme von Forschungstätigkeiten) zur Betrachtung von Klassen solcher Tätigkeiten. Es ist hier nicht entscheidend, welche klassenbildenden Merkmale in Frage kommen. Bedingung ist nur, daß sich unter den Elementen einer derartigen Klasse solche befinden, die zeitlich aufeinander folgen und genetisch miteinander zusammenhängen. Als geeignetes Beispiel wäre etwa die Klasse aller physikalischen oder aller medizinischen Forschungen in einem bestimmten Zeitabschnitt zu betrachten. Von diesem Standpunkt erweist sich der Zusammenhang der wissenschaftlichen Übergangstätigkeiten mit den Forschungstätigkeiten als ein zyklischer: die Übergangstätigkeiten dienen der Reproduktion der Forschungspotentiale und damit der *Reproduktion der jeweiligen Klasse von Forschungstätigkeiten* in der Zeit: (s. Abb. 3)

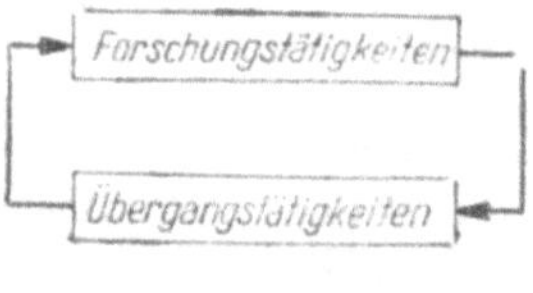

Abb. 3

Auf dieser Grundlage ist es zweckmäßig, den Begriff des *vollständigen Systems wissenschaftlicher Tätigkeiten* einzuführen. Ein vollständiges System wissenschaftlicher Tätigkeiten produziert nicht nur wissenschaftliche Erkenntnisse, sondern reproduziert auch Voraussetzungen für die kontinuierliche Fortsetzung der Erkenntnisproduktion. Mit anderen Worten: Ein vollständiges System wissenschaftlicher Tätigkeiten verfügt über einen *inneren Reproduktionszyklus*, der in der Zirkulation von Erkenntnissen innerhalb dieses System besteht und der durch wissenschaftliche Übergangstätigkeiten vermittelt ist; über diesen Zyklus ist die Forschung im historischen Prozeß mit sich selbst rückgekoppelt.

Für die Reproduktion eines Systems wissenschaftlicher Tätigkeiten ist die Existenz eines solchen inneren Zyklus notwendig, jedoch nicht hinreichend. Er ist deshalb nicht hinreichend, weil ein System wissenschaftlicher Tätigkeiten – unabhängig von seinem Umfang – niemals aus sich selbst heraus existiert, sondern nur als Stufe umfassenderer gesellschaftlicher Arbeitsteilung. Wissenschaftspotentiale und damit Klassen von Forschungstätigkeiten können sich nicht autonom reproduzieren, sondern nur dann, wenn die Potentiale durch Ergebnisse der materiellen Produktion ergänzt und erweitert werden. (Dazu kommen im konkreten Fall natürlich stets Informationsströme, die von anderen Systemen wissenschaftlicher Tätigkeiten ausgehen.) Andererseits ist auch der äußere Aufwand allein nicht hinreichend, um ein System wissenschaftlicher Tätigkeiten zu reproduzieren, denn das Fehlen des inneren Reproduktionszyklus bedeutet den Verlust der genetischen Kontinuität der Erkenntnisinhalte, so daß in diesem Fall kein Grund besteht, zwei zeitlich aufeinanderfolgende Forschungstätigkeiten als Elemente ein und desselben Systems anzusehen.

Der innere Reproduktionszyklus, der Forschungs- und Übergangstätigkeiten zu einer Ganzheit zusammenschließt, wirkt der aus den Traditionen des vorsozialistischen Wissenschaftsbetriebes nachwirkenden Tendenz ressortmäßiger Trennung der verschiedenen Tätigkeitsarten entgegen. Von der Übertragung der Unbestimmtheitseigenschaften der Forschung auf die Übergangstätigkeiten war bereits die Rede. Die gegenseitige Durchdringung der Tätigkeiten geht jedoch noch weiter: Alle wissenschaftlichen Tätigkeiten tendieren dazu, in sich selbst erkenntnisproduktive und -reproduktive Momente zu vereinigen. Das der Forschung notwendig immanente reproduktive Moment wurde in Abschnitt (2) besprochen. Umgekehrt nehmen die wissenschaftlichen Übergangstätigkeiten produktive Züge an; sie können nicht einfach als passiver Transport unveränderter Informationen verstanden werden. Die mit ihnen verbundenen Vorgänge des Ordnens und Umordnens der Informationen (mit Hilfe von Klassifikationssystemen und Thesauri) und der Veränderung der Existenzform der Informationen (Übergang von einem menschlichen auf einen dokumentalen Träger und umgekehrt, durch Tätigkeit vermittelter Übergang von einem dokumentalen Träger zum anderen, Übergang von einem menschlichen Träger zum anderen durch lebendige Kommunikation) enthalten die Möglichkeit der Entstehung neuer Erkenntnisse. Es ist bekannt, daß die Ideen bedeutender Entdeckungen nicht selten im Prozeß der Lehrtätigkeit entstanden sind, daß der Aufbau von Thesauri zu informationellen Zwecken mitunter zu einer erheblichen Weiterentwicklung wissenschaftlicher Begriffssysteme führt, daß referierende Übersichtsarbeiten (Produkte informationsverdichtender Tätigkeit) gelegentlich neuartige Verallgemeinerungen enthalten usw. In welchem Maße diese Möglichkeit zur Wirklichkeit wird, hängt weitgehend von den gesellschaftlichen Verhältnissen des Wissenschaftsbetriebes ab. Die Verhältnisse des Sozialismus sind für einen entwickelten Synkretismus der wissenschaftlichen Tätigkeiten sehr günstig, denn er ist nicht nur eine Bedingung für die Effektivität des Forschens, sondern auch ein Moment der allseitigen Entwicklung der Persönlichkeit des wissenschaftlich Tätigen. Damit ist nicht nur eine objektive Situation, sondern auch eine komplizierte Aufgabe ideologischen und organisatorischen Charakters gekennzeichnet; diese Aufgabe reicht von der Überwindung noch vorhandener Reste gegenseitiger Reserviertheit zwischen Forschern und Lehrern oder der Beseitigung der Geringschätzung wissenschaftlicher Informationstätigkeit als einer angeblich unschöpferischen Routinearbeit bis zur Überwindung des Qualifikationsgefälles zwischen den mit Forschung und den mit Übergangstätigkeiten Beschäftigten.

Diese rein verbalen Überlegungen zeigen bereits, daß die Gestaltung der inneren Reproduktionszyklen in Systemen wissenschaftlicher Tätigkeiten für die Wirksamkeit der gesellschaftlichen Wissenschaftsanforderungen von entscheidender Bedeutung sind. Die wichtigste Eigenschaft dieser Zyklen dürfte darin bestehen, daß sie objektiv notwendige *Proportionen* zwischen Forschungs- und Übergangstätigkeiten setzen. Bisher ist kein zuverlässiges theoretisches Modell bekannt, aus dem sich die Größe dieser Proportionen (ausgedrückt in anteiligen Aufwendungen) sicher bestimmen läßt, so daß Erfahrungswerte zur Richtschnur genommen werden müssen. Die Objektivität dieser Proportionen zeigt sich dann negativ, wenn sie dadurch verletzt werden, daß beispielsweise junge Nachwuchskräfte mit einer bestimmten Qualifikation der Forschung in zu großer oder in zu geringer Anzahl oder unrhythmisch zur Verfügung gestellt werden. Bei kleinen Systemen wissenschaftlicher Tätigkeiten dürfte es sehr schwierig, wenn nicht unmöglich sein, hier begründete Proportionen zu erkennen, weil hier zu vielen anderen Systemen wissenschaftlicher Tätigkeiten mehr oder minder starke Abhängigkeiten bestehen. Erst bei sehr großen vollständigen Systemen wissenschaftlicher Tätigkeiten, wo diese Abhängigkeiten überschaubar werden (etwa eine große Wissenschaftsdisziplin oder die Gesamtwissenschaft der DDR), dürfte es vorerst aussichtsreich sein, nach theoretisch begründeten stabilen Werten dieser Proportionen zu suchen.

Der Charakter des inneren Reproduktionszyklus bestimmt wesentlich die *Forschungsrichtung* in einem vollständigen System wissenschaftlicher Tätigkeiten. Diese Richtung läßt sich gesellschaftlich sowohl direkt durch Zielvorgabe als auch indirekt durch Veränderung des inneren Reproduktionszyklus beeinflussen. Man kann annehmen, daß die Realisierung gegebener Forschungsziele beeinträchtigt oder verhindert wird, wenn der innere Reproduktionszyklus nicht zielgerecht funktioniert. Daraus ergibt sich die Notwendigkeit, jede gesellschaftlich erforderliche wesentliche Veränderung der Forschungsrichtung in einem vollständigen System wissenschaftlicher Tätigkeiten mit einer entsprechenden Veränderung seines inneren Reproduktionszyklus zu verbinden. Praktische Erfahrungen zeigen, daß sich andernfalls im Gegensatz zur neuen Zielstellung die alte Forschungsrichtung spontan reproduziert, im Extremfall so sehr, daß lediglich eine terminologische Anpassung an die neue Themenstellung erfolgt. In der wissenschaftswissenschaftlichen Literatur kapitalistischer Länder wird die Erscheinung der „Problemverschiebung“ beschrieben: Ein eingespieltes Forschungsteam, das mit einer neuen Aufgabe betraut wird, vollzieht unter der Hand eine „Verschiebung“ der vom Auftraggeber vorgegebenen Problematik derart, daß sie der vertrauten Arbeitsrichtung möglichst nahe kommt. Die Wissenschaftsleitung in der sozialistischen Gesellschaft muß aus diesen Erscheinungen die notwendigen Lehren ziehen: Eine Veränderung der Forschungsrichtung auf irgendeinem Gebiet läßt sich nur dann mit Erfolg durchführen, wenn der innere Reproduktionszyklus des zugehörigen vollständigen Systems wissenschaftlicher Tätigkeiten zielgerecht verändert wird. Maßnahmen organisatorischer Art sind hier vielfach notwendig, aber niemals ausreichend. Der Charakter der inneren Reproduktion ist stark mit den subjektiven Neigungen und Gewohnheiten der Wissenschaftler verbunden: der Gewöhnung an eine bestimmte Art von Literatur, an die Kommunikation mit einem bestimmten Kreis von Fachkollegen usw. Ohne persönliche Überzeugung von der Richtigkeit der neuen Zielstellung wird ein Wissenschaftler kaum bereit sein, diese Gewohnheiten, die sich im alten Aufgabengebiet bewährt haben, ohne weiteres zu verändern.

Planmäßige Gestaltung des Wissenschaftsbetriebes hat daher auch in dieser Frage notwendig eine ideologische Seite.

Man kann annehmen, daß die inneren Reproduktionszyklen in vollständigen Systemen wissenschaftlicher Tätigkeiten der strukturellen Analyse und der einheitlichen Messung zugänglich sind. Als Inhalt dieser Zyklen kann man stets raumzeitlich gerichtete Ströme wissenschaftlicher Informationen ansehen, die dazu bestimmt sind, von Wissenschaftspotentialen aufgenommen zu werden. Für die quantitative Beschreibung wäre ein vereinfachtes Modell möglich, das von der schöpferischen Komponente der wissenschaftlichen Übergangstätigkeiten abstrahiert und diese als Vorgänge auffaßt, bei denen inhaltlich unveränderte Informationen transportiert werden und höchstens Verluste eintreten können. Eine derartige Modellierung wird, wie weiter oben gezeigt wurde, der realen Lage der Dinge nicht völlig gerecht, aber sie ist hier als einfache Näherung möglich, während es vollständig inadäquat wäre, die Forschungstätigkeiten – die Produktion wissenschaftlicher Informationen – so beschreiben zu wollen.

Für die Analyse der inneren Reproduktionszyklen lassen sich auf dieser Grundlage die Mittel der Informatik verwenden.[38] Dabei dürften folgende Gruppen von Eigenschaften der Zyklen für die Praxis der Wissenschaftsleitung von besonderem Interesse sein: Zeitcharakteristika der Zyklen, Vollständigkeitsgrad der Emission und Aufnahme wissenschaftlicher Informationen, Zusammensetzung des Stromes, Verhältnis von dokumentalem Strom und lebendiger Kommunikation, Vermaschung eines gegebenen Zyklus mit dem Reproduktionszyklus anderer wissenschaftlicher und außerwissenschaftlicher Tätigkeitssysteme. Die wichtigsten funktionell unterschiedenen Komponenten des in diesem Vorgang bewegten Stromes wissenschaftlicher Informationen sind nach Ansicht des Verfassers theoretische und empirische Aussagen, Methoden und Probleme. In der Literatur wird bisher kaum auf die Notwendigkeit eingegangen, die Probleme, die im Forschungsprozeß als „Nebenprodukte" entstehen, als eine selbständige Komponente wissenschaftlicher Informationsströme anzusehen; das hängt vor allem mit der Schwierigkeit zusammen, Probleme ebenso

[38] „Das Wissen, das von den wissenschaftlichen Disziplinen vermittelt wird, untersucht die Informatik als Informationsprozeß. Deshalb ist die logische Informatik mit vielen Wissenschaften verbunden, hat aber gleichzeitig ein eigenes spezifisches Erkenntnisobjekt, und zwar Wissen als Information, die in der Gesellschaft zirkuliert" (S. J. Zločevskij, A. V. Kozenko, V. V. Kosolapov, A. N. Polovinčik, Information in der wissenschaftlichen Forschung, Berlin 1972, S. 14).

explizit und unzweideutig anzugeben wie Aussagen und Methoden. Die Probleme stellen jedoch ein spezifisches Zielpotential dar, aus dem durch Auswahlentscheidungen Forschungsziele gewonnen werden[39], und sind nicht weniger wertvoll als gesicherte Erkenntnisse und bewährte Methoden; im Gegenteil – da sie die Möglichkeit künftiger schöpferischer Tätigkeit beinhalten, sind sie vielleicht der für die Zukunft der Wissenschaft wertvollste Teil ihres geistigen Potentials und müssen sorgfältig dokumentiert und gespeichert werden. Es ist sehr viel günstiger, zu einer neuen, gesellschaftlich bedeutsamen praktischen Zielstellung schon vorformulierte wissenschaftliche Probleme auszuwählen, als unter dem Druck praktischer Notwendigkeiten geeignete Problemstellungen erst entwickeln zu müssen. Geht man von der Annahme aus, daß im Durchschnitt eine Problemlösung mehr als ein neues Problem gebiert, so kann man eine Seite der Forschungsentwicklung als Wachstumsprozeß in der Art einer gesteuerten Kettenreaktion modellieren, wobei der Steuerungsvorgang in Auswahlen aus dem Problemfundus besteht.

Die wichtigste Beziehung innerhalb eines inneren Reproduktionszyklus dürfte das Verhältnis zwischen den Prozessen der Ausbreitung dokumentaler Information und den spezialisierten Qualifizierungstätigkeiten sein. Zunächst ist hier die Notwendigkeit inhaltlicher Übereinstimmung augenfällig. Die in ein Potential aufgenommenen informationellen Dokumente sind „totes Kapital“, wenn die Mitarbeiter nicht die erforderliche spezifische Qualifikation besitzen, um mit diesen Dokumenten zu arbeiten. Umgekehrt ist auch die systematische Qualifizierung von Wissenschaftlern auf Gebieten, die keinen genügenden Bezug zu ihrem Einsatzgebiet haben, oft ein ökonomisch nicht günstiger Aufwand, obwohl hier angesichts der Möglichkeit unvorhergesehener Ideenassoziationen im schöpferischen Denken nicht so streng geurteilt werden kann. Ohne Zweifel bestehen hier auch quantitativ bestimmbare Proportionen, die sich letzten Endes im Verhältnis der Aufwendungen für die Qualifizierungstätigkeit einerseits und für den Informationsdienst andererseits niederschlagen. Diese komplizierten Beziehungen sind kaum erforscht; man kann jedoch mit großer Sicherheit behaupten, daß günstige Proportionen – auf der Basis inhaltlicher Übereinstimmung – zwi-

[39] Kusnecov bemerkt, daß Veränderungen in den fundamentalen Vorstellungen der Wissenschaft heute wesentlich mehr Fragen aufwerfen, als sie beantworten; daher ist die moderne Wissenschaft durch einen „spezifischen prognostischen Stil“ gekennzeichnet (B. G. Kusnecov, Nauka v 2000 godu, Moskau 1969, S. 71).

schen diesen beiden Seiten des inneren Reproduktionszyklus einer der wichtigsten und am leichtesten zu beherrschenden Wachstumsfaktoren für die Forschungsentwicklung sein müssen. Der spezifische Aufwand für Information und Qualifizierung ist in der Regel bedeutend niedriger als der direkte Forschungsaufwand, insbesondere auf fondsintensiven Gebieten. Betrachtet man diese Arten wissenschaftlicher Tätigkeit nicht einfach als verschiedene Ressorts, sondern als Bestandteile ein und desselben Reproduktionszyklus, so wird die Möglichkeit sichtbar, unter Umständen durch eine kleinere Aufwandssteigerung bei den wissenschaftlichen Übergangstätigkeiten einen gewichtigeren Gesamteffekt zu erzielen als durch eine größere direkte Aufwandssteigerung in der Forschung. Ehe hier funktionstüchtige Reproduktionsmodelle aufgestellt werden können, ist noch eine umfangreiche methodische, empirische und theoretische Vorarbeit erforderlich.

5. Äußere Reproduktionszyklen vollständiger Systeme wissenschaftlicher Tätigkeiten

Aus den Überlegungen in Abschnitt 4 hat sich ergeben, daß für die tatsächliche Reproduktion eines vollständigen Systems wissenschaftlicher Tätigkeiten die Existenz eines inneren Reproduktionszyklus in diesem System eine zwar notwendige, aber noch nicht hinreichende Bedingung ist. Damit der Übergang von einer Forschungstätigkeit F_n im Rahmen eines solchen Systems zu einer nachfolgenden Forschungstätigkeit F_{n+1}[40] wirklich stattfindet, sind Vorgänge notwendig, welche diese beiden Forschungstätigkeiten über Vermittlungen, die außerhalb des betrachteten Systems liegen, miteinander verbinden.

Insgesamt bestehen zwischen F_n und F_{n+1} zwei Arten von Übergängen:

[40] Hier kann es sich selbstverständlich um Systeme von Forschungstätigkeiten handeln; da aber ihre innere Struktur im Rahmen des betrachteten Reproduktionszusammenhangs nicht von Interesse ist, betrachten wir sie hier als einfache Forschungstätigkeiten. Für die Beziehung von F_n und F_{n+1} ist vorausgesetzt: Zugehörigkeit zur gleichen Klasse von Forschungstätigkeiten, zeitliche Aufeinanderfolge, genetischer Zuammenhang. Die an diesem einfachen Modell angestellten Überlegungen bleiben in Kraft, wenn man einen Zusammenhang zwischen n-tupeln von Forschungstätigkeiten untersucht, der die genannten Eigenschaften aufweist.

1. Übergang vom Wissenschaftspotential P_n von F_n zum Wissenschaftspotential P_{n+1} von F_{n+1}

Dieser Übergang kann vier Grundvorgänge enthalten, aus denen er in irgendeiner Weise zusammengesetzt ist:

a) Ersatz des bei der Ausführung von F_n eingetretenen Potentialverschleißes. Weil F_{n+1} wegen der wesentlichen Unikalität der Forschungstätigkeiten nicht mit F_n identisch sein kann, obwohl beide der gleichen Klasse von Forschungstätigkeiten angehören, handelt es sich hier um eine Kompensation nicht nur des physischen, sondern auch des moralischen Verschleißes von Potential (beispielsweise auf dem Gebiet der Qualifikation der in das Potential eingehenden wissenschaftlichen Arbeitskraft). Vom Standpunkt der Theorie des Wissenschaftspotentials sind es Veränderungen der Potentialelemente im Rahmen ihrer grundsätzlichen Identität (Qualifizierung von Mitarbeitern, Modernisierung von Geräten durch Umbau, Ersatz verbrauchten Materials usw.).

b) Erweiterung (Reduzierung) des Potentials P_n. Hier werden dem ursprünglichen Wissenschaftspotential neue Elemente gleicher oder anderer Art hinzugefügt (entzogen), so daß P_{n+1} über eine größere (kleinere) Anzahl von Elementen verfügt als P_n (Erweiterung oder Verkleinerung der Forschungskollektive, Erweiterung oder Reduktion der apparativen Ausstattung usw.).

c) Austausch von Elementen des Potentials P_n gegen andere. Damit bleibt zwar die Anzahl der Elemente identisch, aber P_{n+1} enthält (teilweise) Elemente anderer Art als P_n (Austausch von einzelnen Mitarbeitern oder ganzen Forschungsgruppen gegen andere Mitarbeiter oder Forschungsgruppen mit anderem Profil etc.).

d) Umstrukturierung des Potentials P_n. Die elementare Zusammensetzung des Potentials bleibt zwar erhalten, aber die durch Organisation gesetzten Zusammenhänge zwischen den Potentialelementen verändern sich.

Damit sich das betrachtete vollständige System wissenschaftlicher Tätigkeiten reproduzieren kann, muß der Übergang von F_n nach F_{n+1} vollzogen werden; eine Voraussetzung dafür ist die Reproduktion des Potentials, der Übergang von P_n nach P_{n+1}, wobei wenigstens einer der obengenannten vier Grundvorgänge oder irgendeine ihrer Kombinationen stattfinden muß.

2. Übergang vom Wissenschaftsziel Z_n von F_n zum Wissenschaftsziel Z_{n+1} von F_{n+1}

Die in (1.) beschriebene Potentialreproduktion genügt keineswegs, damit der Übergang von F_n nach F_{n+1} wirklich erfolgt. Entscheidend ist der Übergang von Z_n zu der neuen Zielstellung Z_{n+1}. Wenn kein entsprechendes neues Ziel gestellt wird, dann erfolgt keine Reproduktion des betrachteten Systems wissenschaftlicher Tätigkeiten, und zwar selbst dann, wenn eine Reproduktion des Potentials spontan stattgefunden haben sollte. Bei der für sozialistische Verhältnisse selbstverständlichen Planung der wissenschaftlichen Tätigkeiten ist der Übergang zu einer neuen Zielstellung stets Voraussetzung dafür, daß überhaupt Potentialreproduktion erfolgt.

Inwieweit können diese Übergänge, die zur Reproduktion eines vollständigen Systems wissenschaftlicher Tätigkeiten notwendig und hinreichend sind, durch den inneren Reproduktionszyklus des Systems realisiert werden? Wie wir im Abschnitt 4 gezeigt haben, ist ein gewisser Teil der Reproduktion der informationellen Potentialkomponente durch Zirkulation von wissenschaftlichen Ergebnissen innerhalb des Systems Voraussetzung dafür, um überhaupt von einer Reproduktion dieses Systems und nicht einfach nur vom Übergang von einer Forschungsaufgabe zur anderen sprechen zu können. Dieser Anteil wird um so größer sein, je umfangreicher das betrachtete vollständige System wissenschaftlicher Tätigkeiten ist, und er besteht aus dokumentaler Information, die die Ergebnisse früherer Forschungstätigkeiten aus diesem System enthält, und aus durch Aneignung solcher Ergebnisse qualifizierter wissenschaftlicher Arbeitskraft. Der Übergang zu einem neuen Ziel (nach 2.) kann teilweise oder ganz durch den inneren Reproduktionszyklus des Tätigkeitssystems vermittelt sein: F_n kann als eigentliches Resultat oder Nebenprodukt ein Problem erzeugen, das als Problemkomponente von Z_{n+1} auftritt; F_n kann einen spezifischen Bedarf an einem wissenschaftlichen Resultat erzeugen, der die funktionelle Komponente des Ziels Z_{n+1} darstellt[41]; schließlich können beide Fälle auch zusammen auftreten. Andererseits ist es für die Reproduktion eines vollständigen Systems wissenschaftlicher Tätigkeiten keineswegs notwendig, daß der Übergang von Z_n nach Z_{n+1} über den inneren Reproduktionszyklus des Systems vermittelt ist. Mit Sicherheit kann man jedoch behaupten,

[41] Solche Fälle treten sehr oft ein, wenn eine Forschungstätigkeit auf Schwierigkeiten trifft, die auf Unzulänglichkeiten der Methodik zurückgehen, und wenn diese Schwierigkeiten durch eigene Nebenforschungen behoben werden.

daß innerhalb eines solchen Systems nicht bei allen Paaren (F_n, F_{n+1}) die funktionelle Komponente von Z_{n+1} durch den inneren Reproduktionszyklus des Systems vermittelt sein kann, denn in diesem Fall würde das betrachtete System wissenschaftlicher Tätigkeiten nur um seiner selbst willen existieren und wäre gesellschaftlich nutzlos.

Es ergibt sich also, daß in einem beliebigen vollständigen System wissenschaftlicher Tätigkeiten erstens der Übergang von P_n nach P_{n+1} bei jedem Paar genetisch verbundener Forschungstätigkeiten (F_n, F_{n+1}) notwendig teilweise, jedoch niemals vollständig durch den inneren Reproduktionszyklus des Systems vermittelt ist und zweitens zumindest für gewisse Paare (F_n, F_{n+1}) der Übergang von Z_n zu Z_{n+1} nicht vollständig durch den inneren Reproduktionszyklus des Systems bewirkt werden kann. Daher müssen im allgemeinen Tätigkeiten existieren, die die Übergänge von P_n nach P_{n+1} und von Z_n nach Z_{n+1} vermitteln, aber nicht zum betrachteten vollständigen System gehören. Den durch diese Tätigkeiten bewirkten Zusammenhang nennen wir den *äußeren Reproduktionszyklus* des jeweiligen Systems.

Dieses Ergebnis entspricht der marxistischen Grundposition, wonach das wissenschaftliche Erkennen kein autonomer Vorgang ist, sondern Produkt und Funktion des materiellen Lebens der Gesellschaft, insbesondere der Produktion materieller Güter. Die Besonderheit der angeführten Überlegung besteht jedoch darin, daß diese Konsequenz nicht aus der Betrachtung des materiellen Produktionsprozesses hergeleitet wurde (daraus ergibt sie sich vom marxistischen Standpunkt mit Selbstverständlichkeit), sondern aus einer abstrakten Analyse der Eigenschaften wissenschaftlicher Tätigkeiten. Deshalb kann man daraus mit großer Sicherheit einen metatheoretischen Schluß für die Wissenschaftswissenschaft ziehen: Es ist nicht möglich, alle Entwicklungszusammenhänge in vollständigen Systemen wissenschaftlicher Tätigkeiten aus den inneren Bedingungen dieser Systeme (oder überhaupt aus innerwissenschaftlichen Zusammenhängen) zu erklären; wird die Ebene der Beschreibung überschritten, so muß die Determination der wissenschaftlichen Tätigkeiten durch das materielle Leben der Gesellschaft notwendig berücksichtigt werden.[42]

Wir wollen diese Überlegung zunächst am Übergang von P_n nach

[42] Vgl. I. A. Majzel, Rasvitije nauki kak otrasli duchovnogo proisvodstva, in: Problemy dejatelnosti učonogo i naučnych kollektivov, H. IV, Leningrad 1971.

P_{n+1} demonstrieren (vgl. 1.). Der informationelle Anteil von P_{n+1}, der aus dem inneren Reproduktionszyklus des gegebenen vollständigen Systems wissenschaftlicher Tätigkeiten oder aus anderen derartigen Systemen stammt, kann im Prinzip beliebig groß sein; ganz unabhängig davon wird aber jeder derartige Übergang ohne Rücksicht auf seine spezielle Form stets direkt von der Produktion materieller Güter vermittelt, denn er verlangt die Reproduktion der physisch verschlissenen Arbeitskraft über das Arbeitseinkommen der wissenschaftlich Tätigen, dessen Gebrauchswertäquivalent stets Produkt des materiellen Produktionsprozesses ist. In der Regel erfordert der Übergang von P_n nach P_{n+1} noch weitere Aufwendungen, die bei hochtechnisierten Forschungstätigkeiten mitunter den Aufwand für die lebendige Arbeit um ein Vielfaches übertreffen. Aus diesem Grunde ist die Reproduktion der Wissenschaftspotentiale stets mit ökonomisch meßbaren Aufwendungen verbunden (nach Ansicht des Verfassers stellt der ökonomisch meßbare Aufwand jedoch nur einen Teil des Gesamtaufwandes dar). Bei kleineren Systemen wissenschaftlicher Tätigkeiten (etwa im Rahmen eines Instituts, eines Forschungsverbandes, einer Hochschule usw.) verläuft ein Teil des äußeren Reproduktionszyklus in der Regel über andere Systeme wissenschaftlicher Tätigkeiten. Gehen wir aber zum maximalen zielbezogenen System wissenschaftlicher Tätigkeiten über, der Gesamtheit aller wissenschaftlichen Tätigkeiten in der sozialistischen Gesellschaft, dann ist die Reproduktion der im Potential dieses Systems enthaltenen wissenschaftlichen Information im wesentlichen[43] Resultat des in-

[43] Unter den Bedingungen der Existenz zweier Gesellschaftsordnungen enthält das Wissenschaftspotential des Sozialismus immer auch Informationen, die Resultate wissenschaftlicher Tätigkeit unter kapitalistischen Bedingungen darstellen und über den Austausch wissenschaftlicher Literatur sowie in gewissen Fällen auch mit Hilfe zwischenstaatlicher Verträge erworben werden. Von dieser informationellen Kopplung können wir in einer Grundlagenuntersuchung jedoch aus folgenden Gründen absehen. Erstens sind die wissenschaftlichen Tätigkeiten im Sozialismus zielgerichtet in die Klassenauseinandersetzung des ganzen sozialistischen Weltsystems mit dem Imperialismus einbezogen, und dieses übergeordnete Ziel ist der Ausgangspunkt, von dem aus die Aneignung der in kapitalistischen Ländern erzeugten wissenschaftlichen Information selektiv und kritisch erfolgt. Zweitens kann bei aller Bedeutung der wissenschaftlichen Zusammenarbeit zwischen Staaten mit unterschiedlicher Gesellschaftsordnung für die Sicherung des Weltfriedens die Arbeitsteilung in dieser Kooperation nicht so weit gehen,

neren Reproduktionszyklus dieses Systems. Sein äußerer Reproduktionszyklus verläuft im wesentlichen über außerwissenschaftliche Tätigkeiten dieser Gesellschaft, insbesondere über den materiellen Produktionsprozeß.[44]

Der gesellschaftliche Aufwand zur Potentialreproduktion in vollständigen Systemen wissenschaftlicher Tätigkeiten ist also zumindest partiell *direkt ökonomisch meßbar,* und zwar im einheitlichen Geldausdruck. Für die Resultate der Forschung besteht dagegen – zumindest bisher – keine Möglichkeit, sie *direkt* mit einem einheitlichen Maß zu messen, weder in Naturalform (einem Maß für die Menge neu erzeugter Erkenntnisse)[45] noch in Geldform. Lediglich eine *indirekte* ökonomische Messung durch den bei Anwendung dieser Resultate in gewissen außerwissenschaftlichen Tätigkeiten, vor allem in der materiellen Produktion, erzeugten Ökonomisierungseffekt ist möglich.[46] Ein wissenschaftliches Resultat kann jedoch im Prinzip beliebig oft und vielfach auch noch in ferner Zukunft angewandt werden. Während der ökonomisch meßbare Teil des zu seiner Produktion erforderlichen Aufwandes eine Konstante ist, stellt der ökonomisch meßbare Teil des durch seine Anwendung erzeugten Effekts eine

daß der Wissenschaftsbetrieb in der bürgerlichen Gesellschaft zu einer wesentlichen Bedingung für die Reproduktion des vollständigen Systems wissenschaftlicher Tätigkeiten im Sozialismus wird.

[44] Wir bezeichnen alle gesellschaftlichen Tätigkeiten, deren Ziel nicht in der Erzeugung wissenschaftlicher Erkenntnisse oder in der Verknüpfung solcher Vorgänge besteht, als außerwissenschaftliche. Außerwissenschaftliche Tätigkeiten können in hohem Grade schöpferisch sein; für sozialistische Verhältnisse ist es zudem typisch, daß sie in wachsendem Maße wissenschaftliche Erkenntnisse als Mittel verwenden.

[45] B. Winde stellt fest: „Leider haben wir bis heute keinen Ansatz für die Lösung der Aufgabe, den semantischen Gehalt zweier Informationen objektiv miteinander zu vergleichen“. Die Lösung des Problems einer einheitlichen Bewertung des semantischen Gehalts von Informationen mit Hilfe von EDVA, sofern es überhaupt lösbar ist, kann nach Winde nicht vor dem Jahre 2000 erwartet werden (B. Winde, Einige Bemerkungen zur prognostischen Entwicklung der Informatik als Wissenschaftsdisziplin, Informatik 19. Jg., Nr. 2/1972, S. 11).

[46] Dieser Ökonomisierungseffekt ergibt sich daraus, daß die Anwendung von wissenschaftlichen Ergebnissen die Produktivkraft der Arbeit erhöht; das gilt unabhängig von der Antwort auf die strittige Frage, ob die wissenschaftliche Tätigkeit selbst wertbildende Arbeit ist oder nicht.

Variable mit unbekanntem Wertebereich dar[47], für die man nur in begrenzten Planungszeiträumen (Jahres- oder Fünfjahresplanperioden) einigermaßen genau bestimmte Werte angeben kann.

[47] Zahlreiche sowjetische Autoren verhalten sich recht skeptisch gegenüber Ambitionen einer erschöpfenden ökonomischen Nutzensberechnung wissenschaftlicher Ergebnisse. So konstatiert Michajlov für die Informationstätigkeit als eine wissenschaftliche Übergangstätigkeit, daß der ökonomische Nutzen zum Unterschied vom Aufwand kaum zu berechnen ist, und argumentiert folgendermaßen: „Der ökonomische Nutzen ist nicht einfach als eine Gewinngröße aufzufassen, die sich durch die Einführung der Erfindungen bzw. Entdeckungen ergibt, die mit Hilfe von Informationseinrichtungen in Wissenschaft und Technik bekannt wurden .... Eine sachkundig ausgewählte und dem Spezialisten rechtzeitig zur Verfügung gestellte Information kann den Anstoß zu einer neuen Idee geben, deren Verfolgung zu grundlegenden Entdeckungen in Wissenschaft und Technik führen kann". Deshalb empfiehlt er einen möglichst niedrigen Abonnementspreis für die Informationsmittel, denn das bewirkt „eine weitere Verbreitung dieser Informationsmittel und dadurch einen besseren Austausch von Ideen und Fakten zwischen Wissenschaftlern und Spezialisten und letzten Endes eine Beschleunigung des wissenschaftlich-technischen Fortschritts" (A. I. Michajlov, Wissenschaftlich-technische Information und Effektivität der Wissenschaft. Informatik 19. Jg., Nr. 2/1972, S. 4). Volkov spricht sich sehr entschieden über die Grenzen der ökonomischen Bewertbarkeit der wissenschaftlichen Tätigkeit und den Vorrang der sozialen Kriterien im Sozialismus aus (G. N. Volkov, Soziologija nauki, Moskau 1968, S. 173/74). In der deutschen Ausgabe ist dieser Standpunkt durch die Übersetzung zu stark abgeschwächt worden (G. N. Volkov, Soziologie der Wissenschaft, Berlin 1970). Die Feststellung, daß in der Charakteristik der Effektivität der Grundlagenforschungen die Unbestimmtheit besonders hoch ist, erläutert Volkov im russischen Original folgendermaßen: „... die gewöhnlichen, in der materiellen Produktion üblichen Effektivitätskriterien wie Gewinn, Zeitaufwand, Menge der eingesparten lebendigen Arbeit u. a. sind hier nicht anwendbar. Hier sind andere, nicht aus der ökonomischen Sphäre entnommene Kriterien erforderlich". Diese Bemerkung wird in der deutschen Ausgabe weggelassen. Kusnecov fordert, daß die ökonomische Theorie die Unbestimmtheit als einen fundamentalen Begriff einschließen muß: „Die Unbestimmtheit des Effekts fundamentaler Arbeiten ist eine Unbestimmtheit anderen Typs als die Unbestimmtheit des Effekts wissenschaftlicher Forschungen mit (wenn auch nicht eindeutig) voraussehbaren Resultaten und die Unbestimmtheit des Effekts von Arbeiten in Konstruktion und Technologie" (B. G. Kusnecov, Nauka v 2000 godu, Moskau 1969, S. 17). „Es besteht ein recht deutlicher Zusammenhang zwischen der Weite wissenschaft-

Für das System wissenschaftlicher Tätigkeiten einer Gesellschaft kann man daher eine grundlegende ökonomische Bedingung nennen, die bei wachsendem Nationaleinkommen und zunehmender Arbeitsproduktivität für einen hinreichend langen Zeitraum T stets erfüllt sein muß: Der ökonomisch meßbare Effekt der Anwendung von Resultaten wissenschaftlicher Tätigkeiten im Zeitraum T muß größer sein als der ökonomisch meßbare Anteil der gesellschaftlichen Aufwendungen zur Reproduktion des Wissenschaftspotentials im gleichen Zeitraum.[48] Die Relativierung auf einen bestimmten Zeitraum ist dabei wesentlich. Von den ökonomisch nicht meßbaren Aufwandsanteilen und Effekten wird hier abgesehen; die genannte ökonomische Bedingung gibt eine grundlegende stabile Eigenschaft des äußeren Reproduktionszyklus eines gesellschaftlichen Systems wissenschaftlicher Tätigkeiten an, aber sie ist keineswegs die vollständige soziale Existenzbedingung eines solchen Systems.

Zunächst ist zu berücksichtigen, daß die genannte ökonomische Bedingung in dieser abstrakten Form noch gar nicht anwendbar

licher Probleme und der Unbestimmtheit des ökonomischen Effekts ihrer Lösung" (ebd., S. 122). Petrov und Potemkin formulieren: „In den Termini der ökonomischen Effektivität erscheint eine beliebige unbedeutende Neuerung in der Technologie des Bierbrauens als ein größerer Sieg der Wissenschaft gegenüber einem neuen Antibiotikum oder einem neuen Beschleuniger" (M. K. Petrov und A. V. Potemkin, Soziologija nauki, Rostov 1968, S. 77). Wenn man sich der Tatsache jedoch bewußt bleibt, daß ökonomische Aufwand-Ergebnis-Relationen für die wissenschaftliche Tätigkeit stets nur partielle Aussagekraft haben, dann sind entsprechende Untersuchungen wertvolle Hilfsmittel sozialistischer Wissenschaftsleitung (vgl. beispielsweise: R. Gericke, Zu einigen Fragen bei der Bestimmung und Beurteilung des ökonomischen Nutzeffekts von Forschung und Entwicklung; V. Nikolajew, G. Schilling, Beziehungen zwischen der Forschung und Entwicklung und dem Nationaleinkommen; W. Sominski, B. Grintschel, Theoretische Probleme bei der Bestimmung des Nutzeffekts von Forschung und Entwicklung; R. Reichel, Die Quantifizierung des ökonomischen Nutzens und der Effektivität von Forschung und Entwicklung, alle in: Ideen–Projekte–Produktionen, Berlin 1969).

48 Diese Bedingung gilt für funktionierende gesellschaftliche Systeme wissenschaftlicher Tätigkeiten, die entwickelte Produktivkraftwirkungen ausüben, und setzt eine gewisse – bisher nicht genau bekannte – absolute und relative (im Vergleich zum gesellschaftlichen Gesamtpotential) Mindestgröße des Wissenschaftspotentials voraus. Solange diese Mindestgröße nicht erreicht ist (etwa in Entwicklungsländern), kann man von der Wissenschaft keine ökonomische Rentabilität fordern.

ist. Sie hat in Kapitalismus und Sozialismus einen entgegengesetzten Klasseninhalt und entsprechend auch eine wesentlich verschiedene konkrete Gestalt. Im Kapitalismus handelt es sich beim ökonomisch meßbaren Teil des Aufwandes um vorgeschossenes Kapital, das sich verwerten soll; im Sozialismus ist es ein Teil des gesellschaftlichen Reichtums, der planmäßig zur Erzeugung wissenschaftlicher Resultate bereitgestellt wird, wobei diese Resultate zur Befriedigung vielfältiger ökonomischer und sozialer Bedürfnisse der Menschen und ihrer politischen und militärischen Sicherung beitragen sollen. Der gegensätzlichen ökonomischen Form der Aufwendungen für wissenschaftliche Tätigkeiten entsprechen gegensätzliche Kriterien für ihre Resultate. Das entscheidende Kriterium für den ökonomischen Effekt wissenschaftlicher Tätigkeiten im Kapitalismus ist die durch Anwendung ihrer Resultate erzielte Profitsteigerung, wobei die sozialen Bedürfnisse – soweit überhaupt – nur als Randbedingung für die Profitrealisierung berücksichtigt bzw. entsprechend manipuliert werden und außerdem die Profiterhöhung keineswegs immer davon abhängt, ob die Arbeitsproduktivität tatsächlich gestiegen ist oder nicht. Im Sozialismus wird der ökonomische Effekt der wissenschaftlichen Tätigkeit erstens unmittelbar an der durch Anwendung ihrer Resultate erzielten Steigerung der Produktivkraft der Arbeit gemessen und zweitens – und das ist das wichtigste – ist der ökonomische Effekt hier kein Selbstzweck, sondern ein entscheidendes Mittel, um soziale Wirkungen zu erzielen, die letzten Endes in den wachsenden Möglichkeiten allseitiger Persönlichkeitsentwicklung für alle Menschen bestehen.[49] Ein großer Vorzug des Sozialismus besteht nach Ansicht des Verfassers darin, daß auf der Basis des gesellschaftlichen Eigentums an den Produktionsmitteln die gesamtstaatliche Planung und Leitung der Wissenschaft die genannte ökonomische Elementarbedingung nur für das gesellschaftliche System wissenschaftlicher Tätigkeiten im ganzen erfüllen muß; einzelne Abschnitte dieses Systems können, wenn ihre Aufgaben wichtigen sozialen Bedürfnissen der Menschen entsprechen, ohne Rücksicht darauf betrieben werden, ob die Anwendung ihrer Resultate einen aufwandsüberschreitenden ökonomischen Effekt hervorbringt oder nicht (Medizin, Kunstwissenschaften usw).

[49] „Unsere Stellung zur Wissenschaft entspringt keineswegs . . . ausschließlich ökonomischen Gründen. Sie ergibt sich mit logischer Folgerichtigkeit aus dem wissenschaftlichen Charakter und dem fortschrittlichen, humanistischen Geist des Marxismus-Leninismus“ (K. Hager, Sozialismus und wissenschaftlich-technische Revolution, a. a. O., S. 14/15).

Die Betrachtung der äußeren Reproduktionszyklen vollständiger Systeme wissenschaftlicher Tätigkeiten hat uns also auf eine ökonomische Elementarbedingung geführt, die sie im gesamtgesellschaftlichen Maßstab erfüllen müssen. Weiter erwies sich, daß diese ökonomische Bedingung je nach dem Charakter der herrschenden Produktionsweise entgegengesetzten Klasseninhalt besitzt. Daraus ergibt sich die Konsequenz, daß für wissenschaftswissenschaftliche Untersuchungen, die äußere Reproduktionszyklen berücksichtigen, gegenüber Abschnitt 4 eine weitere Konkretisierung des Bezugssystems notwendig ist. Die Wissenschaftspotentiale erscheinen hier nicht mehr nur als technologische Systeme, sondern als soziale Institute, und sie werden gerade als solche reproduziert.[50] Im funktionierenden Wissenschaftspotential realisiert sich in spezieller Weise die ganze Produktionsweise der Gesellschaft. Die wissenschaftlich Tätigen leisten im Kapitalismus – ob sie sich dessen bewußt sind oder nicht – ausgebeutete Arbeit und im Sozialismus von Ausbeutung freie Arbeit; die Reproduktion der Wissenschaftspotentiale reproduziert in dem einen Fall das kapitalistische Eigentum an den Bedingungen der wissenschaftlichen Tätigkeit[51], d. h. das Nichteigentum der unmittelbaren Produzenten daran[52], im anderen Fall das gesellschaftliche Eigentum an diesen Bedingungen, d. h. das Miteigentum der unmittelbaren Produzenten, die als Werktätige entweder Angehörige der führenden Arbeiterklasse oder ihre unmittelbaren Bündnispartner sind.

Zu ähnlichen Resultaten führt die Betrachtung des Übergangs von Z_n nach Z_{n+1}. Im allgemeinen, nicht in jedem einzelnen Fall, wird Z_{n+1} nur dann gesetzt, wenn entsprechender außerwissenschaftlicher gesellschaftlicher Bedarf an den durch Realisierung dieses

50 Vgl. I. I. Lejman, Nauka kak sozialny institut, Leningrad 1971

51 Das Funktionieren der Forschung als Verwertungssphäre des Kapitals, das zugleich unvermeidlich zur Verschärfung des kapitalistischen Grundwiderspruchs führt, untersucht V. Nikolajew in einer aktuellen und sehr konkreten Analyse (V. Nikolajew, Forschung und Entwicklung im Imperialismus, Berlin 1972).

52 Dieser Umstand wird oft dadurch etwas verschleiert, daß ungeachtet des Angestelltenstatus der Wissenschaftler ein nicht unbeträchtlicher Teil wissenschaftlicher Literatur (eines der Hauptproduktionsmittel der wissenschaftlichen Arbeit) ihr persönliches Eigentum ist, daß also die wissenschaftliche Tätigkeit auch bei ihrer vollständigen Einbeziehung in die kapitalistische Ökonomik noch gewisse handwerkliche Züge bewahrt.

Zieles wahrscheinlich zu erreichenden wissenschaftlichen Ergebnissen besteht und wenn die Klasse, die als sozialer Auftraggeber auftritt und über die Mittel zu der jeweiligen wissenschaftlichen Tätigkeit verfügt, an den jeweiligen Resultaten interessiert ist. Während der Übergang von P_n nach P_{n+1} noch allein unter Berücksichtigung der ökonomischen Verhältnisse zufriedenstellend untersucht werden konnte, muß für die Erklärung des Übergangs von Z_n nach Z_{n+1} das Gesamtsystem der Gesellschaftsordnung mit seinen Klassenverhältnissen und politischen Interessenkonfigurationen in Betracht gezogen werden. Die ökonomischen Möglichkeiten der Potentialreproduktion bedingen, welche Wissenschaftsziele im jeweiligen Zeitabschnitt überhaupt real sind, aber sie bestimmen nicht, welche Ziele tatsächlich gesetzt werden. Das hängt von der herrschenden Interessenstruktur und damit von den sozialökonomischen und ideologischen Verhältnissen der Gesellschaft ab. Im Sozialismus ist die Qualität und Intensität der gesellschaftlichen Bedürfnisentwicklung keine Randbedingung, sondern dank den sozialistischen Produktionsverhältnissen die direkte und nächste Grundlage für die Entwicklung des Zielmusters der wissenschaftlichen Tätigkeiten; die ökonomischen Möglichkeiten treten hier als für den jeweiligen Zeitabschnitt begrenzende Bedingungen auf.

In dem Maße, wie wissenschaftliche Resultate in der Mehrzahl aller gesellschaftlichen Tätigkeiten Anwendung finden und umgekehrt gesamtgesellschaftliche Anstrengungen zur Reproduktion des Wissenschaftspotentials erforderlich sind, kann man die allgemeinen Gesetzmäßigkeiten der Reproduktion der jeweiligen Gesellschaftsordnung auch als die grundlegenden Regelmäßigkeiten betrachten, die die äußeren Reproduktionszyklen der in ihnen existierenden Systeme wissenschaftlicher Tätigkeiten beherrschen. Dazu gehören insbesondere auch die grundlegenden ökonomischen Gesetze – das ökonomische Grundgesetz der jeweiligen Gesellschaft, das Gesetz der Ökonomie der Zeit[53] (aus dem sich die weiter oben behandelte ökonomische Elementarbedingung für die Wissenschaft ergibt) und das Proportionalitätsgesetz[54], das auch den Anteil der wissenschaftlichen Arbeit an der gesellschaftlichen Gesamtarbeit regelt und aus dessen sozialistischer Form als Gesetz der planmäßigen proportionalen Entwicklung der Volkswirtschaft sich ergibt, daß die wissenschaftliche

[53] Vgl. G. M. Dobrov, V. N. Klimenjuk, V. M. Ordin, A. A. Savel'ev, Organizacija nauki, Kiev 1970, S. 39–88

[54] Vgl. A. Tuszko, St. Chaskielewicz, Nautschnye issledovanija – organizacija i upravlenie, Moskau 1971, S. 92–96

Tätigkeit hier notwendig zu einem Objekt gesamtgesellschaftlicher Planung werden muß.

Aus diesem Grunde ist es nicht möglich, die Wissenschaft als ein selbstevolutionierendes System anzusehen, das die übrige Gesellschaft als eine Art Nährboden nutzt, von dem fördernde oder störende Einwirkungen ausgehen, denn die Wissenschaft ist nicht imstande, aus sich selbst heraus ihr eigenes Zielgefüge zu reproduzieren. Die Spezifik der Gesellschaftsordnung äußert sich bereits in einem einzelnen Akt wissenschaftlicher Tätigkeit, wenn man ihn als Verhalten konkreter Individuen mit einer bestimmten objektiven Klassenposition ansieht; viel stärker kommt sie jedoch in einem geschlossenen Reproduktionszyklus (mit innerer und äußerer Komponente) und noch ausgeprägter in Richtung und Dynamik der Wissenschaftsentwicklung als zeitliche Folge nichtidentischer Reproduktionszyklen in Systemen wissenschaftlicher Tätigkeiten zum Ausdruck.[55] In dieser Rangfolge dürften sich auch die spezifischen Vorzüge des Sozialismus im Bereich der Wissenschaft ausprägen.

Damit können wir das Objekt der Wissenschaftswissenschaft im soziologischen Bezugssystem[56] kurz wie folgt beschreiben: Die Wis-

[55] Die Spezifik der Gesellschaftsordnung äußert sich besonders ausgeprägt in Richtung und Dynamik der Wissenschaftsentwicklung als Folge nichtidentischer, aber genetisch miteinander zusammenhängender Reproduktionszyklen in Systemen wissenschaftlicher Tätigkeiten, denn der Übergang zu neuen Wissenschaftszielen ist stets mit Auswahlen im Feld sinnvoller Problemstellungen verbunden. Die Interessen der auftraggebenden Klasse liefern das entscheidende Kriterium für solche Auswahlen; daher ist die Arbeiterklasse als Vertreterin der progressivsten gesellschaftlichen Interessen in unserer Zeit auch der Garant für den günstigsten Weg der Wissenschaftsentwicklung. Die Aktualität dieser Fragestellung betont K. Hager: „Sicher hängt die Beschleunigung des wissenschaftlich-technischen Fortschritts auch von der Höhe der dafür aufgewendeten Mittel und der Anzahl der Kader ab. Er hängt jedoch in mindestens dem gleichen Maße davon ab, ob die zur Verfügung stehenden Mittel an den perspektivreichsten Abschnitten der Entwicklung von Wissenschaft und Technik eingesetzt werden" (K. Hager, a. a. O., S. 57). Vgl. auch N. Rodnyj, Logika razvitija nauki i problema vybora napravlenij issledovanij, in: Upravlenije, planirovanije i organizacija naučnych i techničeskich issledovanij, Bd. 2, Moskau 1971, S. 147ff.

[56] Svorykin schreibt: „Gegenstand der Soziologie der Wissenschaft sind ... die gesellschaftlichen Beziehungen, die mit der Wissenschaft und der wissenschaftlichen Tätigkeit verbunden sind .... Im Rahmen der Soziologie der Wissenschaft wird die Sphäre der Wissenschaft als

senschaftswissenschaft untersucht vollständige Systeme wissenschaftlicher Tätigkeiten mit ihren inneren und äußeren Reproduktionszyklen; solche Systeme sind die Daseinsweise spezifischer sozialer Institute, die Wissenschaftspotentiale genannt werden; die inneren Zusammenhänge in Wissenschaftspotentialen haben mindestens drei Schichten – eine technologische, eine ökonomische und eine soziale, wobei nur die technologische Schicht bis zu einer gewissen Grenze in Abstraktion von der Gesellschaftsordnung betrachtet werden kann.

Das Ziel dieses Aufsatzes bestand darin, in einem bestimmten Schnitt aufsteigend vom Elementaren zum Komplexen die Architektur der wissenschaftswissenschaftlichen Problematik sichtbar zu machen, so wie sie sich heute darstellt. Dabei gelang es, einige deutlich unterschiedene Schichten herauszupräparieren, die zueinander in einer hierarchischen Beziehung stehen. In jeder dieser Schichten lassen sich zyklische Regelmäßigkeiten zeigen, die Orientierungspunkte für die Suche nach den spezifischen Gesetzen der Wissenschaftswissenschaft darstellen. Wahrscheinlich sind auch andere Schnitte durch diese Problematik möglich, deren Analyse einen anderen Schichtenbau zutage fördern würde. Wenn sich das als möglich erweist, dann wäre nicht nur die Wissenschaft selbst, sondern auch das ihre Zusammensetzung, Struktur, Funktion und Entwicklung widerspiegelnde Gebiet ein mehrdimensional hierarchisch geordnetes Gebilde.

Mit der Betrachtung äußerer Reproduktionszyklen von vollständigen Systemen wissenschaftlicher Tätigkeiten geht die Problematik der Wissenschaftswissenschaft in eine umfassendere gesellschaftswissenschaftliche Problematik über. Dieser Übergang erfolgt durch einen Wechsel des Bezugssystems. Vom Standpunkt der Wissenschafts-

eine soziale Struktur oder ein soziales System betrachtet. „Weiter bemerkt er: „Die Diskussion dieser Fragen reduziert sich gewöhnlich darauf, ob die Wissenschaft ein rein technisches System ist, das sich also unter dem Einfluß seiner inneren Gesetze entwickelt, oder ob sie ein soziales System ist, dessen Entwicklung von den Entwicklungsgesetzen der Gesellschaft bestimmt wird.“ Beide Möglichkeiten betrachtet Svorykin als ungeeignete Extreme und weist damit auf die objektive Vielstufigkeit der Wissenschaft hin, ohne die Frage des Verhältnisses ihrer Ebenen zufriedenstellend zu lösen (A. Svorykin, Razrabotka sociologii nauki kak osnova ee lučej organisazii, in: Upravlenie, planirovanie i organizacija naučnych i techničeskich issledovanij, Bd. 2, Moskau 1971, S. 297).

wissenschaft ist die Produktion und Reproduktion der ökonomischen, sozialen und politischen Verhältnisse, soweit dabei wissenschaftliche Resultate verwendet werden, äußere Reproduktion der Systeme wissenschaftlicher Tätigkeiten. Vom Standpunkt der Theorie des Gesamtzusammenhangs einer Gesellschaftsordnung bzw. der Theorie ihrer ökonomischen Basis sind die Systeme wissenschaftlicher Tätigkeiten mit ihren inneren Reproduktionszyklen notwendige Stufen des gesamtgesellschaftlichen bzw. ökonomischen Reproduktionsprozesses.

Zwischen diesen beiden Bezugssystemen kann nicht willkürlich gewählt werden, denn sie stehen in einem objektiven Verhältnis zueinander. Das Begreifen dieses Verhältnisses ist vielleicht die zentrale weltanschauliche Entscheidungsfrage der Wissenschaftswissenschaft. Für den Marxismus-Leninismus ist das erstgenannte Bezugssystem dem letzteren subordiniert, ohne sich in ihm aufzulösen.[57] Das Vergessen dieser Unterordnung, die Verabsolutierung des ersteren Bezugssystems würde die Wissenschaftswissenschaft sofort auf die Bahnen der bürgerlichen Konvergenztheorie führen. Die Auflösung des ersten Bezugssystems im zweiten würde bedeuten, daß die Spezifik der wissenschaftlichen Tätigkeiten theoretisch nicht mehr erfaßt werden könnte. Daher ist nur eine dialektische Lösung bei klarem Primat der Grundsätze des historischen Materialismus akzeptabel.

Die Theorien des wissenschaftlichen Kommunismus und der politischen Ökonomie des Sozialismus sind also den Theorien der Wissenschaftswissenschaft übergeordnet, denn sie bilden die umfassenderen Zusammenhänge ab, innerhalb derer die Wissenschaft objektiv existiert und funktioniert, aber deshalb sind die letzteren keinesfalls reduzierbar.

Es ist deshalb sinnvoll, den Gegenstand der Wissenschaftswissenschaft in seiner maximal komplexen Sicht etwas genauer zu bestimmen. Der ökonomische und soziale Reproduktionsprozeß der

57 Der VIII. Parteitag der SED nennt in seiner Direktive den wissenschaftlich-technischen Fortschritt unter den Grundlagen für die Erfüllung der gesellschaftlichen Hauptaufgabe der „weiteren Erhöhung des materiellen und kulturellen Lebensniveaus des Volkes“, und weist damit die wissenschaftliche Tätigkeit als Bestandteil des gesamtgesellschaftlichen Reproduktionsprozesses im Sozialismus aus (VIII. Parteitag der SED, Dokumente, Berlin 1971, S. 48/49). Vgl. auch A. Nikolajev, Naučnye issledovanija i process obščestvennogo vosproizvodstva, in: Upravlenie, planirovanie i organizacija naučnych i techničeskich issledovanij, Bd. 4, Moskau 1970.

Gesellschaft kann nicht in seiner Vollständigkeit Gegenstand der Wissenschaftswissenschaft sein, sondern nur unter drei bestimmten Aspekten:

a) Unter dem Aspekt der von ihm ausgehenden Anforderungen an die Gestaltung und Reproduktion der Systeme wissenschaftlicher Tätigkeiten;

b) unter dem Aspekt der von den Systemen wissenschaftlicher Tätigkeiten ausgehenden Anforderungen, denen er unterliegt, d. h. in seiner spezifischen Eigenschaft, äußerer Reproduktionszyklus dieser Systeme zu sein;

c) unter dem Aspekt der Verknüpfung wissenschaftlicher und außerwissenschaftlicher Stufen in diesem Prozeß durch eine spezifische Gruppe wissenschaftlicher Übergangstätigkeiten (Bestimmen von Wissenschaftszielen, Bilden von Wissenschaftspotentialen, Überleitung von Ergebnissen wissenschaftlicher Tätigkeit in die praktische Nutzung)[58,59]

Die Klärung dieser Zusammenhänge ist das höchste gesellschaftliche Ziel des Gesamtgebäudes der marxistisch fundierten Wissenschaftswissenschaft. Die Arbeiten zur Grundlegung und zum Ausbau dieses Gebäudes sind dafür notwendige Voraussetzungen.

[58] Es ist nicht Aufgabe dieses Aufsatzes, die Problematik der Überleitungsprozesse zu behandeln. Man muß jedoch betonen, daß diese Prozesse einen der praktisch wichtigsten und theoretisch schwierigsten Aufgabenkreise der marxistisch-leninistischen Wissenschaftsforschung bilden. Vgl. K. Hager, a. a. O., S. 48/49; Sammelband: Issledovanija – razrabotki – vnedrenie, Moskau 1970.

[59] Damit erfolgt die zweite und abschließende Erweiterung des Begriffs der wissenschaftlichen Tätigkeiten.

Dietrich Wahl

Forschungstätigkeit als Arbeitsprozeß

Die wissenschaftlich-technische Revolution mit den Vorzügen des sozialistischen Wirtschaftssystems zu verbinden ist eines der zentralen Anliegen bei der Gestaltung der entwickelten sozialistischen Gesellschaft. Das schließt eine Aufgabe ein, die auf dem VIII. Parteitag der SED folgendermaßen formuliert wurde: „Der volkswirtschaftliche Nutzeffekt des wissenschaftlich-technischen Potentials ist vor allem durch die Steigerung der Produktivität der geistig-schöpferischen Arbeit zu erhöhen.“[1] Damit steht die Forderung, die Forschungstätigkeit und alle sie beeinflussenden Faktoren eingehender zu untersuchen und Wege zu ihrer rationellsten Gestaltung auszuarbeiten. Kurt Hager hob in seiner Lektion über „Sozialismus und wissenschaftlich-technische Revolution“ hervor: „Hauptanliegen der Organisation der Wissenschaft muß die Sicherung einer schöpferischen Atmosphäre und hohen Produktivität der geistigen Arbeit sein sowie die richtige Ableitung der Aufgabenstellung und die rasche, effektive Überleitung und allseitige Nutzung der Ergebnisse der Forschung und Bildungsarbeit. Im Mittelpunkt stehen deshalb Fragen der Organisation der Tätigkeit der Wissenschaftlerkollektive als der ‚produzierenden‘ Basis des Gesamtprozesses ... Der Weg der intensiven Entwicklung des Forschungspotentials wird nur durch die systematische, bewußte Anwendung und Umsetzung von Erfahrungen und wissenschaftlichen Erkenntnissen über die wissenschaftliche Tätigkeit und die Entwicklung von Wissenschaft und Technik selbst erschlossen.“[2]

Bei dieser Aufgabenstellung verbinden sich Probleme der Gestaltung des Wissenschaftssystems als Ganzes mit der Optimierung der Arbeitsvollzüge in der unmittelbaren Forschungstätigkeit. Wir

[1] Dokumente des VIII. Parteitages der SED, Berlin 1971, S. 60

[2] K. Hager, Sozialismus und wissenschaftlich-technische Revolution, Berlin 1972, S. 56

wollen uns in den folgenden Ausführungen auf die letztgenannte Sphäre der direkten Auseinandersetzung mit den Forschungsobjekten konzentrieren. Dabei wird zugleich deutlich werden, daß heute auch die Tätigkeit des einzelnen Forschers und seines Kollektivs einen intensiven gesamtgesellschaftlichen Bezug hat. Die Literatur zur rationellen Gestaltung der Forschungsarbeit ist insbesondere in den letzten Jahren sprunghaft angewachsen, und immer vielfältiger werden die Aspekte und die Methoden, nach denen der Leistungsprozeß der Forschenden analysiert und optimiert wird. In der Arbeit „Optimierung der wissenschaftlichen Forschungstätigkeit" nennen V. V. Kosolapov und A. N. Ščerban kybernetische, wissenschaftswissenschaftliche, wissenschaftsmetrische, wissenschaftshistorische, organisationstheoretische, soziologische, psychologische, ökonomische, logische und informationstheoretische Vorgehensweisen, um das gestellte Ziel zu erreichen.[3] Aus theoretischen und praktischen Gründen wird es immer dringender, für diese differenzierten Arten des Herangehens ein verbindendes theoretisches Konzept zu gewinnen. Nur so wird es möglich sein, die Wechselbeziehung der von den einzelnen Wissenschaften durch ihre spezifischen Methoden aufgedeckten verschiedenen Faktoren zu erfassen und zu beherrschen. Erst auf einer solchen Grundlage erhält der wissenschaftlich Tätige, der Leiter und der Wissenschaftsorganisator ein Ensemble von miteinander verbundenen Anregungen und Verfahren, um die Forschungstätigkeit produktiver gestalten zu können. Gegenwärtig aber sieht er sich zumeist einer Vielzahl einzelner Hinweise und Regeln gegenüber, mit denen er schwer arbeiten kann, weil ihr innerer Zusammenhang nicht genügend deutlich wird. Das gewachsene Bedürfnis nach einem komplexen Verständnis der Forschungsarbeit drückt sich auch darin aus, daß in der Sowjetunion allein im Jahre 1971 drei größere Arbeiten zu dieser Problematik erschienen.[4] Konzeption und auch Titel des Buches „Die Arbeit in der Sphäre der Wissenschaft" bringen den entscheidenden Ansatz zum Ausdruck, die Forschungstätigkeit als

[3] V. V. Kosolapov, A. N. Sčerban, Optimizacija naučno-issledovatelskoj dejatelnosti, Kiev 1971, S. 11, 31–57

[4] P. N. Savlin, A. I. Ščerbakov, M. A. Judelevič, Trud v sfere nauki, Novosibirsk 1971
V. V. Kosolapov, A. N. Sčerban, Optimizacija naučno-issledovatelskoj dejatelnosti, Kiev 1971
A. I. Ščerbakov, V. V. Kosolapov, E. V. Korol, Nauka, učonye i ich trud v usloviach sovremennoj naučno-techničeskoj revoluzii, Novosibirsk 1971

eine Form der gesellschaftlichen Gesamtarbeit zu betrachten. Um diesen Grundgedanken allen Einzeluntersuchungen zugrunde legen zu können, leiten die Autoren die gesellschaftliche Stellung und die Spezifik der wissenschaftlichen Tätigkeit aus der gesamtgesellschaftlichen Arbeitsteilung ab. Ihre Konzeption ist mit einem Verständnis der Wissenschaft insgesamt verbunden, das sie nicht nur als Kenntnissystem, sondern vor allem als Tätigkeitssystem zur Produktion dieser Kenntnisse begreift. So wird definiert: „Die Wissenschaft kann als System von Kenntnissen und als auf die Gewinnung, Ausarbeitung und Praxisüberführung von Informationen gerichtete Tätigkeit von Menschen, die in verschiedenen wissenschaftlichen Einrichtungen verbunden sind, bestimmt werden.“[5] Von diesen Ausgangsbestimmungen fortschreitend wird eine Klassifikation der wissenschaftlichen Teilarbeiten und der wissenschaftlichen Einrichtungen abgeleitet. Dies wiederum gibt den Ansatzpunkt, um den Zyklus „Grundlagenforschung – Produktion“ nach seiner Struktur und nach seiner Beherrschbarkeit zu untersuchen. Auf dieser komplexen Betrachtung des Arbeitsprozesses in der Forschung aufbauend werden einzelne Seiten seiner Gestaltung und Organisation betrachtet. Dabei stehen Fragen wie die Analyse und rationelle Gestaltung des Zeitfonds der Wissenschaftler, der Organisationsstrukturen von Forschungs- und Entwicklungseinrichtungen, ihrer Kaderstruktur sowie Probleme der Mechanisierung der ingenieurtechnischen Arbeit im Vordergrund. Abschließend gehen die Autoren auf einige weiterführende und noch weitgehend unbeantwortete Fragen des wissenschaftlichen Arbeitsprozesses im Sozialismus ein. Auch diese Ausführungen sind typisch für die gegenwärtige Situation. Sie weisen insbesondere darauf hin, daß vor allem soziale Probleme der Forschungstätigkeit, beispielsweise die Entwicklungs-Konflikte in den Kollektiven, noch einer eingehenderen Untersuchung bedürfen.

Die Feststellung, daß das Wirken der Forscher eine Form der gesellschaftlichen Arbeit darstellt, ist offensichtlich weder banal noch theoretisch ineffektiv. Um diese Grunderkenntnis voll zum Tragen zu bringen, haben wir uns mit traditionellen Auffassungen von der Wissenschaft, die sie gerade nicht als Arbeit betrachten, auseinanderzusetzen. Es gilt, eine wirklich marxistisch-leninistische Analyse der Forschungsarbeit zu entwickeln und dabei *alle* Konsequenzen zu erfassen. Nicht zuletzt ist es notwendig, die Spezifik des Arbeitsprozesses „Forschung“ gültig herauszuarbeiten. Insgesamt können

[5] A. N. Savalin, A. I. Ščerbakov, M. A. Judelevič, a. a. O., S. 15

wir vier Standpunkte hinsichtlich der Forschung als Arbeitsprozeß unterscheiden: erstens die Ablehnung dieser Auffassung; zweitens das Bemühen, einzelne Aspekte des Arbeitsprozesses „Forschung" zu erklären; drittens den Versuch, das Gesamtphänomen der Forschungsarbeit durch *eine* Grundcharakteristik theoretisch zu erfassen; viertens schließlich das Bemühen, diesen Prozeß in seiner realen Komplexität darzustellen.

In der vormarxistischen Wissenschaftsauffassung hat die Ablehnung, Forschung als Arbeit zu betrachten, tiefe klassenmäßige Wurzeln und lange historische Traditionen. Ohne hier auf einzelne philosophische Strömungen eingehen zu können, erweist sich als durchgängige Haltung, daß die Forschung als rein geistige Leistung betrachtet wurde, deren Zustandekommen letztlich nicht rational zu klären ist, die an die Fähigkeiten besonders begabter Individuen, einer geistigen Elite gebunden ist. Da die Praxis als Grundlage der Erkenntnis negiert wurde, sah man im Forschen eine prinzipiell andere Verhaltensweise als in den verschiedenen Formen der körperlichen Arbeit, mit der sie keinerlei Gemeinsamkeiten zu haben schien. Ursprünge dieser Ideologie finden sich in der Sklavenhaltergesellschaft. Hier treffen wir die schärfste Entgegensetzung von körperlicher Arbeit und geistiger Betätigung, klassisch ausgeprägt in den Auffassungen von Platon und Aristoteles. Arbeit wurde nur als körperliche Anstrengung verstanden und oblag den Sklaven und den Handwerkern, den „Banausen". Beschäftigung mit Wissenschaft und Kunst wurden als Formen der Muße betrachtet, die nur dem „Freien", dem Angehörigen der herrschenden Klasse zugänglich war. Dabei wurde Philosophie, insbesondere Logik und Erkenntnistheorie, auch als Mittel, die Denkfähigkeit zu fördern und zu entwickeln, betrachtet.

Bereits in der Zeit der Renaissance wurde in der bürgerlichen Ideologie die krasse Entgegensetzung von geistiger Muße und Arbeit abgemildert. Forschung wurde – entsprechend der wachsenden Rolle der Wissenschaft für die Produktion und damit für den Profit der herrschenden Klasse – als wichtige gesellschaftliche Leistung anerkannt. Bacons Formel „Wissen ist Macht" brachte das ebenso zum Ausdruck wie die wachsende soziale Anerkennung, die dem Forscher gezollt wurde. Es verstärkten sich die Bemühungen, Wege zur Entwicklung der geistigen Leistungsfähigkeit aufzuzeigen, und die Methodologie erfuhr einen bedeutenden Aufschwung. Erhalten blieb die individualistisch-elitäre Betrachtungsweise der Forschung, die weitgehend auch mit idealistischen Auffassungen über den Erkenntnisprozeß gekoppelt war. Einzig bei Diderot finden sich einige

Einsichten darüber, daß Erkenntnis und praktische Veränderung der Natur wechselseitig miteinander verbunden sind.[6] Die sozialökonomischen Grundlagen der vorherrschenden bürgerlichen Auffassungen liegen auf der Hand. Wissenschaft war vor allem eine Angelegenheit der herrschenden Klasse, wurde von ihr auch weitgehend personell getragen. Sie war – auch in Gestalt der verschiedenen philosophischen, juristischen und organisationstheoretischen Auffassungen – ein wichtiges Mittel der Herrschaft über die werktätigen Massen. Die philosophische Grundidee vom Primat des Geistigen über das Materielle war Baustein der verschiedenen Ideologien, in die sich die Behauptung von der Besonderheit der geistigen Betätigung, von ihrem elitären Charakter einfügte. Dieses Dogma diente dazu, um die unabänderliche Notwendigkeit der Klassenherrschaft, die Herrschaft der angeblich geistig Überlegenen über die geistlose „Masse" zu rechtfertigen.

In der ersten Hälfte des 20. Jahrhunderts, als der Imperialismus sich herausbildete und die Wissenschaft zugleich ein größeres Gewicht für die Produktion erhielt, gewann der Positivismus in seinen verschiedenen Formen starken Einfluß in der bürgerlichen Betrachtung der wissenschaftlichen Tätigkeit. Er beseitigte gewisse irrationalistisch-spekulative Vorstellungen vom Denkprozeß und versuchte, ihn als klaren Kalkül mit Fakten und logischen Regeln darzustellen. Seine agnostizistische Grundposition äußerte sich konzentriert in der Behauptung, daß man die Empfindungs-Elemente als letzte Bausteine des Erkenntnisgebäudes nehmen müsse. Wissenschaft betrachtete er als reines Wissens-System, nicht aber als Form sozialer Tätigkeit. Er blieb in dem Denkschema befangen, daß Forschung letztlich eine nur geistige Leistung sei. Aus den bisher geschilderten Auffassungen ergab sich als Hauptregel für die Entwicklung der Forschung, geeignet erscheinende begabte Personen dafür auszuwählen und in entsprechender Weise zu fördern, im übrigen aber es ihrer eigenen Verantwortung und Urteilsfähigkeit zu überlassen, welche Probleme auf welchem Wege sie in Angriff nehmen wollen. Diese Auffassungen führten zu einer Reihe ethischer und politischer Konsequenzen, die eine große Rolle in der Auseinandersetzung zwischen Sozialismus und Kapitalismus spielen. Einerseits verbanden sie sich eng mit der These von der „Autonomie der Wissenschaft", nach der nur die Wissenschaftler selbst über Ziele und Ergebnisse ihrer Tätigkeit urteilen können. Die Grundlagenforschung als die eigentlich

[6] Vgl. D. Diderot, Philosophische Schriften, Berlin 1961, Bd. I, S. 433

wissenschaftliche Betätigung wird der angewandten Forschung und der Entwicklung mit ihrer Nähe zur technischen Nutzung und zur Planung der Tätigkeitsziele schroff entgegengesetzt. Zwischen dem Ethos der Produktionsarbeiter und der Wissenschaftler wird vor allem hinsichtlich der Disziplin, der Gemeinschaftlichkeit, ein absoluter Gegensatz konstruiert: dort Unterordnung unter Sachzwänge, Einordnung in Gruppenaktivitäten, hier freie persönliche Entscheidung, die nicht einmal durch andere Spezialisten bewertbar sein soll. So nimmt J. R. Baker gegen die „diktierte Teamarbeit" Stellung und gegen die „Absurdität", industrielle Disziplin in der Forschung zu fordern und sie unter „materielle Zwecke" zu stellen. Er schreibt: „Ein neuer, häßlicher Gott, ‚Staat' genannt, verlangt angebetet zu werden ... Individualismus und freie Forschung werden lächerlich gemacht. Alles wird von ‚oben herab' geplant, gelenkt, geführt. Eine trostlose Gleichförmigkeit nimmt überhand. Jeder Einzelne wird zum Zahn einer ungeheuren Maschinerie, deren Mahlprodukte aller menschlichen Werte bar sind! ... Für den Forscher der grundlegenden Wissenschaften aber lautet die einzige Forderung: sichert ihm die *Freiheit des Forschens*!"[7] Die Vorstellungen von der Irrationalität und absoluten Individualität der schöpferischen Leistung in der Forschung trugen letztlich dazu bei, große Teile der Intelligenz vom Kampf der Arbeiterklasse über lange Zeit zu trennen.

In den letzten Jahren werden auch in der bürgerlichen Literatur die irrationalistischen und individualistischen Auffassungen von der Forschungstätigkeit immer mehr in Frage gestellt. Die wissenschaftlich-technische Revolution, die damit verbundene umfassendere Vergesellschaftung der Wissenschaft, die Herausbildung der Forschungsarbeit als Massenberuf zwangen dazu, die Momente, die die Produktivität dieser den Profit immer stärker beeinflussenden Tätigkeit bestimmen, komplexer und realistischer zu betrachten. Es gibt in der bürgerlichen wissenschaftstheoretischen Literatur eine breite Diskussion, in der ausdrücklich die „Arbeits-Auffassung" von der Forschung der traditionellen „Schöpfungs-Auffassung" entgegengesetzt wird.[8] Darin wird vor allem herausgearbeitet, daß nicht allein Intuition und persönliche Begabung das Forschungsergebnis beeinflussen, sondern auch solche Faktoren wie Arbeitsteilung und

[7] R. J. Baker, Freiheit und Wissenschaft, Bern 1950, S. 153, 155. Ähnliche Auffassungen finden sich bei C. Schramm, Die schöpferische Leistung, Berlin/Köln 1957

[8] Einen Überblick über diese Diskussion gibt H. Klages, Rationalität und Spontaneität, Gütersloh 1967

Kooperation, Organisation und Forschungstechnik. So wird durch die bürgerliche Ideologie selbst die alte Entgegensetzung von geistiger und körperlicher Tätigkeit in bestimmter Hinsicht in Frage gestellt. Zugleich werden Beschränktheit und ideologische Funktion der bürgerlichen Auffassung von der Arbeit deutlich. Wir kommen auf dieses Problem zurück, wenn wir uns jetzt jenen Auffassungen zuwenden, die Forschung als Arbeitsprozeß anerkennen.

Eine zweite Herangehensweise an die Forschungstätigkeit besteht nämlich darin, sie als einen Arbeitsprozeß aufzufassen, der rationeller Gestaltung zugänglich ist, und deshalb einzelne seiner Aspekte aufzudecken und zu analysieren, wobei sich die Autoren der Einseitigkeit, des Ausschnitthaften ihrer Betrachtung bewußt sind. Hierher gehören etwa Untersuchungen zur Wissenschaftslogik, zur Problemtheorie, zu psychologischen Problemen des wissenschaftlichen Schöpfertums, die Betrachtung der wissenschaftlichen Tätigkeit als einen Informationsprozeß, soziologische Erhebungen über die Motivation wissenschaftlich Tätiger und andere Teilanalysen. Sie werden als Beitrag zu einem größeren, umfassenderen Komplex von Untersuchungen der Tätigkeit der Forscher verstanden. Von sozialistischen Wissenschaftlern werden sie unter Beachtung der Gesellschaftsspezifik und der sozialen Determiniertheit der Forschungsarbeit durchgeführt. Bei bürgerlichen Wissenschaftlern hat die Einschränkung auf einzelne Aspekte zumeist eine ideologische, eine apologetische Komponente, durch die die speziellen gesellschaftlichen Charakteristika und Widersprüche der Forschungstätigkeit unter imperialistischen Bedingungen verzerrt dargestellt oder überhaupt negiert werden. Unter dem Gesichtspunkt der effektiveren Gestaltung hat vor allem die umfangreiche bürgerliche Kreativitätsforschung sowie eine wissenschaftsorganisatorisch orientierte Strömung die Forschungstätigkeit analysiert. Zu letzterer ist die Heidelberger „Studiengruppe für Systemforschung“ zu rechnen. Möglichkeiten und Grenzen werden dabei in einer kleineren, aber repräsentativen Arbeit von H. Krauch „Forschung als Arbeitsprozeß“ deutlich. Krauch wendet sich gegen die traditionellen Vorstellungen vom einsam produzierenden Genie: „Entgegen diesen Genievorstellungen wird der Forscher heute immer häufiger Teil eines Kooperativs, weil die Arbeitsvollzüge Arbeitsteilung erfordern. Es zeigt sich ein gewisser Trend vom stärker intuitiv arbeitenden Einzelgänger – einem intuitiv-singulären Typus – zu einem kooperierenden, stärker kommunizierenden, einem rational-kommunikativen Typ ... Der Wandel in den Methoden und die zunehmende Einbeziehung der Forschung in wirtschaftliche und gesellschaftliche Zielsetzungen erhöhen den Grad der Rationalisierung und verändern die Form der Arbeit und der Organisation."[9] Von diesem Aspekt der Arbeitsteilung ausgehend, betrachtet Krauch dann den Zyklus des schöpferischen Prozesses, eine Reihe motivationsbeeinflussender Faktoren für die Tätigkeit des Forschers sowie die Beziehung von Forschungstechnik und Struktur der Tätigkeit im Labor. Hauptkriterien für die Entscheidung, ob Forschungstätigkeit Arbeit ist oder nicht, sind für ihn ihre Planbarkeit, rationale Gestaltbarkeit sowie die technisch bedingten Prozesse der Arbeitsteilung und Kooperation. Damit sind gewiß wesentliche Prozesse bewußt gemacht, zugleich aber ebenso wesentliche Fragen ausgespart. Der sozialökonomische Charakter der Arbeit, ihre Prägung durch die Gesellschaftsspezifik bleibt außerhalb der Betrachtung. Darin kommt eine Beschränkung des bürgerlichen Verständnisses der Arbeit zum Ausdruck, die uns in verschiedenen Versionen wieder begegnen wird.

Wir hatten allgemein als eine zweite Herangehensweise an die Analyse der Forschungstätigkeit die Untersuchung einzelner ihrer Aspekte charakterisiert. Diese mehr oder minder isolierte Analyse erweist sich gegenwärtig immer mehr als unzureichend. Die Arbeitsteilung in der Forschung vertieft sich. Forschungsarbeit als Ganzes und in ihren einzelnen Elementen und Aspekten ist einer stürmischen Veränderung unterworfen, und ihre Wechselwirkung mit anderen Formen der gesellschaftlichen Arbeit verstärkt sich. Um Forschungsarbeit rationell gestalten zu können, müssen vor allem die Abhängigkeiten zwischen ihren einzelnen Faktoren und Bedingungen besser beherrscht werden. Es gilt etwa solche Zusammenhänge aufzudecken, wie zwischen Entwicklung der Arbeitsteilung und Kooperation, kollektiven Formen des wissenschaftlichen Schöpfertums, den semantischen, psychologischen und sozialpsychologischen Bedingungen der Kommunikation in der Forschungstätigkeit. Zwischen der Automatisierung der Forschungstechnik, der Logik der Forschung, der Entwicklung der Wissenschaftssprachen, der Arbeitsteilung und den Anforderungen an die Qualifikation der Forschenden bestehen enger werdende Zusammenhänge, die wir weit vorausschauend erkennen müssen, um die langfristigen Prozesse der Ausbildung neuer Kader und der Entwicklung der technischen Basis der Forschungsarbeit optimal zu sichern. Die Organisationsformen der Forschung sind weitgehend durch die Struktur der zu bewältigenden Probleme

[9] H. Krauch, Forschung als Arbeitsprozeß. Studiengruppe für Systemforschung, Bericht Nr. 68, Heidelberg 1966

festgelegt, so daß die Problemtheorie eingehender Auskunft über Typen von Problemen und ihre Erfassungsmöglichkeit geben müßte. So sind immer mehr Fragestellungen mit übergreifendem Charakter aufgeworfen. Ihre Beantwortung verlangt, die Untersuchung der verschiedenen Aspekte der Forschungsarbeit aufeinander besser einzustellen, die Untersuchungen besser aufeinander abzustimmen und ihre Ergebnisse vergleichbar zu machen und auch bislang wenig beachtete Beziehungen zwischen den Aspekten zu analysieren. Damit aber wird es immer mehr zum Bedürfnis, eine einheitliche und komplexe Theorie der Forschungsarbeit zu entwickeln. Das ist das Ziel weiterer Betrachtungsweisen. So finden wir einen dritten Standpunkt, der sich um eine Systemanalyse der Forschungstätigkeit bemüht.

Erstes Problem einer Systemanalyse ist stets, die Grundcharakteristika ihres Objekts zu bestimmen, um so ein theoretisches Konzept für zusammenhängende detaillierte Untersuchungen aufzubauen. Dabei begegnen wir in unserem Falle Versuchen, alle Prozesse der Forschung auf eine einzige Grundcharakteristik zurückzuführen. So versucht H. Klages[10], die verschiedenen Probleme der Forschungstätigkeit letztlich aus dem Methodischen abzuleiten. Er diskutiert die entgegenstehenden Auffassungen von der Forschungstätigkeit, die sich um die Gedankenketten „Wissenschaft als Schöpfung – Inspiration – Zufall – Persönlichkeit – Irrationalität“ einerseits, „Wissenschaft als Arbeit – Perspiration – Planung – Organisation – Rationalität“ andererseits gruppieren.[11] Er geht davon aus, „daß wir es bei der Unterscheidung zwischen der ‚Arbeits‘-Auffassung und der ‚Schöpfungs‘-Auffassung der Forschung zentral mit der Frage nach der ‚Methode‘ der Forschung zu tun haben.“[12] Klages kommt zwar zu einigen richtigen Aussagen darüber, daß man in der Forschungstätigkeit Planung und Zufallseinflüsse, Organisation und Inspiration nicht abstrakt gegenüberstellen dürfe, daß sie in unterschiedlichen Formen und spezifischen Intensitätsstufen in den verschiedenen Schritten und Typen der Forschungs- und Entwicklungstätigkeit miteinander verbunden sind. Aber von seinem Ansatz her vermag er keine weiterführenden Antworten zur Stellung des Forschenden in der Gesellschaft und zu den Beziehungen von Forschungsarbeit und Gesellschaft zu geben, wie er es am Ende seines Buches anstrebt. Er kommt zu einer Wiederholung gängiger Begründungen staatsmonopolistischer Wissenschafts-

[10] H. Klages, Rationalität und Spontaneität, a. a. O.,
[11] ebenda S. 26
[12] ebenda S. 27

politik. Der Grundmangel seines theoretischen Konzepts ist offensichtlich, daß Wissenschaft und wirtschaftliche Zwecke für ihn in einem nur äußeren Verhältnis stehen. Er weist auf den Einfluß der „jeweils gegebenen wirtschaftlichen Marktform“ [13], auf Zielbestimmung und Publizität der Forschung hin, betrachtet aber diese Einflüsse als wissenschaftsextern. „All das ist nicht unmittelbar Gegenstand einer speziellen Theorie der wissenschaftlich-technischen Innovation, sondern fällt als Stoff werthaft-entscheidungsbezogener Irrationalität denjenigen Aktoren zu, die im Feld politisch-gesellschaftlicher Aktivität ... handeln (den ‚Politikern‘ also)“.[14] Nach Klages scheint also der forschend Tätige auf doppelte Weise aus der Entscheidung über Ziel und Verwendung seines Tuns ausgeschlossen. Einmal fällt diese Entscheidung durch andere Personen, andererseits soll sie einen nichtwissenschaftlich-irrationalen Charakter haben. Diese Meinung ist natürlich deutlicher Reflex der staatsmonopolistischen Herrschaftsverhältnisse und eine moderne Variante der Theorie von der Werturteils-Freiheit der Wissenschaft. Sie zeigt dabei die Grenzen und die ideologische Funktion einer Betrachtung der Forschungsarbeit, die sie um ihre sozialökonomisch-gesellschaftliche Komponente verkürzt.

Eine andere Form der vereinseitigten Deutung wissenschaftlicher Tätigkeit finden wir in der strukturell-funktionalistischen Schule der bürgerlichen Soziologie. Insbesondere Parsons, Merton, Storer und Barber[15] haben sich intensiv mit der Wissenschaftssoziologie befaßt. Sie gehen von der gemeinsamen Vorstellung aus, daß Wissenschaft ein spezifisches Tätigkeitssystem darstellt, das ebenbürtig neben solchen Systemen wie Wirtschaft und Finanzen, Religion und Staat und anderen eine Gesellschaft mit konstituiert. Struktur und Funktion der Gesellschaft und ihrer einzelnen Aktionssysteme werden durch spezifische Prozesse der Arbeitsteilung und Kooperation, die ihrerseits wesentlich durch die dabei auftretenden Kommunikationsprozesse geprägt sind, bestimmt. Dabei sollen die entscheidenden Differenzierungsmerkmale für die verschiedenen Tätigkeiten jeweils ihre Ziele und die den Tätigkeiten zugrunde liegenden Normen sein. Für die Forschung (genauer gesagt, für die Grundlagenforschung,

[13] ebenda S. 143

[14] ebenda S. 140

[15] Vgl.: R. K. Merton, Science and the Social Order, in: B. Barber und W. Hirsch (Hrsg.), The Sociology of Science, New York/London; B. Barber, Science and the Social Order, London 1953;
N. W. Storer, The Social System of Science, New York/Chigago/San Francisco/Toronto/London 1966

die in dieser Schule allein als eigentliche wissenschaftliche Tätigkeit angesehen wird) ist das Ziel „Wissensproduktion", die Normen aber sind „Universalismus", „organisierter Skeptizismus", „Kommunismus" oder „Gemeinsamkeit", „Uneigennützigkeit" (disinterestedness). Aus diesen Normen wird dann auch die Autonomie der „reinen" Wissenschaft abgeleitet, eine Orientierung übrigens, die von bürgerlichen Wissenschaftstheoretikern jetzt immer öfter in Frage gestellt wird, da sie mit den staatsmonopolistischen Regulationsversuchen in Widerspruch gerät. Wir wollen uns nicht mit den Normen-Vorstellungen der strukturell-funktionalistischen Soziologie im einzelnen auseinandersetzen. Uns interessiert in unserem Zusammenhang vielmehr die Tatsache, daß diese Normen nicht aus dem realen, materiellen Lebensprozeß der Gesellschaft und ihren Entwicklungsgesetzen abgeleitet werden, sondern als letzte Eigenwerte der Wissenschaft konstituierend zugrunde gelegt werden. So rückt diese Schule zwar den gesellschaftlichen Bezug wissenschaftlicher Tätigkeit in den Vordergrund und betont, daß Forschung in bestimmter Hinsicht ein arbeitsteiliges Tun in der und für die Gesellschaft ist. Andererseits werden aber Inhalt und Normen dieser Tätigkeit aus sich selbst abgeleitet. So wird durch dieses letzten Endes idealistische Vorgehen wiederum auf spezifische Art die Rolle der Produktionsverhältnisse, insbesondere der Eigentumsverhältnisse, die auch für die Gestaltung der wissenschaftlichen Arbeit konstituierend sind, negiert. Forschend Tätige und Gesellschaft erscheinen wiederum in einem wesentlich äußeren Verhältnis zueinander.

Wir können zusammenfassend feststellen, daß die Reduktion der Forschungsarbeit auf einen ihrer Parameter kein gangbarer Weg für die wissenschaftliche Analyse ist. Es kann festgestellt werden, daß eine Reihe bürgerlicher Theoretiker, die durchaus im wachsenden Maße den Arbeitscharakter und den gesellschaftlichen Bezug der Forschungstätigkeit reflektieren, eine solche Vorgehensweise anwenden, dabei von den materiellen Produktionsverhältnissen abstrahieren. Zu den ganz wenigen Wissenschaftstheoretikern in kapitalistischen Ländern, die diesen Grundmangel deutlich erkennen, gehört Joachim Hirsch. Er stellt fest: „Die Forschung nimmt immer mehr Züge einer spezialisierten und arbeitsteilig organisierten Industrie eigener Art an, die den herkömmlichen Rahmen privatwirtschaftlicher Entwicklungstätigkeit ebenso sprengt wie die bisherigen Organisationsformen ‚autonomer' Wissenschaft . . ."[16] In Auseinandersetzung mit verschiedenen

[16] J. Hirsch, Wissenschaftlich-technischer Fortschritt und politisches System, Frankfurt/Main 1970, S. 131

Auffassungen über die Gestaltung und Leitung wissenschaftlicher Arbeit schreibt er dann: „Dem gesellschaftlichen Charakter und den Folgen dieses Prozesses ist ... mit ontologischen Kategorien wie der des ‚technischen Staates‘ kaum beizukommen. Es bedarf vielmehr des Rückgriffs auf die ökonomischen Strukturen und die Kapitalverwertungsbedingungen im gegenwärtigen Stadium des Kapitalismus.“[17] Die komplexe Analyse der wissenschaftlichen Arbeit muß insgesamt von der marxistisch-leninistischen Position ausgehen. Die allgemeinen Erkenntnisse über den Arbeitsprozeß liefern dabei u. M. n. auch den Zugang sowohl zu den Zügen, die die Forschungstätigkeit mit anderen Formen der gesellschaftlichen Arbeit gemeinsam hat, wie zu ihren Spezifika.

Wir haben eingangs bereits darauf hingewiesen, daß dieser vierte, den gegenwärtigen Bedürfnissen der sozialistischen Forschungsarbeit erst voll gerecht werdende Standpunkt einer komplexen marxistischen Analyse immer mehr zum Tragen kommt. Dieses Verständnis der Forschungstätigkeit kommt im wachsendem Maße in den Meinungen und Selbsteinschätzungen sozialistischer Wissenschaftler zum Ausdruck. In verschiedenen Expertengesprächen, die von uns geführt wurden und in denen auch nach der Spezifik der Forschungstätigkeit gegenüber anderen Arten gesellschaftlicher Arbeit gefragt wurde, betonten die Forscher die Gemeinsamkeiten von Inhalt und Anforderungen ihrer Arbeit mit denen etwa in der Fertigung. Sie nahmen ausdrücklich gegen die Elitetheorie wie gegen Ansichten Stellung, die die schöpferischen Momente der Forschungsarbeit mystifizieren. Natürlich hoben sie als Spezifika ihrer Arbeit den besonders hohen Anteil und den hohen Grad der schöpferischen Aktivität und die hohe Risikorate dabei hervor. Sie betonten die besonderen Probleme, die deshalb mit der Planung der Forschungarbeit verbunden sind. Manche Bedenken, die allgemeinen Erkenntnisse über den Arbeitsprozeß der Analyse auch der Forschungstätigkeit zugrunde zu legen, resultieren gerade aus der Befürchtung, daß damit deren Besonderheit nicht adäquat erfaßt wird. Sicher spielen auch negative Erfahrungen einer zu unmittelbaren Übertragung von Verfahren der Planung und der Arbeitsgestaltung aus der materiellen Fertigung in die Forschungssphäre bei solchen Bedenken eine Rolle. Wir versuchen im folgenden zu zeigen, daß auf der Basis der marxistisch-leninistischen Erkenntnisse über die Arbeit im allgemeinen eine komplexe Theorie auch der Forschungsarbeit aufgebaut werden kann, daß dabei die Spezifik der Forschungs-

[17] ebenda S. 135/136

arbeit erfaßt werden kann und zugleich die Orientierung für ihre systematische Intensivierung gefunden wird. Diese Ziele sind am besten zu erreichen, wenn man davon ausgeht, daß die Forschungsarbeit unter verschiedenen Aspekten oder Dimensionen zu betrachten ist. Entscheidend sind u. E. folgende vier strukturellen Dimensionen:

A. Die Grundelemente und Grundbeziehungen des Arbeitsprozesses;

B. die Erscheinungsformen, in denen sich diese Grundbeziehungen realisieren und vom Menschen bewußt gestaltet werden;

C. die Ebenen der gesellschaftlichen Organisation der Arbeit;

D. die Stufen der Tätigkeit.

Dazu kommen die beiden zeitlichen Dimensionen

E. die Zyklizität der wissenschaftlichen Tätigkeit;

V. die historische Entwicklung des wissenschaftlichen Arbeitsprozesses.

Der Arbeitsprozeß insgesamt sowie seine einzelnen Dimensionen sind dann in Beziehungen zu setzen zu seinen Ergebnissen (Z), um Effektivitäts-Betrachtungen durchführen zu können.

A. Zu den *Grundelementen und Grundbeziehungen* des Arbeitsprozesses zählen die Arbeitskraft (A_1), die Arbeitsmittel (A_2), die Arbeitsgegenstände (A_3), die Forschungstechnologie (A_4), die Organisation der Arbeit (A_5), die Eigentumsverhältnisse (A_6), der Austausch der Tätigkeiten (A_7), die Verteilungsverhältnisse (A_8) und die äußeren Arbeitsbedingungen (A_9). Wir gehen also aus von der Analyse des Arbeitsprozesses durch Marx[18] und möchten dabei insbesondere seinen Leitgedanken hervorheben: „In der Produktion beziehen sich die Menschen nicht allein auf die Natur. Sie produzieren nur, indem sie auf eine bestimmte Weise zusammenwirken und ihre Tätigkeiten gegeneinander austauschen. Um zu produzieren, treten sie in bestimmte Beziehungen und Verhältnisse zueinander, und nur innerhalb dieser gesellschaftlichen Beziehungen und Verhältnisse findet ihre Beziehung zur Natur, findet die Produktion statt."[19] Produktion, auch geistige Produktion, findet also stets als Arbeit *gesellschaftlicher* Individuen in einer *bestimmten* Gesellschaft statt. Man kann diese entscheidenden Momente menschlicher Arbeit in folgendem Schema veranschaulichen:[20] (siehe S. 222)

In diesem Schema sind folgende Beziehungen erfaßt:

1. Produktionsverhältnisse, die als Beziehungen zwischen den Produzierenden die Gesellschaft konstituieren;

[18] K. Marx, Das Kapital, in: MEW, Bd. 23, Berlin 1962, S. 192

[19] K. Marx, Lohnarbeit und Kapital, in: MEW, Bd. 6, Berlin 1959, S. 407

[20] In Anlehnung an Ausführungen von Prof. Dr. Hans Wagner im Seminar des IWTO zu Marx' „Kapital"

2. die Anwendung der Arbeitsmittel durch die Arbeitskraft;
3. die Einwirkung der Produzenten auf die Natur (die natürlich immer vermittels der Arbeitsmittel erfolgt);
4. die Einwirkung der Arbeitsmittel auf den Arbeitsgegenstand;
5. das Eigentum an den Arbeitsmitteln.

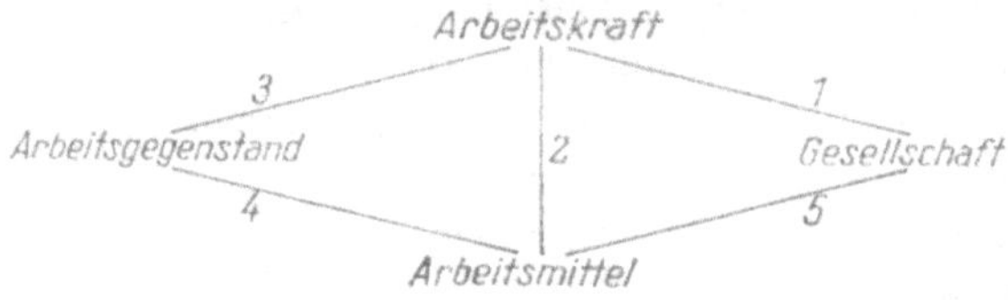

Abb. 1

Der Komplex der Arbeitskraft und der Arbeitsmittel in ihrem Bezug auf den Arbeitsgegenstand, mit den Beziehungen 2, 3 und 4, umfaßt die Produktivkraft-Seite der Arbeit. Die Beziehungen der arbeitenden Menschen untereinander (und unter Bedingungen der Ausbeutergesellschaft zugleich ihre Beziehungen zu den ausbeutenden Privateigentümern an Produktionsmitteln) und die Stellung der Arbeitenden zu den Mitteln ihrer Tätigkeit (als Nichteigentümer oder Eigentümer), also die Beziehungen 1, 2, 5, umfassen die Seite der Produktionsverhältnisse. Wir müssen also davon ausgehen, daß die Arbeit zwei untrennbar verbundene Seiten hat. Sie ist einerseits nützliche, konkrete Arbeit, umfaßt technologische Aspekte, in denen sich Charakter und Entwicklungsstand der Produktivkräfte realisieren. Wir verstehen dabei Technologie als die spezifische Art und Weise, wie die Elemente des Arbeitsprozesses (Arbeitskraft, Arbeitsmittel, Arbeitsgegenstand) in Beziehung stehen, die spezifische Weise ihres Zusammenwirkens im Arbeitsprozeß. Andererseits ist Arbeit stets bestimmt durch die gesellschaftlichen Beziehungen der Menschen in der Produktion. In dieser Hinsicht ist sie eine spezifische Kategorie der jeweiligen Produktionsweise.[21] Wir werden im folgenden diese beiden Seiten der Arbeit als die technologische und als die sozialökonomische unterscheiden. Dabei ist hervorzuheben, daß diese beiden Aspekte in dialektischer Weise verbunden sind und auch ineinander übergehen. Verschiedene Teilprozesse der Arbeit, etwa ihre Organisationsformen, haben sowohl technologische wie sozialökonomische Aspekte. Dabei könnte auch hinsichtlich unseres Kategorienschemas die Frage auftreten, ob es notwendig und sinnvoll ist, Technologie der Forschung, Organisation der Forschung und Aus-

[21] Vgl. Ökonomik der Arbeit, Berlin 1967, S. 30

tausch der Tätigkeiten zu unterscheiden. Sicher stehen diese Momente der Forschungsarbeit in besonders engem Zusammenhang, scheinen uns aber nicht identisch zu sein. Der Aspekt des Tätigkeitsaustausches als wesentliches Moment der Produktionsverhältnisse zeigt den Entwicklungsstand von Arbeitsteilung und Kooperation, das Fortschreiten der Spezialisierung in horizontaler Richtung (zwischen den verschiedenen Disziplinen und Spezialrichtungen der Wissenschaft) und in vertikaler Hinsicht (zwischen den verschiedenen Teiltätigkeiten im Forschungszyklus, etwa zwischen Leiter, Theoretiker, Experimentator, Informations- und Dokumentations-Spezialisten, technischen Kräften usw.). Die Organisation der Arbeit betrifft dagegen die Formen, in denen sich diese wesentlichen Verhältnisse realisieren. Sie ist von bestimmten technologischen Aspekten ebenso beeinflußt wie von nationalen Traditionen und anderen Einflüssen. Die institutionelle Form, in der die Forschung organisiert wird, kann bei gleichem Grad des Austausches der Tätigkeiten durchaus variieren. Die Formen des Zusammenschlusses von Grundlagenforschung, angewandter Forschung und Entwicklung untereinander und mit der Industrie sind beispielsweise recht mannigfaltig. Sie umschließen zeitweilige Kollektive aus Mitarbeitern von Akademie-Einrichtungen und Industrie-Betrieben wie die Bildung von einheitlichen Forschungs- und Produktionsbetrieben oder das „Mitwandern“ von Forschern oder ganzen Kollektiven von der Entdeckung bis zu ihrer Produktionsüberführung.

Hervorzuheben bleibt, daß die Analyse der sozialökonomischen Seite der Forschungstätigkeit keineswegs bei dem Austausch der Tätigkeiten stehen bleiben kann. Von entscheidender Bedeutung sind auch hier die Eigentumsverhältnisse, die letztlich dem Arbeitsprozeß seinen gesellschaftsspezifischen Charakter verleihen. Die Stellung des wissenschaftlich Tätigen in der Arbeit und sein Verhältnis zur Arbeit, die Kollektiv-Beziehungen etwa im kapitalistischen team im Unterschied zum sozialistischen Kollektiv werden durch die gesellschaftlichen Eigentumsverhältnisse bestimmt. Das ist ein Prozeß, der vielfache Vermittlungen zwischen der gesamtgesellschaftlichen Ebene und der unmittelbaren Arbeitstätigkeit des einzelnen und des Kollektivs einschließt. Damit sind wir auf weitere Dimensionen der Forschungstätigkeit verwiesen, auf die im folgenden noch einzugehen ist. Zunächst soll noch die *Spezifik* der Forschungsarbeit betrachtet werden. Unser Ausgangspunkt ist, daß die Forschung eine Form der Praxis darstellt und die gleiche Grundstruktur aufweist wie andere Formen menschlicher Praxis. Es gehört zu den neuen und grundlegenden Erkenntnissen von Marx, niedergelegt vor allem in den Feuerbach-Thesen, daß Grundlage, Kriterium und Ziel menschlicher Erkenntnis die Praxis ist. Mit der bewußten Planung, geistigen Vorbereitung und Kontrolle seiner ständigen Veränderung der Wirklichkeit verändert, entwickelt der Mensch zugleich sein Wissen. Die Spezifik der Forschungsarbeit beruht nun darauf, daß sie „allgemeine Arbeit“[22] ist und als unmittelbares Ziel die *vertiefte Erkenntnis* ihres Arbeitsgegenstandes hat. Die praktische Veränderung des Arbeitsgegenstandes ist in diesem Falle dem angestrebten Erkenntniszuwachs untergeordnet. Marx sagt: „Am Ende des Arbeitsprozesses kommt ein Resultat heraus, das bei Beginn desselben schon in der Vorstellung des Arbeiters, also schon ideell vorhanden war.“[23] Im Falle der handwerklichen und der industriellen Fertigung ist diese Vorstellung relativ abgeschlossen, ist sie eine spezifische Kombination aus dem vorhandenen Wissen über den Gegenstand und seine Veränderungsmöglichkeit, über die Technologien seiner Veränderung. In der Forschung wird die Tätigkeit nicht von einer fertigen Vorstellung über das Resultat geleitet, sondern von einem *Problem*. Probleme sind bekanntlich gedankliche Gebilde, die zum Ausdruck bringen, daß zur Erreichung eines bestimmten Zieles ein bestimmtes Defizit an Kenntnissen oder materiellen Mitteln vorhanden ist. Sie liegen dann vor, wenn für die Erreichung eines bestimmten Zieles keine algorithmierbaren Methoden und Verfahren bekannt sind.[24] Die Aufgabe der Forschungstätigkeit besteht gerade darin, ein solches – eingegrenztes, definiertes – Wissensdefizit zu beseitigen. Daraus folgt einerseits der spezifische schöpferische Charakter und die spezifische Unbestimmtheit des Arbeitsprozesses in der Forschung. Dies führt zu einer spezifischen Stellung des Menschen in ihm und zu Besonderheiten seiner Planung und Gestaltung. Da mit dem Charakter eines Problems selbst gesetzt ist, daß die Wege zu seiner Lösung nicht vollständig im voraus bestimmbar sind, kann das weitere Fortschreiten der Tätigkeit nur festgelegt werden, wenn jeweils Ergebnisse vorliegen. Der Gesamtverlauf wird also durch eine Aufeinanderfolge von Entscheidungen bestimmt, die erst unmittelbar aus dem Prozeß selbst heraus getroffen werden können. Dabei ist zu beachten, daß zwischen den einzelnen Phasen der Forschung im Grad der Planbarkeit Unterschiede bestehen. „Die Ergebnisse der Grundlagenforschung können nicht mit demselben Grad der Eindeutigkeit vorausgesagt werden wie die der angewandten Forschung oder die der tech-

[22] K. Marx, Das Kapital, Bd. 3, in: MEW,/Bd. 25, Berlin 1964, S. 113/14
[23] K. Marx, Das Kapital, Bd. 1, in: MEW,/Bd. 23, Berlin 1962, S. 193
[24] Vgl. Problemstruktur und Problemverhalten in der wissenschaftlichen Forschung. Rostocker Philosophische Manuskripte, H. 3/1966

nischen Entwicklung. Diese Tatsache bewirkt, daß die Planung in den einzelnen Phasen der Kette Wissenschaft-Technik-Produktion einen immer konkreteren Charakter annimmt, je näher der Prozeß an die Produktion herankommt."[25] K. Hager weist in diesem Zusammenhang auch darauf hin, daß für die Grundlagenforschung sich die Planung auf die Auswahl der perspektivreichsten Richtungen und die Schaffung günstiger Bedingungen für die schöpferische Arbeit der kompetenten Wissenschaftler beschränken sollte. Gerade an dieser Orientierung ist die spezifische Stellung und Verantwortung des sozialistischen Wissenschaftlers in seinem Arbeitsprozeß zu erfassen. Aus dem hohen Grad des Risikos in der Grundlagenforschung ziehen viele bürgerliche Wissenschaftler und Wissenschaftstheoretiker den Schluß, daß hier der Forscher frei und autonom handeln müsse, auch unter Abstraktion von gesellschaftlichen Nutzungsmöglichkeiten seiner Ergebnisse. Die Sphäre der Nutzung, der ökonomischen und politischen Ziele, für die wissenschaftliche Erkenntnis eingesetzt wird, erscheint als etwas Fremdes, Außerwissenschaftliches. In unserer Gesellschaft dagegen ist der Forscher selbst Miteigentümer des staatlichen gesellschaftlichen Eigentums. Die Intelligenz übt gemeinsam mit der Arbeiterklasse und den anderen Werktätigen die Macht aus. Eine der wesentlichsten Vorzüge des sozialistischen Wirtschaftssystems für die Entwicklung von Wissenschaft und Technik besteht in dem gesellschaftlichen Eigentum an den Produktionsmitteln und der planmäßigen Entwicklung der Wirtschaft und der anderen gesellschaftlichen Bereiche. Nicht ohne Grund stellt Hager diese Bestimmungen an den Anfang seiner Ausführungen. Diese gesellschaftlichen Bedingungen haben auch wesentlichen Einfluß – wie bereits betont – auf das unmittelbare Arbeitsverhalten des sozialistischen Forschers. Er wird die immer wieder notwendigen Entscheidungen über den Fortgang seiner Arbeiten nicht nur aus engen Gesichtspunkten des unmittelbaren Problems fällen, sondern unter Berücksichtigung der möglichen Weiterentwicklung und Nutzung der Ergebnisse. Wenn also der forschend Tätige in einem hohen Maße stets wieder vor neue Entscheidungen gestellt bleibt, so vermag im Sozialismus – in einem freilich widerspruchsvollen Prozeß – der Einzelne und das Kollektiv dabei immer wieder den gesellschaftlichen Bezug herzustellen. Das aber bedeutet zugleich, daß Forschungsarbeit im Sozialismus auch in ihrer gesellschaftlichen Wirksamkeit als bewußter Prozeß keinesfalls als zwangs-

[25] K. Hager, Sozialismus und wissenschaftlich-technische Revolution, Berlin 1972, S. 45

läufig-spontaner Ablauf zu gestalten ist. Sie ist nicht allein eine Frage der Technologie, der Methode und der Organisation, sondern vor allem auch eine ideologische Aufgabe.[26]

Die Spezifik der Forschungsarbeit wird zuweilen dahin gedeutet, daß nicht nur das Ziel der Tätigkeit, sondern auch ihr Objekt anders sei als etwa in der Fertigung. So wird gesagt, das Objekt der Forschungsarbeit sei „ideell-objektiver Natur", es seien die „Konstruktions- und Funktionsprinzipien, die Formen und Möglichkeiten der Ausnutzung der Naturgesetze und der ökonomischen Gesetze in der Produktion."[27] Oder das Objekt der Forschung wird als das Problem bestimmt.[28] Wir gehen davon aus, daß Forschungsarbeit selbst Form der Praxis ist. Sie muß letztlich die Objekte selbst verändern oder in der Veränderung beobachten, will sie ihre Eigenschaften und Gesetze aufdecken. Insofern muß das Gesamtgebäude der Forschung auf Tätigkeiten basieren, wo die forschend Tätigen mit materiellen Mitteln auf die materielle Wirklichkeit einwirken – wie das in anderen Formen der Praxis auch geschieht –, oder es müssen der Forschung Informationen aus Veränderungen der Wirklichkeit im Rahmen anderer Praxisformen zugrunde gelegt werden. Wichtigste Form der Forschungspraxis ist das Experiment. Dabei ist das materielle Gerät im Prinzip eine Kombination von Bestandteilen, die eine Wechselwirkung des Untersuchungsobjekts mit einer „Sonde" herbeiführen, und Meß- und Beobachtungsgeräten, die Verstärker und Transformatoren für die menschlichen Sinnesorgane darstellen. Der Unterschied zwischen Forschungsarbeit und anderen Formen der Praxis besteht nicht im Wesen des Objekts, sondern in der Beziehung des erkennenden Subjekts zu den Objekten. Erstens ist, wie bereits erwähnt, Ziel der Einwirkung auf den Arbeitsgegenstand nicht primär dessen Veränderung, sondern seine vertiefte Erkenntnis. Zweitens kommt es in der Erkenntnisgewinnung gegenüber der Fertigung nicht auf eine massenhafte Veränderung der Objekte an. Es sind solche „Repräsentanten" der Objektklasse auszuwählen, die eine möglichst rasche und gesicherte Erkenntnis der Gesetze und Eigenschaften eben dieser Objektklasse sichern. Insofern ist im Forschungsprozeß zu unterscheiden zwischen einem *Objektbereich*, der untersucht werden soll, und *Untersuchungsobjekten*, die als unmittelbarer Arbeitsgegenstand in die praktische Veränderung, etwa in das Experiment, einbezogen werden. Dieser für die Forschung

[26] ebenda, S. 49

[27] H. Kusicka, W. Leupold, Industrieforschung und Ökonomie, Berlin 1966, S. 136

[28] Ideen–Projekte–Produktionen, Berlin 1969, S. 67

spezifische Auswahlprozeß stellt eine wesentliche erkenntnismäßige Leistung dar und bietet zugleich wichtige Ansatzpunkte für die ökonomische Gestaltung der Forschung. Durch mathematische Versuchsplanung und andere Verfahren kann das Ensemble der Untersuchungsobjekte und der mit ihnen durchzuführenden Operationen möglichst klein gehalten werden. Drittens spielt in der Forschungsarbeit neben der unmittelbaren Einwirkung auf die Realität die Weiterverarbeitung von bereits gewonnenen Erkenntnissen (Informationen) eine entscheidende Rolle. Sie sind als Zwischenprodukte der Erkenntnisprozesse zu betrachten, die in bestimmten Arbeitsetappen (etwa bei der theoretischen Arbeit, in der Informations- und Dokumentationstätigkeit) zum unmittelbaren Gegenstand der Arbeit werden. Alle diese Spezifika weiter zu ergründen erscheint eine wichtige Aufgabe. Das Wesen der Forschungspraxis und der Stellung des Objekts in ihr ist auch ein Moment der notwendigen Diskussion und Auseinandersetzung mit neueren Strömungen der Wissenschaftstheorie in der BRD, so etwa mit den Vertretern der „Frankfurter Schule" oder mit dem Konstruktivismus Holzkamps.

Bekanntlich hat J. Habermas sehr prononciert gegen positivistische Wissenschaftsauffassungen Stellung genommen. Insbesondere der These von der Werturteilsfreiheit der Wissenschaft hält er entgegen, daß Forschung vor allem auch in der Sozialwissenschaft für die Praxis betrieben wird, selbst Bestandteil dieser Praxis ist und an Hand der Tätigkeit der Menschen über die Wahrheit ihrer Ergebnisse entschieden wird. Nach Habermas ist wahr, „was ein erfolgskontrolliertes Handeln leiten kann, ohne bisher durch experimentell angestrebte Mißerfolge problematisiert worden zu sein."[29] Fast noch prononcierter wendet sich K. Holzkamp gegen den weithin vorherrschenden Positivismus. Der Titel eines seiner Bücher ist bereits ein Programm: „Wissenschaft als Handlung".[30] Er wendet sich gegen die These, daß Erkenntnis nur als Neuordnen und Systematisieren von „Basis-Sätzen" zu betrachten sei, und mißt der aktiven Tätigkeit des Forschenden und der aktiven Konstruktion von Theorien dabei entscheidende Bedeutung bei. Sicher sind in beiden Fällen wesentliche Momente der Forschungstätigkeit akzentuiert. Es sind aber andererseits nicht die Tendenzen zu übersehen, den Forschungsgegenstand phänomenologisch zu betrachten und die Ideenproduktion als das letztlich Bestimmende

[29] J. Habermas, Zur Logik der Sozialwissenschaften, Frankfurt/Main 1970, S. 42

[30] K. Holzkamp, Wissenschaft als Handlung, Westberlin 1966

und Leitende im Handeln darzustellen. Damit werden aber wesentliche Momente des marxistischen Praxisbegriffs negiert und bestimmt agnostizistische Tendenzen eingebracht.

Wir haben bereits auf spezifische Probleme der Stellung des Subjekts im Forschungsprozeß hingewiesen. Dieser Aspekt der bewußten Gestaltung dieses Prozesses durch den Menschen soll in einer weiteren Dimension erfaßt werden. Bei der Dimension *„Aspekte und Erscheinungsformen der Grundbeziehungen“* handelt es sich insbesondere um die Basis-Überbau-Beziehungen und die Objekt-Subjekt-Beziehungen, die im Arbeitsprozeß vorhanden sind. Dabei sind zunächst die materiellen Objekte und materiellen Beziehungen von ihrer Widerspiegelung im Bewußtsein zu unterscheiden. Für unseren Zweck ist es weiterhin sinnvoll, entsprechend den verschiedenen Funktionen des Bewußtseins (wie kognitive, bewertende, normative Funktion) nach theoretischen und methodischen Aussagen über den wissenschaftlichen Arbeitsprozeß, nach Wertungen und Einstellungen zu ihm sowie nach Rechtsnormen und Rechtsformen, durch die er gestaltet wird, zu differenzieren. Weiterhin sind die Kommunikationsbeziehungen in der wissenschaftlichen Tätigkeit besonders hervorzuheben, da sie wesentliche Formen des Austausches in diesem Arbeitsprozeß darstellen. Ebenso sind die finanziellen Ausdrucksformen, durch die der Einsatz der Elemente des Arbeitsprozesses, der Austausch der Tätigkeiten und der Effekte des gesamten Prozesses erfaßt und kontrolliert werden kann, in diese Dimension einzubeziehen. Entsprechend diesen Überlegungen, in die auch praktische Gesichtspunkte mit eingehen, werden wir in dieser Dimension vor allem folgende Parameter vorfinden: materielle Relationen und Objekte (B_1), theoretische und methodische Aussagen (B_2), Wertungen und Einstellungen (B_3), Rechtsnormen und Rechtsformen (B_4), finanzielle Ausdrucksformen (B_5), Kommunikationsbeziehungen (B_6).

In einer weiteren Dimension sind die verschiedenen *Ebenen* in der Hierarchie *der gesellschaftlichen Beziehungen und Tätigkeitssysteme* zu differenzieren. Für die Systemanalyse der Forschungsarbeit sollten folgende Ebenen herangezogen werden:

Individuum (C_1), Primärkollektiv (C_2), Forschungsabteilung, Bereich u. ä. (C_3), Institut, Sektion u. ä. (C_4), komplexe wissenschaftliche Einrichtungen wie Akademie, Universität, Forschungszentrum (C_5), nationale Ebene (C_6), internationale Ebene (C_7). Die Systemanalyse des wissenschaftlichen Arbeitsprozesses konzentriert sich auf die Ebenen C_1 bis C_4. Mit der Betrachtung der Ebenen C_5 bis C_7 erfolgt der Übergang zur Betrachtung des Wissenschaftssystems als Ganzes.

Diese Parameter sind aber auch für unsere Betrachtung notwendig, da aus diesen Ebenen wesentliche determinierende Faktoren auf die Forschungsarbeit einwirken.

Die Unterscheidung der genannten Ebenen ist einerseits notwendig, weil auf ihnen jeweils eine qualitativ unterschiedliche Kombination der Elemente und Grundbeziehungen des Arbeitsprozesses auftritt, sich die Grundbeziehungen in qualitativ verschiedener Weise ausdrücken. Die einzelne wissenschaftliche Tätigkeit ist durch andere Merkmale charakterisiert als die Arbeitskraft in Gestalt des wissenschaftlichen Kollektivs. Die Eigentumsverhältnisse an den Produktionsmitteln sind eine gesellschaftliche Charakteristik, die auf der nationalen Ebene angesiedelt ist. Erst über komplizierte objektiv-materielle und ideologisch-verhaltensmäßige Determinationsprozesse und Umsetzungen werden sie im Bereich der wissenschaftlichen Einrichtungen und Kollektive wirksam. Die gesamtgesellschaftliche Wissenschaftsstrategie wird einerseits unter Einbeziehung auch der Wissenschaftler entwickelt und andererseits über die genannten Ebenen wieder konkretisiert. Das Zusammenwirken über diese Ebenen ist also zugleich Ausdruck des demokratischen Zentralismus. Wir haben uns also nicht nur für die Spezifik der einzelnen Ebenen zu interessieren, sondern vor allem auch für die Übergänge zwischen ihnen.[31] Ein dritter Aspekt, der mit den beiden anderen verbunden ist, besteht darin, daß für die rationelle Gestaltung und Leitung der Forschungsarbeit jeweils differenzierte Beschreibungsmittel und Erfassungsverfahren ihrer Elemente und Beziehungen auf den verschiedenen Ebenen erarbeitet werden müssen. So haben wir beispielsweise für den Faktor Arbeitskraft für die Ebenen vom Primärkollektiv an aufwärts ausgearbeitete Kategorien-Systeme, mit deren Hilfe die Kader nach ihrem disziplinären Profil, nach dem erworbenen wissenschaftlichen Grad usw. klassifiziert werden und entsprechende optimale Relationen zwischen diesen Gruppen gesucht werden. Für die detaillierte Erfassung von Anforderungen an die Wissenschaftlerpersönlichkeit und auch für die Untersuchung der Kollektivstrukturen sind diese Kategorien aber viel zu grob. Anforderungen stellen Ziele der Persönlichkeitsentwicklung dar, die der sozialistische Wissenschaftler erreichen muß, um die ihm aus dem komplexen Einflußsystem der Forschungsarbeit erwachsenden Aufgaben bewältigen zu können. Neben Fachwissen und intellek-

[31] In den Beiträgen von H. Steiner und von R. Winkler in diesem Band wird dargestellt, wie solche Determinationsprozesse des Verhältnisses zur Forschungsarbeit zu erfassen sind.

tuellen Fähigkeiten sind vor allem auch Verhaltensweisen und Einstellungen in diese Anforderungen aufzunehmen. Es ist also ein System von Anforderungs-Kategorien zu entwickeln, das einigermaßen diesen komplexen Gegebenheiten gerecht wird. Andererseits stellen solche differenzierten Anforderungsanalysen auf unterer Ebene die Grundlage dar, um auch für komplexere wissenschaftliche Einrichtungen die qualitative Seite des Potentials, die die Möglichkeiten der Intensivierung seines Einsatzes erschließt, zu bestimmen. Eine andere Situation finden wir bei dem Faktor Arbeitsmittel im Forschungsprozeß vor. Hier ist die konkrete Beschreibung der einzelnen Geräte umfassend entwickelt. Aber für die höheren Ebenen fehlen weitgehend aggregierende Kategorien wie etwa „technischer Ausstattungsgrad einer wissenschaftlichen Einrichtung“, „Konzentrationsgrad der Forschungstechnik“ u. ä., die einen Vergleich verschiedener Einrichtungen, die Optimierung der technologischen Politik auf verallgemeinerter Grundlage fördern.

In der vierten strukturellen Dimension sollten die drei *Tätigkeitsebenen*: wissenschaftliche Primärtätigkeit (D_1), Versorgungs- und Hilfstätigkeiten (D_2), Leitung und Organisation (D_3) unterschieden werden. Die wissenschaftliche Primärtätigkeit umfaßt alle Aktivitäten, die unmittelbar auf die Erkenntnis und theoretische Beherrschung eines bestimmten Realitätsbereiches gerichtet sind (Prognose, Hypothesenbildung, Experiment, technischer Entwurf usw.). Versorgungs- und Hilfstätigkeiten beziehen sich auf die Sicherstellung dieser Primärtätigkeiten. Leitung und Organisation beziehen sich ihrerseits auf die beiden vorgenannten Tätigkeitsgruppen. Es liegt hier eine Analogie zur Unterscheidung semantischer Stufen in der Sprachwissenschaft vor. Die Nutzung dieser Analogie hilft, in der Analyse des Arbeitsprozesses bestimmte Beziehungsstrukturen zu verdeutlichen, die mit dem Fortschreiten von Arbeitsteilung und Kooperation wachsende Bedeutung erlangen.[32] Dabei ist hervorzuheben, daß es sich in allen drei Fällen um Formen der Forschungstätigkeit handelt.

Nach der mehr statischen, strukturellen Betrachtung des Arbeitsprozesses ist auf seine dynamische, zeitliche Seite einzugehen. Dabei sollen sinnvollerweise zwei Dimensionen unterschieden werden: einerseits die Zyklizität der ständig erweiterten Reproduktion der wissen-

[32] Der Vergleich der Hierarchien C_1 bis C_7 und D_1 bis D_3 macht besonders anschaulich, daß wir von verschiedenen Dimensionen in der Forschungsarbeit selbst sprechen müssen. Die Beziehungen der Tätigkeitssysteme und der Tätigkeitsebenen liegen nicht auf der gleichen Linie. Auf jeder C-Ebene sind in bestimmter Hinsicht alle drei D-Ebenen enthalten.

schaftlichen Tätigkeiten und Erkenntnisse, andererseits die allgemeine Zeitachse der historischen Entwicklung dieser Arbeitsprozesse.

Die Zyklizität der wissenschaftlichen Tätigkeit vereinigt in sich Charakteristika, die allen Arbeitsprozessen eigen sind, mit spezifischen Merkmalen, die nur in der wissenschaftlichen Arbeit und speziell in der Forschung auftreten. Es sind zunächst vier Etappen zu unterscheiden: die Produktion von Wissen = Forschung (E_1), die Distribution der Elemente des wissenschaftlichen Arbeitsprozesses (E_2), die Zirkulation von Wissen = Lehre und Informationstätigkeit (E_3), die Nutzung der wissenschaftlichen Erkenntnisse (E_4). Innerhalb der Forschung finden wir dann den bekannten Zyklus: Grundlagenforschung (E_{11}), angewandte Forschung (E_{12}), Entwicklung (E_{13}). Jeder dieser drei Zyklen E_{11} bis E_{13} weist wiederum eine typisch zyklische Struktur auf, die von der Zielfindung über die Hypothesenbildung und Hypothesenüberprüfung zur Praxisüberführung führt.[33] Jeder Zyklus führt einerseits in sich zurück, da jeder durchgeführte Erkenntniszyklus zu neuen Problemstellungen, aber auch zu einem höheren Niveau der wissenschaftlichen Arbeit (sowohl hinsichtlich des vorhandenen Wissens, der Qualifikation der Arbeitskräfte sowie des Niveaus der Forschungsgeräte) führt. Andererseits überschreitet jeder Zyklus am Ende den Bereich der Forschung und der Wissenschaft überhaupt und geht über in die allgemeine gesellschaftliche Praxis.

Auf der *allgemeinen Zeitachse* (V) sind die Entwicklungszustände verschiedener Arbeitsprozesse und ihrer Elemente untereinander vergleichbar. Das betrifft einerseits den Vergleich verschiedener Arbeitsprozesse, die im gleichen Zeitabschnitt ablaufen. Etwa der Vergleich des methodischen Vorgehens oder der Kaderstruktur von wissenschaftlichen Einrichtungen mit ähnlichen Aufgabenstellungen im gleichen Zeitabschnitt läßt Niveauunterschiede in den einzelnen Bereichen feststellen und erschließt Möglichkeiten der Rationalisierung in weniger entwickelten Bereichen. Andererseits geht es um den Vergleich analoger Arbeitsprozesse oder ihrer Elemente zu verschiedenen Zeitpunkten. Dadurch erschließen wir uns den Zugang zu den Entwicklungstendenzen und Entwicklungsgesetzen des wissenschaftlichen Arbeitsprozesses. Die Untersuchung der Vergesellschaftung der wissenschaftlichen Tätigkeit, der Entwicklung der kollektiven Arbeit im Verlaufe der letzten Jahrhunderte ist beispielsweise Voraussetzung, um die weitere Veränderung der Forschungsarbeit unter diesen

33 Dabei wird dieser letzte Zyklus in den verschiedenen Phasen der Forschung, also zwischen E_{11} bis E_{13}, spezifiziert und variiert. Vgl. dazu auch etwa V. V. Kosolapov, A. N. Ščerban, a. a. O., S. 162–167

Aspekten bestimmen zu können.[34] In dieser Dimension sind dabei Jahre oder Abschnitte und Epochen der historischen Entwicklung die gliedernden Parameter.

Zusammenfassend läßt sich unser entwickeltes Kategoriensystem an folgender Skizze veranschaulichen:

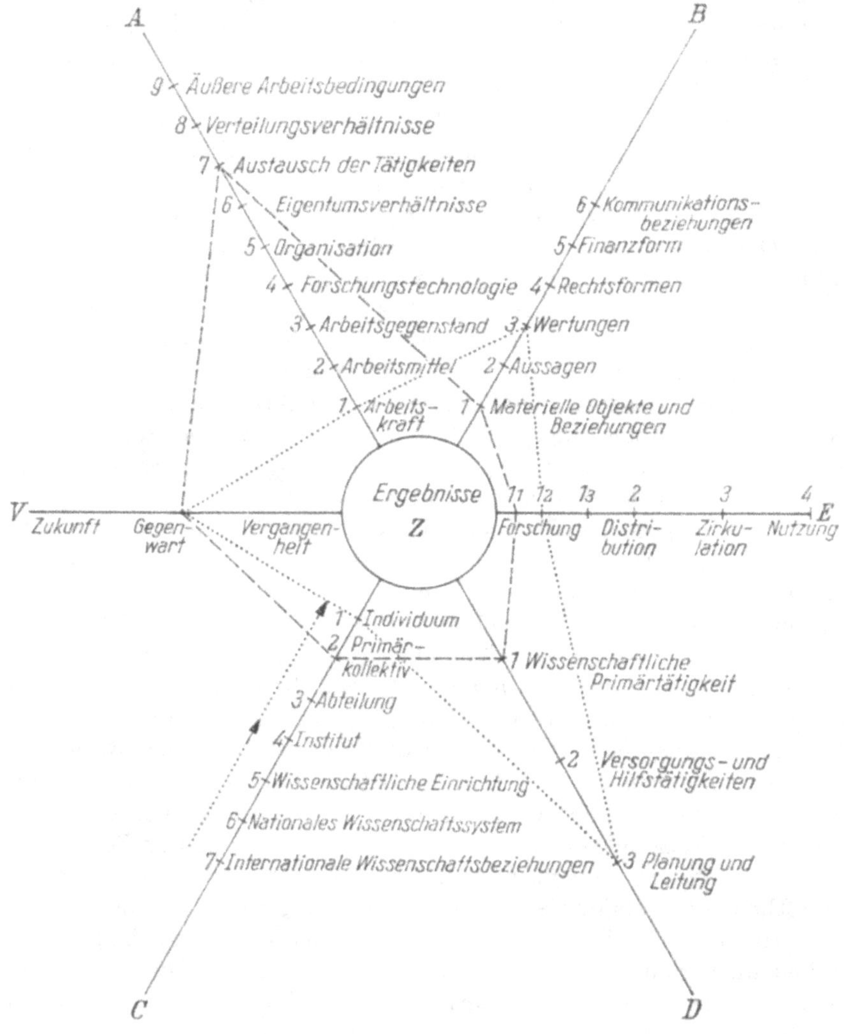

Abb. 2

[34] Vgl. etwa: G. M. Dobrov, Wissenschaftswissenschaft, Berlin 1969, S. 156f.

Aus unseren Überlegungen folgt, daß jede konkrete Forschungstätigkeit durch sechs Parameter aus den genannten Dimensionen charakterisiert werden müßte und damit auch vollständig beschrieben ist. In unserem Schema sind zwei Möglichkeiten dargestellt. Die gestrichelte Linie beträfe also die real gegebene (B_1) Arbeitsteilung (A_7) auf der Ebene von Primärkollektiven (C_2) der unmittelbaren wissenschaftlichen Tätigkeit (D_1) in der Grundlagenforschung (E_{11}) in der Gegenwart (V). Die gepunktete Linie greift heraus den Determinationszusammenhang über verschiedene Ebenen (C) für die Einstellung zur Arbeit (B_3) bei Wissenschaftlern (A_1), die Leitungsfunktionen ausüben (D_3), in der Gegenwart (V). Das letztere Beispiel hebt hervor, daß gegenüber dem bislang genannten Parameter-System sowohl Konkretisierungen wie Verallgemeinerungen auftreten können. Die Konkretisierung führte beispielsweise zu einer differenzierteren Betrachtung der verschiedenen Arten von Forschungsobjekten, die mit der disziplinären Gliederung der Wissenschaften verbunden ist. Durch Verallgemeinerungen – wie in unserem Beispiel – werden Aussagen über Tatbestände getroffen, die für verschiedene Parameter bestimmter Dimensionen gleichzeitig zutreffen.

Mittels der gegebenen Dimensionen und ihrer Parameter sind auch die „Querschnittsprobleme“ des wissenschaftlichen Arbeitsprozesses erfaßbar. So wird bekanntlich das *Potential* der Wissenschaft als die „Bereitstellung von Kadern, die Bereitstellung wissenschaftlicher Informationen, die materiell-technische Versorgung und die Optimierung der Organisation des jeweiligen wissenschaftlichen Systems“ bestimmt.[35]

Wir sehen darin nach unseren Kategorien also eine Zusammenfassung und Betrachtung von (A_1) Arbeitskraft, (A_2) Arbeitsmittel und (A_5) Organisation nach ihren qualitativen und quantitativen Charakteristika (B_1) oder auch unter finanziellem Aspekt (B_5).

Eine *Klassifikation* der wissenschaftlichen Tätigkeiten, die für wesentliche Aufgaben ihrer Planung und Organisation bedeutsam ist, läßt sich durch Kombination der Parameter der Dimensionen A, D und E gewinnen.

Wichtig erscheint uns hervorzuheben, daß die Betrachtung des Arbeitsprozesses der Forschung in seinen verschiedenen Dimensionen der theoretische Kristallisationspunkt ist, um den herum sich die nach wie vor notwendigen einzelwissenschaftlichen Untersuchungen, die Betrachtung bestimmter seiner Aspekte gruppieren. Durch dieses theoretische Konzept werden sie immer intensiver aufeinander bezogen

[35] G. M. Dobrov, Potential der Wissenschaft, Berlin 1971, S. 18

und vergleichbar. So werden in der philosophischen Analyse des Erkenntnisprozesses in letzter Zeit eingehender die Kategorien der Arbeit angewendet, vor allem um den gesellschaftlichen Charakter der Erkenntnis hervorzuheben.[36] Eine weiterführende Untersuchung des wissenschaftlichen Schöpfertums unter Berücksichtigung der kollektiven schöpferischen Leistung muß die allgemeinen Probleme der Arbeitsteilung mit einbeziehen.[37] Entscheidend ist schließlich, daß mit Hilfe des gegebenen Modells des Arbeitsprozesses folgende grundlegende Aufgaben seiner komplexen Beherrschung gelöst werden können:

a) Erfassung der spezifischen qualitativen Eigenschaften, quantitativen Charakteristika und Optimalitätsbereiche der einzelnen Parameter;

b) systematische Analyse der Beziehungen, Entwicklungstendenzen und Gesetzmäßigkeiten der Parameter des Arbeitsprozesses (einschließlich seiner Wechselbeziehung mit der Gesamtgesellschaft);

c) Begründung, der rationellen, optimalen Gestaltung des Arbeitsprozesses.

Zu a): Die qualitativen Eigenschaften, quantitativen Charakteristika und die Optimalitätsbereiche der einzelnen Parameter sind drei verschiedene Aspekte, die letztlich alle drei bekannt sein müssen, damit die Arbeit optimal gestaltet werden kann. Um diese Aspekte zu erfassen, sind für die verschiedenen Parameter geeignete Untersuchungsmethoden auszuarbeiten. Für eine Anzahl von Momenten der Forschungsarbeit wurden alle drei Aspekte bereits bestimmt. So liegen für die Größe und Struktur von Forschungskollektiven umfangreiche Untersuchungen und auch ausgefeilte Erhebungsverfahren vor. Ähnliches gilt für die Arbeitszeitstruktur, mit deren Hilfe die Gliederung und die Proportionen der verschiedenen Tätigkeitsarten analysiert werden können. Für andere Parameter kennen wir weitgehend nur qualitative Eigenschaften. So ist es hinsichtlich der Methodologie oder der Technologie der Forschung gegenwärtig nicht möglich, differenziertere Aussagen ihres optimalen Zustandes für die Lösung bestimmter Probleme zu machen und etwa die Leistungsfähigkeit verschiedener Technologien bei einer bestimmten Aufgabenstellung

[36] Vgl. K. Gößler, Erkennen als sozialer Prozeß, in: DZfPh H. 5/1972, S. 517–546

[37] M. Lorf, M. Cienskowski, G. Groß-Nacke, B. Haenschke, Zur Frage des wechselseitigen Zusammenhangs und der Wirkungsweise wesentlicher Faktoren und Bedingungen schöpferischer Arbeit in Primärkollektiven der Forschung (Studie)

auch quantitativ vergleichbar darzustellen. Für weitere Parameter stehen wir ganz am Anfang der Untersuchungen, etwa hinsichtlich der Einstellung der wissenschaftlich Tätigen zu verschiedenen Teiltätigkeiten. Das von uns vorgeschlagene Modell soll helfen, solche Lücken aufzudecken.

Zu b): Die Notwendigkeit, die Wechselbeziehungen der einzelnen Parameter aus den verschiedenen Dimensionen zu erfassen, bedarf keiner weiteren Begründung. Wesentlich erscheint uns als Schlußfolgerung, daß diese Aufgabe immer stärker interdisziplinär zu bearbeiten ist. Wir gingen anfangs darauf ein, daß die Anzahl der Untersuchungen zum Arbeitsprozeß in letzter Zeit stark anwuchs, freilich weitgehend disziplinär orientiert. Gerade wegen der entscheidenden Rolle des Menschen in der wissenschaftlich-schöpferischen Arbeit wird die Verknüpfung und gegenseitige Durchdringung dieser Untersuchungen immer dringlicher, da, wie wir zeigten, komplexe Fragestellungen immer mehr in den Vordergrund treten. Das „Arbeits-Verständnis" der Forschungstätigkeit bietet die Grundlage, um solche komplexen Fragen zu beantworten. Zugleich schafft es Voraussetzungen, daß die nach wie vor notwendigen disziplinär orientierten Forschungen zum Arbeitsprozeß in der Wissenschaft durchgeführt, aber besser aufeinander abgestimmt und bezogen werden. Auf der Grundlage einer solchen komplexen Analyse der Forschungstätigkeit wird es auch möglich sein, Formen der „sozialen Planung und Entwicklung" in der Sphäre der Forschung zu nutzen, um die dem Sozialismus eigene Einheit von Rationalität und Persönlichkeitsentwicklung bewußt zu realisieren.

Zu c): Rationalisierung der Forschungsarbeit bedeutet einerseits, die einzelnen Elemente des Arbeitsprozesses auf das höchstmögliche Entwicklungsniveau zu bringen und dabei die notwendig immer wieder auftretenden Entwicklungswidersprüche zwischen den einzelnen Parametern der Tätigkeit zu überwinden. Sozialistische Rationalisierung beruht dabei auf folgenden fünf grundlegenden Schritten:

Erstens ist eine komplexe Modellierung des Arbeitsprozesses notwendig. Auf dieser Basis erst können die verschiedenen Ansatzpunkte und Grundrichtungen für die Intensivierung und Produktivitätssteigerung erfaßt und ausgeschöpft werden. In der Forschungsarbeit kann sich die Rationalisierung keinesfalls nur auf technologische oder auf nur routinemäßige Prozesse erstrecken. Sie verlangt vor allem die Entwicklung der schöpferischen Fähigkeiten der Menschen. Der Ansatz für die optimale Gestaltung ist also aus einer komplexen Betrachtung des Prozesses und seiner verschiedenen Parameter zu gewinnen.

Zweitens müssen wir in der Lage sein, die verschiedenen Seiten der konkreten, zu verbessernden Arbeitsprozesse einzuschätzen und zu bewerten. Es ist zu bestimmen, inwieweit die mögliche Produktivität des Prozesses, das überhaupt mögliche Niveau seiner einzelnen Seiten schon erreicht ist. Bekanntlich ist es für die Forschung besonders schwierig, eine globale Effektivitäts-Bewertung durchzuführen, indem Aufwand und Ergebnis miteinander verglichen werden. Deshalb bietet sich noch ein anderer Weg an, nämlich für die einzelnen Parameter des Prozesses den gegebenen Stand mit einem (real vorfindbaren oder theoretisch abzuleitenden) Höchstniveau zu vergleichen. Per Analogie kann angenommen werden, daß ein Effektivitätszuwachs erreicht wird, wenn die einzelnen Parameter wie Qualifikation der Kader, Zusammensetzung der Kollektive, Informationsversorgung usw. an den Höchststand herangeführt werden.[38] Auch dieser Gesichtspunkt unterstreicht nochmals die Notwendigkeit, an einem komplexen System von Analyse-Verfahren und Optimalitäts-Bestimmungen für die einzelnen Parameter zu arbeiten.

Drittens sind geeignete Maßnahmen zur rationelleren Gestaltung der Forschungsarbeit auszuwählen und zu einer Rationalisierungsstrategie zu verbinden. Eine Rationalisierungsstrategie ist – kurz gesagt – die Verknüpfung verschiedener Maßnahmen zu einem Maßnahmesystem nach zwei Kriterien. Einmal muß man sich auf die wichtigsten, am meisten Produktivitätsgewinn versprechenden Maßnahmen konzentrieren. Sonst wird man sich in der Fülle möglicher Rationalisierungsaspekte verlaufen und auch ideologischen Schaden anrichten, indem die Aktivitäten weitgehend im Sande verlaufen. Andererseits müssen zusammengehörige Maßnahmen gleichzeitig durchgeführt werden. Die Einführung der EDV in einem Forschungsinstitut erfordert gleichzeitig die Veränderung seiner Arbeitsweise, die Veränderung der Organisation und die entsprechende Qualifizierung der Mitarbeiter.

Viertens erfolgt die Durchführung, Kontrolle und Produktivitätsbewertung der Maßnahmen.

Ein *fünfter* Schritt oder besser Aspekt ist die Gestaltung und Organisation der Rationalisierungsarbeit selbst. Mit der Organisation der „wissenschaftlichen Arbeitsorganisation" sind solche Probleme verbunden wie: In welcher Weise werden durch den sozialistischen Wettbewerb, die Neuererbewegung oder die Bildung von Rationalisierungs-Kommissionen die wissenschaftlich Tätigen aktiviert und einbezogen? Wie und unter welchen Bedingungen sollen eigenständige

[38] Ideen–Projekte–Produktionen, a. a. O., S. 82ff.

Organe für die „wissenschaftliche Arbeitsorganisation“ in den Einrichtungen gebildet werden? Wie ist die Zusammenarbeit von staatlicher Leitung und Gewerkschaft dabei zu gestalten? Wie sind sozialistische Einstellungen und Verhaltensweisen der wissenschaftlich Tätigen zu entwickeln, damit sie noch aktiver auf die produktive Gestaltung ihrer Arbeit Einfluß nehmen?

Auch diese abschließenden Überlegungen unterstreichen die Notwendigkeit, dem Studium und der bewußten Gestaltung der Forschungsarbeit in ihrer Vielfältigkeit und Komplexität auf einer gemeinsamen theoretischen Basis große Aufmerksamkeit zu schenken. Die Bewältigung der damit gestellten Aufgaben erfordert eine langfristige Gemeinschaftsarbeit der Wissenschaftswissenschaftler und aller Mitarbeiter in der Forschung, die an deren Intensivierung aktiven Anteil nehmen.

Peter Hanke/Gottfried Rübenach

Zu den Arbeitsphasen bei der Aufstellung von Wissenschaftsprognosen

Der VIII. Parteitag der SED hat gefordert, die Effektivität der wissenschaftlich-technischen Arbeit zu steigern und dazu u. a. die Auswahl und Festlegung der Aufgaben, überhaupt die Planung der Wissenschaft zu vervollkommnen und zu fundieren.[1] Daraus ergibt sich auch die Notwendigkeit einer wirksamen und rationellen Prognosearbeit auf dem Gebiet von Wissenschaft und Technik. In diesem Zusammenhang erscheint es u. a. zweckmäßig, den einzelnen Teilschritten oder Arbeitsphasen Aufmerksamkeit zuzuwenden, die im wesentlichen erforderlich sind, um Prognosen zu erarbeiten; können doch Kenntnisse darüber sowohl zur Rationalisierung der prognostischen Tätigkeit wie auch zur Erhöhung der Aussagekraft von Prognosen genutzt werden.

Dabei wird davon ausgegangen, daß eine Prognose eine Aussage (bzw. eine Gesamtheit von Aussagen) darstellt über bisher nicht bekannte, real mögliche Sachverhalte, die aus Gesetzesaussagen und Aussagen über Anfangs-, Rand- und Entwicklungsbedingungen des Prognoseobjektes abgeleitet wird. Prognosen nehmen vor allem Möglichkeiten für Ziele und Mittel künftiger gesellschaftlicher Handlungen gedanklich vorweg. Sie dienen im Sozialismus der bewußten Gestaltung der Zukunft der sozialistischen Gesellschaft. Prognosen enthalten dabei Aussagen mit unterschiedlichem Grad wissenschaftlicher Begründung bzw. Bestätigung, und zwar vor allem entsprechend den vorhandenen und/oder speziell erarbeiteten Kenntnissen über Gesetzmäßigkeiten und Bedingungen der Entwicklung des Prognoseobjekts und seiner relevanten Umgebung (bzw. Hypothesen dazu) sowie entsprechend den verwendeten Prognosemethoden.

Wird das Gebiet von Wissenschaft und Technik betrachtet, dann erstrecken sich Prognosen hier vor allem auf Aussagen über mögliche

[1] Direktive des VIII. Parteitages der SED zum Fünfjahrplan für die Entwicklung der Volkswirtschaft der DDR 1971 bis 1975, in: Dokumente des VIII. Parteitages der SED, Berlin 1971

Bereiche neuen Wissens und neuer technischer und technologischer Entwicklungen sowie über künftige gesellschafts-, natur- und ingenieurwissenschaftliche Tätigkeiten. Dazu lassen sich insbesondere solche Aussagen zählen wie die
über mögliche und für die Gesellschaftsentwicklung notwendige Bereiche neuen Wissens und neuer technischer sowie technologischer Lösungen,
über deren Hervorbringung durch wissenschaftliche Tätigkeiten, insbesondere durch Forschung und Entwicklung (einschließlich der dafür erforderlichen Voraussetzungen),
über die Verbreitung und besonders die Anwendung bzw. Nutzung vorhandenen und neuen Wissens sowie bereits bekannter und zu erwartender neuer technischer Prinzipien, technologischer und organisatorischer Lösungen und damit
über den Beitrag der wissenschaftlichen Tätigkeit zur Beherrschung der Natur und zur Entwicklung der sozialistischen Gesellschaft.

Dabei wird davon ausgegangen, daß Wissenschaft und Technik auf vielfältige Weise in den gesellschaftlichen Entwicklungs- und Produktionsprozeß integriert sind und daher Prognosen auf diesem Gebiet stets unter Beachtung dieses Zusammenhanges erarbeitet und genutzt werden müssen.

Prognosen auf dem Gebiet von Wissenschaft und Technik sind als notwendige, aber nicht hinreichende oder einzige Grundlagen für Entscheidungen und für Pläne über die Wissenschaftsentwicklung und darüber hinaus über Aufgaben des wissenschaftlich-technischen Fortschritts zu betrachten. Sie entstehen als Resultat prognostischer Tätigkeit, die sowohl Teil der Forschungstätigkeit wie Teil der Leitungstätigkeit ist und eine Einheit von Erkunden und Bewerten darstellt. Sie sollen die gesellschaftlichen, ökonomischen und wissenschaftlich-technischen Aspekte des Prognoseobjektes sowie deren Wechselbeziehungen erfassen und tragen zum Setzen von Zielen gesellschaftlicher, insbesondere wissenschaftlicher Tätigkeiten, und zum Bestimmen von Wegen für das Erreichen der Ziele (einschließlich entsprechender Varianten) bei.

Um die notwendigen Arbeitsphasen prognostischer Tätigkeit zu ermitteln, können die realen, dabei zu bewältigenden Arbeitsprozesse u. a. aus der unterschiedlichen Sicht einer (im Entstehen begriffenen) Problemtheorie[2, 3, 4], der Methodentheorie, der Informa-

[2] H. Parthey, H. Vogel und W. Wächter (Hrsg.), Problemstruktur und Problemverhalten in der wissenschaftlichen Forschung, Rostocker Philosophische Manuskripte, H. 3/1966

[3] H. Parthey, H. Vogel und W. Wächter, Problemtypen bei der Hypothesen- und Prognosebildung (Thesen). Materialien zur Tagung

tionstheorie[5], der Morphologie[6] oder auch der systematischen Heuristik[7] betrachtet werden. Dazu erscheint es sinnvoll, noch eingehende Untersuchungen anzustellen.

Zwischen Problemstellung, -bearbeitung und -lösung, Informationsgewinnung, -speicherung, -übertragung und -verarbeitung, den durch eine morphologische Analyse ermittelten Stufen oder den Schrittfolgen heuristischer Programme bestehen indes keine eindeutigen Parallelen; diese gewissermaßen von unterschiedlichen Standpunkten aus betrachteten Elemente des Prognoseprozesses durchdringen sich vielmehr gegenseitig.

Es werden also bei einem solchen Vorgehen verschiedene Aspekte (Seiten) des Erkennens der Zukunft sichtbar. Sie alle gilt es jedoch bei den Arbeitsschritten der Prognosetätigkeit zu beachten, um Einseitigkeit von vornherein möglichst auszuschalten. Auf Grund ihrer Komplexität lassen sich Arbeitsphasen prognostischer Tätigkeit nicht eindeutig zeitlich voneinander abgrenzen, sondern sie stehen in vielfältigen Verflechtungen zueinander, erfordern es, sowohl Abhängigkeiten, Reihenfolge und auch notwendige Wiederholungen sowie ferner Parallelität in der Arbeit zu beachten. Arbeitsphasen werden dabei vornehmlich verstanden als notwendige Tätigkeitsbereiche (Vorgänge, Schritte, Aktivitäten) bei der Erarbeitung von Prognosen. Ihre spezifische Bedeutung (Gewichtung) wird im konkreten Fall sehr von dem jeweiligen Prognoseobjekt und -ziel abhängen.

Die prognostische Tätigkeit weist eine Reihe von Aktivitäten auf, die im wesentlichen der Vorbereitung des Aufstellens von Prognosen, der unmittelbaren Ableitung von prognostischen Aussagen und der Vorbereitung ihrer Überführung in Pläne dienen.[8] Als Arbeitsbereiche bei der prognostischen Tätigkeit auf dem Gebiet der Wissenschaft

der Forschungsgruppe „Methodentheorie" der Sektion Marxismus-Leninismus anläßlich der 550-Jahrfeier der Universität Rostock am 6. und 7. 11. 1969. Universität Rostock 1969, S. 1–26

4 W. Wächter, Methodik und Kreativität bei der Hypothesenbildung in der naturwissenschaftlichen Forschung, in: Weltanschauung und Methode, Berlin 1969, S. 161–174

5 A. D. Ursul, Information, Eine philosophische Studie, Berlin 1970

6 H. Holliger, Morphologie. Idee und Grundlagen einer interdisziplinären Methodenlehre, in: Kommunikatio, H. 1/1970, S. 35–52

7 J. Müller, Grundlagen der Systematischen Heuristik, Schriften zur sozialistischen Wirtschaftsführung, Berlin 1970

8 Dabei kann das Ableiten von prognostischen Aussagen auch als das eigentliche Prognostizieren (i. e. S.) aufgefaßt werden.

(beim Erarbeiten von Wissenschaftsprognosen) sollen, ohne damit bereits ein endgültiges Schema geben zu wollen, die folgenden herausgestellt werden:
das Kennzeichnen des zu prognostizierenden Sachverhalts,
das Schaffen organisatorischer Voraussetzungen,
das Zusammentragen bzw. Schaffen des notwendigen Ausgangswissens (Aufstellung eines „prognostischen Arguments"),
das Ableiten von Prognosen und das Einschätzen ihrer Zuverlässigkeit.

Daran schließt sich dann die Überführung von Prognoseergebnissen in den Plan an. Das muß bereits als ein Teil der Planungstätigkeit betrachtet werden. Dafür gilt es bei der prognostischen Arbeit jedoch bereits gewisse Vorarbeiten zu leisten.

Zwischen den genannten Arbeitsbereichen gibt es Zusammenhänge und Überschneidungen, so daß sich die einzelnen Teilaktivitäten nicht immer eindeutig zuordnen lassen. Zum Beispiel spielen Informationssammlung und -verarbeitung sowie Bewertungsprozesse in nahezu allen Arbeitsphasen eine Rolle. Nach dem vorwiegenden Charakter könnte jedoch etwa folgende Übersicht zur Diskussion gestellt werden:

I. Kennzeichnung des zu prognostizierenden Sachverhalts
Ermittlung des Prognoseobjektes (durch Überführung gesellschaftlicher Probleme in Zielstellungen für Prognosen)
Bestimmung und Präzisierung des Prognosezieles
Ermittlung und Festlegung des Prognosezeitraumes
Festlegung einzuhaltender grundsätzlicher Bedingungen

II. Schaffung organisatorischer Voraussetzungen
Bildung des Prognosekollektivs
Erteilung des Prognoseauftrages
Erarbeitung eines Ablauf- und Terminplanes und Festlegung der Verantwortlichkeiten

III. Erfassung bzw. Schaffung des notwendigen Ausgangswissens (Aufstellung eines „prognostischen Arguments")
Ermittlung der Gesetzmäßigkeiten
Feststellung der Anfangsbedingungen
Analyse der Struktur und Funktion des Prognoseobjektes
Ermittlung der Randbedingungen für den Prozeßablauf (Analyse der Struktur und der Einflußmöglichkeiten der Umgebung des Prognoseobjektes)
Sammlung und geeignete Speicherung von Informationen

IV. Ableitung von Prognosen und Einschätzung ihrer Zuverlässigkeit (Prognostizieren)

Auswahl, Auffinden, Entwickeln, Präzisieren geeigneter Prognosemethoden

Verknüpfung von Informationen zur Erarbeitung von Voraussagen

Ausarbeitung möglicher Varianten

Bewertung möglicher Prozesse und Erscheinungen

Einschätzung der Zuverlässigkeit

Korrektur der Prognosen

V. Vorbereitung zur Überführung von Prognoseergebnissen in Pläne

Inwieweit beim praktischen Vorgehen eine Aufgliederung oder Zusammenfassung der Etappen erfolgt oder zweckmäßig ist, hängt vom Umfang und Komplexitätsgrad der Prognoseaufgabe ab. Es wird sicher notwendig sein, die Arbeitsphasen erforderlichenfalls auch mehrfach durchzuführen, wenn das auf Grund der Ergebnisse in anderen Arbeitsphasen angezeigt erscheint. Solche Rückwirkungen können sich z. B. aus dem „Stellen" und „Überführen" von Prognosen auf die voraufgegangenen Aktivitäten ergeben. Die Vervollkommnung bereits vorliegender prognostischer Dokumente wird dagegen nicht alle Arbeitsphasen umfassen. Dabei geht es vorrangig um das ständige Einfügen neuer Erkenntnisse und die Überprüfung, Korrektur und Änderung der getroffenen Prognoseaussagen.

Für die einzelnen Arbeitsphasen sollen besonders folgende Gesichtspunkte hervorgehoben werden:

Ermittlung des Prognoseobjektes

Prognoseobjekt können Erscheinungen und Prozesse in Gesellschaft, Natur und im Denken sein, über die Prognosen abgeleitet werden sollen.

Vor allem werden Kenntnisse über solche Erscheinungen und Prozesse benötigt, die für die zukünftige Entwicklung der sozialistischen Gesellschaft entscheidend sind bzw. sein können. Die zwischen Prognoseobjekten und ihrer Umgebung bestehenden vielfältigen Wechselbeziehungen verdienen dabei besonders beachtet zu werden.

Prognoseobjekte (im Bereich der Wissenschaft) ergeben sich vor allem im Prozeß der Ableitung von wissenschaftlichen aus gesellschaftlichen Problemen und werden vorrangig durch Entscheidungssituationen im Leitungsprozeß bestimmt. Sie entstehen andererseits aber auch, wenn es gilt, Folgerungen aus sich anzeigenden neuen wissenschaftlichen Erkenntnissen zu ziehen.

Zum Wesen der prognostischen Tätigkeit gehört es deshalb, sowohl die vergangene, die gegenwärtige wie auch die zukünftige Beschaffenheit und Entwicklung des Prognoseobjektes zu berücksichtigen; Prognoseobjekte in Wissenschaft und Technik zu bestimmen, erfordert es, den gesellschaftlichen Charakter der Tätigkeiten in diesem Bereich zu beachten. Ziele und Ergebnisse dieser Tätigkeiten, diese selbst sowie ihre materiellen, personellen und finanziellen Voraussetzungen und Bedingungen können als Gegenstand prognostischer Arbeiten fungieren.

Dabei können z. B. die Wissenschaft insgesamt und ihre Teile, wie die Gesellschafts-, Natur- oder technischen Wissenschaften, bestimmte Problemkomplexe o. ä., Prognoseobjekt sein. Die prognostische Tätigkeit kann sich beziehen u. a. auf

mögliche Bereiche für neues Wissen,

Prozesse der Hervorbringung neuen Wissens,

neue und erweiterte Nutzungs- und Anwendungsmöglichkeiten bekannten und neuen Wissens,

Organisation von Forschungs- und Lehrtätigkeit,

Entwicklung neuer Erzeugnisse, Verfahren und Organisationslösungen und ihre Anwendung.

Zur Ermittlung und Festlegung von Prognoseobjekten benötigt der Leiter (oder der Auftraggeber einer Prognose) vor allem Informationen aus Gesellschafts- und Wirtschaftsprognosen (und anderen dem betreffenden Sachverhalt übergeordneten Prognosen), eine Grobanalyse über Rolle und Stellung des betreffenden Bereiches bzw. Objektes in der sozialistischen Gesellschaft sowie eine Übersicht über die Anforderungen, die sich aus den festgelegten Entwicklungsrichtungen der Volkswirtschaft ergeben und aus der erkannten Entwicklung der gesellschaftlichen Bedürfnisse resultieren.

Bestimmung und Präzisierung des Prognosezieles

Ein Prognoseziel läßt sich in der Regel als ein Ausdruck für die mit Hilfe einer Prognose verfolgte Absicht charakterisieren, zur Lösung eines Entscheidungsproblems bzw. einer Entscheidungsaufgabe, die sich auf die Zukunft bezieht, beizutragen. Das Prognoseziel ergibt sich daher im konkreten Falle aus der jeweiligen Entscheidungssituation. Daraus folgt, daß es vom Auftraggeber bzw. vom zuständigen

Leiter in einer Aufgabenstellung bzw. einem Prognoseauftrag umrissen werden muß. Die prognostische Tätigkeit selbst führt dann zu einer weiteren Präzisierung des Prognoseziels. Prognoseziele besitzen für die spezielle prognostische Tätigkeit in gewisser Weise einen normativen Charakter; bilden sie doch eine Grundlage für die konkrete Gewinnung und Verarbeitung prognostischer Informationen, für die Ableitung und für die Bewertung prognostischer Aussagen.[9]

Müller[10] unterscheidet drei Klassen von Ausgangsgrößen aus der Prognosetätigkeit, die gleichzeitig die Art des Prognosezieles kennzeichnen:

„Prognostische Aussagen zur Vorbereitung anstehender strategischer Entscheidungen der Partei- und Staatsführung",

„... über volkswirtschaftsrelevante Möglichkeitsfelder der Wissenschaftsentwicklung, aus denen die Partei- und Staatsführung strategische Fragestellungen ableiten kann",

„... über die weitere Entwicklung des Prognosesystems selbst".

Hinweise zur Präzisierung des Prognosezieles für Fragen der Wissenschaftsentwicklung lassen sich auch aus den von V. A. Lisičkin[11] dargelegten Prognosetypen ableiten:

Prognose prinzipiell neuer Erfindungen und Entdeckungen (Pionierleistungen),

Prognose der Anwendung von Erfindungen und Entdeckungen,

Prognose der Entwicklung neuer Maschinen und Konstruktionen,

Prognose der erweiterten Inbetriebnahme bereits technisch verwertbarer Entdeckungen, Erfindungen und Konstruktionen in allen Bereichen der Produktion.

[9] Das Prognoseziel (Ziel der Prognose) sollte dabei nicht verwechselt werden
- mit dem allgemeinen Ziel der prognostischen Tätigkeit, das in der Prognose (in prognostischen Aussagen) besteht, oder
- mit dem Ziel der zu prognostizierenden Tätigkeiten selbst (z. B. dem Ziel künftiger Forschungen)

[10] J. Müller, Anwendung der Heuristik in der wissenschaftsprognostischen Tätigkeit. Vortrag auf dem Internationalen Wissenschaftlichen Symposium von Wissenschaftlern und Spezialisten der Mitgliedsländer des RGW und der SFR Jugoslawien zu „Methodologischen Fragen der Prognostizierung der Entwicklung von Wissenschaft und Technik", Moskau, März 1970, S. 1–12

[11] V. A. Lisičkin, Theoretische und methodische Fragen der wissenschaftlich-technischen Prognostik. Übersetzung des Vortrages vom Moskauer RGW-Symposium über Prognosefragen vom März 1970

Zur Präzisierung des Prognosezieles vermag auch beizutragen, wenn Klarheit darüber angestrebt wird, ob vorrangig neue Bedürfnisse, die Entwicklung vorhandener Bedürfnisse oder die Möglichkeiten der Realisierung künftiger Bedürfnisse bzw. welche Kombinationen dieser Richtungen prognostiziert werden sollen.

Neben diese Zielstellungen, die die Ermittlung künftiger Möglichkeiten zum Inhalt haben, treten ferner Prognoseziele, die eine Einschätzung der bereits im Plan festgelegten Handlungen der Menschen hinsichtlich Realisierung und Tragweite verfolgen (Prognose z. B. der Planerfüllung).

Ermittlung und Festlegung des Prognosezeitraumes

Unter dem Prognosezeitraum wird der Zeitabschnitt der Entwicklung des Prognoseobjektes verstanden, für den eine Prognose erarbeitet werden soll.

Er muß mindestens so groß sein, daß die möglichen gesellschaftlichen, besonders die wissenschaftlich-technischen und ökonomischen Ursachen und Auswirkungen künftiger Erscheinungen und Prozesse in ihrer Komplexität bei den zu treffenden Entscheidungen übersehen werden können. Er darf nur so groß sein, wie sich wissenschaftliche Voraussagen über mögliche Ursachen und Auswirkungen mit einem hinreichenden Sicherheitsgrad treffen lassen.

Der Prognosezeitraum wird entscheidend beeinflußt von solchen Faktoren wie

dem Prognoseziel und der entsprechenden Entscheidungssituation,

der Spezifik des Prognoseobjektes und den Entwicklungsperioden, denen es unterliegt (Entwicklungsphasen, Reproduktionszyklen u. a. m.), sowie dem Grad seiner Verflechtungen,

dem Erkenntnisfortschritt in den einzelnen Wissenschaftsdisziplinen und dem vorhandenen und zu schaffenden Informationsfundus.

Daher läßt sich der Prognosezeitraum nicht für alle konkreten Objekte einheitlich bestimmen. Um Aussagen für größere komplexe Bereiche der Gesellschaft mit einheitlichem Prognosezeitraum machen zu können, erscheint es notwendig, in den einzelnen Teilbereichen von unterschiedlichen Prognosezeiträumen entsprechend den bestehenden Entwicklungsbedingungen auszugehen und danach auf einen Zeitpunkt bzw. -raum bezogene Gesamtaussagen zu treffen.

Aus dem Vorlaufcharakter der Wissenschaft läßt sich auch die Notwendigkeit eines Prognosevorlaufes der Wissenschafts- vor der Wirtschaftsprognose herleiten. Der Prognosezeitraum für die Wissenschaft sollte jeweils weiter gespannt werden.

Eine Prognose kann sich ferner auf den gesamten Zeitraum bzw. bestimmte Teilabschnitte erstrecken oder als sogenannte Punktprognose lediglich Aussagen über den Zustand und das Verhalten eines Systems (Objektes) am Ende des Prognosezeitraumes oder zu bestimmten Zwischenterminen zum Inhalt haben.

Schließlich verdient noch erwähnt zu werden, daß das Ende des Prognosezeitraumes auch Prognosehorizont genannt wird.

Bezogen auf ein und denselben konkreten Prognosegegenstand nimmt die Unsicherheit der Prognoseaussagen in der Regel mit der Ausweitung des Prognosezeitraumes zu, und die Aussagen erhalten immer mehr vorwiegend (oder ausschließlich) qualitativen Charakter.

Dobrov und Goljan-Nikolski[12] sprechen von

Prognosen über einen Zeitraum von 15 bis 20 Jahren, die von den z. Z. (wenigstens theoretisch) bestimmbaren Möglichkeiten der Wissenschaft und Technik ausgehen und nicht nur auf qualitativen, sondern auch auf quantitativen Schätzungen beruhen,

Prognosen für rund 50 Jahre mit vorwiegend qualitativen Schätzungen auf der Basis bekannter wissenschaftlicher Gesetze und Grundsätze,

Prognosen für mehr als 100 Jahre mit überwiegend hypothetischem Charakter.

Festlegung einzuhaltender grundsätzlicher Bedingungen

Solche Bedingungen ergeben sich aus der gegenwärtigen und künftigen Stellung des Prognoseobjektes im Rahmen der sozialistischen Gesellschaft, beruhen in erster Linie auf grundsätzlichen politischen Festlegungen und Erkenntnissen, aber auch auf Faktoren, die aus der Begrenztheit der Ressourcen, aus der Notwendigkeit, bestimmte Entwicklungen zu vermeiden, o. ä. erwachsen und sollten vor der Prognosearbeit möglichst eindeutig umrissen werden. Sie sind als deren Vorgaben zu werten.

Bildung des Prognosekollektivs

Damit das Kollektiv im Hinblick auf das Prognoseobjekt möglichst sachkundig und kompetent ist, erscheint es zweckmäßig, es entsprechend interdisziplinär zusammenzusetzen sowie Vertreter theoreti-

[12] G. M. Dobrov, A. J. Goljan-Nikolski, Das Jahrhundert der großen Hoffnungen, Kiev 1964, Arbeitsübersetzung der Arbeitsgruppe für Wissen schaftsorganisation der DAW zu Berlin (1965)

scher und angewandter Arbeitsrichtungen heranzuziehen. Wissenschaftler, Mitarbeiter gesellschaftlicher Organisationen, staatlicher Organe und der Wirtschaftsleitungen sollten zusammengeführt werden, die große Erfahrung und Risikobereitschaft verbinden, ein hohes Verantwortungsbewußtsein für die gesellschaftliche Gesamtentwicklung und eingehende Spezialkenntnisse besitzen. Spezialisten des zu prognostizierenden Arbeitsgebietes und tangierender Bereiche, Prognostiker, Organisationswissenschaftler u. a. Vertreter sogenannter integrierender Wissenschaften zu gemeinsamer schöpferischer Verarbeitung und Erweiterung des Wissens anzuregen, ist ein wichtiges Anliegen bei der Bildung von Prognosegruppen. Ein Kern des Kollektivs sollte die Hauptverantwortung für die Prognose vom Beginn der Arbeiten bis zur Fertigstellung tragen, aber durch zeitweilige oder ständige Partner als Konsultanten und Berater unterstützt werden. Da die Zuverlässigkeit von Prognosen auch von der Sachkunde und Kompetenz der Prognosegruppen abhängt, erscheint es zweckmäßig, Kriterien zu berücksichtigen, die Aufschluß zu diesem Problem geben können, z. B. die Erfahrungen, bisherigen Leistungen uud wissenschaftlichen Arbeitsgebiete der Mitglieder, ihr Einblick in zentrale Fragen der Wissenschaftsleitung, Spezialkenntnisse usw.[13]

Erteilung des Prognoseauftrages

Sie besteht in der Anweisung zur Ausarbeitung einer Prognose. Das setzt die spezifische Abgrenzung und Bestimmung von Prognoseobjekt, -ziel, -zeitraum und -bedingungen voraus. Der Auftrag sollte ferner zweckmäßigerweise Hinweise auf grundsätzlich zu beachtende Dokumente übergeordneter Leitungen und außerdem annähernd den Gesamtaufwand an Zeit, materiellen und finanziellen Mitteln für die Prognosetätigkeit enthalten. Hier erweisen sich ferner Festlegungen über die vorgesehene Überführung der Prognoseergebnisse in die Wissenschaftsplanung als notwendig. Dabei soll betont werden, daß die Ökonomie der Prognosearbeit, für die in dieser Arbeitsphase die wichtigsten Gesichtspunkte zu geben sind, in allen Arbeitsabschnitten Berücksichtigung verdient, d. h. insbesondere das eingeschätzte Verhältnis zwischen beabsichtigten Zielen und den gesellschaftlichen

[13] V. A. Alexandrov, Die Aufstellung einer Expertengruppe für Prognoseuntersuchungen. Sbornik rabot po prognozirovanijn i planirovaniju naučne-techničeskogo razvitija v stranach-učastnicach SEV. Inst. ekon. i upravlenija naučno-techničeskim razvitiem, Prag 1972, S. 143 bis 152

Aufwendungen zur Gewinnung prognostischer Aussagen. Der Prognoseauftrag wird in der Regel von einem gesellschaftlichen Auftraggeber oder vom zuständigen Leiter erteilt.

Erarbeitung eines Ablauf- und Terminplanes und Festlegung der Verantwortlichkeiten

Hierfür sollten ggf. Methoden der Netzwerktechnik Anwendung finden. Der kollektiv erarbeitete Ablaufplan ist zweckmäßigerweise durch den zuständigen Leiter (bzw. Auftraggeber) zu bestätigen. Unter Berücksichtigung der spezifischen Bedingungen und Anforderungen der jeweiligen Prognoseaufgabe dürfte es hier u. a. notwendig sein, den Grad der Aufgliederung des Arbeitsablaufes, d. h. die konkreten Arbeitsetappen selbst zu bestimmen.
Ermittlung der Gesetzmäßigkeiten,
denen die Entwicklung des Prognoseobjektes unterliegt.
Feststellung der Anfangsbedingungen,
die wesentlich für die Entwicklung des Prognoseobjektes sind, und
Analyse der Struktur und Funktion des Prognoseobjektes
erfordern eingehende Untersuchungen, die sich sowohl auf die inneren wie auch auf die äußeren Systembeziehungen erstrecken und Kenntnis über die wesentlichen Faktoren (qualitativ und quantitativ) der Entwicklung des Prognoseobjektes geben sollen. Dazu ist es notwendig, von einer objektbezogenen zu einer funktionellen Betrachtungsweise überzugehen und die funktionelle Bedingtheit der Ereignisse und Prozesse zu erfassen. Dabei geht es nicht nur um eine Zusammenfassung und Verarbeitung bereits vorhandenen Wissens (in Gestalt von Faktenkenntnissen, Theorien, Hypothesen, Problemen u. ä.). Vielmehr werden in zunehmendem Maße Forschungen unmittelbar zur Erarbeitung von Prognosen notwendig sein, die die vorliegenden Kenntnisse erweitern und vertiefen (prognoseorientierte Forschung oder Prognoseforschung).

Ermittlung der Randbedingungen für den Prozeßablauf

Das bedeutet, die vorhandene Umgebung des Prognoseobjektes, die neu auftretenden Einflüsse (Bedingungen und Gesetzmäßigkeiten) sowie ihre Veränderungen einzuschätzen. Dabei geht es im wesentlichen um eine Analyse der Struktur und der Einflußmöglichkeiten der Umgebung des Prognoseobjektes.

Die Umgebung eines Prognoseobjektes umfaßt Erscheinungen und Prozesse der objektiven Realität, die nicht zum abgegrenzten Prognoseobjekt gehören, die jedoch dessen gegenwärtige und die zukünftige Beschaffenheit und Entwicklung beeinflussen und ihrerseits vom Prognoseobjekt beeinflußt werden.

Eine mögliche Einteilung der Umgebung ist für prognostische Ableitungen die nach der Qualität bestehender Wechselwirkungen:

1. Umgebungsbereich und Prognoseobjekt beeinflussen sich gegenseitig, d. h. es bestehen (organisierte und/oder nichtorganisierte) Wechselwirkungen.
2. Der Umgebungsbereich beeinflußt das Prognoseobjekt; das Prognoseobjekt beeinflußt den Umgebungsbereich dagegen nicht.
3. Der Umgebungsbereich wird vom Prognoseobjekt beeinflußt, aber nicht umgekehrt.

Die genannten Wechselbeziehungen können sich auch quantitativ unterscheiden, d. h. einen unterschiedlichen Grad des Einflusses etc. aufweisen. Umgebungsbereiche, die keinerlei oder zu geringe Beziehungen zum Prognoseobjekt haben, können beim Prognostizieren vernachlässigt werden.

Die Beziehungen zwischen Objekt und Umgebung können ferner zeitlichen Veränderungen unterliegen, z. B. hinsichtlich der Intensität, des Aufhörens oder Neubeginnens von Wirkungen.

Zur Darstellung, Ermittlung und Erklärung z. B. der „Umgebung" der Wissenschaft oder einzelner Wissenschaftsbereiche als Prognoseobjekt erscheint es besonders notwendig, die gegenwärtigen und zukünftigen Funktionen der Wissenschaft oder speziellen Wissenschaftsbereiche zugrunde zu legen und jeweils zu konkretisieren. Dabei ergeben sich die wesentlichen Umgebungsbereiche aus der Integration der Wissenschaft in den gesellschaftlichen Reproduktionsprozeß sowie aus der Einheit der Wissenschaft und dem daraus resultierenden inneren Zusammenhang aller Wissenschaftsbereiche, -disziplinen etc.

Sammlung und geeignete Speicherung von Informationen

Diese Arbeitsphase ist Bestandteil zahlreicher Abschnitte der prognostischen Tätigkeit und bedarf besonderer Aufmerksamkeit, da hiervon die Aussagekraft der Prognosen in hohem Maße abhängt. Es gilt auch – im Sinne einer Ökonomie der Prognosetätigkeit – abzuwägen, wie weitgehend und mit welchem Aufwand Informationen unter Beachtung der gestellten Ziele gewonnen werden müssen,

Umfang, Art und Detaillierungsgrad der zu verwendenden und zu gewinnenden Informationen werden weitgehend durch die Eigenschaften und Besonderheiten von Prognoseobjekt und -ziel, durch Prognosezeitraum, Prämissen und gestellte Termine, in besonderem Maße aber von den gewählten Prognosemethoden bestimmt, wobei letztere jedoch ebenso von den genannten Faktoren abhängen.

Auswahl geeigneter Methoden

In Anlehnung an Arbeiten von Heitsch, Parthey und Wächter[14] wird unter einer Prognosemethode ein System von Regeln verstanden, das darauf gerichtet ist, auf Grund von Informationen über den gegenwärtigen und vergangenen Zustand des Prognoseobjektes und seiner Umgebung sowie auf Grund der dafür geltenden Gesetzmäßigkeiten Prognoseerkenntnisse zu erzielen. Methodische Regeln sind dabei Aufforderungen, die sich auf die Durchführung von Operationen (z. B. Schrittfolgen) zur Erreichung von Prognoseaussagen beziehen. Jede Prognosemethode ist auf eine Klasse von Prognoseproblemen bezogen (z. B. auf Folge-, auf Substitutions-, auf Initial-, auf Sättigungsprozesse).

Die Prognoseerkenntnisse werden besser gesichert und damit zuverlässiger, wenn die Ergebnisse der Anwendung verschiedener Prognosemethoden sich gegenseitig stützen. Ferner gilt es zu beachten, daß aus der Komplexität der Prognoseobjekte die Komplexität der anzuwendenden Prognosemethoden folgt.

Unter einer Prognosemethodik läßt sich dann nach Heitsch, Parthey und Wächter eine Gesamtheit von Prognosemethoden und methodischen Prinzipien verstehen, die sich auf die Erarbeitung von Voraussagen über ein ganz bestimmtes Prognoseobjekt (ggf. eine Gruppe von Prognoseobjekten) bezieht.

Methodische Prinzipien (z. B. weltanschauliche und zielorientierende Prinzipien, Grundsatz des rationellen Vorgehens, der Einhaltung gesellschaftlicher Normen usw.) ergeben sich aus Erkenntnissen über allgemeine Gesetzmäßigkeiten in Natur, Gesellschaft und im Denken sowie aus dem speziellen Ziel- und Objektbezug. Die methodischen Prinzipien gestatten eine problem- bzw. objektorientierte Auswahl und Anordnung von Methoden und methodischen Regeln.

[14] W. Heitsch, H. Parthey und W. Wächter: Heuristik und Dialektik. Deutsche Zeitschrift für Philosophie, in: H. 2/1971, S. 145–159

Ein geschlossenes Methodensystem für das Erarbeiten von *Wissenschafts*prognosen (einschließlich entsprechender Auswahlkriterien) besteht zur Zeit noch nicht. Es stellt ein notwendiges wichtiges Forschungsvorhaben im Rahmen der Wissenschaftsprognostik dar. Jedoch ist in der Literatur eine Reihe erfolgreicher Methoden beschrieben worden. So berichtet u. a. Müller[15] in seinem Buch über ein Beispiel zur Anwendung der systematischen Heuristik bei wissenschaftsprognostischer Tätigkeit, Dobrov[16] stellt wichtige Gruppen von Prognosemethoden – Extrapolation, Expertise und Modellierung – dar, Lisičkin[17] Stufen eines Prognosezyklus, Jantsch[18] eine Methodensammlung, Gordon und Raffensberger[19] schildern eine Strategie für die Ermittlung von Zielen der Grundlagenforschung, um nur einige zu nennen.

Wesentliche methodische Hinweise können aus der Prognosepraxis und -theorie der Wirtschaft entnommen bzw. abgeleitet werden, die besonders Haberland[20] und Haustein[21] [22] [23] darlegen. Danach lassen sich die Methoden und Verfahren auf zwei Verfahrenselemente zurückführen: Extrapolation und Rückrechnung (Interpolation). Wird davon ausgegangen, gilt es bei jedem Prognoseobjekt im Bereich der Wissenschaft zu überlegen und zu prüfen, was sich extrapolieren oder interpolieren bzw. diesen Grundsätzen entsprechend untersuchen läßt. Ersteres kann beispielsweise sicher auch auf die Entwicklung (einer möglichen Folge) von Problementstehungen, auf Kausalitätsketten, auf die Veränderung der Bedeutung und das

15 J. Müller, Grundlagen der Systematischen Heuristik . . ., a. a. O., S.148–168

16 G. M. Dobrov, Zur Erarbeitung von Prognosen für wichtige Entwicklungsrichtungen in Wissenschaft und Technik, in: Wissenschaftswissenschaft, Berlin 1969, S. 301–327

17 V. A. Lisičkin, Theoretische und methodische Fragen . . ., a. a. O.

18 E. Jantsch, Technological Forecasting in Perspective, OECD Paris 1967

19 T. J. Gordon, M. J. Raffensberger, A Strategy for Planning Basic Research. Philosophy of Science, Michigan, H. 2/1969, S. 205 bis 218

20 F. Haberland, H.-D. Haustein, Die Prognostik als neues Element der Führungstätigkeit zur Meisterung der wissenschaftlich-technischen Re volution, Berlin 1968

21 H.-D. Haustein, Wirtschaftsprognose, Berlin 1969

22 Derselbe, Prognoseverfahren und ihre Anwendung im ökonomischen System des Sozialismus (Thesen), in: Wirtschaftswissenschaft, H. 7/1969, S. 1006–1022

23 Derselbe, Prognoseverfahren in der sozialistischen Wirtschaft, Berlin 1970

Entstehen neuer Disziplinen, auf die Entwicklung der Relation von Wissenschaft und Produktion, auf das Wachstum der Zahlen für Wissenschaftler, Aufwendungen, Institute und Veröffentlichungen sowie auf anderes mehr angewandt werden. Letzteres trifft u. a. zu für das Rückschließen von Grenzwerten und Zukunftsmodellen.

Prognosetätigkeit in der Wissenschaft sollte dazu systematisch solche Methoden nutzen, die Zeitreihen, Strukturentwicklungen, Invarianzen, Verflechtungen, Analogien, Grenzwerte, Schwellenwerte, Initialprozesse, Substitutionsprozesse, Folgeprozesse, Sättigungsprozesse und strategische Situationen erfassen, wie das für die Wirtschaft umfassend beschrieben ist (zusammengefaßt besonders bei H.-D. Haustein[24] [25], und dafür auch heuristische Prinzipien, morphologische Analysen, graphische und tabellarische Wissensmatrizen[26], Modellierung, das Zielbaumprinzip, die Netzwerktechnik, die Graphenanalyse, gezielte Expertenbefragungen mit einer Verbindung kollektiver und individueller Einschätzungen, Ideenkonferenzen sowie Klausurbefragungen anwenden.

Bei der Auswahl und der Anpassung bzw. Entwicklung von Methoden für bestimmte Prognoseaufgaben bzw. -objekte sollte auch die dialektische Wechselwirkung von Methodenentwicklung und praktischer Prognosetätigkeit beachtet werden. Efimov (zitiert nach Archangelskij)[27] weist, schlußfolgernd aus wirtschaftsprognostischer Arbeit, auf diesen Zusammenhang hin. Seine Erfahrungen zeigen, daß die Prognosemethoden a priori in den allgemeinsten Zügen formuliert werden können, zuverlässige Prognosemethoden sich aber erst im Prozeß der Ausarbeitung der Prognosen selbst ergeben und daher Vorsicht geboten ist gegenüber unbegründeten Versuchen, zuerst eine perfektionierte Methode des Prognostizierens und danach erst die Prognosen selbst auszuarbeiten.

[24] H.-D. Haustein, Wirtschaftsprognose, a. a. O.

[25] Derselbe, Prognoseverfahren in der sozialistischen Wirtschaft, a. a. O.

[26] W. Feitscher, Methodische Hilfsmittel für die Prognostik, in: Wissenschaftliche Zeitschrift der Technischen Universität Dresden, H. 3/1967, S. 767–771

[27] V. Archangelskij, Die Abteilung Ökonomie bei der Akademie der Wissenschaften der UdSSR im Jahre 1970. Voprosy Ekonomiki, Moskau H. 5/1971, S. 145–147

Verknüpfung der Informationen zur Erarbeitung von Voraussagen

Bei der Informationsverknüpfung kommt es darauf an, das im Hinblick auf das gestellte Prognoseziel erforderliche Aussagensystem zu erreichen, z. B. schrittweise von der Erkundungs- zur Programm- und Organisationsprognose fortzuschreiten, auch den Umfang, die Zeitpunkte, die Bedingungen sowie besonders die Konsequenzen künftiger Prozesse, Ereignisse, Zustände etc. festzustellen und die jeweiligen Wahrscheinlichkeiten für ihr Eintreffen zu ermitteln.

Dobrov[28] beschreibt drei verschiedene Komponenten von Prognosen, die in diesem Zusammenhang bei der Informationsverknüpfung Beachtung finden sollten:

„a) der deterministische Teil, der einer genauen Berechnung für eine beliebige, für die Ziele der Prognosetätigkeit hinreichende Vorlaufzeit zugänglich ist;

b) der stochastische Teil, der im Verlauf des Studiums (der Beobachtung) der prognostizierten Erscheinung aufgedeckt wird, . . . ;

c) der Teil, der vom Standpunkt des gegenwärtigen Wissensstandes einer Voraussage prinzipiell nicht zugänglich ist."

Ziel dieses Arbeitsabschnittes ist es, aus den vorhandenen Einzelaussagen über bestimmte Aspekte des Prognoseobjektes zu einer komplexen Gesamtprognose zu gelangen. Vorgänge wie Gruppieren, Quantifizieren, Klassifizieren, Bewerten und Strukturieren sind daher erforderlich, ebenso das Prüfen von Abhängigkeiten und Wechselbeziehungen und das Bestimmen der Multivalenz künftiger Ereignisse, überhaupt der möglichen Konsequenzen.

Der Prozeß des Erarbeitens von Prognosen ist dabei mit einer ständigen Vertiefung und Detaillierung der Aussagen verbunden. Dobrov[29] unterscheidet demzufolge bei Prognosen von Wissenschaft und Technik die Erkundungs- oder Forschungsprognose, die Programm- und die Organisationsprognose.

Unter Erkundungsprognose wird der Teil einer Prognose verstanden, der in erster Linie Aussagen über die sich eröffnenden Möglichkeiten der Entwicklung von Wissenschaft und Technik enthält sowie mögliche gesellschaftliche Problemstellungen und entsprechende Objektbereiche der wissenschaftlichen Tätigkeit, vor allem der Forschungs-

[28] G. M. Dobrov, Prognostik in Wissenschaft und Technik, Berlin 1971

[29] Derselbe, Zur Erarbeitung von Prognosen für wichtige Entwicklungsrichtungen . . ., a. a. O.

tätigkeit, darstellt. Dabei wird von den Einsichten sowohl in die Grundprozesse in Natur, Gesellschaft und im Denken wie auch über die langfristige Entwicklung der Erkenntnisse darüber ausgegangen. Im Erkundungsteil werden bereits Bewertungen der möglichen künftigen Prozesse und Erscheinungen aus gesamtgesellschaftlicher Sicht sowie Einschätzungen über die gesellschaftlichen Erfordernisse zur Realisierung der prognostizierten Richtungen von Forschung und Entwicklung vorgenommen. Eine Auswahl oder Eingrenzung der Objekte erfolgt jedoch nicht.

Ein Programmteil einer Prognose (auch Programmprognose genannt) wird zur Vorbereitung der Lösung eines komplexen gesellschaftlichen Problems ausgearbeitet und ist auf die Erkennung und Bewertung der Möglichkeiten für die Schaffung optimaler Ziel-Mittel-Systeme gerichtet. Er stützt sich auf erforschte gesellschaftliche Bedürfnisse und ermittelte Tendenzen und Gesetzmäßigkeiten der wissenschaftlich-technischen Entwicklung.

Programmprognosen führen zur Ableitung von begründeten Zielen und Strategien für die Lösung gesellschaftlicher Probleme. Sie enthalten auch Aussagen über mögliche Termine und Reihenfolgen für das Eintreffen von Ereignissen und für mögliche Realisierungswege und -stufen.

Der Organisationsteil von Prognosen (auch als Organisationsprognose bezeichnet) vertieft und ergänzt jeweils ein prognostiziertes mögliches Ziel-Mittel-System vor allem durch Beachtung der gesellschaftlichen Ressourcen und der spezifischen Möglichkeiten für die Organisation der gesellschaftlichen, vor allem der wissenschaftlichen Arbeit (ressourcenabhängige Präzisierung und Bewertung). Er verdichtet die gesellschaftlichen Anforderungen, die mit prognostizierten Entwicklungen zusammenhängen, für bestimmte Vorhaben und Einrichtungen. Er leitet damit zur langfristigen Planung der Aufgaben, Ressourcen und Fonds bzw. zur Ausarbeitung von Konzeptionen über.

Diese drei Bereiche können sowohl als eng miteinander verbundene Bestandteile von Prognosen auf dem Gebiet von Wissenschaft und Technik, aber auch als Stufen im Prozeß ihrer Erarbeitung, als schrittweise Anreicherung des Prognoseinhaltes, als eine Erhöhung von Aussagekraft, Zuverlässigkeit und Konkretheit betrachtet werden. Dabei enthält die Organisationsprognose (bzw. der Organisationsteil) bereits auch Elemente, die für die Planung charakteristisch sind.

Ausarbeitung möglicher Varianten

Varianten bezeichnen im prognostischen Aussagensystem unterschiedliche mögliche Zustände bzw. Entwicklungsrichtungen des Prognoseobjektes sowie unterschiedliche Möglichkeiten, diese Zustände zu erreichen. Dementsprechend kann es Zielvarianten und Realisierungsvarianten geben, die aber voneinander abhängig sind.

Zielvarianten unterscheiden sich dann durch unterschiedliche, in Prognosen aufgezeigte Zielstellungen für menschliches Handeln, um prognostizierte Zustände zu erreichen. Realisierungsvarianten kennzeichnen unterschiedliche Wege zur Erreichung *eines* prognostizierten Zustandes bzw. Zieles. Sie umfassen die Gesamtheit der erforderlichen wesentlichen Maßnahmen sowie Aussagen über Bedingungen und notwendige Voraussetzungen in ihren wechselseitigen Zusammenhängen.

Die Ausarbeitung von Varianten hat das Ziel, Möglichkeiten zur bewußten Gestaltung (Objektivierung, Optimierung) der künftigen Entwicklung des Prognosegegenstandes zu erarbeiten sowie den Entscheidungs- und den Planungsprozeß zu erleichtern.

Varianten können die Ziele und die Wege in verschiedenen Richtungen und graduellen Abstufungen darstellen. Zwei Varianten, von denen entweder die eine oder die andere ausgewählt und realisiert werden kann, werden als Alternativen bezeichnet.

Bewertung möglicher (prognostizierter) Prozesse und Erscheinungen

Ausgehend von der eingangs vorgenommenen kurzen Charakterisierung der Prognose ergibt sich, daß das Prognostizieren stets eine Einheit von Erkunden und Bewerten darstellt. Die Bewertung ist eine notwendige Tätigkeit bei allen Etappen bzw. Phasen der Prognosearbeit.

Sie besteht vor allem in der vergleichenden Beurteilung der Prognoseobjekte, der prognostizierten Erscheinungen und Prozesse, besonders der erarbeiteten Varianten, um deren gesellschaftliche Bedeutung und Wirksamkeit – unter Berücksichtigung der Zuverlässigkeit der abgeleiteten Prognoseaussagen – zu ermitteln bzw. einzuschätzen. Die bewertenden Aussagen haben dabei selbst prognostischen Charakter, beziehen sie sich doch im wesentlichen auf *mögliche* Wirkungen prognostizierter Zustände, Prozesse etc.

Dabei stellen die Prognoseobjekte mit ihren bisherigen, gegenwärtigen (bzw. gegenwärtig ermittelbaren) und künftigen, d. h. prognostizierten Erscheinungen und Prozessen den Bewertungsgegenstand dar.

Bewertungssubjekt sind die Kollektive bzw. Wissenschaftler, die Prognosen ausarbeiten, und die Leiter oder Leitungsorgane, die Prognosen in Auftrag geben und bei der Entscheidungsvorbereitung nutzen.

Als Bewertungsmaßstab dient in der Regel eine Gesamtheit von Kriterien, die entsprechend der Entscheidungssituation vom zuständigen Leiter festgelegt sowie dem betreffenden Prognosekollektiv vorgegeben und/oder im Prozeß der prognostischen Tätigkeit erarbeitet sowie vervollkommnet wird.

Entsprechend dem Anliegen, die gesellschaftlichen Auswirkungen von prognostizierten Erscheinungen und Prozessen zu ermitteln und zu bewerten, sind dabei Kriterien für deren politische, soziale, ökonomische, wissenschaftliche, kulturelle, ideologische, militärische u. a. Effekte, d. h. für die Einflüsse auf die Beschleunigung gesellschaftlicher Entwicklungen, besonders des wissenschaftlich-technischen Fortschritts, erforderlich.

Die Bewertung kann durch Vergleich verschiedener Varianten untereinander („komparative Bewertung") oder auch durch Vergleich mit dem übergeordneten Ziel („absolute Bewertung") erfolgen.

Die Bewertungsmethoden werden dabei meist aus anderen Wissenschaftsbereichen herangezogen und für prognostische Zwecke modifiziert. Sie sind eng mit den Prognosemethoden verbunden, aber mit diesen nicht identisch.

Einschätzung der Zuverlässigkeit der Prognoseaussagen

Die Zuverlässigkeit einer Prognose kann als ein Ausdruck für den Grad der wissenschaftlichen Begründung bzw. Bestätigung der Prognoseaussagen betrachtet werden. Eine Prognose ist um so zuverlässiger, je besser sie auf Grund bestätigten Wissens begründet werden kann.

Auf die Zuverlässigkeit einer Prognose haben vor allem der Grad der Vollständigkeit und der Bestätigung der Aussagen über die Anfangs- und Randbedingungen sowie Gesetzmäßigkeiten der Entwicklung des Prognoseobjektes, der Charakter der Gesetzmäßigkeiten sowie die Art der verwendeten Prognosemethodik einen Einfluß.

Im einzelnen wirken auf die Zuverlässigkeit einer Prognose vor allem[30]

30 H.-D. Haustein, Wie kann die Sicherheit von wissenschaftlich-technischen Prognosen für die Zwecke der Planungsrechnung bewertet werden? in: Die Technik. H. 10/1971, S. 614–619

der Charakter des Prognoseobjektes und die für es geltenden Gesetzmäßigkeiten und Bedingungen sowie das vorhandene Wissen darüber,
der Grad der volkswirtschaftlichen Verflechtung,
der Prognosezeitraum,
die vorgegebene Zeit zur Erarbeitung der Prognose,
das Prognosesubjekt (Sachkunde der Prognosekollektive),
das Informationsmassiv (Vollständigkeit von Aussagen über Bedingungen und gesetzmäßige Zusammenhänge für das Prognoseobjekt, Qualität und Quantität der Daten),
der Prognoseprozeß, seine Organisation, die verwendeten Methoden,
die logische Widerspruchsfreiheit der gewonnenen Aussagen.
Für die Zuverlässigkeit einer Prognose haben die (Teil-)Zuverlässigkeiten ihrer einzelnen Aussagen entscheidenden Einfluß.

Da Prognosen der Vorbereitung in der Regel weitreichender Entscheidungen dienen, die einer wissenschaftlichen Fundierung bedürfen, und auch eine Einschätzung von Risikofaktoren erfordern, ist die Zuverlässigkeit der Prognosen besonders wichtig für die Leitungstätigkeit. Eine endgültige Ermittlung der Zuverlässigkeit läßt sich jedoch erst durch Vergleich des Prognostizierten mit dem Faktischen ermöglichen. Es verdient jedoch besonders betont zu werden, daß die im Überprüfungs- und Realisierungsprozeß gewonnenen neuen Erkenntnisse über das Prognoseobjekt ständig zur weiteren Präzisierung der Prognose und demzufolge auch zur Verbesserung ihrer Zuverlässigkeit genutzt werden müssen (iterative Erhöhung der Zuverlässigkeit).

Maßnahmen zur Erhöhung der Zuverlässigkeit der Prognosen können darin bestehen, die Einflußfaktoren zu analysieren, um mögliche Fehlerquellen zu minimieren; mehrere Prognosemethoden anzuwenden (simultan), um die Aussagen zu prüfen und zu sichern; eine ständige Zuführung neuer Erkenntnisse zu gewährleisten (permanente systematische Prognosetätigkeit) sowie die wissenschaftlichen Grundlagen der prognostischen Tätigkeit weiter zu verbessern.

Korrektur der Prognosen

Sie ist notwendig, um die Aussagen auf Grund neuer Forschungsergebnisse, sich ändernder Prämissen etc. ständig zu erweitern, zu vertiefen, zu präzisieren, abzuändern und vor allem weiterzuentwickeln. Prognostische Tätigkeit besteht in einem ständigen, kontinuierlichen iterativen Prozeß. In diesem Gesamtablauf kann die Ausarbeitung und Vorlage zusammenfassender Prognosedokumente für Planungen und Entscheidungen als ein jeweils hervorgehobener Abschnitt angesehen werden, der jedoch für die Überführung von Prognoseergebnissen in den Plan eine große Bedeutung hat.

Die Vorbereitung zur Überführung von Prognoseergebnissen in Pläne

besteht vor allem in der Anpassung der prognostischen Aussagen an die Belange der Planung, zum Beispiel zur Verbindung von prognostischen und analytischen Informationen, zur Aufbereitung der Prognosen für bestimmte Planungszeiträume und für Vergleiche mit dem Aussagen- und Kennziffernsystem der Pläne entsprechend den gegenwärtigen konkreten Reproduktionsbedingungen.

Daraus ergeben sich wiederum Hinweise bzw. Anforderungen an die Korrektur, Ergänzung oder Präzisierung der Prognosen.

Dieser Arbeitsabschnitt gehört im Prinzip bereits direkt zur Planungstätigkeit und zeigt einmal mehr den engen Zusammenhang von Prognosearbeit und Planung, der im wesentlichen ihrer gemeinsamen Grundfunktion im Prozeß der Leitung gesellschaftlicher Tätigkeiten entspricht.

Diese Bemerkungen zu wichtigen Arbeitsphasen der prognostischen Tätigkeit sollten Anregungen geben zur Gestaltung bzw. Überprüfung des Vorgehens bei der Erarbeitung von Prognosen. Wenn auch nicht immer direkt hervorgehoben, so wird doch aber auch gleichzeitig deutlich, daß hier für die Prognostik (als Forschungsgebiet über die prognostische Tätigkeit und die Prognosen) zahlreiche wichtige Aufgaben und Probleme bestehen, die im Interesse einer Steigerung von Rationalität und Effektivität der Prognosearbeit einer weiteren Untersuchung unterzogen werden sollten.

BERICHTE

BERNHARD LANGE

Grundlegende Entwicklungsrichtungen der Forschungen zur Theorie, Leitung, Planung und Organisation der Wissenschaft in der UdSSR[1]

Der XXIV. Parteitag der KPdSU und der VIII. Parteitag der SED haben der Wissenschaft bedeutende Aufgaben beim weiteren Aufbau der sozialistischen bzw. kommunistischen Gesellschaft, insbesondere bei der Intensivierung der Produktion und der Steigerung der Arbeitsproduktivität gestellt. Die Erreichung dieser Ziele erfordert, in stärkerem Maße die Wissenschaft selbst zum Gegenstand von Forschungen zu machen und gleichzeitig auch Entwicklungstendenzen des wissenschaftlich-technischen Fortschritts zu untersuchen.

Die Gemeinsamkeit der Aufgabenstellung beider Parteitage auch in bezug auf die Wissenschaft ist ein Moment, das die Notwendigkeit und die reale Möglichkeit der Wissenschaftskooperation auch auf dem Gebiet der Forschungen zur Wissenschaft einmal mehr unterstreicht.

Die Kenntnis von Forschungsrichtungen, ihres Grundprofils sowie vorliegender Forschungsresultate ist dabei nicht nur eine notwendige Voraussetzung für die kooperative Arbeit, sondern sie vermittelt zugleich wichtige Informationen über die Leistungsfähigkeit der Wissenschaft der UdSSR auf diesem Gebiet. Wir sehen es überhaupt als ein Grundanliegen der Forschungstätigkeit zur Theorie, Leitung, Planung und Organisation der Wissenschaft in der DDR an, die Leistungen der Wissenschaftswissenschaft der sozialistischen Länder zu kennen und die Öffentlichkeit in der DDR über sie zu informieren.

Im vorliegenden Beitrag wollen wir über einige grundlegende Entwicklungsrichtungen dieses Gebietes in der UdSSR berichten.

[1] Bei der Abfassung dieses Berichts konnten wir uns auf Materialien von Professor S. R. Mikulinskij, Korrespondierendes Mitglied der Akademie der Wissenschaften der UdSSR, zu Entwicklungsrichtungen in der Forschung zur Theorie, Leitung, Planung und Organisation der Wissenschaft in der UdSSR und von Prof. M. M. Karpov über Forschungsschwerpunkte an der Staatlichen Universität Rostov (Lehrstuhl Philosophie) stützen. Wir möchten ihnen für diese wertvollen Informationen herzlich danken.

I.

In den Jahren nach dem XII. Internationalen Kongreß zur Wissenschaftsgeschichte ist die Forschungstätigkeit auf diesem Gebiet wesentlich intensiviert und ausgeweitet worden. Diese Forschungen erhielten dabei zunehmend den Status einer eigenen Wissenschaftsdisziplin.

Das äußert sich nicht nur in einem Wachstum der Anzahl der Publikationen, sondern insbesondere in der Entstehung spezieller Forschungseinrichtungen, eigenständiger Publikationsorgane und der Ausbildung von wissenschaftlichen Kadern für solche Untersuchungen. Zugleich wurde damit der Übergang von der Diskussion über die Notwendigkeit der Ausarbeitung der Wissenschaftswissenschaft als interdisziplinärer Forschungsrichtung zur unmittelbaren Durchführung solcher Forschungen vollzogen. Die Forschungen selbst, ihr Umfang und ihr Niveau, haben heute die Lebensfähigkeit dieses neuen Wissenschaftszweiges bereits bestätigt.

Der Umfang und das hohe Niveau wissenschaftswissenschaftlicher Forschung in der UdSSR beruhen wesentlich auf den reichen Traditionen der Sowjetwissenschaft in der Erforschung bzw. Reflexion der Wissenschaft, ihrer Struktur und gesetzmäßigen Entwicklung, ihres Zusammenhangs mit der Produktion.

Wichtige Gedanken über Entwicklungswege der Wissenschaft wurden von solchen hervorragenden Naturwissenschaftlern wie V. I. Vernadskij, S. J. Vavilov, M. L. Kapica, N. A. Nesmejanov, N. N. Semjonov und M. B. Keldyš geäußert. Andererseits fanden Erfahrungen in der Leitung, Planung und Organisation der wissenschaftlichen Tätigkeit in der Sowjetunion ihre Widerspiegelung in einer Reihe von Arbeiten sowjetischer Wissenschaftler, die nicht nur überragende Forscher in ihrem Spezialgebiet, sondern zugleich Organisatoren der Wissenschaft waren.

Schließlich, aber nicht zuletzt, ist als ein weiterer Grund für die Breite und Intensität der wissenschaftswissenschaftlichen Forschung in der UdSSR anzusehen, daß sich die sowjetische Wissenschaftswissenschaft von Anfang an auf theoretische Leistungen von Vertretern verschiedener Richtungen (u. a. Historiker, Philosophen, Psychologen, Ökonomen, Soziologen und Naturwissenschaftler verschiedener Richtungen), die sich an Untersuchungen bzw. Reflexionen über die Wissenschaft beteiligen, stützen konnte.

Bereits in den 30er Jahren wurden von S. G. Strumilin und B. M. Hessen wichtige Grundlagen für die wissenschaftstheoretische Arbeit und damit auch für die Herausbildung dieses Wissenschaftsgebietes geschaffen. Einen bedeutenden Einfluß auf die Verstärkung der Forschung, insbesondere auch auf die Präzisierung der Problemstellungen der Wissenschaftstheorie und der Leitung, Planung und Organisation der wissenschaftlichen Tätigkeit hatten die sowjetisch-polnischen Symposien (Lwow 1966, Katowice 1967) und das auf Beschluß der Ständigen Kommission des RGW für die Koordinierung wissenschaftlicher und technischer Forschungen im Mai 1968 durchgeführte Symposium der RGW-Länder zur „Leitung, Planung und Organisation wissenschaftlicher und technischer Forschungen".[2]

Einen bedeutenden Platz in der Entwicklung und Förderung der Forschungen auf dem Gebiet der Wissenschaftswissenschaft nehmen auch die seit Mitte der 60er Jahre in der philosophischen Zeitschrift „Voprosy filosofii" veröffentlichten speziellen Beiträge zu dieser Problematik ein. Eingeleitet wurde die Diskussion durch einen Beitrag von S. R. Mikulinskij und N. I. Rodnyj, Wissenschaft als Gegenstand spezieller Forschung (Voprosy filosofii, Nr. 5 1966), in dem Gegenstand und Spezifik der Wissenschaftswissenschaft umrissen wurden. Ihm folgte eine Reihe von Arbeiten zu methodologischen Problemen (V. V. Nalimov, Über quantitative Methoden der Wissenschaftswissenschaft, in: Voprosy filosofii Nr. 12/1966; G. M. Dobrov, Zu Auswahlkriterien von Forschungsrichtungen, in: Voprosy filosofii Nr. 5/1966) und zu Teilgebieten der Wissenschaftswissenschaft (M. G. Jaroševskij, Über die Psychologie der Wissenschaft, in: Voprosy filosofii Nr. 5/1967; Ju. V. Pošechonov, Über die Vervollkommnung der Tätigkeit wissenschaftlicher Kollektive, in: Voprosy filosofii, Nr. 10/1968 u. a.).

Das Ziel dieser Beiträge bestand darin, eine Erhöhung des Niveaus und die Verbreiterung des Umfangs der Forschungen zu erreichen, indem der Gegenstandsbereich und Teilgebiete der Wissenschaftswissenschaftlichen Forschungen abgesteckt und zugleich methodologische Probleme diskutiert wurden, um eine Methodik dieser Forschungen zu erarbeiten.

Heute hat unter dem Einfluß der genannten Faktoren die Mitte der 60er Jahre begonnene Formierung von speziellen Forschungsrichtungen zur Herausbildung bedeutender Zentren zur Erforschung der Wissenschaft und zur immer stärkeren Einbeziehung von Wissen-

2 Die Materialien dieses Symposiums wurden publiziert in: Upravlenie, planirovanie i organizacija naučnych i techničeskych isledovanij, Trud meždunarodnogo simposiuma stran. členov SEV i SFRJu, Moskau, maj 1968g., 5-i tomov, Moskau, vsesojuznij institut naučnij i techničesko informacij, 1970

schaftlern verschiedener Akademien, Universitäten und Hochschulen in die Untersuchung wissenschaftswissenschaftlicher Probleme geführt.

Ein solches Zentrum der Wissenschaftswissenschaft ist Moskau. Unter den verschiedenen wissenschaftlichen Einrichtungen, die sich in Moskau mit Untersuchungen zur Wissenschaft befassen, nimmt das *Institut für Geschichte der Naturwissenschaft und Technik der Akademie der Wissenschaften der UdSSR* einen besonders wichtigen Platz ein. Es stellt heute nicht nur innerhalb der UdSSR ein Zentrum der Koordinierung wissenschaftswissenschaftlicher Forschung dar, sondern fungiert zugleich als Leitinstitut für die entsprechenden Forschungsprogramme im RGW.

Dieses Institut besitzt ausgezeichnete Traditionen in der Erforschung der Geschichte der Wissenschaft und in der Zusammenarbeit mit Naturwissenschaftlern. Es hat sich – ausgehend von dieser Tradition – zu einer profilierten wissenschaftlichen Einrichtung entwickelt, dessen Forschungen Gesetzmäßigkeiten der Entwicklung der Wissenschaft als eines qualitativ bestimmten Wissenssystems und als einer spezifischen Form der menschlichen Tätigkeit, Fragen der Logik der Entwicklung der Wissenschaft, der Soziologie der Wissenschaft, der Geschichte und Theorie der Organisation wissenschaftlicher Tätigkeit, des wissenschaftlichen Schöpfertums und der Systemanalyse der Wissenschaft umfassen.

Die als „Logik der Wissenschaftsentwicklung“ bezeichnete Richtung sieht dabei ihre Aufgabe in der theoretischen Aneignung wissenschaftshistorischen Materials und im Herausfinden allgemeiner Gesetzmäßigkeiten der Wissenschaftsentwicklung als einer spezifischen Form der Erkenntnistätigkeit. Dabei geht es sowohl um der Wissenschaft immanente Gesetzmäßigkeiten als auch um gesetzmäßige Zusammenhänge zwischen der Wissenschaft und anderen gesellschaftlichen Bereichen. Dieser Problematik sind u. a. auch die Arbeiten von B. M. Kedrov, Direktor dieses Instituts, Predmet i vzaimosvazi estestvennych nauk (Gegenstand und Zusammenhang der Naturwissenschaften), Moskau 1967; Klassifikacija nauki (Klassifikation der Wissenschaft), Bd. I und II, Moskau 1969, sowie der Sammelband „Očerki istorii i teorii razvitija nauki“[3] (Grundrisse der Geschichte und Theorie der Wissenschaftsentwicklung) – verantwortlicher Re-

[3] Eine Auswahl von Beiträgen aus „Očerki istorii i teorii – razvitija nauki“, Moskau 1968; „Organizacija naučnoj dejatel'nosti“ Moskau 1968 ist in der DDR in: Wissenschaft, Studien zu ihrer Geschichte, Theorie und Organisation, hg. v. G. Kröber u. H. Steiner, Berlin 1972, erschienen.

dakteur S. R. Mikulinskij – Moskau 1968, der in der von diesem Institut seit 1968 herausgegebenen Serie „Naukovedenie – problemy i issledovanija" (Wissenschaftswissenschaft – Probleme und Forschungen) erschienen ist, gewidmet.

Eine weitere Forschungsrichtung dieses Instituts ist logischen, soziologischen, psychologischen und ökonomischen Problemen des wissenschaftlichen Schöpfertums gewidmet. Die vom Institut im Jahre 1967 zu solchen Fragen und im Jahre 1969 zum Thema „Die wissenschaftliche Entdeckung und ihre Aufnahme durch die wissenschaftliche Öffentlichkeit" organisierten Symposien gaben den Untersuchungen dieses Bereiches der Wissenschaftswissenschaft wichtige Impulse und steckten Grundlinien für die Forschungstätigkeit und die dafür notwendigen Methoden ab. Die Ergebnisse dieser wissenschaftlichen Diskussionen sind ebenfalls innerhalb der Serie „Wissenschaftswissenschaft – Probleme und Forschungen" in den Sammelbänden „Naučnoe tvorčestvo"[4] (Wissenschaftliches Schöpfertum), Moskau 1969, und „Naučnoe otkrytie i ego vosprijatie" (Die wissenschaftliche Entdeckung und ihre Aufnahme), Moskau 1971, publiziert worden.

Ökonomische Aspekte des wissenschaftlichen Schöpfertums werden dagegen vorwiegend im Sammelband „Sovremennye problemy naučnogo i techničeskogo tvorčestca" (Zeitgenössische Probleme des wissenschaftlichen und technischen Schöpfertums), Moskau 1969, untersucht. Die Reihe der auf diesem Gebiet vorliegenden Forschungen wird vervollständigt durch die kollektive Monographie: „Problema naučnogo tvorčestva v sovremmenoj psichologii" (Das Problem des wissenschaftlichen Schöpfertums in der modernen Psychologie), Moskau 1971, die unter der Redaktion von G. M. Jaroševskij erschienen ist. Sie enthält neben der positiven Analyse aktueller Probleme des Schöpfertums eine Kritik verschiedener bürgerlicher Theorien über den schöpferischen Prozeß, über die schöpferische Persönlichkeit, über Motivation und die Abhängigkeit des Wissenschaftlers vom sozialen Milieu.

Untersuchungen zur Leitung, Planung und Organisation der Wissenschaft stellen ein weiteres Forschungsvorhaben am Institut für Geschichte der Naturwissenschaft und Technik der Akademie der Wissenschaften der UdSSR dar. Ergebnisse dieser Forschungsrichtung sind im Sammelband „Organizacija naučnoj dejatel'nosti"[5] (Organi-

[4] Eine Auswahl von Beiträgen aus „Naučnoe tvorčestvo", Moskau 1969, ist in der DDR in: Wissenschaftliches Schöpfertum, hg. v. G. Kröber u. M. Lorf, Berlin 1972, publiziert worden

[5] Wissenschaft. Studien zu ihrer Geschichte . . . a. a. O.

sation der wissenschaftlichen Tätigkeit), Moskau 1969, der Öffentlichkeit zugänglich gemacht worden.

Erste Ergebnisse zu einem solch wichtigen Problem wie die Überleitung von Forschungsergebnissen wurden im Sammelband „Issledovanija-rasrabotki-vnedrenie" (Forschungen-Projektierungen-Überleitung), Moskau 1970, publiziert.

Eine Forschungsgruppe am Institut beschäftigt sich mit der Methodologie der Systemforschung und in diesem Rahmen auch mit Problemen der Systemuntersuchung der Wissenschaft. Sie trat in der Vergangenheit vor allem mit Arbeiten zur Systemtheorie an die Öffentlichkeit und hat große Verdienste bei der Vorbereitung und Zusammenführung von Forschungen zur Systemtheorie bzw. zur Anwendung von Systemuntersuchungen auf verschiedene Wissenschaftsgebiete erlangt.

Darüber hinaus führt das Institut eine umfangreiche und solide Forschung auf verschiedenen Gebieten der Wissenschaftsgeschichte, einschließlich der Geschichte verschiedener naturwissenschaftlicher Wissenschaftsdisziplinen durch.

Im Moskauer Zentrum haben sich auch solche wichtigen Forschungsrichtungen der Wissenschaftswissenschaft herausgebildet, wie Ökonomie der Wissenschaft und Wissenschaftsmetrik.

Während die erstere sich am *Institut für Ökonomik* und am *Zentralen ökonomisch-mathematischen Institut der Akademie der Wissenschaften der UdSSR in Moskau* (ebenfalls in Novosibirsk) etabliert hat, werden wissenschaftsmetrische Forschungen vor allem vom *Laboratorium für mathematische Statistik der Moskauer Staatlichen Universität* (MGU) und am *Allunionsinstitut für wissenschaftlich-technische Information* (VINITI) durchgeführt.

Erste Ergebnisse des Laboratoriums für mathematische Statistik zur Wissenschaftsmetrik sind in der Arbeit von V. V. Nalimov und Z. M. Mul'čenko, Naukametria (Wissenschaftsmetrik), Moskau 1968, zusammengefaßt, die als ein Versuch angesehen werden kann, Ergebnisse wissenschaftsmetrischer Forschungen der UdSSR und des Auslandes zu verallgemeinern. Interessante Gedanken zur weiteren Entwicklung dieser Forschungsrichtung wurden auch auf dem RGW-Symposium zu theoretischen Problemen der Information geäußert. Heute zeigt sich, daß wissenschaftsmetrische Forschungen für Untersuchungen der Wissenschaft in folgender Hinsicht bedeutend sind:

1. bei der Analyse der Wirksamkeit verschiedener mathematischer Methoden und Modelle für die Erklärung wissenschaftswissenschaftlicher Erscheinungen;
2. bei der Beschreibung von Objekten der Wissenschaftswissenschaft

auf dem Wege der inhaltlichen Interpretation der mathematischen Modelle von Erscheinungen und Prozessen.

Soziale Probleme der Wissenschaftsentwicklung und soziologische Aspekte wissenschaftlicher Forschung sind auch in dem zum Moskauer Zentrum zu rechnenden *Institut für Philosophie* und im *Institut für konkrete Sozialforschung der Akademie der Wissenschaften der UdSSR* Gegenstand der Forschungstätigkeit.

Untersuchungen zu Struktur- und Entwicklungsgesetzen der Wissenschaften, zur Struktur und Mathematisierung der Wissenschaft und methodologische Probleme gehören außerdem zum Bestandteil der wissenschaftstheoretischen Forschung des philosophischen Instituts. Beide Institute haben in Zusammenarbeit mit anderen Akademieinstituten durch ihre soziologischen Forschungen wichtige Beiträge zur Forschung von Problemen geleistet, wie auf den von der *Leningrader Abteilung des Instituts für Geschichte der Naturwissenschaft und Technik der Akademie der Wissenschaften der UdSSR* jährlich in Leningrad organisierten Symposien zum Thema „Probleme der Tätigkeit des Wissenschaftlers und wissenschaftlicher Kollektive“ (Problemy dejatel'nosti učenogo i naučnych kollektivov). Auf diesen Symposien wurden sowohl organisatorische und psychologische Bedingungen wissenschaftlichen Schöpfertums, die Struktur und Dynamik wissenschaftlicher Kader unter den Bedingungen der wissenschaftlich-technischen Revolution als auch allgemeine wissenschaftstheoretische Probleme erörtert. Die Ergebnisse dieser wissenschaftlichen Veranstaltungen sind in einer Serie von Sammelbänden unter dem Titel „Problemy dejatel'nosti učenogo i naučnych kollektivov“ (Probleme der Tätigkeit des Wissenschaftlers und wissenschaftlicher Kollektive) zusammengefaßt worden, in der bisher 4 Bände – Ausgabe I, II, Leningrad 1969; Ausgabe III, Leningrad 1970; Ausgabe IV, Leningrad 1971 – erschienen sind.[6]

Weitere wissenschaftliche Einrichtungen des Leningrader Zentrums, die sich um Forschungen zur Wissenschaft verdient gemacht haben, sind die *Abteilung des Instituts für Philosophie der Akademie der Wissenschaften der UdSSR*, das *Laboratorium für Soziologie der Ingenieurarbeit* und die *Leningrader Universität.*

Das Profil ihrer Forschungen reicht (außer den schon genannten Problemen) von Fragen der Methodologie bis zu theoretischen Problemen der wissenschaftlich-technischen Revolution, des wissenschaftlich-technischen Fortschritts.

[6] Wir werden in einem der nächsten Bände über diese Serie ausführlich berichten.

Forschungsergebnisse wurden zu diesen Problemen u. a. in: Metodologičeskie problemy vzaimosvjazi i vzaimodejstvija nauk (Methodologische Probleme des wechselseitigen Zusammenhangs und der Wechselwirkung der Wissenschaften), Leningrad 1970; Ju. S. Melečšenko, S. V. Suchardin, Lenin i naučno-techničeskij progress (Lenin und der wissenschaftlich-technische Fortschritt), Leningrad 1969, veröffentlicht.

Der Platz, den in der Gegenwart Fragen der rationellen Organisation wissenschaftlicher Arbeit einnehmen, wird dadurch gekennzeichnet, daß es heute praktisch unmöglich ist, auf wissenschaftswissenschaftliche Forschungen zu verweisen, die nicht in irgendeiner Weise mit Organisationsfragen der Wissenschaft verbunden sind. Das drückt sich nicht zuletzt auch darin aus, daß wissenschaftsorganisatorische Probleme, wenn auch graduell unterschiedlich, in allen Zentren der Wissenschaftswissenschaft und darüber hinaus Gegenstand von Untersuchungen sind.

Wir haben bereits darauf hingewiesen, daß Fragen der Organisation wissenschaftlicher Tätigkeit am Moskauer und Leningrader Zentrum eine grundlegende Forschungsrichtung ausmachen. Auch im *Institut für Kybernetik der Akademie der Wissenschaften der USSR* nehmen sie einen ausgezeichneten Platz ein. Besonders der von G. M. Dobrov geleitete Bereich dieses Instituts – früher Abteilung für Komplexprobleme der Wissenschaftswissenschaft des Rates für Erforschung der Produktivkräfte beim Präsidium der Ukrainischen SSR – hat sich auch den Lesern der DDR durch seine Veröffentlichungen als eine profilierte wissenschaftliche Einrichtung zu diesem Problem ausgewiesen. Das Profil des Kiever Zentrums, dessen Mittelpunkt das Institut für Kybernetik darstellt, umfaßt jedoch nicht nur Grundlagen der Wissenschaftsorganisation. Zu seinem Gegenstandsbereich gehören gleichermaßen theoretische Grundlagen der Wissenschaftstheorie, vor allem aber Fragen zur wissenschaftlich-technischen Prognostik und Forschungen zum Wissenschaftspotential sowie Probleme der Wissenschaftsmetrik, und -informatik. Dabei sind alle Forschungsrichtungen stark durch Begriffe aus der Informationstheorie und der Informatik geprägt.

Zur wissenschaftlich-technischen Prognostik, zur Leitung und Planung der Wissenschaft und zur Gestaltung des Wissenschaftspotentials ist dieses Zentrum durch eigene Forschungen sowie durch die in Zusammenarbeit mit wissenschaftlichen Einrichtungen der Akademie der Wissenschaften der UdSSR jährlich organisierten Allunions-Symposien zur Analyse von Tendenzen und Prognostizierung des wissenschaftlich-technischen Fortschritts hervorgetreten. Die Diskussion dieser Symposien wurden bis 1969 in Sammelbänden unter dem Titel „Wissenschaftswissenschaft – Prognostizierung – Informatik" der wissenschaftlichen Öffentlichkeit zugänglich gemacht.

Seit 1969 wird von dieser Forschungseinrichtung ein spezielles Publikationsorgan – die nichtperiodische Zeitschrift „Naukovedenie i informatika" [7](Wissenschaftswissenschaft und Informatik) herausgegeben, in der auch Beiträge der Symposien veröffentlicht werden. Darüber hinaus sind Forschungsergebnisse dieses Zentrums in den Arbeiten von G. M. Dobrov, Nauka o nauke[8] (Wissenschaftswissenschaft), Kiev 1966, Prognozirovanie nauki i techniki[9] (Prognostizierung von Wissenschaft und Technik), Moskau 1969; Organizacija nauki (Organisation der Wissenschaft), Kiev 1970; in der Kollektivarbeit unter der Redaktion von G. M. Dobrov, Potencial nauki (Wissenschaftspotential), Kiev 1969, sowie in den Beiträgen von L. D. Černenko und V. V. Kosolapov, Elementy organizacii i upravlenija naučnych issledovanii (Elemente der Organisation und Leitung wissenschaftlicher Einrichtungen), Kiev 1969; von L. A. Churin, Naukovedenie i prognoziovanie (Wissenschaftswissenschaft und Prognostizierung), Kiev 1970, und von V. N. Klimenjuk, Primenenie perforkat v naučnych issledovanijach (Die Anwendung von Lochkarten in wissenschaftlichen Forschungen), Kiev 1969.

Ein weiteres Zentrum wissenschaftswissenschaftlicher Forschungen, an dem verschiedene Grundrichtungen konzentriert sind, hat sich in Novosibirsk herausgebildet. Hier sind es insbesondere das *Institut für Bergbau der sibirischen Abteilung der Akademie der Wissenschaften der UdSSR*, das *Laboratorium für Ökonomik und Organisation wissenschaftlicher Forschungsarbeiten* und die *wissenschaftliche Organisationsabteilung*, an denen solche Forschungen konzentriert sind. Sie befassen sich vorwiegend mit wissenschaftsökonomischen Problemen, vor allem mit Untersuchungen zur Organisation wissenschaftlicher Arbeit und

[7] Ein Bericht über Beiträge dieser Schriftenreihe wird in einer der nächsten Bände publiziert werden.

[8] Siehe hierzu auch H. Laitko: G. M. Dobrov, Wissenschaftswissenschaft, Berlin 1969; G. M. Dobrov: Aktuelle Probleme der Wissenschaftswissenschaft, Berlin 1970 – Rezension in: Deutsche Zeitschrift für Philosophie, H. 12/1971, S. 1513–1519

[9] Die Übersetzungen dieser Arbeiten sind in der DDR unter folgenden Titeln erschienen:
G. M. Dobrov, Wissenschaftswissenschaft, Berlin 1969;
G. M. Dobrow, Prognostik in Wissenschaft und Technik, Berlin 1971;
G. M. Dobrov, Potential der Wissenschaft, Berlin 1971

Effektivitätsanalysen wissenschaftlicher Forschungen, aber auch mit allgemein theoretischen Fragen der Wissenschaftswissenschaft und mit Problemen des Zusammenhangs von Forschung und Produktion.

Forschungsergebnisse zu diesem Problemkreis wurden in der von P. N. Zavlin, A. J. Ščerbakov und M. A. Judelevič im vorigen Jahr veröffentlichten Arbeit „Trud v sfere nauki" (Die Arbeit in der Sphäre der Wissenschaft) – Redaktion V. S. Sominskij – Novosibirsk 1970, vorgelegt. Auch in früheren Arbeiten von G. A. Lachtin, Taktika nauki – ěkonomika i organizacija truda naučnych učreždenii (Taktik der Wissenschaft – Ökonomie und Organisation der Arbeit wissenschaftlicher Einrichtungen), Novosibirsk 1969; V. G. Fomin, Voposy organizacii truda učenogo (Fragen der Arbeitsorganisation des Wissenschaftlers), Novosibirsk 1970, wurden theoretische Grundlagen und Erfahrungen der Organisation der wissenschaftlichen Tätigkeit zur Diskussion gestellt, wobei die Erfahrungen bei der Organisation und dem Aufbau des Novosibirsker wissenschaftlichen Zentrums selbst mit Pate standen. Außerdem wurde von den Wissenschaftlern dieses Zentrums ein Lehrprogramm für die Ausbildung junger Forscher auf dem Gebiet der Wissenschaftswissenschaft zusammengestellt, das unter dem Titel „Programma po naukovedenie" Sostaviteli E. D. Graždannikov i A. J. Ščerbakov (Ein Programm für Wissenschaftswissenschaft. Zusammengestellt von E. D. Graždannikov und A. J. Ščerbakov), Novosibirsk 1970, erschienen ist.

Im Zusammenhang mit der Erforschung von Fragen der Organisation und Leitung der Wissenschaft ist es notwendig, zwei Aspekte dieser sehr breiten Thematik hervorzuheben, die unmittelbar mit spezifischen Fragen der sowjetischen Wissenschaftsentwicklung verbunden sind. Einerseits geht es um die Notwendigkeit der Verallgemeinerung und theoretischen Aneignung der Erfahrungen der staatlichen Organisation und Planung der Forschungen, die von der sowjetischen Wissenschaft in mehr als 50 Jahren gesammelt wurden. Hierzu stellt der von Mitarbeitern der Leningrader Abteilung des Instituts für Geschichte der Naturwissenschaft und Technik erarbeitete Sammelband „Organizacija nauki v pervye gody sovetskoj vlasti" (Die Organisation der Wissenschaft in den ersten Jahren der Sowjetmacht), Leningrad 1968, einen sehr wertvollen Beitrag dar.

Andererseits bedingen die Maßstäbe der Entwicklung der sowjetischen Wissenschaft, ihr wachsender Umfang, die theoretische Wichtigkeit und praktische Aktualität der wissenschaftstheoretischen Begründung solcher Fragen wie die interdisziplinäre Aufteilung der Forschungskräfte, die rationelle Gliederung der wissenschaftlichen Einrichtungen nach Zweigen und die Schaffung regionaler wissenschaftlicher Zentren und der Zusammenhang der wissenschaftlichen Zentren mit der Entwicklung der Volkswirtschaft und der Kultur der entsprechenden Gebiete des Landes.

Schließlich soll hier noch die *Staatliche Universität Rostov am Don* genannt werden, an der sich ebenfalls ein Zentrum der Wissenschaftswissenschaft entwickelt hat. Das Profil dieses Zentrums ist durch Untersuchungen zu Gesetzmäßigkeiten der Wissenschaftsentwicklung, der Organisation und Motivation der Forschung und des wissenschaftlichen Schöpfertums sowie zur Funktion des Wissenschaftlers in der „Großwissenschaft" gekennzeichnet. Diese Forschungen sind dabei stark soziologisch und psychologisch orientiert; das kommt unter anderem in der 1968 unter der Redaktion von M. M. Karpov und A. V. Potemkin publizierten Arbeit „Sociologija nauki" (Soziologie der Wissenschaft) zum Ausdruck. In zwei weiteren Arbeiten „Nauka i tvorčestvo" (Wissenschaft und Schöpfertum) – Redaktion A. V. Potemkin – Rostov na Donu 1970, und „Problemy razvitija nauki i naučnogo tvorčestva" (Probleme der Wissenschaftsentwicklung und wissenschaftliches Schöpfertum) – Redaktion M. M. Karpov – Rostov na Donu 1971, werden Fragen des wissenschaftlichen Schöpfertums, aber auch ethische Fragen der Forschung und heuristische Fragen behandelt. Mit Veränderungen der Stellung des Wissenschaftlers in der „Großwissenschaft" befaßt sich das im vorigen Jahr erschienene Buch von E. Z. Mirskaja, Učenyj i sovremennaja nauka (Der Wissenschaftler und die zeitgenössische Wissenschaft).

Dieser Bericht über Forschungsrichtungen und -zentren zur Theorie, Leitung und Planung sowie Organisation konnte sich nur auf einige grundlegende, schon seit einem relativ längeren Zeitraum bestehende und bereits etablierte Richtungen konzentrieren. Er wäre jedoch unvollständig, wenn wir nicht darauf hinwiesen, daß sich an den Akademien der Unionsrepubliken, Universitäten, Hochschulen und Instituten wie zum Beispiel in Alma-Ata, Jerevan, Perm oder Tomsk u. a. in zunehmendem Maße Wissenschaftler mit Forschungen befassen, die die Wissenschaft selbst zum Gegenstand haben. Zugleich intensivieren sich auch die kooperativen Beziehungen zwischen solchen Forschungskollektiven und -einrichtungen.

Bereits aus der hier gegebenen Übersicht wird deutlich, daß die UdSSR auch auf diesem Wissenschaftsgebiet ein bedeutsames Potential entwickelt hat, das nicht nur für die Wissenschaftskooperation mit gleichartigen Forschungseinrichtungen der DDR interessant und wichtig ist, sondern durch sein Niveau auch Maßstäbe für unsere in dieser Kooperation zu erbringenden wissenschaftlichen Leistungen setzt.

II.

Bibliographie sowjetischer Literatur zur Theorie, Leitung, Planung und Organisation der Wissenschaft (Auswahl)

Bažin, M. L.: Planirovanie naučno issledovatelskich i opytno-konstruktorskich rabot. Moskva 1969.
(Die Planung von wissenschaftlichen Forschungs- und Konstruktionsarbeiten.)

Černenko L. D.; Kosolapov, V. V.: Elementy organizacii i upravlenija naučnych issledovanij. Kiev, Gosudarstvennyj planirovannyi komitet Soveta Ministrov USSR 1969.
(Elemente der Organisation und Leitung wissenschaftlicher Forschung)

Černov, I. V.; Ščerbakov, A. I.: Social'noe planirovanie v naučnych issledovanijach i projekt-konstruktorskych organizacijach. Novosibirsk 1971.
(Sozialplanung in wissenschaftlichen Forschungen und in Projektierungs- und Konstruktionsorganisationen)

Chochlov, N. A.: Problemy issledovanija struktury naučnogo noznanija. Novosibirsk 1970.
(Probleme der Erforschung der Struktur der wissenschaftlichen Erkenntnis)

Dobrow, G. M.: Prognostik in Wissenschaft und Technik, Berlin 1971

Dobrov, G. M. i drugie: Organizacija nauki. Kiev 1970.
(Wissenschaftsorganisation)

Dobrov, G. M.: Potential der Wissenschaft, Berlin 1971

Dubrovskij, K. I.: Organizacija upravlenija naučnymi issledovanijami. Moskva 1970.
(Die Organisation der Leitung wissenschaftlicher Forschungen)

Džachaja, D. G.: Klassifikacija nauk kak filosofskaja i naukovečeskaja problema. Alasara 1969.
(Die Klassifikation der Wissenschaften als philosophisches und wissenschaftstheoretiches Problem)

Ėffektivnost' naučno – techničeskogo tvorčestva. Moskva 1968.
(Die Effektivität des wissenschaftlich-technischen Schöpfertums.)

Fomin, V. G.: Voprosy organizacii truda učenogo. Novosibirsk 1970.
(Fragen der Arbeitsorganisation des Wissenschaftlers.)

Gatovskij, L. M.: Ėkonomičeskie problemy naučno-techničeskogo progressa. Moskva 1971.
(Ökonomische Probleme des wissenschaftlich-technischen Fortschritts.)

Golosovskij, S. I.: Èffektivnost' naučnych issledovanij. Moskva 1969. (Die Effektivität wissenschaftlicher Forschungen.)
Idlis, G. M.: Matematičeskaja teorija naučnoj organizacii truda i optimal'noj struktury naučno-issledovatel'skich institutov. Alma Ata 1970
(Eine mathematische Theorie der wissenschaftlichen Arbeitsorganisation und der optimalen Struktur wissenschaftlicher Forschungsinstitute.)
Jampolskij, S. M.; Chiljuk, F. M.; Lizičkin, V. A.: Problemy naučno-techničeskogo prognozirovanija. Moskva 1969.
(Probleme der wissenschaftlich-technischen Prognostizierung.)
Karpov, M. M.: Stimly naučnogo tvorčestva. Moskva 1969.
(Stimuli des wissenschaftlichen Schöpfertums.)
Kedrov, B. M.: Lenin i rievoljucija v estestvoznani XX. veka. Filosofija i estestvoznanie. Moskva 1969.
(Lenin und die Revolution in der Naturwissenschaft des 20. Jahrhunderts. Philosophie und Naturwissenschaft.)
Kissel', E. J.: Organizacija truda v issledovatel'skich i projektnych učreždenijach. Moskva 1969.
(Arbeitsorganisation in Forschungs- und Projektierungseinrichtungen)
Klimenjuk, V. N.: Primenenie perfokat v naučnych issledovanijach. Kiev 1969.
(Die Anwendung von Lochkarten in wissenschaftlichen Forschungen).
Kopnin, P. V.: Logičeskie oznovy nauki. Kiev 1968.
(Logische Grundlagen der Wissenschaft).
Kuznecov, B. G.: Nauka v 2000 gody. Moskva 1969.
(Die Wissenschaft im Jahre 2000)
Lachtin, G. A.: Taktika nauka. Èkonomika i organizacija raboty naučno – issledovatel'skich učreždenij. Novosibirsk 1969.
(Taktik der Wissenschaft. Ökonomik und Organisation der Arbeit wissenschaftlicher Forschungseinrichtungen.)
Lenin i sovremennoe estestvoznanie. Otvetstvennyj redaktor M. E. Omel'janowskij. Moskva 1970.
(Lenin und die moderne Naturwissenschaft.)
Materialy po naukovedeniju. Sbornik statej. Vypusk 13.
Otdelenie komplekcnych problem naukovedenija SOPS, USSR AN USSR, Kiev 1971.
(Materialien der Wissenschaftswissenschaft.)
Metodologičeskie problemy sovremennoj nauki. Otvetstvennye radaktory V. S. Molodcov, A. Ja. Il'jin, A. M. Koršunov. Moskva 1970.
(Methodologische Probleme der zeitgenössischen Wissenschaft.)

Metodologičeskie problemy vzaimosvjazi i vzaimodejstvija nauk. Leningrad 1970.
(Methodologische Probleme des Zusammenhangs und der Wechselwirkung der Wissenschaften.)
Mirskaja, E. Z.: Učenyj i sovremennaja nauka. Rostov na-Donu 1971.
(Die Wissenschaftler und die zeitgenössische Wissenschaft.)
Nalimov, V. V.; Mul'čenko, Z. M.: Naukametrija. Izučenie razvitija nauki kak informacinonnogo prozessa. Moskva 1969.
(Wissenschaftsmetrik. Erforschung der Entwicklung der Wissenschaft als Informationsprozeß.)
Nauka i nravstvennost'. Moskva 1971.
(Wissenschaft und Sittlichkeit.)
Nauka segodnja. Pod redakciej S. R. Mikulinskogo. Moskva, 1969.
(Wissenschaft heute).
Naukovedenie i informatika. Sbornik statej. Redakcionnaja kollegija G. M. Dobrov, Kiev 1970.
(Wissenschaftswissenschaft und Informatik.)
Naukovedenie-Prognozirovanie-Informatika. Kiev 1970.
(Wissenschaftswissenschaft – Prognostizierung – Informatik.)
Naučnoe otkrytie i ego vosprijatie. (Pod redakciej S. R. Mikulinskogo, M. G. Jaroševskogo) Moskva, 1971.
(Die wissenschaftliche Entdeckung und ihre Aufnahme.)
Naučnoe tvorčestvo. (Pod redakciej Mikulinskogo S. R., Jaroševskogo, M. G.), Moskva 1969.
(Wissenschaftliches Schöpfertum.)
Nikitin, E. P.: Ob-jasnenie-funkcija Nauki. Moskva, 1970.
(Erklärung – eine Funktion der Wissenschaft.)
Očerki istorii i teorii razvitija nauki. Pod redakciej V. S. Biblera, B. S. Grjaznova, S. R. Mikulinskogo (otvetstvennyj redaktor), Moskva 1969.
(Studien zur Geschichte und Theorie der Wissenschaftsentwicklung.)
Organizacija naučnoj dejatel'nosti. Redakcionnaja kollegija: K. A. Beljajev, S. R. Mikulinskij, Ju. M. Šejnin. Moskva 1968.
(Organisation wissenschaftlicher Tätigkeit.)
Planirovanie naučnych issledovanij i razrabotok. Iz opyta raboty otraslevych naučno-issledovatel'skich institutov. Kazan 1969.
(Die Planung wissenschaftlicher und technischer Ausarbeitungen. Aus Erfahrungen der Arbeit wissenschaftlicher Forschungsinstitute der Industriezweige.)
Problema naučnogo tvorčestva v sovremennoj psichologii. Pod redakciej M. G. Jaroševskogo. Moskva 1971.

(Das Problem des wissenschaftlichen Schöpfertums in der zeitgenössischen Psychologie.)
Problemy dejatelnosti učenogo i naučnych kollektivov. Vypusk I, Leningrad 1969; Vypusk II, Leningrad, 1969; Vypusk III, Leningrad, 1970; Vypusk IV, Leningrad 1971.
(Probleme der Tätigkeit des Wissenschaftlers und wissenschaftlicher Kollektive.)
Problemy methodologii social'nogo issledovanija. (Redakcionnaja kollegija: prof. V. A. Štoff (otv.red.), prof. A. J. Novikov, d-r filos. nauk V. A. Jadov. Leningrad 1970.
(Probleme der Methodologie der Sozialforschung.)
Problemy metodologii systemnogo issledovanija. Redakcionnaja kollegija: I. V. Blauberg, V. N. Sadovskij, E. G. Judin, Moskva 1970.
(Probleme der Methodologie der Systemforschung.)
Problemy razvitija nauki i naučnogo tvorčestva. (Pod redakciej M. M. Karpova) Rostov na Donu, 1971.
(Probleme der Wissenschaftsentwicklung und des wissenschaftlichen Schöpfertums.)
Programma po naukovedenija. Sostaviteli E. D. Graždannikov i A. J. Ščerbakov. Novosibirsk 1970.
(Ein Programm für Wissenschaftswissenschaft, zusammengestellt von E. D. Graždannikov und A. J. Ščerbakov.)
Račkov, P. A.: Rol' nauki v stroitelstve kommunizma. Moskva 1969.
(Die Rolle der Wissenschaft beim Aufbau des Kommunismus.)
Regirer, E. J.: Razvitie sposobnostej issledovatelja. Moskva, 1969.
(Die Entwicklung der Fähigkeiten des Forschers.)
Ščerbakov, A. I. i drugie: Nauka, učenyj i ich trud v uclovijach naučno-techničeskoj revoljucii. Novosibirsk 1971.
(Die Wissenschaft, der Wissenschaftler und seine Arbeit unter den Bedingungen der wissenschaftlich-technischen Revolution.)
Sociologija nauki. Otvestvennye redaktery: prof. M. M. Karpov, doc. A. V. Potemkin. Rostov 1968.
(Soziologie der Wissenschaft.)
Sovremennoe problemy naučnogo i techničeskogo tvorčestva. Moskva, 1969.
(Moderne Probleme des wissenschaftlichen und technischen Schöpfertums.)
Upravlenie, planirovanie i organizacija naučnych i techničeskich issledovanij. Trud Meždunarodnogo symposiuma stran.-Členov SEV i SFR Ju, Moskva, maj 1968 g. 5-i tomov.
(Leitung, Planung und Organisation wissenschaftlicher und tech-

nischer Forschungen. Arbeiten des internationalen Symposiums der RGW-Länder und der SFR Jugoslawien.)
Tom I: Nauka: Upravlenie, planirovanie, organizacija. Obščie problemy. Glavnyj redaktor Gvišiani, D. M. (SEV. Postojannaja kommissija po koordinacii naučnych i techničeskich issledovanij, Moskva, Vsesojuznyj institut naučnoj i techničeskoj informacij, 1970.
(Wissenschaft. Leitung, Planung, Organisation. Allgemeine Probleme)
Tom II: Obščie teoretičeskie i sociologičeskie aspekty razvitija nauki. Glavnyj redaktor Gvišiani, D. M., Moskva, 1970.
(Allgemeine theoretische und soziologische Aspekte der Wissenschaftsentwicklung.)
Tom III: Voprosy planirovanija i organizacii naučnych i techničeskych issledovanij. Glavnyj redaktor Gvišiani, D. M., Moskva, 1970.
(Fragen der Planung und Organisation wissenschaftlicher und technischer Forschungen.)
Tom IV: Chozjajstvennyj rasčet i ėkonomičeskoe stimulirovanie naučnych i techničeskich issledovanij.
(Volkswirtschaftlicher Nutzen und ökonomische Stimulierung wissenschaftlicher und technischer Forschungen.)
Tom V: Meždunarodnoe sotrudničesto v oblastii naučnych i techničeskich issledovanij.
(Internationale Zusammenarbeit auf dem Gebiet wissenschaftlicher und technischer Forschungen.)
Volkov, G. N.: Soziologia nauki. Očerki izučenija nauki i techniki. Moskva, 1968.
(Soziologie der Wissenschaft. Studien zur Erforschung der Wissenschaft und Technik.)
Zavlin, P. N., Ščerbakov, A. K., Judelevič, M. A.: Trud v sfere nauki. Novosibirsk, 1971.
(Die Arbeit in der Sphäre der Wissenschaft.)
Zvorykin, A. A.: Nauka obščestvo, čelovek. Informacionnyj Bjuleten № 8 (23). Serija: Materialy i Soobščenija. Moskva, 1969.
(Wissenschaft, Gesellschaft, Mensch.)

Gerhard Kühne

Verteidigung von Arbeitsergebnissen im Institut für Wissenschaftstheorie und -organisation

Die wichtigsten von den Forschungsgruppen des Instituts für Wissenschaftstheorie und -organisation (IWTO) der AdW der DDR bis zu Beginn des Jahres 1972 erzielten Arbeitsergebnisse wurden erstmals öffentlich in einem größeren Kreis (Institutsleitung und alle interessierten Mitarbeiter des Instituts, Kooperationspartner, Vertreter der Leitung des Forschungsbereiches Gesellschaftswissenschaften und anderer Institutionen der AdW, des MWT u. a.) verteidigt. Diese Verteidigungen waren für das Institut in mehrfacher Hinsicht bedeutungsvoll:

1. Das IWTO wurde in den Jahren 1969/1970 aufgebaut und begann im Jahre 1971 auf breiterer Basis mit seiner systematischen Forschungsarbeit. Bei den verteidigten Arbeitsergebnissen der Forschungsgruppen handelt es sich deshalb im wesentlichen um die ersten im Rahmen einer langfristigen Forschungskonzeption erzielten relativ geschlossenen Ergebnisse bzw. Zwischenergebnisse der Forschungen des Instituts.
2. Die Wissenschaftstheorie und -organisation ist ein Wissenschaftsgebiet mit stark ausgeprägtem interdisziplinären Charakter, für das es noch keine speziell ausgebildeten Fachleute gibt. Das aus Mitarbeitern der verschiedensten gesellschafts- und naturwissenschaftlichen Disziplinen zusammengesetzte Forschungskollektiv des Instituts erhielt durch die Verteidigungen eine gute Möglichkeit, weitere Ansatzpunkte für die Vertiefung der interdisziplinären Zusammenarbeit am Institut zu finden und im Prozeß der Verständigung über einheitliche Betrachtungsweisen verschiedener Probleme weiter voranzukommen.
3. Die Verteidigung der wichtigsten Forschungsergebnisse vor dem Gesamtkollektiv des Instituts, den Kooperationspartnern und Vertretern anderer Institutionen haben darüber hinaus die Entwicklung des Meinungsstreits und einer schöpferischen Arbeitsatmosphäre am Institut gefördert und stellten einen ersten, unmittelbaren Leistungsvergleich zwischen den Forschungsgruppen dar.

Es wurden folgende sechs Forschungsergebnisse verteidigt:

1. Studie „Zur Frage des wechselseitigen Zusammenhangs und der

Wirkungsweise wesentlicher Faktoren und Bedingungen schöpferischer Arbeit in Primärkollektiven der Forschung“
2. Studie „Methode – Methodik – Programm beim Lösen von Forschungsproblemen“
3. Studie „Anforderungsprofile an Forschungskollektive und ihre Mitglieder“
4. Grobprojekt für die Gestaltung der Prognose- und Planungstätigkeit im FV MOGEVUS
5. Entwurf eines Grobprojekts für ein System von Effektivitätskriterien wissenschaftlicher Tätigkeiten, dargestellt am Beispiel „Weichmagnetische Feingußlegierung“
6. Forschungsbericht „Bürgerliche Wissenschaftstheorie und Charakter unserer Epoche“.

Das Ergebnis der Verteidigungen bestätigte, daß das Institut im Jahre 1971 auf dem Wege zu einer marxistisch-leninistisch fundierten, interdisziplinären und praxisnahen Forschungsarbeit vorangekommen ist. Alle verteidigten Projekte und Studien behandelten Problemstellungen, die gesellschaftlich bzw. volkswirtschaftlich bedeutsam sind und zu den zentralen Problemen der wissenschaftstheoretischen Forschung gehören.

Die Forschungen des Instituts sind von Anfang an so ausgerichtet, daß sie jeweils einen Beitrag leisten zur
Herausarbeitung wissenschaftstheoretischer Ansätze, insbesondere ihrer marxistisch-leninistischen Fundierung
Ableitung praktischer Lösungen bzw. Anwendungen
Auseinandersetzung mit bürgerlichen Auffassungen zur Wissenschaftspolitik, Wissenschaftstheorie und -organisation.

Die verteidigten Forschungsergebnisse enthalten dementsprechend jeweils Beiträge zu vorstehenden Punkten, wenn auch, wie aus der folgenden inhaltlichen Einzeleinschätzung hervorgeht, in der Zielstellung der einen oder anderen Arbeit einer dieser Aspekte im Vordergrund stand:

1. Mit der Studie „Zur Frage des wechselseitigen Zusammenhangs und der Wirkungsweise wesentlicher Faktoren und Bedingungen schöpferischer Arbeit in Primärkollektiven der Forschung“ sollte eine vorläufige theoretische Basis für die Ausarbeitung einer Konzeption zur Untersuchung schöpferischer Tätigkeit in der kollektiven wissenschaftlichen Arbeit geschaffen werden. Ein Grundanliegen der Studie bestand dabei darin, die Fülle der bereits vorliegenden Erkenntnisse und hypothetischen Ansätze unter wissenschaftstheoretischer Zielsetzung zu verarbeiten und zu einem integrativen Ansatz zu kommen,

der insbesondere die Einheit der Bestandteile der marxistisch-leninistischen Theorie berücksichtigt.

Es wird davon ausgegangen, daß wissenschaftliche Tätigkeit arbeitsteilig und zunehmend kooperativ ist. Um real schöpferische Arbeitsprozesse untersuchen zu können, wurde deshalb zunächst ein wissenschaftstheoretisches Konzept über das Verhältnis von Arbeitsteilung und schöpferischer Tätigkeit entwickelt. In der Studie werden dann die Spezifik schöpferischer Tätigkeit sowie die die schöpferische wissenschaftliche Arbeit wesentlich beeinflussenden Faktoren Motivation und Kommunikation untersucht.

Die Verfasser der Arbeit bleiben bei der Auffassung des wissenschaftlichen Schöpfertums als einer Form gesellschaftlichen Schöpfertums und als konkreten Problemlösungsprozesses nicht stehen. Sie entwickeln vielmehr ein theoretisches und methodologisches Konzept, in dem versucht wird, die gesellschaftliche Determination wissenschaftlichen Schöpfertums in Problemstellungen für die Untersuchung der konkreten Bedingungen und Faktoren von Problemlösungsprozessen in der wissenschaftlichen Tätigkeit methodisch umzusetzen. Sozialismusbild, Problemlösungsprozeß und wissenschaftliches Schöpfertum werden so in engem Zusammenhang zu entwickeln versucht. Das in diesem Bestreben bereits erreichte Ergebnis gestattet eine weiterführende wissenschaftstheoretische Bearbeitung dieser Problematik, die sich von anderen bisher vorliegenden Konzeptionen unterscheidet, ohne daß dies schon an den Gesamtausführungen der Studie in jedem Fall genügend entwickelt und sichtbar wird. Darüber hinaus sind die Ausführungen so angelegt, daß der Ansatz nach weiterer Vertiefung die Möglichkeit bietet, als Grundlage für entsprechende empirische Untersuchungen zu dienen. Im Prozeß dieser empirischen Untersuchung muß der wissenschaftstheoretische Ansatz selbst unter Einbeziehung zusätzlicher Faktoren weiter ausgebaut und präzisiert werden. Dabei ist der Untersuchung der Rolle und Funktion der Arbeitsteilung im wissenschaftlichen Arbeitsprozeß in Einheit mit den anderen das wissenschaftliche Schöpfertum beeinflussenden Faktoren besondere Bedeutung beizumessen. In der weiteren Arbeit sind darüber hinaus – ausgehend von den Hinweisen in der Diskussion auf der Verteidigung – die Spezifik wissenschaftlicher Forschungsprozesse klarer und vollständiger zu erfassen sowie eine genauere Bestimmung des Verhältnisses von wissenschaftlichem Schöpfertum und wissenschaftlichem Arbeitsprozeß zu geben.

Die Bearbeitung der Thematik erfordert eine besonders enge Zusammenarbeit mit den anderen Bereichen der Wissenschaftstheorie. In der Studie werden deshalb Arbeitsergebnisse anderer Forschungsgruppen des IWTO aufgegriffen, in die Überlegungen einbezogen und diskutiert. Dabei kommen jedoch noch unterschiedliche Sichtweisen zum Ausdruck, so daß in der künftigen Kooperation innerhalb des Instituts sowie auch mit Kooperationspartnern außerhalb des Instituts besonderer Wert darauf gelegt werden muß, eine möglichst rasche und weitgehende Übereinstimmung in inhaltlichen Grundfragen zu erreichen.

2. Hauptanliegen der Studie „Methode – Methodik – Programm beim Lösen von Forschungsproblemen" war die Herausarbeitung eines wissenschaftstheoretischen Ansatzes für die Untersuchung des methodischen Vorgehens in der Forschung. Bei der Ausarbeitung und Anwendung produktiver Forschungsmethoden handelt es sich um eine Aufgabe, deren Bedeutung auf dem VIII. Parteitag der SED im Zusammenhang mit der Steigerung der Produktivität der geistig-schöpferischen Arbeit erneut unterstrichen wurde.

In der Studie wird davon ausgegangen, daß die auszuarbeitende marxistisch-leninistische Wissenschaftstheorie auch eine Theorie des methodischen Vorgehens in der Forschung enthalten muß. Es wird hierzu eine Hypothese für den Ansatz einer Theorie des methodischen Vorgehens in der Forschung entwickelt. Die Hypothese geht davon aus, daß Methoden einerseits durch Erarbeitung und andererseits durch Vervollständigung entwickelt werden, und besagt, daß jede Methode in einem der Stadien Methode, Methodik oder Programm erscheint. Die Hypothese wird dann auf das Beweisproblem, das Erklärungsproblem und das Modellierungsproblem bezogen illustriert. Durch die ausführliche Darstellung und Erläuterung der Hypothese werden theoretische Grundlagen für die Modellierung des methodischen Vorgehens und die Erarbeitung von Regeln und Prinzipien zur Konstruktion effektiver problemtypischer Methoden und Methodensysteme geschaffen.

Besonders hervorzuheben sind die Darstellungen über das Verhältnis von methodischen Regeln und zielorientierenden (methodischen) Prinzipien, über die Funktion zielorientierender Prinzipien im Forschungsprozeß und beim Übergang von einer Methodik zu einem Programm sowie die Unterscheidung methodischer Regeln nach der Modalität der sie darstellenden Aufforderungen.

Kritisch mußte jedoch in der Verteidigung vermerkt werden, daß nicht alle Konsequenzen der untersuchten Hypothese ausgewiesen wurden (insbesondere die ideologisch-weltanschauliche Funktion der zielorientierenden Prinzipien) und daß der Bezug auf Untersuchungen realer Forschungsprozesse an der AdW fehlt. Es wurde deshalb festgelegt, in der weiteren Arbeit eine entschiedenere Hinwendung zur theoretischen Analyse und praktischen Gestaltung des methodischen Vorgehens in der Forschung der AdW zu erreichen, wobei eine weitere Prüfung der Ausgangshypothese vorzunehmen ist.

3. Die Studie „Anforderungsprofile an Forschungskollektive und ihre Mitglieder" befaßte sich mit den subjektiven Voraussetzungen wissenschaftlicher Arbeit in Forschungskollektiven, speziell mit der Persönlichkeit des kollektiv tätigen Wissenschaftlers und den Bedingungen ihrer Entwicklung in der sozialistischen Gesellschaft. Das Anliegen der Studie bestand darin, über eine Klärung der die kollektive Tätigkeit von Wissenschaftlern und wissenschaftlich tätigen Kräften determinierenden Prozesse zur Entwicklung wissenschaftsorganisatorischer Instrumentarien und wissenschafts- und bildungspolitischer Entscheidungsgrundlagen beizutragen, die eine bewußte und planmäßige Gestaltung des subjektiven Faktors in der wissenschaftlichen Arbeit und damit eine gezielte Beeinflussung seiner Effektivität ermöglichen.

Der in der Arbeit unterbreitete theoretische Ansatz beruht auf der marxistischen Erkenntnis, daß der Arbeitsprozeß als die wesentlichste gesellschaftliche Lebensäußerung stets zugleich Erzeugung des Produkts wie auch (Selbst-)Erzeugung des Produzenten (auf erweiterter Stufenleiter) ist. Der fast durchgehend auf einer interdisziplinären Betrachtungsweise beruhende Ansatz strebt zwar richtig eine Vermittlung der gesellschaftlichen Ebene mit den wissenschaftsinternen Determinationsebenen bei der Untersuchung der Anforderungen an. Damit wird er auch einem Grundanliegen des Instituts gerecht, die Wissenschaft als ein System spezifischer gesellschaftlicher Tätigkeit aufzufassen. Auf der Verteidigung mußte jedoch festgestellt werden, daß diese richtige Zielstellung in der Arbeit nicht durchgehalten wurde. Die Studie bringt wohl eine gute marxistisch-leninistische Fundierung des theoretischen Ansatzes für die 1. (gesamtgesellschaftliche) Determinationsebene. Ein wissenschaftstheoretischer Ansatz für die 2. Determinationsebene (Wissenschaft und insbesondere Grundlagenforschung) und die 3. Determinationsebene (spezielle Wissenschaftsdisziplinen) fehlt jedoch noch weitgehend. Die im Anhang der Studie dargestellten „Arbeitshypothesen für empirische Untersuchungen zur Anforderungsproblematik" und der Entwurf des Fragespiegels für die „Expertenbefragung zu Problemen der Bestimmung von Anforderungen an Forschungskollektive und ihre Mitglieder" stellen nur erste Ergebnisse in der Bearbeitung der 2. und 3. Ebene dar. Im Resultat der Verteidigung wurde deshalb festgelegt, in den weiteren Untersuchungen die wissenschaftsspezifische Problematik, speziell für die Grundlagenforschung, im Rahmen der 2. Ebene auszuarbeiten und am Beispiel des Forschungsverbandes MOGEVUS die Ausarbeitung der 3. Ebene in Angriff zu nehmen. Diese Forschungen sind dabei insbesondere auf der Basis von Expertenbefragungen und empirischen Untersuchungen im Sinne von konkreten Analysen in Zusammenarbeit mit dem Forschungszentrum Molekularbiologie und Medizin mit dem Ziel der Veränderung der Praxis durchzuführen.

4. Beim „Grobprojekt für die Gestaltung der Prognose- und Planungstätigkeit im FV MOGEVUS“ stand vor allem die Ableitung praktischer Lösungen bzw. Anwendungen im Mittelpunkt. Ziel dieser Arbeit war es, zur Schaffung eines Systems aufeinander abgestimmter, rationeller und wirksamer Prognose- und Planungstätigkeit im Bereich der molekularbiologischen Forschung beizutragen, das im Sinne des VIII. Parteitages der SED den an die sozialistische Wissenschaftsleitung zu stellenden Anforderungen gerecht wird und die Belange der Forschung in ausgesprochenen Vorlaufgebieten berücksichtigt.

Die Arbeit enthält detaillierte Analysen des Standes der Prognose- und Planungstätigkeit im FV MOGEVUS und im FZ Molekularbiologie und Medizin auf Grund der Planungsunterlagen 1972, die zusammen mit den ebenfalls herausgearbeiteten Anforderungen an ein Prognose- und Planungssystem für diesen Bereich eine Grundlage für die unterbreiteten Vorschläge zur Verbesserung der künftigen Planungs- und Leitungstätigkeit im FV Molekularbiologie und Medizin abgeben können. Von den auf der Verteidigung anwesenden Vertretern von MOGEVUS und anderer wissenschaftsleitender Organe wurden hierbei insbesondere hervorgehoben: das Verhältnis von „zentraler“ und „eigenständiger“ Prognosearbeit, die Entwicklung von Planungselementen, welche gleichzeitig für mehrere Planungszwecke und für die Analysentätigkeit verwendet werden können, die Verbindung der einzelnen Planungsebenen sowie der Planungsablauf und die Plankontrolle.

Von besonderer Bedeutung für die Kennzeichnung der Arbeitsweise des IWTO ist hierbei, daß nicht lediglich ein bereits abgeschlossener, sondern ein laufender Planungsprozeß analysiert wurde, so daß die für die Analyse notwendigen Erhebungen gleichzeitig Schlußfolgerungen für die Ausarbeitung des Planes 1972 des FZ zuließen und somit den unmittelbaren Leitungs- und Planungsprozeß im FZ wirksam unterstützen konnten. Darüber hinaus enthält das Grobprojekt eine Reihe analytischer Hinweise und Schlußfolgerungen, die nicht nur für die Leitung des FV MOGEVUS und des FZ Molekularbiologie und Medizin, sondern auch für die Leitung der AdW insgesamt von Interesse sind und zur Verbesserung der Planungstätigkeit an der AdW beitragen können. Das betrifft insbesondere die Untersuchungen zum Verhältnis von Forschungs- und Fondsplanung sowie von vorhabenorientierter und institutioneller Planung.

Die Arbeiten am Grobprojekt wurden von Anfang an gemeinsam mit der Abteilung Forschungsplanung des FZ Molekularbiologie und Medizin konzipiert und durchgeführt. Sie können also als eine Form der Zusammenarbeit von Natur- und Gesellschaftswissenschaftlern der AdW an einem konkreten Thema gewertet werden.

5. Die Zielstellung des „Grobprojekts für ein System von Effektivitätskriterien wissenschaftlicher Tätigkeiten, dargestellt am Beispiel ‚Weichmagnetische Feingußlegierung'" bestand darin, einen theoretischen Ansatz zur Entwicklung eines Systems von Effektivitätskriterien der Forschung zu erarbeiten und diesen Ansatz am Beispiel der Entwicklung einer weichmagnetischen Feingußlegierung im Forschungsbereich Werkstoffwissenschaften der AdW im Hinblick auf seine mögliche Verallgemeinerung zu überprüfen. Diese Zielstellung erhielt durch den VIII. Parteitag ein besonderes Gewicht, denn hier wurde nachdrücklich die „Steigerung der Effektivität der wissenschaftlich-technischen Arbeit selbst und die schnellere Umsetzung ihrer Ergebnisse" gefordert.

Das Grobprojekt ließ sich von der Überlegung leiten, daß ein System von Effektivitätskriterien in Form einer Aufzählung und Ordnung einzelner Kriterien nicht ausreicht, um die wissenschaftlichen Arbeitsprozesse bewußt und planmäßig auf eine hohe Effektivität zu orientieren, sondern daß es notwendig ist, die Effektivitätskriterien als entscheidende Orientierungspunkte in ein System zur planmäßigen Gestaltung entsprechender gesellschaftlicher bzw. wissenschaftlicher Arbeitsprozesse zu integrieren. Damit wird zugleich deutlich gemacht, daß jeder Effekt der Wissenschaft an konkrete gesellschaftliche Arbeitsprozesse (von der Zielfindung über die theoretische Problemlösung bis zur Problemlösung in der gesellschaftlichen Praxis) sowie an entsprechende Faktoren und Bedingungen gebunden ist.

In der Arbeit wird damit ein theoretischer Ansatz für den Aufbau eines Systems von Effektivitätskriterien entwickelt, der in seinem Grundanliegen den Anforderungen der realen wissenschaftlichen Arbeitsprozesse gerecht wird und bisherige Einseitigkeiten und Verabsolutierungen zu vermeiden bemüht ist.

Die grundlegende wissenschaftstheoretische Zielstellung wurde mit der Bearbeitung eines praktischen Beispiels aus der Werkstoffforschung verbunden. Mit Unterstützung des Forschungsbereiches Werkstoffwissenschaften der AdW wurde das Beispiel „Weichmagnetische Feingußlegierung“ bearbeitet, weil es gut geeignet erschien, die Effektivitätsproblematik von der Grundlagenforschung bis zur unmittelbaren Produktion sichtbar zu machen.

In der Diskussion auf der Verteidigung wurde jedoch hervorgehoben, daß die Untersuchung nur eines Beispiels nicht ausreicht, sondern daß die bisher gewonnenen Resultate in der weiteren Arbeit durch Untersuchungen noch anderer Beispiele erhärtet und im Hinblick auf die mögliche Verallgemeinerung der gewonnenen Ergebnisse über den Forschungsbereich Werkstoffwissenschaften hinaus geprüft werden müssen. Dabei ist zu berücksichtigen, daß sich diese Arbeiten künftig nicht nur auf die Analyse von Beispielen bereits abgeschlossener wissenschaftlicher Arbeitsprozesse beziehen, sondern daß die größte Problematik und der höchste Nutzen vor allem dort bestehen, wo wir Ziele oder Wege der Forschung noch nicht kennen.

6. Der Forschungsbericht „Bürgerliche Wissenschaftstheorie und Charakter unserer Epoche“ ist ein spezieller Beitrag zur marxistisch-leninistischen Auseinandersetzung mit weltanschaulich-philosophischen und gesellschaftstheoretischen Voraussetzungen zeitgenössischer bürgerlicher Wissenschaftsauffassungen. In der Arbeit wird versucht, einen Bogen zu spannen von der heute vorherrschenden imperialistischen Gesellschaftstheorie hinsichtlich ihrer wissenschaftstheoretischen Relevanz über einige repräsentative Varianten und Problemtypen bürgerlicher Wissenschaftstheorie bis hin zu den heute (insbesondere in der BRD) vertretenen bürgerlichen Bildungskonzeptionen.

Ein besonderes Anliegen des Berichtes ist es, die politische Notwendigkeit der allseitigen, offensiven Auseinandersetzung mit bürgerlichen Wissenschaftsauffassungen nachzuweisen. Dabei wird zugleich deutlich gemacht, daß, je größer unsere Bereitschaft zu offensiver Auseinandersetzung und je intensiver unsere theoretisch-weltanschauliche Polemik mit den bürgerlichen Positionen ist, unsere eigenen Konzeptionen um so klarer hervortreten, d. h. Konturen sichtbar werden, die den wirklichen Reichtum und die komplexe Problematik marxistisch-leninistischer Wissenschaftstheorie bewußt werden lassen.

Die im ganzen parteiliche, kämpferische und polemische Untersuchung hätte noch an Aussage- und Überzeugungskraft gewinnen können, wenn die Autoren ein stellenweise zu undifferenziertes Herangehen an einzelne Richtungen und Personen vermieden und die ökonomische Literatur zu dieser Problematik stärker ausgewertet hätten.

Für die Weiterarbeit wurde festgelegt, daß sich die Autoren stärker der Untersuchung der bürgerlichen Wissenschaftstheorie in ihrem Zusammenhang mit der imperialistischen Wissenschaftspolitik sowie der Analyse der realen Prozesse der Wissenschaftsentwicklung in imperialistischen Ländern und der Einschätzung der Entwicklungstendenzen der Wissenschaftspolitik zuwenden.

Der in Kooperation mit der Sektion Philosophie/Geschichte/Staatsbürgerkunde der Universität Halle erarbeitete Forschungsbericht wird als Band 2 in dieser Schriftenreihe zur Veröffentlichung gelangen.

Die Verteidigung der Arbeitsergebnisse der Forschungsgruppen des Instituts erfolgte in einer sehr lebhaften und in die Tiefe gehenden Diskussion. Zweifellos haben hierbei die fundierten Stellungnahmen der Kooperationspartner sowie der Vertreter anderer Institutionen der AdW und der DDR eine wesentliche Rolle gespielt. Besonders aktiv haben sich aber auch die Mitarbeiter des Instituts selbst an der Diskussion beteiligt. Die Vertreter der einzelnen Forschungsgruppen haben die einleitend erwähnte Möglichkeit, sich in kurzer Aufeinanderfolge anhand abgeschlossener Ergebnisse bzw. Zwischenergebnisse einen umfassenden Überblick über die Forschungsarbeit der anderen Forschungsgruppen des Instituts zu verschaffen sowie neue Ansatzpunkte für die Vertiefung der interdisziplinären Zusammenarbeit zu finden und im Prozeß der Verständigung über einheitliche Betrachtungsweisen verschiedener Probleme weiter voranzukommen, gut genutzt.

Durch die sachliche und kritische Diskussion in den Verteidigungen wurden den Autoren und darüber hinaus allen Teilnehmern des Instituts wertvolle Hinweise für die Weiterarbeit an den Projekten und für die Vertiefung der Zusammenarbeit zwischen den Forschungsgruppen gegeben. Darüber hinaus wurde in den Verteidigungen deutlich, welche Maßstäbe an die künftigen Forschungsergebnisse des Instituts anzulegen sind, damit sie den Forderungen des VIII. Parteitages und des Zentralen Forschungsplanes der marxistisch-leninistischen Gesellschaftswissenschaften der DDR bis 1975 gerecht werden.

Insgesamt kann gesagt werden, daß das Institut als Ganzes und die einzelnen Bereiche und Forschungsgruppen sich mit den vorgelegten Ergebnissen eine solide Ausgangsbasis geschaffen haben, um der erhöhten Verantwortung des Instituts bei der Bewältigung der Aufgaben im Forschungsplan bis 1975 auf hohem theoretischen Niveau und mit großer gesellschaftlicher Wirksamkeit nachkommen zu können.

Rose-Luise Winkler

Das Verhältnis von Wertorientierungen und realem Verhalten der Persönlichkeit in Arbeit und Freizeit bei Ingenieuren

(Bericht über ein interdisziplinäres Untersuchungskonzept

Die Untersuchung der Forscherpersönlichkeit im Sozialismus – die Bestimmung ihres Platzes im wissenschaftlichen Arbeitsprozeß sowie in der Gesellschaft, ihre konkreten, durch die Arbeitsteilung bedingten Funktionen, ihr Werdeprozeß, die Entwicklung spezifischer Qualitäten wissenschaftlich-schöpferischer Arbeit – gehört zu den zentralen Anliegen wissenschaftstheoretischer Forschung. Solche Untersuchungen haben u. a. eine Prüfung der bisher in der Persönlichkeitsforschung ausgearbeiteten theoretischen und methodologischen Mittel hinsichtlich ihrer Anwendbarkeit in wissenschaftstheoretischen Analysen zur Voraussetzung.

Theoretische Probleme der Erforschung der Persönlichkeitsentwicklung in der sozialistischen Gesellschaft spielen in der gesellschaftswissenschaftlichen Literatur der Sowjetunion seit langem eine große Rolle.[1]

Im Zentrum der Bemühungen der sowjetischen Gesellschaftswissenschaft stehen dabei vor allem Fragen nach jenen gesellschaftlichen und individuellen Bedingungen und Faktoren, die das Verhalten

[1] Aus der kaum noch überschaubaren Literatur seien hier einige Titel genannt: P. E. Krjažev, Obščestvo i ličnost, Moskau 1961; O čertach ličnosti novogo rabočego, Moskau 1963; G. M. Gak, Kommunizm i ličnost, Moskau 1963; A. A. Bodalev, Vosprijatije čeloveka čelovekom, Leningrad 1965; Ličnost i trud, Moskau 1965; V. P. Tugarinov, Ličnost i obščestvo, Leningrad 1965; Trud i razvitije ličnosti, Leningrad 1965; Čelovek v socialistiščeskom i buržnaznom obščestve. Simpozium, Doklady i soobščenija, Moskau 1966; Čelovek i ego rabota. Sociologičeskoe issledovanije, Moskau 1966; I. S. Kon, Ličnost kak subjekt obščestvennych otnošenii, Leningrad 1966; B. A. Grušin, Svobodnoe vremja. Aktualnye problemy, Moskau 1967; L. P. Bueva, Socialnaja sreda i soznanije ličnosti, Moskau 1968; Ličnost pri socialisme, Moskau 1968; B. G. Ananev, Čelovek kak predmet poznanija, Leningrad 1969; Problema čeloveka v markcistkoj filosofii, Moskau 1969; M. J. Korneev, Problemy socialnoj tipologii ličnosti, Leningrad 1971

des Menschen in der sozialistischen Gesellschaft bestimmen und die Entwicklung seiner schöpferischen Fähigkeiten fördern. Die Skala der im Interessenkreis der Persönlichkeitsforschung stehenden Faktoren reicht dabei von den gesamtgesellschaftlichen bis hin zu den individualpsychologischen und psycho-physiologischen Faktoren.[2]

Probleme der Arbeit, Freizeit und Bildung nehmen im Rahmen der Persönlichkeitsforschung einen bedeutenden Platz ein. Die Arbeit – Grundlage für den Reichtum der Gesellschaft und wichtigste menschliche Lebensäußerung zugleich – ist die Hauptsphäre der Persönlichkeitsentwicklung des Menschen. Es fällt dabei auf, daß die überwiegende Zahl von Arbeiten hauptsächlich Problemen der Produktionsarbeit gewidmet ist. Erst in letzter Zeit werden Fragen der wissenschaftlichen und besonders der wissenschaftlich-technischen Arbeit einer systematischen Analyse unterworfen.[3]

Die Ursachen dafür sind vielfältiger Art. Der wissenschaftlichen Tätigkeit und insbesondere der wissenschaftlich-technischen Tätigkeit kommt unter den Bedingungen des wissenschaftlich-technischen Fortschritts in den nächsten Jahren erhöhte Bedeutung für die schnellere Überführung wissenschaftlicher Ergebnisse in die Praxis zu. Der notwendige Übergang von der extensiven zur intensiven Wissenschaftsentwicklung macht die wissenschaftliche Tätigkeit selbst zu einem dringenden Untersuchungsfeld. Die wachsende Vergesellschaftung der Wissenschaft führt zu Wandlungen in der Arbeitsteilung innerhalb der Wissenschaft. Dadurch entsteht eine Reihe von Problemen für die Organisation und Ausübung der wissenschaftlichen Tätigkeit, die neu durchdacht und untersucht werden müssen, z. B. das Ver-

[2] Die 1971 in Berlin erschienene Monographie von I. S. Kon zur Soziologie der Persönlichkeit läßt die Aktualität und Vielfalt der zu dieser Thematik in der Sowjetunion durchgeführten Forschungen philosophischer, soziologischer, sozialpsychologischer sowie psychologischer Art auch für den Leser in der DDR besonders deutlich werden.

[3] B. J. Jeremejev, Socialno-ekonomičeskije problemy techničeskogo tvorčestva c SSSR, Moskau 1968; A. A. Zvorykin, Socialnye problemy inženerno-techničeskogo truda, Moskau 1968; V. Nesterov, J. Itkin, Etika inženera, Sverdlovsk 1969; P. N. Zavlin, A. I. Ščerbakov, A. I. Judelevič, Trud v sfere nauki, Novosibirsk 1971; G. M. Dobrov, V. N. Klimenjuk, L. P. Smirnov, A. A. Saval'ev, Potential der Wissenschaft, Berlin 1971; Problemy dejatelnosti učenogo i naučnych kollektivov, Leningrad 1969–71. Bd. 1–4; V. V. Kosolapov, A. N. Ščerban, Optimizacija naučno-issledovantelskoj dejatel'nosti, Kiev 1971; E. Z. Mirskaja, Učengi i sovremennaja nauka, Rostov 1971; B. G. Fomin, Budjet vremeni naučnogo rabotnika, Novosibirsk 1967

hältnis von individueller Arbeit und kollektiven, gemeinschaftlichen Formen wissenschaftlicher Tätigkeit, die Beziehungen zwischen disziplinärer und interdisziplinärer Arbeitsweise, Fragen der funktionalen Arbeitsteilung im wissenschaftlichen Arbeitsprozeß und ihre Bedeutung für die Forscherpersönlichkeit im Sozialismus (Probleme der Disponibilität, des notwendigen Wissens, der moralischen und politischen Verantwortung).

Die Aktualität dieser Fragen zeigt u. a. die in der sowjetischen „Literatur-Zeitung" im Verlauf von eineinhalb Jahren geführte Diskussion zum Thema „Der Ingenieur unter den heutigen Bedingungen, Probleme der Effektivität seiner Arbeit, Charakter der Ingenieurtätigkeit, Rolle des Ingenieurs in der Gesellschaft unter den Bedingungen der wissenschaftlich-technischen Revolution".[4]

Die Ingenieurtätigkeit selbst stellt nicht nur ein Bindeglied zwischen Wissenschaft und Produktion dar, sondern ist auch innerhalb der hochqualifizierten Berufe ein Massenberuf, z. B. sind ein Drittel aller Spezialisten der UdSSR mit Hochschulausbildung Ingenieure.

Ein Konzept zur Untersuchung des Verhältnisses von Wertorientierungen und realem Verhalten der Persönlichkeit in Arbeit und Freizeit bei Ingenieuren wurde jetzt von Prof. Dr. V. A. Jadov von der Leningrader Sektion des Institutes für konkrete Sozialforschung der Akademie der Wissenschaften der UdSSR, der auf Einladung des Instituts für Wissenschaftstheorie und -organisation der AdW vom 2. 2.–11. 2. 1972 in Berlin weilte, vorgelegt.

Die Forschungen zur Ingenieurarbeit, die von einem interdisziplinär zusammengesetzten Kollektiv (6 Soziologen, 2 Psychologen, 1 Logiker, 1 mathematisch-statistisch ausgebildeter Soziologe und 4 technische Kräfte) unter der Leitung von Jadov durchgeführt werden, knüpfen unmittelbar an die bekannten Arbeiten zum Verhältnis zur Arbeit bei Produktionsarbeitern (Der Mensch und seine Arbeit, Berlin 1971, Moskau 1966) an.[5]

Der in diesem Werk vorgestellte theoretisch-empirische Ansatz zur Untersuchung des Verhältnisses zur Arbeit ist ohne Zweifel der bisher fruchtbarste Ansatz für eine Verhaltensanalyse, die sich das Ziel

[4] Vgl. Literaturnaja Gazeta, Nr. 50, 1069, S. 10

[5] Diese Arbeit erhielt bei einer 1968 unter den Mitgliedern der Soziologischen Gesellschaft der UdSSR durchgeführten Umfrage nach den besten soziologischen Publikationen der letzten Jahre den 1. Preis für Arbeiten, die Resultate konkret-soziologischer Untersuchungen beinhalten.

stellt, die Spezifik der gesellschaftlichen Determination und Problematik der sozialistischen Gesellschaft zu erfassen.[6]

Diese prinzipielle Bedeutung erlangt der Ansatz einerseits dadurch, daß das Verhältnis zur Arbeit konsequent als Einheit objektiver und subjektiver Momente verstanden wird (objektiv: das reale Arbeitsverhalten, Leistung, Leistungsverhalten; subjektiv: Einstellung zur Arbeit, Grad der Arbeitszufriedenheit usw.), und andererseits durch die Berücksichtigung gesamtgesellschaftlicher (sozialökonomischer), institutioneller und konkreter Arbeitsbedingungen (z. B. funktionaler Inhalt der Arbeit) sowie von Persönlichkeitsfaktoren. Dieser Ansatz gestattet, die Arbeitstätigkeit als sozialökonomisch determinierten Prozeß in ihrem komplexen gesellschaftlichen Zusammenhang zum Gegenstand der theoretischen (systematischen wie historischen) *und* empirischen Forschung zu machen; er gewinnt damit auch Relevanz für die wissenschaftstheoretische Forschung.

Im Verhältnis zur Arbeit realisiert sich der konkret-historische Charakter der Arbeitstätigkeit – so der wissenschaftlichen Tätigkeit – als aktuelles, manifestes und latentes Verhalten der Forschungskader (Arbeits- und Leistungsverhalten, Arbeitsresultate, Wertorientierungen und Einstellungen). In diesem Verhältnis – betrachtet als Massenerscheinung – kulminieren die Entwicklungswidersprüche des wissenschaftlichen Arbeitsprozesses als eines historisch-gesetzmäßig sich vollziehenden Vergesellschaftungsprozesses im Rahmen des allgemeinen Vergesellschaftungsprozesses der Arbeit. Das Verhältnis zur Arbeit kann somit als Kulminationspunkt der Wirkungsweise des subjektiven Faktors im Arbeitsprozeß und über den subjektiven Faktor als dem eigentlichen Träger insbesondere der schöpferischen Arbeit auch in seiner Bedeutung für das wissenschaftliche Schöpfertum begriffen werden.

Gleichzeitig macht diese Untersuchung, deren unmittelbaren Gegenstand der Prozeß der Umwandlung der Arbeit in ein erstes Lebensbedürfnis des Menschen in Abhängigkeit vom funktionalen Inhalt der Arbeit und der Persönlichkeitseigenschaften des Produktionsarbeiters bildet, eine Reihe von weiterzubearbeitenden Fragen deutlich, die für die Verhaltensanalyse prinzipielle methodologische Bedeutung haben. Zwei solcher zentraler Fragen sind das Verhältnis von gesellschaftlichen und individuellen Faktoren in ihrer Bedeutung

[6] Zur detaillierten Einschätzung siehe das Nachwort in der von H. Steiner besorgten deutschen Ausgabe des Buches „Der Mensch und seine Arbeit“, Berlin 1971, S. 378ff.

für das Verhalten des einzelnen wie größerer sozialer Gruppen einerseits und die Beziehungen zwischen objektiven und subjektiven Verhaltensmomenten oder realem, beobachtbarem Verhalten und Wertorientierungen, Einstellungen andererseits. Auf diesem theoretischen Hintergrund ist die von Jadov vorgelegte Forschungskonzeption zur Ingenieurtätigkeit entstanden. Nach dieser Konzeption kann man sich die Einflußfaktoren auf das Verhalten grob vereinfacht in folgenden Schema vorstellen: (s. Abb. 1)

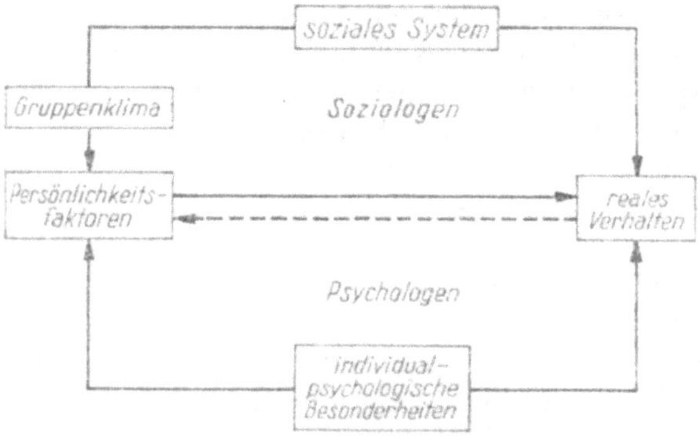

Abb. 1

Die Soziologen haben bisher überwiegend den oberen Kreis von Faktoren in ihrem Einfluß auf das Verhalten untersucht und die individual-psychologischen Besonderheiten kaum berücksichtigt. Das ist für bestimmte Fragestellungen durchaus zulässig und notwendig. Für eine Analyse des individuellen Verhaltens müssen diese Faktoren aber Berücksichtigung finden.

Die von der Psychologie untersuchten Fragestellungen bewegen sich dagegen überwiegend in dem unteren Kreis, wobei die sozialen Faktoren zwar betont, aber in die Analyse des Verhaltens nicht unmittelbar einbezogen werden. Das Anliegen von Jadov ist es daher, beides in einem interdisziplinären Konzept zu verbinden.

Unmittelbarer Gegenstand dieser Forschungen ist das Verhältnis von Wertorientierungen und realem beobachtbaren Verhalten. Unter Wertorientierung[7] wird hier relativ stabiles, sozialbedingtes und wertendes bzw. auswählendes Verhalten des Menschen zur Gesamtheit

[7] Der soziologische Begriff der Wertorientierung wurde von A. G. Zdravomyslov und V. A. Jadov geprägt (Sociologija v SSSR, t. 2., Moskau 1965, S. 199). Er kommt solchen Begriffen der Psychologie oder Sozialpsychologie wie „Einstellung", „attidude", „set", „Gerichtetheit", „Beziehung" nahe, ist aber nicht mit ihnen identisch.

der materiellen und geistigen Güter und Kultur verstanden, die man als Gegenstände betrachten kann, welche sowohl *Ziel* als auch *Mittel* zur Befriedigung von Bedürfnissen der Lebenstätigkeiten des Menschen sein können.

Jeder Mensch verfügt über ein System von solchen Wertorientierungen (Einstellungen), in denen gewissermaßen die gesamte Lebenserfahrung akkumuliert ist, die in der individuellen Entwicklung des Menschen gesammelt wurde. Das Vorhandensein stabiler Wertorientierungen charakterisiert die Reife des Menschen als Persönlichkeit.

Jede soziale Wertorientierung enthält drei wechselseitig verbundene Komponenten: 1. Die kognitive (Erkenntnis-)Komponente: Vorstellungen, Meinungen, Überlegungen und Kenntnisse bezüglich der Eigenschaften und Besonderheiten des Objekts der Einstellung (Haltung, Orientierung); 2. die affektive (emotionale) Komponente: Gefühle, positive oder negative Emotionen, die in bezug auf ein Objekt empfunden werden; 3. die Willens- (oder normative) Komponente: Neigung zu einer bestimmten Handlungsweise hinsichtlich des Objektes der Einstellung (Formierung von Verhaltensplänen oder -programmen für bestimmte Situationen und Objekte).

Offensichtlich ist der Versuch, ein solches System von Wertorientierungen einer beliebigen sozialen Gesamtheit im „vollständigen" Übergang fixieren zu wollen, eine nicht erfüllbare Aufgabe. Es lassen sich aber bestimmte Gruppen bedeutsamer Werte bestimmten Tätigkeitssphären zuordnen. Gegenstand der empirischen Untersuchung ist daher die Orientierung auf selbständiges bzw. nichtselbständiges Verhalten in Arbeit und Freizeit und dessen Zusammenhang mit dem tatsächlichen Verhalten.

Objekt der Untersuchung ist die Tätigkeit von Ingenieuren. Wie Jadov ausführte, erklärt sich die Auswahl dieses Untersuchungsobjektes neben Gründen, die für die unmittelbare theoretische Problematik bedeutsam sind, daraus, daß ein Objekt gefunden werden muß, das genügend eigenständige soziale Bedeutsamkeit unabhängig von der theoretischen Problemstellung besitzt. Erst wenn diese Bedingung erfüllt ist, lassen sich auch praktisch bedeutsame Empfehlungen aus solchen Forschungsvorhaben ableiten.

Unter der Orientierung auf Selbständigkeit im Arbeits- und Freizeitverhalten verstehen die Autoren die Fähigkeit des Menschen, in seinen Orientierungen und seinem beobachtbaren Verhalten aktiv auf die ihn umgebende Wirklichkeit einzuwirken, sein eigenes „Ich" auszudrücken. Selbständigkeit ist nach Jadov ein mehrdimensionales Gebilde, das aufgefaßt werden kann a) als Möglichkeit oder als reale soziale Bedingungen, die den Freiheitsgrad von üblichen Verhaltensstandards bestimmen (in der Arbeit sind das die Anforderungen der gegebenen Funktion, Stellung und die damit verbundenen Pflichten), b) als Orientierung auf selbständiges Verhalten im Sinne einer sozialen Einstellung, c) als das Verhalten selbst, d. h. als ein System von Handlungen des Ingenieurs in der Arbeits- und Freizeitsphäre und d) ist Selbständigkeit auch eine bestimmte psychologische Eigenschaft des Subjekts, die sich beispielsweise im Niveau der Toleranz oder im Niveau der Konformität ausdrückt.

Folgende fünf Faktoren werden dabei unmittelbar in die Analyse einbezogen:

1. Die Tätigkeitssphäre (Arbeit – Freizeit) und der Grad der realen Möglichkeiten selbständigen Verhaltens in der gegebenen Sphäre (dargestellt durch verschiedene Verhaltenssituationen),
2. die Gerichtetheit der Persönlichkeit,
3. Wertorientierungen und die mit ihnen verbundenen Motive der Tätigkeit,
4. individualpsychologische Besonderheiten des Subjekts,
5. unmittelbar beobachtbares Verhalten in den beiden Tätigkeitssphären.

Welcher Zusammenhang besteht zwischen diesen Faktoren? Jadov ging dabei von folgendem vereinfachten hypothetischen Modell aus: (s. Abb. 2)

In diesem Schema sind nur die Variablen angeführt, die unmittelbar in die Analyse einbezogen werden sollen. Diese Vereinfachung wird auf Grund zweier Annahmen als statthaft angesehen:

Erstens wird davon ausgegangen, daß jedes beliebige Verhalten letztlich determiniert ist durch allgemeine soziale Bedingungen der Tätigkeit des Menschen. Diese Bedingungen in Gestalt sozialökonomischer und kultureller Faktoren, die auf den Inhalt der Tätigkeit einwirken, auf Normen und Vorschriften des sozialen Milieus sowie auf den Inhalt der Wertorientierungen des Menschen, werden als gleichwirkende Faktoren betrachtet hinsichtlich jedes einzelnen Menschen. (Das ist in diesem Falle möglich, da Untersuchungsobjekt die Ingenieurtätigkeit in der UdSSR für eine bestimmte Generation von Ingenieuren ist.)

Zweitens wird davon ausgegangen, daß das reale Verhalten nicht nur von 4 Faktoren, sondern von einer Vielzahl beeinflußt wird. Alle Einflußfaktoren zu berücksichtigen, scheint kaum möglich, da es bisher keine befriedigende Theorie gibt, die das Verhalten auf einem solchen globalen Niveau beschreiben würde. Außerdem kann eine

Theorie die Vielfalt der konkreten Prozesse nicht berücksichtigen, da sie immer eine Vereinfachung darstellt im Sinne einer Abstraktion des zu untersuchenden Prozesses.

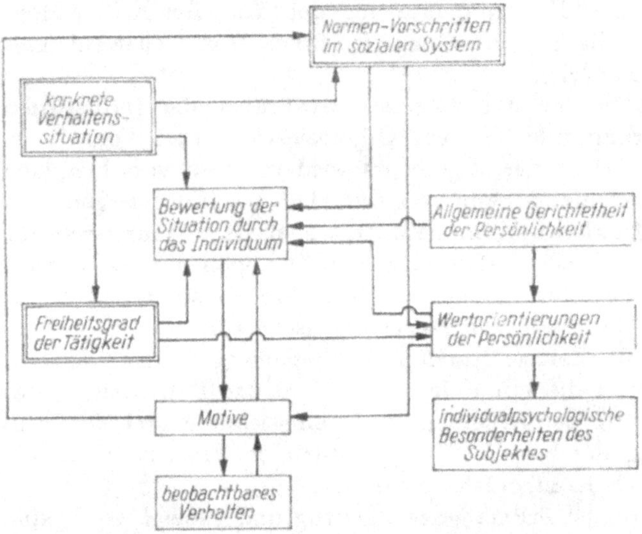

Abb. 2

Und schließlich wird angenommen, daß die Beziehungen der genannten Variablen zu Variablen anderer Art (wie sie z. B. in anderen Begriffen der Soziologie und Psychologie ausgedrückt sind) auf dem Niveau der theoretischen Analyse der erhaltenen Resultate hergestellt und beschrieben werden können.

Aus dem dargestellten Schema wird ersichtlich, daß zwischen den Bedingungen der sozialen Wirklichkeit (dem Freiheitsgrad der Tätigkeit; Normen und Vorschriften, die mit der Position des Individuums verbunden sind; der konkreten Verhaltenssituation – diese Elemente sind durch zweifache Rahmen gekennzeichnet) und der Reaktion des Individuums auf diese Wirklichkeit durch das beobachtbare Verhalten eine Reihe von Vermittlungsstufen subjektiven Charakters liegt (diese werden durch einfache Rahmen gekennzeichnet). Letztere – die Bewertung der Situation, die Gerichtetheit der Persönlichkeit und ihre Wertorientierungen und die mit der Bewertung der Normen-Vorschriften, der Gerichtetheit und den Wertorientierungen verbundenen Motive der Tätigkeit sowie die individualpsychologischen Besonderheiten der Persönlichkeit – sollen einer speziellen Analyse unterworfen werden.

Die Hauptkomponente dieses Schemas ist die Bewertung der Situation durch das Individuum.

Die genannten 5 Variablen sollen dabei auf folgende Art und Weise erfaßt werden:

1. Die Arbeits- und Freizeitsphäre und der Grad der realen Möglichkeiten selbständigen Verhaltens in ihnen (bzw. auswählendes Verhalten in der Freizeit).

Selbständigkeit in der Arbeitssphäre wird über die Indikatoren Initiative, Erfahrung und Wissen, Organisiertheit und Verantwortung erfaßt. Die Arbeit des Ingenieurs wird in ihren verschiedenen Etappen von dem Durchdenken von Aufgaben bis zum fertigen Produkt auf diese 4 Indikatoren hin geprüft, wobei die Möglichkeiten für selbständiges Verhalten in den einzelnen Etappen unterschiedlich sind. Die Zuordnung der einzelnen Arbeitsetappen zu diesen Merkmalen erfolgt auf der Basis von Experteneinschätzungen. Unter Freizeit wird hier nur die Zeit verstanden, die tatsächlich frei ist von allen Verpflichtungen und die nur aufgewandt wird zur Befriedigung der Bedürfnisse in bezug auf Erholung, Selbstentwicklung und Zerstreuung. Der Umfang der zur Verfügung stehenden Freizeit in diesem Sinne wird dabei als Kontrollfaktor benutzt.

Das Klassifizierungsmerkmal, das hier zugrunde gelegt wird, sind die Interessen der Persönlichkeit. Es werden Gruppierungen nach physischen Beschäftigungen (Sport u. a.), Hobbys, künstlerischen Bereichen, intellektuellen Beschäftigungen, passiver Erholung vorgenommen.

2. Gerichtetheit der Persönlichkeit und ihre Wertorientierungen.

Darunter werden verstanden a) der Charakter der Interessen der Persönlichkeit im Sinne eines dominierenden Interesses zu diesen oder jenen Objekten oder Prozessen des sozialen Lebens; b) die Besonderheiten der Ziele und Bestrebungen des gegebenen Individuums im Sinne wünschenswerter Resultate der Tätigkeit und Mittel, die für das Erreichen dieser Resultate ausgenutzt werden; c) die Bedürfnisse des Menschen als bewußte oder unbewußte „Nöte“ (d. h. innere Antriebe der Tätigkeit); d) soziale Einstellungen der Persönlichkeit und ihre Beziehungen zur sozialen Wirklichkeit. Es wird versucht, die Grundinteressen und Ziele der Tätigkeit, der Neigungen, der Bedürfnisse, die mit der Dominante der Gerichtetheit in der Arbeits- und Freizeitsphäre verbunden sind, zu erfassen.

3. Individualpsychologische Besonderheiten.

Wie Jadov ausführte, müssen solche individualpsychologischen Besonderheiten gefunden werden, die hypothetisch eine Beziehung zum

Untersuchungsgegenstand haben können. Zwei Umstände komplizieren eine solche Bestimmung: Einmal gibt es keine klaren Kriterien, nach denen biopsychische und Persönlichkeitseigenschaften getrennt werden können. Zum Beispiel ist das Niveau konformer Reaktionen auf der Basis physiologischer (biopsychischer) Prozesse begreifbar als Rigidität-Labilität, andere zählen diese Eigenschaft zu sozialpsychologischen Merkmalen der Unterordnung oder Nichtunterordnung unter den Gruppenzwang bzw. -druck oder fassen sie überhaupt sozial auf. Andererseits gibt es noch keine Klarheit darüber, daß bestimmte Eigenschaften sich auf Besonderheiten des Subjektes beziehen, die es nicht als Persönlichkeit charakterisieren. In der empirischen Pilotstudie entschied man sich zunächst für drei Gruppen solcher Eigenschaften:

a) psychosomatische Gesundheit, Intellekt und Willenspotential,
b) Anspruchsniveau und Grad der Adäquatheit der Ansprüche,
c) Konformitäts- und Toleranzniveau.

Die Untersuchungen befinden sich gegenwärtig noch im Stadium der Durchführung. Die Ausführungen von Jadov über die umfangreichen methodischen Vorarbeiten zu diesem Projekt lassen seine Bedeutsamkeit auch in dieser Hinsicht erkennen. So wurden spezielle Skalen entwickelt und eine eigenständige Methodik für das Gesamtvorhaben geschaffen.

Die zu Ende des Aufenthaltes mit Prof. Dr. Jadov getroffenen Vereinbarungen über die Zusammenarbeit zwischen dem Institut für konkrete Sozialforschung der Akademie der Wissenschaften der UdSSR und dem Institut für Wissenschaftstheorie und -organisation der AdW sehen u. a. eine Zusammenarbeit auf methodischem und methodologischem Gebiet der Verhaltensforschung vor. Sie dienen gleichzeitig der Verwirklichung einer engen Wissenschaftskooperation mit der Sowjetunion. Dieser Besuch reiht sich ein in die vom Institut seit Beginn seiner Tätigkeit gepflegten engen Beziehungen zu den Partner-Instituten in der Sowjetunion, von denen namhafte Wissenschaftler wie Akademiemitglied B. M. Kedrov, G. M. Dobrov, J. S. Meleščenko, V. N. Klimenjuk und V. Ž. Kelle bereits Vorträge über Probleme ihrer wissenschaftlichen Arbeit an unserem Institut hielten.

Ewald Lang/Bernhard Lange

Was gehört zu einer Wissenschaftsdisziplin?

(Bericht über zwei Bereichskolloquien zum Begriff der Wissenschaftsdisziplin und Beziehungen von Wissenschaftsdisziplinen)

Der Bereich „Theorie und Methodologie wissenschaftlicher Tätigkeit" des Instituts für Wissenschaftstheorie und -organisation der AdW der DDR führte innerhalb seiner Kolloquienreihe „Grundlagen der marxistisch-leninistischen Wissenschaftstheorie" unter der Leitung des Bereichsleiters Dr. H. Parthey zwei Kolloquien über Probleme der Entwicklung von Wissenschaftsdisziplinen und interdisziplinäre Beziehungen in der Forschung durch.

Das 1. Kolloquium, das am 11. 4. 1972 unter dem Thema
„Entwicklungstendenzen der Beziehungen zwischen Wissenschaftsdisziplinen und Möglichkeiten ihrer Untersuchung in der interdisziplinären Forschung"
stattfand, war der Präzisierung und Konkretisierung der Problemstellung – Beziehungen von Wissenschaftsdisziplinen, Entwicklungstendenzen dieser Beziehungen und Wege bzw. Methoden ihrer Untersuchung sowie der Erforschung des Verhältnisses von disziplinären und interdisziplinären Entwicklungstendenzen in der wissenschaftlichen Tätigkeit, insbesondere in der Forschung – gewidmet.

Seinem Ziel und Charakter nach hatte es die Aufgabe, die Richtung der weiteren Untersuchung dieser Problematik abzustecken und insbesondere Möglichkeiten der empirischen Untersuchung zu dieser Problemstellung aufzudecken.

Im 2. Kolloquium am 18. 7. 1972, das zum Thema
„Wissenschaftstheoretische und wissenschaftshistorische Probleme der Entwicklung von Wissenschaftsdisziplinen" (dargestellt anhand des Fachgebietes „Neuropsychologie")
veranstaltet wurde, galt es

1. anhand der Darlegung eines kompetenten Vertreters einer Forschungsrichtung über Disziplinbildung die im ersten Kolloquium diskutierten Begriffsbildungen und Theorieansätze exemplarisch zu überprüfen,

2. mit den Vertretern verschiedener Fachrichtungen die auf dem

ersten Kolloquium fußende Problemdiskussion fortzuführen. Dabei war deutlich zu machen, daß die weitere Forschungsarbeit des Bereichs von der Sache her nur durch die Zusammenarbeit mit anderen Fachwissenschaftlern erfolgreich sein kann.

In den Thesen und im einleitenden Referat von Dr. B. Lange zum 1. Kolloquium wurde davon ausgegangen, daß Wissenschaft als eine spezifische gesellschaftliche Tätigkeit aufgefaßt – entsprechend dem Ansatz, der vom Institut für Wissenschaftstheorie und -organisation der AdW erarbeitet wurde – impliziert, auch die Untersuchung und Bestimmung der Wissenschaftsdisziplin und der Beziehung zwischen Wissenschaftsdisziplinen unter diesem Gesichtspunkt zu betrachten. In den Thesen und im Referat wurde vom Autor nachgewiesen, daß die Art und Weise der Bestimmung von Wissenschaftsdisziplinen und ihrer Beziehungen vom verwendeten Wissenschaftsbegriff abhängt. Es ging dem Autor dabei darum zu zeigen, daß Wissenschaft erst als spezifische gesellschaftliche Tätigkeit gefaßt es ermöglicht, das subjektive Moment, den wissenschaftlich Tätigen, in die Bestimmung der Wissenschaftsdisziplin einzubeziehen.

Die in der Literatur meist implizit oder explizit angegebenen Kriterien für die Bestimmung von Wissenschaftsdisziplinen sind: Gegenstandsbereich, spezifische Begriffe und Methoden sowie das Ziel. Von einigen Autoren werden auch Konzeptionen als solche Kriterien genannt. Diese Kriterien sind, wie vom Referenten nachgewiesen, jedoch insofern begrenzt, als sie das subjektive Moment nur unzureichend einbeziehen und wenig Möglichkeiten bieten, den Prozeß des Werdens von Wissenschaftsdisziplinen zu erfassen.

Der Ansatz, Wissenschaftsdisziplinen als eine Art und Weise zu verstehen, in der sich wissenschaftliche Tätigkeit vollzieht, erlaubt sowohl das subjektive Moment, den wissenschaftlich Tätigen stärker ins Zentrum zu rücken, als auch dem Prozeßcharakter besser gerecht zu werden. Ausgehend von diesem Ansatz wurde der Versuch unternommen, eine Wissenschaftsdisziplin als eine bestimmte Relation von qualitativ bestimmtem Gegenstandsbereich und den informationellen Möglichkeiten eines wissenschaftlich Tätigen, diesen zu überschauen und operativ zu beherrschen, anzusehen. Dabei soll unter operativer Beherrschbarkeit des Erkenntnisgegenstandes durch einen wissenschaftlich Tätigen insbesondere das Verständnis der Grundbegriffe, die Fähigkeit, die verschiedenen Faktenmengen mit verschiedenen Methoden zu beherrschen, verstanden werden.

Dieser relationale Ansatz erlaubt zugleich, Spezialisierung als Ausdruck des Überschreitens der informationellen Möglichkeiten durch einen wissenschaftlich Tätigen zu kennzeichnen und die Beziehungen von Wissenschaftsdisziplinen als interdisziplinäre wissenschaftliche Tätigkeiten zu bestimmen, die sich als Austauschprozesse von disziplinären wissenschaftlichen Tätigkeiten und ihren Resultaten darstellen lassen.

Interdisziplinäre wissenschaftliche Tätigkeit läßt sich, wie in den Thesen und im Referat gezeigt wurde, in zwei Stufen gliedern: in die nichtkooperative interdisziplinäre wissenschaftliche Tätigkeit, deren Kennzeichen der Austausch (die Übernahme) von Resultaten (Kenntnissen) aus anderen Bereichen wissenschaftlicher Tätigkeit ist, und in die kooperative interdisziplinäre wissenschaftliche Tätigkeit, deren Charakteristikum der Austausch (die unmittelbare Kooperation) von wissenschaftlichen Tätigkeiten darstellt. Sie ist damit zugleich gegenüber der ersteren die höhere Stufe der interdisziplinären wissenschaftlichen Arbeit.

Differenzierung und Integration in der Wissenschaft widerspiegeln nach Auffassung des Autors einen anderen Sachverhalt; sie kennzeichnen den Entwicklungsprozeß von Wissenschaftsdisziplinen bzw. die Entwicklung von Beziehungen von Wissenschaftsdisziplinen im Hinblick auf die disziplinäre Struktur der Wissenschaft und ihre Dynamik.

Im zweiten Referat, vorgetragen von Dr. L. Läsker (Prorektorat für Wissenschaftsentwicklung der Humboldt-Universität), wurden bestehende Proportionen in der Ausbildung von Studenten, so z. B. die Proportionen von disziplinärer und interdisziplinärer Ausbildung zum Ausgang genommen, um die Problematik der Wissenschaftsdisziplinen und ihrer Beziehungen zu untersuchen.

Auch L. Läskers Anliegen war es, ausgehend von einer Wertung der in der Literatur angeführten Kriterien – er nannte die gleichen wie die im Einleitungsreferat angegebenen –, den wissenschaftlich Tätigen stärker in die Bestimmung der Wissenschaftsdisziplin und in die Faktoren zur Entwicklung von Wissenschaftsdisziplinen einzubeziehen. Im Unterschied zum Einleitungsreferat ging er jedoch zunächst von der Analyse des Wesens und des Platzes der wissenschaftlichen Begriffe aus und wies nach, daß wissenschaftliche Begriffe immer Begriffe einer bestimmten Wissenschaftsdisziplin sind. Der Zusammenhang, in dem sie definiert sind, bildet den Begriff der Wissenschaftsdisziplin. In Übereinstimmung mit der im Einleitungsreferat vertretenen Grundposition, daß eine Problemstellung heute in der Wissenschaft vorwiegend interdisziplinär erfolgt, entwickelte er den Gedanken, daß die Lösung dieser Problemstellung eine „Disziplinierung“ erforderlich macht. Dafür spricht auch die Übernahme von Begriffen, Methoden aus bestehenden Wissenschaftsdisziplinen durch eine neue Wissenschaftsdisziplin. Auch hier erfolgt eine „Disziplinierung" dieser Begriffe und Methoden. Der Prozeß der Disziplinierung äußert sich in verschiedener Weise; in Disziplinierung der Sprache, Begriffe, der Kommunikation etc.; seinem Wesen nach stellt er eine Disziplinierung des Verhaltens wissenschaftlich Tätiger, d. h. eine Disziplinierung von wissenschaftlichen Tätigkeiten dar.

Als ein weiterer Grundgedanke zur Untersuchung dieser Problematik wurde in dem Zusammenhang vom Referenten die Stellung und Funktion der Kommunikation angeführt.

Das Verhältnis zwischen Wissenschaftsdisziplinen widerspiegelt sich letztlich im Verhalten der Vertreter dieser Disziplinen. Das bedeutet, daß sich Beziehungen von Wissenschaftsdisziplinen in der Kommunikation der wissenschaftlich Tätigen dieser Disziplinen repräsentieren. Zugleich ist auch die Wissenschaftsdisziplin als eine bestimmte Art und Weise der Kommunikation aufzufassen.

Vom Referenten wurde in diesem Zusammenhang dann der Gedanke entwickelt, daß eine Wissenschaftsdisziplin – unter diesem Gesichtspunkt analysiert – als das Maß der Kommunikation bzw. nach seinen Worten als Kommunikationsraum von wissenschaftlich Tätigen aufgefaßt werden könnte. Ein Überschreiten dieses Maßes bzw. dieses Raumes würde zu interdisziplinärer Kommunikation und kann über die Disziplinierung zu einer neuen Disziplin führen.

Insbesondere diese beiden Grundgedanken erscheinen uns, wie auch die Diskussion dazu bestätigt, für die weitere Untersuchung der Problematik Wissenschaftsdisziplin tragfähig und richtungsweisend zu sein, weil ihnen sowohl ein theoretischer Gehalt zukommt als auch deshalb, weil sie Zugang zu empirischen Überprüfungen des theoretischen Gehalts erlauben.

Ing. J. Vlachý von der Akademie der Wissenschaften der ČSSR, der das dritte Referat auf dem Kolloquium gehalten hat, legte Ergebnisse seiner empirischen Untersuchungen zu interdisziplinären Tendenzen in der Forschung vor, die vor allem mittels wissenschaftsmetrischer Methoden gewonnen worden sind. Ausgehend von diesem Datenmaterial, versuchte er zu theoretischen Aussagen zur Problematik Wissenschaftsdisziplinen und Beziehungen zwischen Wissenschaftsdisziplinen zu kommen. Er beschäftigte sich dabei insbesondere mit dem Entwicklungstempo solcher für die Interdisziplinarität typischer Disziplinen wie Biophysik, Biochemie, indem er vergleichende Untersuchungen der Anzahl der Publikationen dieser Wissenschaftsdisziplinen (Biologie, Physik, Chemie) durchführte. Die Ergebnisse dieser Untersuchungen weisen darauf hin, daß die Feststellung echter „interdisziplinärer Fachbereiche" von Wichtigkeit ist, daß aber auch die in der Literatur oft angeführte verstärkte Zunahme der „Interdisziplinarität" zumindest problematisch ist, weil die Ergebnisse zeigen, daß nach 1960 der Anteil der Publikationen in Biophysik nicht größer ist als der in Biologie und auch die Altersstruktur für Biophysik, Biochemie im wesentlichen nicht niedriger ist als die der Physiker, Biologen oder Chemiker. Anregend und die Problemstellung ergänzend waren zugleich seine Darlegungen zum Unterscheiden der Bewertung von Physikern, Chemikern einerseits und Biophysikern bzw. Biochemikern andererseits sowie zum Verhältnis von Spezialisierung und Interdisziplinarität im Hinblick auf Alter, Qualifikation und Hauptarbeitsrichtung des wissenschaftlich Tätigen.

Der Referent brachte damit eine neue Blickrichtung in die Diskussion, die wesentlich zur Belebung des wissenschaftlichen Meinungsstreits im Kolloquium beitrug und zugleich eine weitere Möglichkeit zur empirischen Untersuchung dieser Problematik aufdeckte. Sein Beitrag war darüber hinaus ein Nachweis dafür, daß wissenschaftsmetrische Untersuchungen auch zur Erforschung dieses Problems wesentlich und gerechtfertigt sind und graphische Modelle bei der Untersuchung ihre Berechtigung haben.[1]

Aus der regen Diskussion, an der sich durch gezielte Fragen, kritische Bemerkungen und Ergänzungen Dr. G. Domin, Dr. P. Hanke, Dr. W. Heitsch, E. Lang, Dr. B. Lange, G. Lickert, Dr. L. Läsker, Dr. W. Meske, Dr. H. Parthey, Dr. G. Ruben, Dr. H. Steiner, J. Vlachý, Dr. W. Wächter, Dr. K.-D. Wüstneck beteiligten und zur Präzisierung und Konkretisierung der Problemstellung beitrugen, kann hier nur auf einige Beiträge näher eingegangen werden.

Aus der Sicht des Physikers analysierte G. Ruben (Amtierender Direktor des Instituts für Astrophysik der AdW) das Verhältnis von disziplinärer und interdisziplinärer Arbeit anhand seines Fachgebietes. Gegenwärtig, so stellte er fest, nimmt in der Astrophysik die interdisziplinäre Tendenz zu. Es ist ein Zustrom von Wissenschaftlern aus anderen Disziplinen zu verzeichnen. Das hat seine Grundlage darin, daß sich die interdisziplinären Problemstellungen verstärkt haben. Astrophysik ist heute ein interdisziplinäres Gebilde und schon keine Disziplin im eigentlichen Sinne mehr.

[1] Vgl. auch J. Vlachý, Publications and scientific productivity (methodological approaches), in: *Teoria a Metoda*, II/2/1970, S. 89

Der Entstehung von Wissenschaftsdisziplinen aus interdisziplinären Problemstellungen und den diesen Prozeß bedingenden Faktoren widmete E. Lang (Institut für Wissenschaftstheorie und -organisation der AdW) anhand einer Analyse der Entstehung von neuen Wissenschaften, die aus Querverbindungen mit der Linguistik entstanden sind, seinen Beitrag. Hierbei wurde vor allem die Stellung und Funktion von Grundannahmen entwickelt und anhand einer Reihe im Umkreis der Linguistik entstandener neuer Disziplinen demonstriert. E. Lang geht davon aus, daß die Grundannahmen eine Selektionsfunktion ausüben. In Übereinstimmung mit den Grundpositionen, wie sie in den Thesen und in den Referaten zum Ausdruck kamen, werden 5 Voraussetzungen für das Entstehen von Wissenschaftsdisziplinen – u. a., daß neue Disziplinen nur auf der Basis von mehreren (mindestens zwei) existierenden entstehen können; daß gegenstands- und methodenmotivierte Entstehung von Wissenschaftsdisziplinen zu unterscheiden ist – formuliert und dann anhand bestimmter Grundannahmen, die für die Linguistik spezifisch sind, die Funktion dieser Grundannahmen beim Entstehungsprozeß und die Arten der Entstehung am Beispiel solcher neuen Wissenschaftsdisziplinen wie der Neurolinguistik, Theorie der Programmiersprachen, Literaturtheorie u. a. nachgewiesen. Uns erscheint insbesondere die Stellung und Funktion der Grundannahmen für die weitere Erforschung dieses Problems als tragfähig, und wir halten sie für wert, weiter verfolgt zu werden.

Als wertvoll für die Konkretisierung der Problemstellung, besonders zum Auffinden von Kriterien für die Bestimmung der Wissenschaftsdisziplin erscheinen uns auch die von H. Steiner (Institut für Wissenschaftstheorie und -organisation) genannten Faktoren, wie eigenes Aufgabengebiet und die Beschäftigung über einen längeren Zeitraum. Im Beitrag wurde zugleich hervorgehoben, daß die Tätigkeiten in ihren verschiedenen Ausprägungsformen konkret untersucht werden sollten, wobei es zweckmäßig wäre, das Verhalten der wissenschaftlich Tätigen in den Mittelpunkt der Untersuchung zu rücken. Solch ein Vorgehen gestattet nach seiner Auffassung, das Verhalten im konkreten Arbeitsprozeß zu analysieren und zugleich auch die Einstellungen als potentielles Verhalten mit einzubeziehen. Verhaltensrelevante Unterschiede lassen sich darüber hinaus verhältnismäßig gut aufweisen.

Auch der Beitrag von K.-D. Wüstneck (Institut für Wissenschaftstheorie und -organisation) hatte zum Anliegen, Wissenschaftsdisziplin als stärker auf das Subjekt, auf den wissenschaftlich Tätigen, bezogen zu betrachten, wobei er Wissenschaftsdisziplin als eine geistig-soziale Aneignungsform verstanden wissen will. Zugleich wurde von ihm die

Frage aufgeworfen, ob die Wissenschaftsdisziplin als historisches Produkt auch eine Perspektive habe. Man könne annehmen, daß die disziplinäre Struktur nicht ständig weiter existieren wird, zumindest eine abnehmende Tendenz in der Herausbildung von Wissenschaftsdisziplinen zu verzeichnen ist. Der Gedanke vom Verschwinden der disziplinären Struktur rief eine sehr rege Diskussion und viel Widerspruch hervor. In allen Beiträgen dazu wurde betont, daß ein Verschwinden der Disziplinen, der disziplinären Struktur nicht angenommen werden kann. Wohl aber zeige der Differenzierungs- und Integrationsprozeß der Wissenschaft, daß verschiedene Momente dominieren können, es also Phasen der Beschleunigung bzw. der Verlangsamung geben kann.

Sachlicher Bezugspunkt und Basis der in der Diskussion des zweiten Kolloquiums behandelten Problemstellungen war ein Referat von Prof. Dr. Egon Weigl (emer. Leiter der Arbeitsgruppe für Sprachpathologie des Zentralinstituts für Sprachwissenschaft der AdW) über historische Herleitung und konstitutive Kriterien der Disziplin *Neuropsychologie*[2]. Unter Verwendung bestimmter Begriffsbildungen, die im Bereich erarbeitet worden waren, stellte E. Weigl im ersten Abschnitt die wissenschaftsgeschichtlich oft unregelmäßig und diskontinuierlich, in mehreren Differenzierungsstufen verlaufende Entwicklung der Neuropsychologie dar.

Dabei konnte er zeigen, daß in manchen – und nicht nur neuropsychologischen – Darstellungen in bezug auf die Kompliziertheit des Ineinandergreifens von Integration und Differentiation häufig unzulässige Vereinfachungen gemacht werden.

Die Mutterdisziplinen der Neuropsychologie sind a) die medizinische Hirnforschung, b) die Psychologie, c) die moderne Linguistik. E. Weigl wies anschaulich nach, daß die Herausbildung einer Disziplin wie der Neuropsychologie Resultat komplizierter Prozesse des Zuammenwirkens gesellschaftlicher, erkenntnistheoretischer, wissenschaftstheoretischer und wissenschaftspolitischer Faktoren ist. So konnte er z. B. zeigen, daß zwar die Erforschung zerebraler Krankheiten durch Folgeerscheinungen der Weltkriege und damit durch ein gesellschaftliches Interesse an der Therapie von Hirngeschädigten stimuliert wurde, daß gleichzeitig aber die für den Fortschritt der Forschung

[2] Dem Referat lag ein Symposiumsvortrag zugrunde, der von Prof. Weigl unter dem Titel „Neuropsychologie als interdisziplinäre Wissenschaft" auf dem III. Kongreß für Psychologie in der DDR am 18. Mai 1972 in Erfurt gehalten wurde. Die vollständige Druckfassung wird im Deutschen Verlag der Wissenschaften Berlin erscheinen.

über die Beziehungen von neuraler Struktur und psychischem Verhalten notwendig gewordene Emanzipation des übergreifenden Studiums dieser Beziehungen verhindert wurde, weil die entsprechende Forschungsrichtung institutionell in der Medizin verankert war. Der sachliche Grund dafür bestand darin, daß der Differenzierungsprozeß von der Aphasieforschung (innerhalb der Medizin) ausging, die lange Zeit Träger dieser Prozesse war. Dieser historische Faktor ist jedoch kein notwendiges Indiz dafür, daß die Institutionalisierung dieses Fachgebietes immer an die Medizin gebunden bleiben muß. Ein anderes ebenfalls wissenschaftswissenschaftlich interessantes Beispiel für die Bedingungen der Disziplinbildung legte E. Weigl vor, als er durch Zitate führender Neurologen und Psychiater nachwies, daß die Disziplin Neuropsychologie schon in den ersten Jahrzehnten dieses Jahrhunderts etabliert oder mindestens fundiert hätte werden können, wenn den auf diesem Gebiet Forschenden damals hinreichend aussagefähige Ergebnisse der Psychologie und der Sprachtheorie über Hirnstruktur und psychische Funktionen einschließlich der Sprache zur Verfügung gestanden hätten. Eine Reihe bedeutender Forscher dieser Zeit erkannte den integrativen Charakter der Neuropsychologie und entwickelte folgerichtig ihre „eigene Linguistik und Psychologie" (belegt bei Flechsig, Sachs und Pick).

So kennt die Geschichte der Neuropsychologie vielerlei Entwicklungshindernisse, die in der Vergangenheit Grenzüberschreitungen nur von einer Seite her oder bestenfalls nicht-kooperative interdisziplinäre Beziehungen zuließen. Daß die Neuropsychologie heute jedoch als eigenständige Disziplin zu fassen ist und daß sie interdisziplinäre Verbindungen voraussetzt und stimuliert, geht aus der von E. Weigl gegebenen Bestimmung hervor: Die Neuropsychologie ist die Wissenschaft von den Beziehungen zwischen den zerebralen Mechanismen und den psychischen Determinanten des Verhaltens, betrachtet vor allem hinsichtlich bestimmter Verhaltensstörungen und funktionaler Fehlleistungen. Diese Definition der Disziplin ist gegenstandsbezogen und daher anderen, mehr auf die klinische Herkunft der Neuropsychologie gerichteten, Bestimmungen vorzuziehen. Die Abgrenzung eines eigenständigen Untersuchungsbereiches als Gegenstand, der hier für die Neuropsychologie nachgewiesen wurde, ist ein Kriterium für die Definition von Disziplinen.

Ein weiteres Merkmal für den Status der Eigenständigkeit der Neuropsychologie ist es, daß sich immer deutlicher eine innere Struktur des Gebietes abzeichnet. Auch die Reproduktion des Wissenschaftsgebietes, die durchaus als konstitutives Kriterium der Disziplinbildung gelten kann, ist z. B. in der Sowjetunion, Polen, den USA durch eigene Lehrstühle für Neuropsychologie gesichert.

Im zweiten Abschnitt seiner Darstellung formulierte E. Weigl verschiedene aus seinem Material erwachsende wissenschaftstheoretische Fragestellungen über das Über- bzw. Unterordnungsverhältnis von Disziplinen, über Grade der Differenzierung und Spezialisierung und deren Rolle bei der Entstehung neuer Disziplinen. Der letzte Teil des Referates war Überlegungen über die Möglichkeiten der Entwicklungsprognose von Disziplinen sowie den wissenschaftsorganisatorischen Implikationen der gewonnenen Einsichten gewidmet.

Die anschließende Diskussion gruppierte sich um die weitere theoretische Ausleuchtung des vorgetragenen Beispiels sowie um die Formulierung bestimmter Grundgedanken, wie die vorhandenen und weiterzuverfolgenden theoretischen Aussagen in die Praxis, und das heißt hier in erster Linie: in die Planung der Ausbildung, die Konzeption von Forschungseinheiten und die Kommunikationsbedingungen der wissenschaftlich Tätigen übergeleitet werden können.

Zum ersten Themenkreis äußerte sich H. Parthey mit der These, daß – wie auch am Beispiel der Neuropsychologie ersichtlich – die Wissenschaft als gesetzmäßiges Merkmal ihrer Entwicklung jeweils bestimmte Ordnungsstrukturen in Form von Disziplinen eingeht, die historisch bedingte, also gewordene und veränderbare, Grenzziehungen darstellen, die sich vielfältig manifestieren. H. Parthey nannte als Kennzeichen: die Spezifik der zugrunde gelegten Problemstellungen; abhängig davon: die bevorzugten Methodologien; den Denkstil der Träger dieser Disziplin und – unter Hinweis auf W. Ostwald – die Möglichkeiten und Formen, in denen ein bestimmtes Gebiet gesellschaftliche Anerkennung erfährt oder erringen kann und demzufolge institutionell etabliert wird.

Dr. Geissler (Sektion Psychologie der Humboldt-Universität Berlin) formulierte das folgende Problem: Wenn aus wissenschaftswissenschaftlicher Sicht eine Klassifizierung in Disziplinen vorgenommen wird, dann sind damit bestimmte Voraussetzungen verbunden in bezug auf die optimale Bestimmbarkeit der „Autonomie“ eines Gebietes. Im Zusammenhang damit ist zu beachten, daß – wenn wir uns das gesamte theoretisch verfügbare Wissen in Aussagen repräsentiert vorstellen – es jeweils nach Gesichtspunkten unterscheidbare „Clusterungen“ von Kenntnissen geben kann, d. h., die Zusammenfassung bestimmter Kenntnisse als Basis einer Forschungsdisziplin kann nach verschiedenen Kriterien erfolgen, die nicht unbedingt den organisatorisch vorhandenen disziplinären Strukturen eindeutig entsprechen müssen. Für die theoretische Bestimmung einer Disziplin sind daher auch Kriterien wie Häufigkeit gesonderter Fragestellungen und Nutzungsbereich der Kenntnisse zu beachten.

Dr. M. Bierwisch (Zentralinstitut für Sprachwissenschaft der AdW) setzte diese Diskussion fort, indem er darlegte, daß trotz der Schwierigkeiten, die „Autonomie" einer Disziplin, etwa im Sinne der Kenntnisclusterungen, adäquat festzustellen, es doch klare sachbedingte Voraussetzungsbeziehungen zwischen Wissenschaftsgebieten gibt, die auch die Zusammenfassung von Kenntnissen determinieren. Beispiele dieser Art sind etwa, daß es eine physikalische Begründung der Chemie gibt, aber nicht umgekehrt. Solche naturgegebenen Zusammenhänge relativieren den Autonomie-Begriff in dieser Hinsicht, sind zugleich aber Leitlinien für die Klassifikationen der Wissenschaften. In genau diesem Sinne müsse man auch bei der Definition der Neuropsychologie beachten, daß sie nicht auf zwei oder mehr autonomen Fachgebieten fußt. Untersuchungen zur neuralen Struktur sind, sofern sie physiologisch betrieben werden, immer auch angewiesen auf funktionale Zusammenhänge und damit auf den Vorgriff auf bestimmte psychische Leistungen.

Eine Psychologie ist hingegen unabhängig möglich, zumindest in dem Sinne, daß sie über bestimmte psychische Funktionen Aussagen machen kann, ohne die Träger dieser Funktionen bzw. die Theorien darüber in Rechnung zu stellen. Man müsse ferner für die Disziplin-Bestimmung deutlich machen, daß jede Disziplin einen wissenschaftsgeschichtlich und methodisch determinierten Ausschnitt in einer Hierarchie von Untersuchungsebenen zu ein und demselben Gegenstand sein kann. Dieser Sachverhalt ist wiederum das Raster für die Beziehungen von Disziplinen innerhalb eines Wissenschaftsgebietes.

Dr. H. Laitko (Institut für Wissenschaftstheorie und -organisation) befaßte sich mit Charakteristiken und Entstehungsmechanismen von Wissenschaftsdisziplinen. Auch eine sehr einfache Formulierung, die die wirklichen Verhältnisse stark idealisiert, kann schon eine erste Verständigung über den Begriff „Wissenschaftsdisziplin" und seine Verwendung in entsprechenden wissenschaftswissenschaftlichen Untersuchungen ermöglichen. Es erscheinen folgende Momente zur Charakteristik einer Disziplin unbedingt erforderlich:

1. ein spezifischer Untersuchungsgegenstand;
2. ein durch bestimmte grundlegende Begriffe und Methoden normiertes Verhalten der Wissenschaftler zu diesem Gegenstand;
3. ein durch die Verwendung dieser Begriffe und Methoden bestimmter spezifischer Kommunikationsraum (wobei vorausgesetzt ist, daß

weder die Umgangssprache noch irgend eine andere disziplinäre Sprache alle diese Begriffe und Methoden vollständig enthält);

4. ein gewisses Maß an Institutionalisierung der entsprechenden wissenschaftlichen Tätigkeit;

5. die vollständige Beherrschbarkeit der in (2) genannten Begriffe und Methoden (die Möglichkeit, sich von dieser Basis aus in jedes beliebige spezielle Untersuchungsgebiet der jeweiligen Disziplin einzuarbeiten) durch eine durchschnittliche wissenschaftliche Arbeitskraft.

Die Kriterien (1) bis (4), die in einer historischen und systematischen Folgebeziehung angeordnet sind, bestimmen ein gegenstandsorientiertes Gebiet wissenschaftlicher Tätigkeiten, das Kriterium (5) ist eine begrenzende Bedingung, die angibt, wann ein solches Gebiet als eine Disziplin zu betrachten ist – die Verwendung des Kriteriums (5) geht von der Annahme aus, daß die Ebene der Disziplinen nur eine Strukturebene in der Hierarchie des gegenstandsorientierten wissenschaftlichen Tätigkeitsgebietes ist.

Für den Entstehungsmechanismus einer neuen Disziplin innerhalb des Systems der Wissenschaftsdisziplinen kommen drei Typen von Initialformen (bzw. ihre Mischungen) in Frage:

1. Feststellung eines neuen Gebietes empirischer Erscheinungen, das von keiner der bisherigen Wissenschaftsdisziplinen erfaßt werden kann (punktuelle Entstehung von Disziplinen).

2. Ausdehnung eines Teilgebietes einer Disziplin zu einer eigenen Disziplin (Entstehung von Disziplinen durch Differenzierung präexistenter Disziplinen).

3. Selbständige Untersuchung von Relationen zwischen den Gegenständen bereits bestehender Disziplinen (Entstehung von Disziplinen durch Abstraktion interdisziplinärer Zusammenhänge).

Der dritte Typ ist charakteristisch für ein reichhaltiges System von Wissenschaftsdisziplinen mit starken Wechselwirkungen; nach dem Vorgetragenen handelt es sich bei der Entstehung der Neuropsychologie um eine Mischung des zweiten und des dritten Typs.

B. Lange gab zu bedenken, daß es für die Untersuchung interdisziplinärer Tendenzen in der Forschung wichtig sei, zwei Bezugsebenen zu unterscheiden: Erstens gibt es ein interdisziplinäres Moment beim Herauswachsen einer neuen Disziplin aus Mutterdisziplinen (ein Fall, der deutlich von der Abspaltung einer sich spezialisierenden Richtung zu trennen ist). Zweitens könnte eine Ebene der Vorrangigkeit definiert werden, auf der zu beschreiben wäre, wie in der interdisziplinären Kooperation z. B. historische Prioritäten zwischen Disziplinen abgelöst werden durch andere, z. B. historische durch sachbezogene.

E. Lang versuchte die These von E. Weigl über die interdisziplinären Voraussetzungen der Neuropsychologie durch die Überlegung zu erhärten, daß diese Voraussetzungen einen historischen, logischen und methodischen Zusammenhang darstellen: Der historische Aspekt besteht darin, daß für die Neuropsychologie typischen Problemstellungen erst aus einer entsprechend elaborierten Gehirn- und Aphasieforschung heraus erwachsen konnten (historische Determiniertheit des Problembewußtseins).

Die Neuropsychologie setzt die anderen genannten Mutterdisziplinen logisch voraus, insofern, als neuropsychologische Probleme als solche erst formulierbar und die entsprechenden Zusammenhänge erst dann explizierbar sind, wenn die Mutterdisziplinen selbst hinreichend durchtheoretisiert sind. Die methodische Affinität von Mutter- und Tochterdisziplinen schließlich ergibt sich einerseits aus der funktionalen Abhängigkeit der Methoden vom Gegenstand und andererseits aus dem immerhin als Angebot vorliegenden Methodeninventar der Mutterdisziplinen. Wobei aber auch der Fall vorzusehen ist, daß gerade durch die Erkenntnis der Grenzen tradierter Methoden und die Konstruktion neuer Methoden neue Disziplinen entstehen, die dann den Gegenstand mit ihren Mutterdisziplinen teilen.

Der zweite Themenkreis der Diskussion hatte Fragen und Ansichten über Qualifikationsstruktur, Ausbildungsprofil, Leistungsbewertungen und Organisationsformen von Einzelforschern und Kollektiven zum Gegenstand. Dies im besonderen Hinblick auf die mehrfach konstatierte Einsicht, daß ein großer Teil der Wissenschaftsentwicklung sich zuträgt im wechselnden Zusammenwirken von interdisziplinärer Kommunikation (wobei Kooperation als intensivste Form eingeschlossen ist) und problem- bzw. methodenorientierter Disziplinierung.

L. Läsker berichtete in diesem Zusammenhang über erste positive Erfahrungen, die Folgen einer gewissen Einspurigkeit etwa in der Ausbildung von Physikstudenten dadurch abzufangen, daß einem Teil dieser Physikstudenten die für den Abschnitt „Forschungsstudium“ vorgesehene Arbeit und Ausbildung bei der Sektion Biologie oder Chemie zugewiesen wird. Mehrere Teilnehmer des Kolloquiums wie H. Laitko, H. Parthey, I. Weigl, H. Wolf – gestützt auf Erfahrungen und Bedürfnisse der Wissenschaftler ihres Arbeitsgebietes – äußerten die Forderung, daß die in der Hochschulausbildung zu vermittelnden Stoffkomplexe an Sach- und Methodenkenntnissen mehr als bisher den Charakter von Netzen haben müßten; nur so könne die für die Zukunft nötige Disponibilität der Wissenschaftler erreicht werden.

Beide Kolloquien haben erwiesen, daß wissenschaftstheoretische Untersuchungen zum Gegenstand „Wissenschaftsdisziplin" von theoretischem Interesse und zugleich von praktischer Relevanz sind. Für die weitere Forschung ergibt sich als Schlußfolgerung, daß das theoretische Konzept verstärkt anhand von Fallstudien in naturwissenschaftlichen Disziplinen zu überprüfen und weiterzuentwickeln ist, wobei Fachwissenschaftler verstärkt als Partner für eine echte Zusammenarbeit mit Wissenschaftshistorikern zu gewinnen sind. Beide Kolloquien haben dafür Möglichkeiten aufgezeigt.

Eugene B. Skolnikoff

Internationale Kommission für wissenschaftspolitische Studien

Vom 9.–15. Juli 1972 fand in Reisensburg (BRD) die erste Sitzung der „Internationalen Kommission für wissenschaftspolitische Studien“ statt. Sie kann als eine erste Maßnahme der in internationalen Körperschaften tätigen Wissenschaftler gewertet werden, einen organisatorischen Rahmen für Lehrende und Lernende auf diesem Gebiet zu schaffen. Auf ihr wurden über Forschungsrichtungen und Erfordernisse dieses Gebietes diskutiert und Pläne für zukünftige Programme erörtert.

Die Kommission war 1971 auf der Moskauer Tagung der Abteilung Wissenschaftsgeschichte der Internationalen Union für Geschichte und Philosophie der Wissenschaft (IUHPS) gegründet worden. Ihr Präsident ist Prof. Derek de Solla Price (Yale-Universität, USA), Vizipräsidenten sind Akademiemitglied S. R. Mikulinskij (UdSSR) und Jean-Jacques Salomon (Frankreich). Ihre Gründung erfolgte auf Empfehlung einer früheren internationalen Arbeitsgruppe der Union, die beauftragt war zu untersuchen, auf welchen Wegen Lehre und Forschung auf diesem Gebiet aufgebaut werden können.

Die Kommission, deren Mitglieder in der Mehrzahl anwesend waren, beriet fünf Tage in der BRD am Internationalen Institut für Wissenschaftliche Zusammenarbeit, einem Konferenzzentrum, das mit der neuen Ulmer Universität assoziiert ist. Die Diskussionen behandelten ein breites Spektrum von Themen, so z. B. die Frage der Forschungsprioritäten, die Zugänglichkeit von Daten, die Forschung in ihrer Beziehung zu Problemen der Entwicklungsländer, den Bedarf an zusätzlichen Lehrmaterialien sowie die unvermeidliche Frage der Definition und Abgrenzung des Gebietes. Was den letzten Punkt betrifft, so konnte unter den Teilnehmern eine weitgehende Übereinstimmung erzielt werden.

Die offizielle Verlautbarung der Kommission gibt sich ein wenig allgemein: „Die Kommission hält es für erforderlich, ihre Aktivitäten in einen zu entwickelnden und definierbaren Zusammenhang mit der Lehre einzuordnen. Obwohl noch nicht genau abgegrenzt, sind wissen-

schaftspolitische Studien – unabhängig von ihrem konkreten Gegenstand und ihrer jeweiligen Methodologie – durch das gemeinsame Bestreben gekennzeichnet, die speziellen Probleme als Teile des ganzheitlichen Innovationsprozesses anzusehen. Die Kommission billigte daher folgende ‚Arbeitsdefinition‘:
„Im Mittelpunkt wissenschaftspolitischer Studien steht die systematische Erforschung der wissenschaftlichen und technologischen Tätigkeiten und ihrer Funktion in der Gesellschaft. Im einzelnen befassen sie sich mit der politischen Praxis auf wissenschaftlichem und technologischem Gebiet sowie mit dem Wechselverhältnis zwischen politischer Praxis, kulturellen Werten und gesellschaftlichen Zielen."

Ungeachtet ihrer allgemeinen Form bringt diese Feststellung in der Tat den bemerkenswerten Umstand zum Ausdruck, daß die mit wissenschaftspolitischen Studien befaßten Personen – welche spezifischen Forschungsprobleme auch immer im Mittelpunkt ihres Interesses stehen – ein gemeinsames Verständnis des Gegenstandes ihrer Forschung anstrebten, das auf das Ziel gerichtet ist, die wissenschaftlich-technischen Aktivitäten in ihrer Wechselwirkung mit anderen Seiten der Gesellschaft zu begreifen. So gesehen, können in ihrer Thematik stark variierende Forschungen, die diese gemeinsame Perspektive haben, in einem realen Sinn kumulativ sein und untereinander in Beziehung stehen.

Breiten Raum nahmen auf dem Treffen Fragen der Datenquellen, des Zeitschriftenaustausches, der Lehrmaterialien, Textbücher u. ä. ein. Übereinkunft gab es über die Nützlichkeit einer stärkeren internationalen Zusammenarbeit zwischen den „Schlüssel"-Periodika auf diesem Gebiet hinsichtlich des Austausches von mehrsprachigen Abstracts und Subskriptionslisten, damit überall in der Welt die wachsende Forschungsproduktion leichter zugänglich gemacht werden kann. Es sollen Versuche unternommen werden, die bibliographischen Quellen zu erschließen, im besonderen jene, die für die Entwicklungsländer von potentiellem Wert sind.

In bezug auf den Ausbildungssektor stimmte die Kommission dem Vorschlag von Prof. Price und Frau Dr. I. S. Spiegel-Rösing zu, ein Textbuch zu entwickeln, das als allgemeine niveauvolle Einführung in das Gebiet und als Zusammenfassung des erreichten Erkenntnisstandes dienen soll. Diesem Unternehmen, in das die Bemühungen vieler Autoren einfließen müssen, kommt potentiell eine große Bedeutung zu. Ferner wurden Programme gebilligt bezüglich der Schaffung von Lehrbüchern und der Organisation von Sommerschulen, deren erste –

organisiert von A. Rahman vom Indischen Rat für wissenschaftliche und industrielle Forschung – 1973 in Indien veranstaltet wurde.

Auf dem Forschungssektor diskutierte die Kommission allgemeine Forschungsgebiete und bestimmte – ausgehend von der Meinung der einzelnen Mitglieder – deren Prioritäten. Da eine Kommission dieser Art natürlich nicht in der Lage ist, offizielle Forschungsprioritäten zu setzen, bleibt zu hoffen, daß die Diskussionen in den kommenden Jahren zur Etablierung von Mechanismen führen, die ein gemeinsames internationales Herangehen an gemeinsam vereinbarte Themen erleichtern.

Die Kommission umfaßt gegenwärtig 19 Mitglieder aus 13 Ländern: neben Price (USA), Mikulinskij (UdSSR) und Salomon (Frankreich) hat sie zwei weitere offizielle Sektretariatsmitglieder, MacLeod (Großbritannien) und Kowalewski (Polen), sowie 14 Mitglieder: Balan (Rumänien), Ben-David (Israel), Diemer (BRD), Dobrov (UdSSR), Freeman (Großbritannien), Kröber (Deutsche Demokratische Republik), Rahman (Indien), Schroeder (Kanada), Skolnikoff (USA), Spiegel-Rösing (BRD), Stefanov (Bulgarien), Tondl (ČSSR), Walentynowicz (Polen) und Zuckermann (USA).

Eine kleine Anzahl zusätzlicher Mitglieder aus den Entwicklungsländern wird im nächsten Jahr zugewählt werden. Längerfristige Pläne beinhalten die Gründung einer permanenten gemeinsamen Sektion der beiden Abteilungen für Wissenschaftsgeschichte und für Logik, Methodologie und Philosophie der Wissenschaft der IUHPS, den engeren Zusammenschluß mit den Naturwissenschaftlern der ICSU und die Möglichkeit der Gründung einer internationalen Gesellschaft für wissenschaftspolitische Studien. In der Zwischenzeit sieht die Kommission ihre Aufgabe darin, das Interesse an der Entwicklung des Gebiets innerhalb des Systems der ICSU aufrechtzuerhalten sowie Programme und Projekte anzuregen, die den Studierenden sowie den anderen Interessierten auf diesem Gebiet dienlich sein können.

Helmut Steiner

Konferenz über Probleme der Wissenschaftssoziologie in London

Vom 11. bis 15. September 1972 fand in London in Anwesenheit des Vizepräsidenten der Internationalen Soziologischen Gesellschaft (ISA), Ž. Ošavkov (Bulgarien), eine Konferenz des Forschungskomitees „Soziologie der Wissenschaft" der ISA statt. Es war die erste Zusammenkunft dieses Forschungskomitees seit seiner Neukonstituierung anläßlich des VII. Weltkongresses für Soziologie im September 1970 in Varna. Der Einladung zu der von A. L. Mok (Niederlande) und R. Whitley (Großbritannien) vorbereiteten Tagung waren 33 Wissenschaftler aus 13 Staaten gefolgt. Drei Schwerpunkte waren von den Organisatoren für die Beratung vorgesehen: Die Herausbildung neuer Wissenschaftsgebiete, Sozialstruktur und metaphysische Voraussetzungen der Wissenschaft in Geschichte und Gegenwart sowie Erfindungen und Entdeckungen in der Wissenschaft. Es erwies sich, daß diese Themen sowohl eine generelle Diskussion zu Problemen der Wissenschaftssoziologie als auch verschiedener spezieller Probleme zuließ. Die einzelnen Sitzungen waren deshalb folgenden Themen gewidmet: Makrotheorien über die Wissenschaft mit Vorträgen von B. Nelson (USA) und N. Elias (Großbritanien); institutionelle Entwicklungen in der Wissenschaft mit Vorträgen von C. J. Lammers (Niederlande), D. Edge und M. I. Mulkay (Großbritannien), W. v. Rossum (Niederlande) sowie A. G. Maedows (Großbritannien); Situation in wissenschaftlichen Gemeinschaften mit Vorträgen von S. Marcson (USA), P. Weingart (BRD), R. Whitley (Großbritannien) und Z. Kowalewski (Polen); Metaphysik und die Erforschung der Wissenschaft: Kritik der positivistischen Wissenschaftskonzeption mit Vorträgen von G. Statera (Italien), B. Pfannenstiel (Schweden) und G. E. C. Paton (Großbritannien); die Wissenschaft von der Wissenschaft mit Vorträgen von H. Steiner (DDR), J. Farkas (Ungarn), D. Zinzberg (USA), J. Minkov (Bulgarien) und A. v. Alleman (BRD); Studien zu einzelnen Forschungsbereichen mit Vorträgen von S. Blume (Großbritannien), A. L. Mok und A. R. Westerhiep (Niederlande),

H. Rose (Großbritannien) und S. Kowalewska (Polen); die Wissenschaft in der Gesellschaft mit Vorträgen von J. Ben-David (Israel), T. Gran (Norwegen), R. G. Stansfield (Großbritannien), M. Nasti (Italien) und R. Klima (BRD).

Theoretisch-methodologische Probleme standen bei einem großen Teil der Beiträge im Mittelpunkt, obwohl die Ausgangspunkte und der konkrete Anlaß dabei durchaus verschieden waren. Erstens erfordert die Analyse der Wissenschaftsentwicklung eine entsprechende Entwicklungstheorie. Zweitens verlangt die weitere Erforschung der Prozesse und Erscheinungen der Wissenschaft die stärkere Berücksichtigung der Spezifik der wissenschaftlichen Tätigkeit. Drittens wirft die systematische Entwicklung der Wissenschaft von der Wissenschaft auch für die Wissenschaftssoziologie eine Vielzahl neuer Probleme und Aufgaben auf. Jedes dieser Erfordernisse ist mit tiefergreifenden methodologischen Problemen verbunden. Obwohl die Auseinandersetzung mit den von R. K. Merton, B. Barber und T. Parsons repräsentierten Konzeptionen einer Wissenschaftssoziologie nicht im Mittelpunkt der Diskussion stand, war sie wohl der eigentliche theoretische Hintergrund der geführten Methodologie-Diskussion. Die dazu vorgetragenen Auffassungen lassen sich vielleicht in drei Arten des Herangehens zusammenfassen. Trotz aller Unterschiede, die zwischen ihren Positionen offenkundig wurden, versuchten B. Nelson wie auch N. Ellias eine Alternative zur struktural-funktionalen Wissenschaftskonzeption darzustellen, indem sie das Konzept für eine historische Betrachtung bzw. eine Entwicklungstheorie der Wissenschaft vortrugen. Verschiedene andere Teilnehmer (C. J. Lammers, P. Weingart u. a.) rückten im Unterschied zu R. K. Merton die Spezifik der wissenschaftlichen Erkenntnistätigkeit in den Mittelpunkt und knüpften dabei vor allem an die jüngste Diskussion zwischen T. Kuhn, I. Lakatos u. a. an. Und schließlich wurde von Teilnehmern der sozialistischen Länder (J. Farkas, J. Minkov, H. Steiner) ein Konzept vertreten, das sowohl für die wissenschaftliche Tätigkeit als auch für die wissenschaftliche Entwicklung auf dem Marxschen Verständnis der Wissenschaft und seiner Methodologie beruht, das in den 20er und 30er Jahren in der UdSSR weiter ausgearbeitet wurde, von J. D. Bernal 1939 erstmals in einer Monographie zusammengefaßt dargestellt wurde und sowohl die theoretische Analyse der Vergesellschaftung und Organisation der Wissenschaft als auch die Prognostizierung und konkrete Wissenschaftsleitung erlaubt. Wenn man an dieser Stelle darüber hinaus die Kritik der Konzeption Ben-Davids durch T. Gran und die Begründung der politischen Radikalisierung der Wissenschaftler auf Grund des veränderten Verhältnisses von Wissenschaft und Gesellschaft durch H. Rose in die Betrachtung einbezieht, so widerspiegelt das die Vielfalt der vorgetragenen Ansätze. Offensichtlich ist sowohl durch die internationale Auseinandersetzung um die strukturell-funktionale Schule in der Soziologie überhaupt als auch die praktischen und theoretischen Bedürfnisse nach einer Wissenschaft von der Wissenschaft in den letzten Jahren eine neue Diskussion um die Ausgangspunkte, die Art des Herangehens und die Funktion der Wissenschaftssoziologie in Gang gekommen, von der auch die Londoner Tagung weitgehend bestimmt wurde. Demgegenüber trat auf dieser Konferenz die Diskussion konkreter empirischer Forschungen etwas in den Hintergrund. Doch verdeutlichten Vorträge von S. Marcson über Probleme der Motivation, von A. L. Mok und A. R. Westerhiep über exogene Einflüsse bei der Auswahl von Forschungsschwerpunkten bei Biologen, von D. Zinzberg über sozialpsychologische Beziehungen in der Wissenschaft, aber auch entsprechende historische Forschungen von D. Edge und M. J. Mulkay über die Entwicklung der Radioastronomie sowie von R. G. Stansfield über Rutherford die verschiedenartigen Bemühungen auch auf diesem Gebiet wissenschaftssoziologischer Forschung.

Die oben skizzierten Diskussionen zur Theorie und Methodologie der Wissenschaftssoziologie bestimmten auch die Beratungen über den Charakter, die Arbeitsweise und die nächsten Vorhaben des Forschungskomitees. Um die Arbeit des Forschungskomitees zu aktivieren, wurde beschlossen, jede Exklusivität bei der Mitarbeit auszuschließen und die Mitgliedschaft auf einer möglichst breiten Basis zu gewährleisten. Die Teilnehmer der Londoner Konferenz kamen deshalb überein, die Teilnehmerlisten der beiden Zusammenkünfte 1970 in Varna und 1972 in London als Grundlage für die künftige Mitgliedschaft im Forschungskomitee anzuerkennen. In diesem Zusammenhang ergab sich auch eine Diskussion um die Notwendigkeit einer neuen Leitung. A. L. Mok wurde gebeten, die Funktion des Sekretärs des Komitees wahrzunehmen. Die für 1973 in Polen vorgesehene nächste Tagung[1]

[1] Auf der inzwischen im April 1973 in Warschau stattgefundenen Beratung des Forschungskomitees wurden neben 4 Vertretern aus den USA, 7 Wissenschaftlern aus den kapitalistischen Ländern Westeuropas, aus den sozialistischen Ländern G. M. Dobrov (UdSSR), Z. Kowalewski (Polen), R. Rybicki (Polen), H. Steiner (DDR), A. Szalai (Ungarn) und A. A. Zvorykin (UdSSR) als Kandidaten für die neue Leitung nominiert. Für den zurückgetretenen A. L. Mok (Niederlande) wurde mit der Mehrheit der Stimmen P. Weingart (BRD) gegen J. Gaston (USA) als neuer Sekretär

soll dazu beitragen, die in London begonnenen Diskussionen fortzusetzen, auf diese Weise die Kontinuität in der Tätigkeit des Forschungskomitees zu gewährleisten und die Beratungen für den VIII. Weltkongreß für Soziologie 1974 in Toronto zu dem Generalthema „Wissenschaft und sozialer Wandel" von seiten des Forschungskomitees vorzubereiten.

gewählt. Eine neu gebildete Kommission unter Leitung von G. Statera (Italien), der außerdem St. Blume (Großbritannien). H. Steiner (DDR), P. Weingart (BRD) und H. Zuckerman (USA) angehören, soll sich mit den Bedingungen der Mitgliedschaft im Forschungskomitee und dessen künftiger Zusammensetzung befassen.

Personenregister

FSC
www.fsc.org
MIX
Papier | Fördert gute Waldnutzung
FSC® C083411

Kolibri 360 GmbH
Ferdinand-Jühlke-Straße 7
99095 Erfurt, Deutschland
produktsicherheit@kolibri360.de